DIE LEITFOSSILIEN

AUS DEM

PFLANZEN- UND TIERREICH

IN SYSTEMATISCHER ANORDNUNG

VON

DR JOHANNES FELIX
A. O. PROFESSOR AN DER UNIVERSITÄT LEIPZIG

MIT 626 ABBILDUNGEN IM TEXT

LEIPZIG
VERLAG VON VEIT & COMP.
1906

Druck von Metzger & Wittig in Leipzig.

HERMANN CREDNER

IN DANKBARER VEREHRUNG

Vorwort

Dieses kleine Buch verdankt seine Entstehung einer Anregung der Verlagsbuchhandlung. Gern bin ich ihr in Anbetracht des vorliegenden Bedürfnisses gefolgt. Ich habe mich dabei von dem Gedanken leiten lassen, einen gedrängten Leitfaden zu schaffen, der besonders den Studierenden unserer Hochschulen von Nutzen sein, aber auch Lehrern der Naturwissenschaften, Geographen und Reisenden zur Erkennung der geologisch wichtigsten Formen des Pflanzen- und Tierreichs dienen sollte.

Bei der Auswahl des Stoffes war ich natürlich gebunden, die knapp gezogenen Grenzen eines Leitfadens nicht zu überschreiten. Von diesem Gesichtspunkte aus erklärt sich die außerordentliche Ungleichheit in der Behandlung der verschiedenen systematisch gleichwertigen Gruppen, da dieselben für den Geologen eine sehr verschiedene Wichtigkeit besitzen. Auch sind die nur kurz gestreiften Gruppen, wie z. B. diejenigen der Insekten und angiospermen Pflanzen, zugleich derartige, daß die Beschäftigung mit ihnen ein so reiches Maß von Spezialkenntnissen erfordert, daß selbst unter den eigentlichen Paläontologen sich nur verhältnismäßig sehr wenige Spezialisten mit ihnen abgeben. Man wird sie hier nicht suchen und daher auch nicht vermissen. Um die mir gesteckten Grenzen des Umfanges innezuhalten, habe ich mich größter Knappheit in der Darstellung befleißigt, namentlich in den Gattungsdiagnosen; ich möchte nur wünschen, daß dies unbeschadet der Klarheit der Darstellung geschehen ist. Um so größern Wert habe ich darauf gelegt, möglichst zahlreiche charakteristische Abbildungen zu geben, die ergänzend eintreten sollen.

Was die systematische Anordnung des Stoffes anlangt, so bin ich im wesentlichen der v. ZITTEL in seinen „Grundzügen der Paläontologie“ angewendeten gefolgt. Bezüglich zoologischer Einzelheiten benutzte ich die Lehrbücher von CLAUS (Grundzüge der Zoologie) und von HERTWIG (Lehrbuch der Zoologie, 7. Aufl. 1905). Von Zitaten und Anmerkungen ist im allgemeinen, um den Umfang des Buches nicht zu vergrößern, Abstand genommen worden. Man wird solche nur ganz vereinzelt und dann in Fällen finden, in denen über die angeführten Tatsachen Verschiedenheit der Meinungen herrscht, um anzugeben, welchem Gewährsmann ich gefolgt bin.

Möchte mein Wunsch in Erfüllung gehen, daß das vorliegende Buch den Studierenden der Geologie und Paläontologie zur Erlangung eines systematischen Überblickes ihrer Wissenschaft sich nützlich erweisen möge.

Leipzig, Juli 1906.

Dr. J. Felix

Inhalt

Die beigefügten Zahlen beziehen sich auf die Seite

Einleitung . . . 1
Tabellarische Übersicht der Perioden und Formationen . . . 5

Erster Teil.

Pflanzenreich.

Systematische Übersicht . . . 10

I. Cryptogamae. Sporenpflanzen.

I. Thallophyta . . . 10
1) **Algae** 11. Diatomaceae 11. Siphoneae 11. Florideae 14. Characeae 15. Anhang: Receptaculitidae 15.
2) **Fungi** 16.
II. Bryophyta . . . 16
III. Pteridophyta . . . 16
1) **Filicaceae** 16.
2) **Rhizocarpeac** 19.
3) **Calamarieae** 19.
4) **Sphenophylleae** 22.
5) **Lycopodiaceae** 22. Lepidodendreae 22. Sigillarieae 24.

II. Phanerogamae. Blütenpflanzen.

I. Gymnospermae . . . 25
1) **Cycadaceae** 26.
2) **Cordaiteae** 27.
3) **Coniferae** 28.
II. Angiospermae . . . 31
1) **Monocotyledoneae** 32.
2) **Dicotyledoneae** 32.

Zweiter Teil.

Tierreich.

Systematische Übersicht . . . 34

I. Evertebrata. Wirbellose Tiere.

I. Protozoa . . . 35
1) **Rhizopoda** 35. Foraminifera 35. Radiolaria 43.
II. Coelenterata . . . 44
1) **Spongiae** 45. Myxospongiae 46. Ceraospongiae 46. Silicispongiae 47. *Monactinellida* 48. 35. *Tetractinellida* 48. *Lithistidae* 48. *Hexactinellida* 52. Calcispongiae 56. *Sycones* 56. *Pharetrones* 57.
2) **Cnidaria** 57. Anthozoa 57. Alcyonaria 61. Tabulata 62. Zoantharia 64. *Madreporaria* 64. *Tetracoralla* 64. *Hexacoralla* 67. Hydrozoa 72. Hydroidea 73. *Hydrocorallinae* 73. *Tabulariae* 73. *Campanulariae* 74. Acalephae 77.
III. Echinodermata . . . 77
1) **Crinoidea** 77. Eucrinoidea 77. Cystoidea 84. Blastoidea 85.
2) **Asteroidea** 87. Stelleridea 88. Ophiuroidea 88.
3) **Echinoidea** 89. Palechinoidea 91. Euechinoidea 92. *Regulares* Desor 92. *Irregulares* Desor 94.
4) **Holothurioidea** 96.

IV. Vermes 96

V. Molluscoidea 97
1) **Bryozoa** 97. Cryptostomata 99. Cyclostomata 99. Cheilostomata 100.
2) **Brachiopoda** 100. Inarticulata 103. Articulata 104.

VI. Mollusca 109
1) **Lamellibranchiata** 109. Asiphonida 112. *Monomyaria* 112. *Heteromyaria* 114. *Homomyaria* 116. Siphonida 118. *Integripalliata* 118. *Sinupalliata* 124.
2) **Scaphopoda** 126.
3) **Amphineura(Placophora)** 126.
4) **Gastropoda** 127. Prosobranchia 129. Heteropoda 136. Opisthobranchia 136. Pulmonata 136.
5) **Pteropoda** 137. Thecosomata 137.
6) **Cephalopoda** 138. Tetrabranchiata 139. *Nautiloidea* 142. *Ammonoidea* 145. Dibranchiata 156. *Belemnoidea* 157. *Sepioidea* 160.

VII. Arthropoda 160
1) **Crustacea** 160. Entomostraca 161. Cirripedia 161. Ostracoda 161. Phyllopoda 163. Trilobitae 163. Malacostraca 171. Leptostraca 171. Arthrostraca 172. *Isopoda* 172. *Amphipoda* 172. Thoracostraca 172. *Decapoda* 172. *Macrura* 173. *Brachyura* 173. Merostomata 174. Gigantostraca 174. Xiphosura 175.
2) **Myriapoda** 176.
3) **Arachnoidea** 176.
4) **Insecta** 177.

II. Vertebrata. Wirbeltiere.

I. Pisces 184
Selachii 186. Placodermi 188. Dipnoi 189. Ganoidei 190. Teleostei 192.

II. Amphibia 193
Stegocephala 194. *Phyllospondyli* 195. *Lepospondyli* 196. *Temnospondyli* 196. *Stereospondyli* 196. Urodela 198. Anura 198.

III. Reptilia 199
Rhynchocephalia 200. Lepidosauria 200. Ichthyosauria 201. Sauropterygia 202. Theromorpha 202. Testudinata 203. Crocodilia 203. *Parasuchia* 204. *Eusuchia* 204. *Pseudosuchia* 204. Dinosauria 204. *Sauropoda* 205. *Theropoda* 205. *Orthopoda* 205. Pterosauria 207.

IV. Aves 207
Saururae 208. Ratitae 209. *Dinornithidae* 209. Carinatae 210.

V. Mammalia 210
Monotremata 212. Marsupialia 212. Placentalia 213. Insectivora 213. Chiroptera 213. Carnivora 214. *Creodontia* 214. *Fissipedia* 214. Cetacea 215. Edentata 216. Rodentia 216. Ungulata 217. *Amblypoda* 217. *Proboscidia* 217. *Perissodactyla* 219. *Artiodactyla* 223. Prosimiae 226. Primates 227.

Abkürzungen.

A. Abkürzungen von Autoren-Namen.

Anm. Es wird daran erinnert, daß man aus dem einer jeden Gattung beigefügten Autor-Namen nicht nur ersieht, wer die betreffende Gattung zuerst als neu erkannt und in die Wissenschaft eingeführt hat, sondern daß man auch mit Hilfe eines größeren Bücherkataloges oder der Repertorien zum „Neuen Jahrbuch für Mineralogie, Geologie und Paläontologie" speziellere Literatur über die betreffende Gattung leicht auffinden kann.

A. Br. = Alexander Braun.
d'Ach. = d'Achiardi.
Adans. = Adanson.
Ag. = Agassiz.
Ait. = Aiton.
Aldrov. = Aldrovandi.
Ang. = Angelin.
Art. = Artis.
Aust. = Austin.

Barr. = Barrande.
Bast. = Basterot.
Beyr. = Beyrich.
Bill. = Billings.
Blas. = Blasius.
Blumb. = Blumenbach.
Blv. = Blainville.
Boul. = Boulenger.
Br. = Bronn.
Brgt. = Brongniart.
Brod. = Broderip.
Brug. = Bruguière.
Buckl. = Buckland.
Burm. = Burmeister.

Christ. = Christol.
Col. = Colonna.
Conyb. = Conybeare.
Crdn. = Credner.
Cuv. = Cuvier.

Dalm. = Dalman.
Davids. = Davidson.
Daws. = Dawson.
Defr. = Defrance.
Delam. = Delamétherie.
Des. = Desor.
Desm. = Desmoulins.
Douv. = Douvillé.
Duch. = Duchassing.
Duj. = Dujardin.
Dunc. = Duncan.

E. H. = Milne Edwards et Jules Haime.
Ehrb. = Ehrenberg.
Eichw. = Eichwald.
Emmr. = Emmrich.
Endl. = Endlicher.
Esp. = Esper.
Eth. = Etheridge.
Etths. = v. Ettingshausen.

Fabr. = Fabricius.
Falc. = Falconer.
F.-Big. = Faure-Biguet.
Feistm. = Feistmantel.
Fel. = Felix.
Fér. = Férussac.
Fisch. = Fischer.
Flem. = Fleming.
Forb. = Forbes.
From. = Fromentel.

Gein. = Geinitz.
Geoff. = Geoffroy.
Germ. = Germar.
Gerv. = Gervais.
Gieb. = Giebel.
Goldf. = Goldfuß.
Gr. Eu. = Grand'Eury.
Guemb. = Guembel.
Guett. = Guettard.
Gutb. = Gutbier.

Haeck. = Haeckel.
Hald. = Haldemann.
Hoern. = Hoernes.
Hutt. = Hutton.
Huxl. = Huxley.

Jaeg. = Jaeger.
Jord. = Jordan.
Juss. = Jussieu.

Keys. = Keyserling.
v. Koen. = v. Koenen.
Kön. = König.
Kütz. = Kützing.

L. = Linnée.
Lam. Lmk. = Lamarck.
Lamx. = Lamouroux.
Lart. = Lartet.
Latr. = Latreille.
Laurill. = Laurillard.
Le Sauv. = Le Sauvage.
Less. = Lesson.
Lev. = Léveillé.
Lesq. = Lesquereux.
Lindl. = Lindley.
Lindstr. = Lindström.
Linn. = Linnarson.

Mant. = Mantell.
Math. = Matheron.
M. Edw. = Milne Edwards.
Men. = Menardi.
Mer. = Merian.
Merc. = Mercati.
v. Mey. = von Meyer.
Mill. = Miller.
Moj. = Mojsisovics.
Möll. = Möller.
Mstr. = Münster.
Müll. = Müller.

Neum. = Neumayr.
Nich. = Nicholson.
Norw. = Norwood.

Ok. = Oken.
Oliv. = Olivier.

d'Orb. = d'Orbigny.
Osb. = Osborn.
Osw. = Oswald.
Ow. = Owen.

Pall. = Pallas.
Pand. = Pander.
Park. = Parkinson.
Petrschk. = Petraschek.
Phil. = Philippi.
Phill. = Phillips.
Plien. = Plieninger.
Pom. = Pomel.
Portl. = Portlock.

Qu. = Quenstedt.

Raf. = Rafinesque.
Retz. = Retzius.
Rich. = Richard.
Röm. = Römer.
Rothpl. = Rothpletz.
Rss. = Reuss.

Salt. = Salter.
Schfh. = Schafhäutl.
Schimp. = Schimper.
Schl., Schloth. = Schlotheim.
Schum. = Schumacher.
Schwag. = Schwager.
Schweigg. = Schweigger.
Schreb. = Schreber.
Scoul. = Scouler.
Scudd. = Scudder.
Sm. = Smith.
Sow. = Sowerby.
Spengl. = Spengler.
Stein. = Steiniger.
Steinm. = Steinmann.
Sternb. = v. Sternberg.
Stok. = Stokes.
Stoll. = Stolley.
Stopp. = Stoppani.
v. Stromb. = von Strombeck.
Sundv. = Sundevall.

Thom. = Thomae.
Thoms. = Thomson.
Tom. = Tomes.
Törnq. = Törnquist.
Torr. = Torrey.
Trosch. = Troschel.
T. Sm. = Toulmin Smith.

Ung. = Unger.

Val. = Valenciennes.
Van Ben. = van Beneden.

Wagn. = Wagner.
v. Wahlbrg. = von Wahlenberg.
v. Waldh. = von Waldheim.
Weyenb. = Weyenberg.
Woodw. = Woodward.
Wss. = Weiss.

Zenk. = Zenker.
v. Ziet. = von Zieten.
v. Zitt. = von Zittel.

B. Sonstige Abkürzungen.

± = mehr oder weniger.
♂ = männlich.
p. p. = pro parte (zum Teil).
♀ = weiblich.
rel. = relativ.

Berichtigung.

S. 6 Z. 3 v. ob.: Die Namen „Calcarina Spengleri" und „Mosasaurus" gehören in die nächstuntere Spalte (zum Senon).

Einleitung.

Unter *Fossilien* oder *Versteinerungen* versteht man alle Reste von Tieren oder Pflanzen, die vor der gegenwärtigen geologischen Periode gelebt haben und in den Schichten der Erdrinde erhalten blieben. Die Wissenschaft, die sich mit jenen alten Wesen beschäftigt, ist die *Palaeontologie.* Sie zerfällt, da die Reste teils tierischen, teils pflanzlichen Ursprungs sind, in *Palaeozoologie* und *Palaeophytologie.* Auch in jenen frühen Zeiten fand eine beständige Umgestaltung der Faunen und Floren statt, und nach dem jeweiligen Gesamtcharakter der organischen Welt gliedert man jene ungeheuren Zeiträume in drei große „Zeitalter": das älteste oder *paläozoische*, das mittlere oder *mesozoische* und das jüngste oder *känozoische*, welch letzteres auch die Gegenwart einschließt. Jedes dieser Zeitalter zerfällt nun wieder nach gleichem Gesichtspunkt in eine Anzahl von „Perioden" und die Gesteinskomplexe, die sich während einer jeden derselben bildeten, nennt man *„Formationen"* (Systeme). Letztere setzen sich aus Sedimentär- und Eruptivgesteinen zusammen. Natürlich enthalten nur die ersteren Fossilien. Diejenigen Fossilien nun, die auf eine einzige Formation oder innerhalb derselben auf bestimmte Schichten beschränkt, für diese also bezeichnend sind, nennt man *„Leitfossilien"*. Auch nach andern Seiten hin können Versteinerungen ein besonderes Interesse gewinnen, z. B. wenn sie *„Embryonal"*- oder *„Kollektivtypen"* darstellen. Man versteht unter *Embryonaltypen* fossile Formen, welche, mit ihren lebenden Verwandten verglichen, embryonale oder doch sehr jugendliche Merkmale zur Schau tragen; unter *Kollektivtypen* solche, welche in sich Merkmale vereinigen, die bei geologisch jüngeren oder lebenden Verwandten auf verschiedene Gattungen oder Familien verteilt erscheinen. So können die zeitlebens gestielten Crinoideen, mit Comatula verglichen, welche in der Jugend mit einem Stiel versehen ist, später aber sich von ihm loslöst und frei wird, als permanente Jugendformen bez. Embryonaltypen betrachtet werden. *Archaeopteryx* stellt uns das Beispiel eines Kollektivtypus dar, denn er besitzt neben Merkmalen, wie sie den Vögeln eigen sind (Befiederung, Bau des Schädels und der Hinterextremität usw.), auch solche, wie sie den Reptilien zukommen (amphicöle Wirbel, Ausbildung der Rippen, distal getrennte Metacarpalia, Form der Phalangen). Sein langer Schwanz und die Bezahnung der Kiefer können dagegen ebensogut als embryonale Merkmale aufgefaßt werden, denn bei zahlreichen jungen Vögeln wird eine ebenso große Zahl von Schwanzwirbeln angelegt und ebenso sind bei Embryonen verschiedener Vögel Anlagen von Zahnpapillen nachgewiesen. In der produktiven Steinkohlenformation von Commentry (Dept. de l'Allier) kommt ein fossiles Insekt, *Protophasma Dumasii* Brgt. vor, dessen Leib nach dem Typus der Orthopteren gebaut ist, während die Flügel nach Art und Weise der typischen Neuropterenflügel ausgebildet sind. Es vereinigt also Eigentümlichkeiten in seinem Körperbau, welche bei den rezenten Insekten verschiedenen Ordnungen derselben zukommen, und ist daher als Kollektivtypus zu betrachten.

Das Studium der Fossilien hat ferner ergeben, daß häufig die Entwicklungsgeschichte (*Ontogenie*) einer lebenden Form sich wiederspiegelt in dem Entwicklungsgang, den der ganze Stamm, zu dem sie gehört, im Laufe der geologischen Zeitabschnitte genommen hat (*Phylogenie*). So besitzen die Embryonen unserer jetzt lebenden Kamele und Lamas *getrennte Metapodien* (Mittelfußknochen), welche später verschmelzen. Ferner finden sich im Milchgebiß des Oberkiefers von Camelus die Schneidezähne noch in der ursprünglichen Zahl 3, während in dem definitiven Gebiß die beiden vorderen verkümmern und der dritte eckzahnähnlich wird. Auch beobachtet man bei jungen Kamelen zuweilen 3—4 Prämolaren. Hingegen besitzt das erwachsene Kamel die Zahnformel $\frac{1}{3}\,i,\ \frac{1}{1}\,c,\ \frac{3}{2}\,pm,\ \frac{3}{3}\,m$. Nun kommen im Eocän Nordamerikas Kamelidenreste vor, die Unterfamilie der Leptotragulinae bildend, welche noch vierzehige Extremitäten mit *getrennten Metapodien* und ein *vollständiges* Gebiß besitzen, nämlich 44 Zähne in der Zahnformel $\frac{3}{3}\,i,\ \frac{1}{1}\,c,\ \frac{4}{4}\,pm,\ \frac{3}{3}\,m$. Von ihnen besaß die Gattung *Leptotragulus* die Größe eines jungen Rehes. Im Untermiocän erscheint die Unterfamilie der Poëbrotherinae mit Formen wie Poëbrotherium von der Größe eines Zwerghirsches mit *zweizehigen* Extremitäten; doch sind die Metapodien noch getrennt und das Gebiß vollständig. Dahingegen sind in der Unterfamilie der *Protolabinae* bei der Gattung Protolabis im oberen Miocän und unteren Pliocän von der Größe eines virginischen Hirsches die beiden Metapodien *verschmolzen*; das Gebiß ist noch vollständig, doch der dritte Inzisiv bereits eckzahnähnlich geworden. Bei der zur gleichen Unterfamilie gehörenden Gattung *Procamelus* endlich, deren Arten in der Größe zwischen dem heutigen Kamel und Lama schwanken, sind die Metapodien verschmolzen und das Gebiß in bezug auf die Inzisiven reduziert, indem es die Zahnformel zeigt: $\frac{1}{3}\,i,\ \frac{1}{1}\,c,\ \frac{4}{4}\,pm,\ \frac{3}{3}\,m$. Die Übereinstimmung der ontogenetischen und phylogenetischen Entwicklung tritt bei der Familie der Camelidae also in auffallender Weise zutage. Ähnlich verhält es sich bei den Hirschen in bezug auf ihre Geweihentwickelung. Es sind dies Resultate, welche wichtige Stützen für Haeckels „biogenetisches Grundgesetz" geworden sind, nach welchem die Entwickelungsgeschichte des Individuums nur eine kurze und vereinfachte Wiederholung des Entwicklungsganges der Art und des ganzen Stammes darstellt.

Die Organismen haben während ihres Eingebettetseins in dem umhüllenden Gestein Veränderungen erlitten. Diesen Vorgang bezeichnet man als den „*Fossilisationsprozeß*"; die Beschaffenheit, in welcher der Rest selbst uns überliefert ist, als seinen „*Erhaltungszustand*". Nur in *einem* Falle sind uns Fossilreste fast unverändert überliefert worden, nämlich einige im sibirischen Eise eingefrorene und dadurch konservierte Kadaver vom Mammut und Rhinozeros, bei denen außer Haut und Haaren auch das Fleisch und der Mageninhalt noch erhalten waren. Unter den übrigen Erhaltungszuständen kann man folgende Arten unterscheiden:

1. ***Verkohlung.*** Sie findet sich vorzugsweise bei Pflanzenfossilien und besteht in einer bei beschränktem oder verhindertem Luftzutritt stattfindenden Anreicherung des in der Pflanzenfaser bzw. der Zellulose enthaltenen Kohlenstoffes unter gleichzeitigem Verlust von Sauerstoff und Wasserstoff. Diese entweichen teils mit einem Teile des Kohlenstoffes zu Kohlensäure und Kohlenwasserstoffen, teils untereinander zu Wasser verbunden. Einzelne Stadien dieses Prozesses sind uns durch Torf, Braunkohle, Steinkohle, Anthrazit und Graphit vor Augen geführt. Im allgemeinen nämlich nimmt der Kohlenstoffreichtum der Kohlengesteine in demselben Maße zu, je geologisch älter sie sind. Lokale Vorgänge, wie gebirgsbildender Druck und die Einwirkung von hoher Temperatur von seiten glutflüssiger Gesteine können indes den Verkohlungsprozeß beschleunigen. Liegen die verkohlenden Pflanzenreste in großen Mengen übereinander, so entsteht schließlich eine kompakte Kohlenmasse, in der nur noch Spuren der einstigen Zellstruktur wahrzunehmen sind. Werden sie dagegen mehr einzeln in feines z. B. thoniges Gesteinsmaterial eingebettet, so zeigen die aus ihnen entstehenden Kohlenhäutchen und -rinden oft die zartesten Strukturmerkmale und hinterlassen selbst im Falle ihrer späteren Wegführung im Gestein einen mehr oder weniger deutlichen Abdruck. Tierreste liegen seltener im verkohlten Zustande vor (z. B. Insekten im Bernstein, Graptolithen, Haut vom Ichthyosaurus).

2. ***Verwesung.*** Während Organismen ohne Hartgebilde durch diesen Prozeß vollständig verschwinden und höchstens in äußerst feinkörnigen Gesteinen einen zarten Abdruck hinterlassen (Quallenabdrücke im lithographischen Kalkstein von Solnhofen), werden durch ihn auch die Hartgebilde selbst ihrer organischen Beimengungen beraubt. So verlieren Knochen ihren Gehalt an Fetten und Leim, Molluskenschalen ihr organisches Substrat und die an dieses gebundenen Farbstoffe. Letztere Vorgänge bezeichnet man speziell als „*Kalzinierung*".

3. ***Inkrustation.*** Wird ein organischer Rest durch den Absatz einer z. B. kieselsäure- oder kalkhaltigen Lösung mit einer mineralischen Rinde umgeben, so entsteht eine Inkrustation. Dieser Vorgang findet häufig noch in der Gegenwart statt (Absatz von Kalksinter an den Wasserfällen von Tivoli bei Rom, von Aragonit im Karlsbader Sprudel, von Kieselsinter oder Geyserit an den Geysirs im Yellowstone Nationalpark). Häufig wird der eingeschlossene Körper später aufgelöst, so daß sich statt seiner ein Hohlraum bildet, der an seiner Begrenzungsfläche den Abdruck der ehemaligen Oberfläche des Restes zeigt.

4. ***Versteinerung*** (*Petrefizierung*). Werden tierischen oder pflanzlichen Resten Lösungen zugeführt, welche mineralische Stoffe enthalten, und setzen sich letztere in den ehemals von organischer Substanz oder von Luft erfüllten Hohlräumen der Reste, bei Pflanzen auch innerhalb der Zellmembranen selbst wieder ab, so entsteht eine „*Versteinerung*". Die häufigsten Versteinerungsmittel sind Kalkkarbonat und Kieselsäure, letztere in den verschiedensten Modifikationen als wasserfreie (Quarz, Hornstein, Feuerstein), oder wasserhaltige, amorphe Kieselsäure (Opal); seltener sind: Dolomit, Fluorit, Gips, Schwerspat, Talk usw. Treten Erze als Ver-

steinerungsmittel auf, so spricht man von einer „*Vererzung*“, bzw., wenn es Kiese sind, von einer „*Verkiesung*“. Besonders häufig wird sie bewirkt durch Pyrit, Markasit, Kupferkies (Fische im Kupferschiefer von Eisleben), Roteisenerz, Sphärosiderit, seltener Vivianit, Zinkspat (Galmei) usw. Der einfachste Fall von Versteinerung besteht darin, daß die Mineralsubstanz des tierischen oder pflanzlichen Hartgebildes ohne wesentliche Änderung ihrer *chemischen* Zusammensetzung (stets indes mit Verlust des organischen Gehaltes) eine Änderung in *struktureller* Hinsicht erfährt. Man bezeichnet diesen Vorgang als „*Paramorphose*“. Durch ihn nimmt z. B. jedes einzelne Stielglied eines Crinoiden, jeder Stachel und jedes Täfelchen des Gehäuses eines Seeigels das physikalische Verhalten eines einheitlichen Kalkspatindividuums an und zeigt eine ausgezeichnete rhomboëdrische Spaltbarkeit. Dabei verliert es auch seine ursprünglich maschige Struktur und wird durch die „Infiltration“ mit Kalkkarbonat kompakt. Die Kalkscheide der Belemniten wird zu einem Gebilde aus fasrigen Kalkspatindividuen mit regelmäßiger, radialstrahliger Stellung; die blättrig oder prismatisch struierten Schalen von Mollusken nehmen die kristallinische Beschaffenheit des Kalkspates an. Öfters indes findet der Versteinerungsprozeß in Form einer *Pseudomorphosen*bildung derart statt, daß die ursprüngliche Substanz z. B. des tierischen Skeletts weggeführt und durch eine andere ersetzt wird. So sind z. B. die ursprünglich kalkigen Skelette der Korallen und vieler Spongien sowie die Schalen der Conchylien häufig verkieselt. Oft beginnt dieser Verkieselungsprozeß mit der Bildung von kleinen, konzentrischen Ringen auf der Oberfläche des betr. Körpers, der „*Verkieselungsringe*“ (z. B. auf Ostreen der weißen Kreide, Terebrateln aus weißem Jura).

5. ***Abformung.*** In vielen Fällen werden bei Gehäusen z. B. von Mollusken oder Seeigeln die einst vom Tier erfüllten Hohlräume von Mineralsubstanzen oder eindringendem Sand und Schlamm (später zu Sandstein bzw. Kalkstein usw. erhärtend) erfüllt. Wird dann später das Gehäuse durch Auflösung entfernt, so bleibt nur sein innerer Ausguß als „*Steinkern*“ und in dem umgebenden Gestein die Abformung der Oberfläche als „*Abdruck*“ zurück. Durch Ausfüllen des letzteren mit Modellierwachs oder Guttapercha kann man sich ein Modell des ehemaligen Körpers herstellen.

6. ***Fährten.*** Zu den Fossilien rechnet man schließlich auch die Fährten, welche die verschiedensten Tiere in den verschiedensten Schichten hinterlassen haben. Am deutlichsten sind natürlich die Fußspuren von Wirbeltieren, doch auch die niederen Tiere (Asteriden, Anneliden, Krebse) haben oft deutliche Spuren hinterlassen. Viele derartige Bildungen sind früher als „*Algen*“ gedeutet und beschrieben worden.

Außer den obengenannten Veränderungen *chemischer* Natur haben die Versteinerungen sehr häufig *mechanische* Formveränderungen „*Deformationen*“ erlitten, bald durch Druck der über ihnen liegenden Gesteinsmassen, bald bei der Gebirgsbildung. Sie sind gequetscht, verdrückt, gedehnt, zerrissen usw., kurz in mannigfaltiger Weise „deformiert“. —

Eine Übersicht über die geologische Zeiteinteilung und die für jede Formation bzw. Formationsstufe charakteristischsten Fossilien gibt nachfolgende Tabelle.

III. Känozoisches Zeitalter (Kaenozoicum).

Formationen (Perioden)	Formationsabteilungen	Charakteristische Fossilien
11. Quartär Aussterben altertümlicher Formen wie Elefant, Rhinozeros, Tapir. Reiche Entwicklg. d. Paarhufer.	**b) Alluvium** Torfmoore. Korallenbauten.	Flora und Fauna der Jetztzeit.
In Zentraleuropa erst Steppen-, dann Wald-Fauna.	**a) Diluvium** Postglaziale Bildungen.	Alactaga jaculus. Equus caballus fossilis. Antilope saiga. Cervus euryceros. Bison priscus. Bos primigenius.
Eiszeit. Nordische Formen gehen weit nach Süden. Die ersten Spuren des Menschen in Europa.	Glaziale bzw. interglaziale Bildungen.	Myodes torquatus. Ursus spelaeus. Hyaena spelaea. Felis spelaea. Elephas primigenius u. antiquus. Rhinoceros tichorhinus. Ovibos moschatus. Rangifer tarandus.
10. Tertiär Auftreten vieler rezenter Arten. Palmen in Europa fast verschwunden. Liquidambar, Juglans, Aesculus. Fagus. Corylus. Vitis. Carpinus. Erstes Auftreten von Canis, Elephas u. Equus.	**b) Neogen** Pliocän	Congeria subglobosa. Melanopsis Martiniana. Hippopotamus major. Dinotherium giganteum. Elephas meridionalis. Hipparion gracile. Equus Stenonis. Machairodus cultridens. Mesopithecus Pentelici. Pithecanthropus erectus.
In Zentraleuropa Palmen, Kampfer- u. Zimtbäume, Magnolien, Myrten und viele andere immergrüne Bäume. Erstes Erscheinen der Proboscidier: Dinotherium. Zahlreiche Rhinoceronten. Affen.	Miocän	Scutella subrotundata. Clypeaster altecostatus. Ostrea longirostris. Dreissensia Brardi. Ficula reticulata. Machairodus Jourdani. Mastodon angustidens. Miohippus. Anchitherium Aurelianense. Rhinoceros incisivum. Dryopithecus Fontani.
Palaeotherien u. Ur-Carnivoren (Creodontia).	**a) Palaeogen**	
In Zentraleuropa neben tropischen zahlreiche subtropische Pflanzenformen. Erstes Auftreten der Rhinocerinen.	Oligocän	Sequoia Couttsiae. Pinus succinifera (Bernsteinfichte). Sabal. Chamaerops. Echinolampas Kleini. Ostrea callifera. Cyprina rotundata. Leda Deshayesiana. Pectunculus obovatus. Palaeotherium magnum.
In Zentraleuropa eine echt tropische Flora. Reichste Entwicklung der Nummuliten, dageg. sind Hippuriten, Belemniten, Ammoniten, Ichthyosaurier, Plesiosaurier, Pterosaurier vollständig ausgestorben.	Eocän	Nummulites. Conoclypeus conoideus. Fimbria lamellosa. Pectunculus pulvinatus. Fusus longaevus. Cerithium giganteum u. serratum. Rostellaria fissurella. Nautilus imperialis. Cynodon. Loxolophodon mirabile. Coryphodon. Eohippus. Lophiodon.

II. Mesozoisches Zeitalter (Mesozoicum).

Formationen (Perioden)	Formations-abteilungen	Charakteristische Fossilien
9. Kreide Viel Foraminiferen, Spongien, Korallen, Bryozoën. Reichste Entfaltung der Chamiden u. Hippuriten. Zahlreiche Nebenformen der Ammoniten. Erstes Auftreten der dikotylen Laubhölzer.	**b) Obere Kreide** Danien	Calcarina Spengleri. Ananchytes sulcata. Nautilus danicus. Dromiopsis rugosa. Mosasaurus.
	Senon	Coeloptychium. Cyclolites elliptica. Parasmilia centralis. Ananchytes ovata. Marsupites ornatus. Gryphaea vesicularis. Trigonia aliformis. Baculites Faujasi. Actinocamax quadratus. Belemnitella mucronata. Heteroceras polyplocum.
	Turon	Inoceramus Brongniarti u. Cuvieri. Spondylus spinosus. Plagioptychus Aquilloni. Hippurites cornu vaccinum. Biradiolites cornu pastoris. Radiolites angeiodes. Scaphites Geinitzi. Pachydiscus peramplus. Ptychodus latissimus.
	Cenoman	Credneria. Orbitulina concava. Discoidea cylindrica. Rhynchonella compressa. Ostrea carinata. Exogyra columba. Pecten asper. Caprina communis. Protocardia Hillana. Schlönbachia varians. Amm. (Acanthoceras) Rhotomagensis.
	a) Untere Kreide Gault. Albien	Inoceramus concentricus und sulcatus. Caprina Choffati. Amm. (Acanthoceras) mammillare u. Milletianum. Schlönbachia inflata. Crioceras Astierianum. Ancyloceras. Turrilites catenatus. Ptychoceras. Hamites attenuatus. Belemnites minimus.
	Aptien. Urgonien	Orbitulina lenticularis. Monopleura varians. Requienia ammonia. Hoplites Deshayesi. Oppelia nisoides. Acanthoceras Martini. Belemnites Ewaldi u. brunsvicensis.
	Neocom. Wealden	Neoc.: Toxaster complanatus. Hoplites neocomiensis u. noricus. Holcostephanus Astieri. Crioceras Duvali. Belemnites latus. Ancyloceras Matheroni. Weald.: Cyrena ovalis. Melania strombiformis. Cypris Waldensis. Iguanodon.
8. Jura Hauptentwicklung d. Ammoniten, Belemniten und Reptilien. Sehr viel riffbauende Korallen und Spongien, zahlreiche Krokodile, Dinosaurier,	**c) Malm** Tithon und Purbeck	Ellipsactinia. Terebratula diphya und janitor. Diceras Luci. Nerinea. Phylloceras ptychoicus. Perisphinctes transitorius. Aspidoceras cyclotus. Aptychus latus. Lepidotus maximus. Leptolepis sprattiformis. Pterodactylus. Ramphorhynchus. Archaeopteryx.
	Kimmeridge	Montlivaltia obconica. Thecosmilia trichotoma. Isastraea helianthoides. Thamnastraea viele sp. Rhynchonella lacunosa. Exogyra virgula. Trigonia suprajurensis. Natica globosa. Pteroceras Oceani. Nerinea tuberculosa. Perisphinctes polyplocus. Oppelia tenuilobata. Reineckia Eudoxa.
	Oxford	Cidaris coronata und florigemma. Hemicidaris crenularis. Echinobrissus scutatus. Megerlea pectunculus. Waldheimia impressa. Trigonia clavellata. Diceras arietinum. Peltoceras transversarius. Cardioceras cordatum.
	b) Dogger Kelloway. Callovién	Pholadomya Murchisoni. Trigonia costata. Cardioceras Lamberti. Cosmoceras ornatum u. Jason. Macrocephalites macrocephalus. Belemnites semihastatus.
	Bathonien	Rhynchonella varians. Terebratula bullata. Rostellaria Parkinsoni. Oppelia aspidioides. Parkinsonia Parkinsoni.

Flugsaurier, Schildkröten. Weite Verbreitung der Beuteltiere. Die Flora aus Kryptogamen, Koniferen und Cycadeen. Gänzliches Fehlen d. Amphibien.	Bajocien	Pentacrinus pentagonalis. Pecten personatus. Inoceramus polyplocus. Trigonia navis. Lucina plana. Pholadomya transversa. Harpoceras opalinus u. Murchisonae. Belemnites giganteus.
	a) Lias	Hauptentwicklung der Ichthyosaurier u. Plesiosaurier.
	Oberer Lias	Pentacrinus briareus. Posidonomya Bronni. Pecten contrarius. Lytoceras jurensis. Harpoceras bifrons und radians. Belemnites digitalis und acuarius. Geoteuthis bollensis. Ichthyosaurus, Plesiosaurus. Teleosaurus.
	Mittlerer Lias	Pentacrinus basaltiformis. Rhynchonella rimosa. Terebratula (Zeilleria) nummismalis. Gryphaea cymbium. Amaltheus margaritatus, spinatus u. ibex. Aegoceras Davoei u. capricornus. Lytoceras fimbriatum. Belemnites paxillosus.
	Unterer Lias	Spiriferina Walcotti. Gryphaea arcuata. Turritella nucleata. Arietites bisulcatus, obtusus, raricostatus und spiratissimus. Oxynoticeras oxynotus. Lima gigantea. Schlotheimia angulata. Psiloceras planorbis. Belemnites acutus.
7. Trias Hauptentwicklung d. Labyrinthodonten. Auftreten der ersten echten Ammoniten u. der ersten Säugetiere (Beuteltiere) u. langschwänzigen Krebse. In der alpinen Trias als palaeozoische Relikte d. letzten Orthoceren und Tetracoralla. Flora mit riesigen Schachtelhalmen, Farnen, Koniferen und viel Cycadeen. Die letzte Sigillaria.	**c) Keuper** Oberer Keuper = Rhät	Clathropteris platyphylla. Nilssonia polymorpha. Pterophyllum Brauni. Rhabdophyllia clathrata. Avicula contorta. Megalodon triqueter. Choristoceras Marshi. Erstes Säugetier: Microlestes.
	Mittl. Keuper. Juvavische od. norische Stufe in den Alpen	Monotis salinaria. Cladiscites tornatus. Arcestes gigantogaleatus u. intuslabiatus. Pinacoceras Metternichi. Trachyceras. Joannites. Orthoceras dubium. Semionotus.
	Unt. Keuper. Lettenkohlengruppe. Karnische Stufe i. d. Alp.	Equisetum arenaceum. Danaeopsis lunzensis. Pterophyllum Jaegeri. Glyptolepis keuperiana (Konifere). Pachycardia rugosa. Myophoria Goldfussi u. Kefersteini. Tropites subbullatus. Lingula tenuissima. Daonella Lommeli. Estheria minuta. Ceratodus. Mastodonsaurus giganteus.
	b) Muschelkalk Oberer oder Haupt-Muschelkalk	Encrinus liliiformis. Gervillia socialis u. costata. Lima striata. Monotis Alberti. Pecten discites. Ceratites nodosus. Nautilus bidorsat. Pemphyx Sueuri. Saurichthys. Acrodus. Hybodus. Nothosaurus.
	Mittlerer Muschelkalk	Lingula tenuissima. Mytilus eduliformis. Gervillia socialis. Myophoria vulgaris u. orbicularis. Gyrolepis.
	Unterer Muschelkalk	Retzia trigonella. Spiriferina hirsuta u. fragilis. Terebratula vulgaris. Myophoria orbicularis und vulgaris. Pecten laevigatus. Lima lineata. Pseudomelania scalata. Natica gregaria. Dentalium torquatum. Beneckeia Buchi.
	a) Buntsandstein Oberer Buntsandstein = Röth	Equisetum Mougeoti. Voltzia heterophylla. Sigillaria oculina (letzte Sigill.!) Rhizocorallium Jenense. Myophoria costata u. vulgaris. Beneckeia tenuis.
	Mittl. Buntsandstein od. Hauptbuntsandst.	Gervillia Murchisoni. Estheria Alberti. Chirotherium. Trematosaurus Brauni.
	Unterer Buntsandstein.	Avicula (Pseudomonotis) Clarai. Myacites (Pleuromya) Fassaensis. Naticella costata. Turbo rectecostatus. Ceratites (Tirolites) cassianus. Estheria minuta.

I. Paläozoisches Zeitalter (Palaeozoicum).

Formationen (Perioden)	Formationsabteilungen	Charakteristische Fossilien
6. Perm oder **Dyas** Erstes Auftreten der Reptilien, zahlreicheAmphibien (Stegocephalen) und heterocerke Ganoidfische. Flora vorwiegend aus Gefäßkryptogamen, daneben einzelne Koniferen.	**b) Zechstein** u. Kupferschiefer	Ullmannia. Fenestella retiformis. Spirifer undulatus (= alatus). Camarophoria Schlotheimi. Productus horridus. Terebratula (Dielasma) elongata. Strophalosia Goldfussi. Schizodus obscurus. Avicula (Pseudomonotis) speluncaria. Platysomus gibbosus. Palaeoniscus Freieslebeni. Proterosaurus.
	a) Rotliegendes	Callipteris conferta. Psaronius. Medullosa stellata. Calamites gigas. Arthropitys. Calamodendron striatum. Walchia piniformis. Blattina anthracophila. Xenacanthus Decheni. Acanthodes gracilis. Amblypterus macropterus. Branchiosaurus amblystomus. Acanthostoma. Archegosaurus. Palaeohatteria.
5. Karbon Größte Entwicklung der Gefäßkryptogamen: Farne, Schachtelhalme (Kalamiten) u. baumförmige Lycopodiaceen (Lepidodendron und Sigillaria) die ersten Urvierfüßler (Eotetrapoden): Amphibien. Letzte Trilobiten (Phillipsia). Viel Crinoideen u. Blastoideen.	**b) Ober-Karbon** Oberer Kohlenkalk und oberes produktives Karbon.	Pecopteris arborescens und muricata. Neuropteris flexuosa. Sphenopteris elegans. Sphenophyllum emarginatum. Calamitina varians. Asterophyllites equisetiformis. Annularia longifolia. Lepidodendron selaginoides. Sigillaria alternans. Cordaites. Fusulina cylindrica. Schwagerina princeps. Archaeocidaris rossica. Productus carbonarius. Spirifer mosquensis. Glyphioceras diadema. Aviculopecten papyraceus. Viel Knorpelfische.
	a) Unter-Karbon Unterer Kohlenkalk, unteres produktives Karbon und Kulm.	Archaeocalamites radiatus (= transitionis). Lepidodendron Veltheimianum. Knorria imbricata. Productus giganteus. Chonetes papilionacea. Spirifer tornacensis. Posidonomya Becheri. Chiton priscus. Goniatites (Glyphioceras) sphaericus u. (Brancoceras) rotatorius. Phillipsia gemmulifera.
4. Devon Hauptentwicklung der Placodermen (Panzerganoiden: Cephalaspis, Pterichthys, Coccosteus, Asterolepis). Viel Tetracoralla, lokal riffbildend und	**c) Ober-Devon**	Phillipsastraea Hennahi. Rhynchonella cuboides. Spirifer Verneuili. Buchiola retrostriata. Clymenia laevigata u. undulata. Goniatites simplex u. intumescens. Cypridina serrato-striata. Phacops anophthalmus.
	b) Mittel-Devon	Cyathophyllum hexagonum u. caespitosum. Cystiphyllum vesiculosum. Aulopora repens. Alveolites suborbicularis. Stromatopora. Amphipora ramosa. Calceola sandalina. Rhodocrinus crenatus. Cupressocrinus crassus. Favosites polymorpha. Heliolites porosa. Uncites gryphus. Stringocephalus Burtini. Spirifer speciosus und cultrijugatus. Athyris concentrica. Orthis striatula. Megalodon cucullatus. Gyroceras nodosum. Dalmania rugosa. Phacops cephalotes u. Schlotheimi. Bronteus speciosus.

Tabulata. Brachiopoden. Goniatiten Clymenien. Starker Rückgang der Trilobiten. Lokal Landpflanzen.	**a) Unter-Devon**	Pleurodictyum problematicum. Ctenocrinus typus. Spirifer primaevus, paradoxus, togatus und Hercyniae. Orthis hysterita. Pentamerus Sieberi u. costatus. Chonetes sarcinulata. Cucullella solenoides. Pterinea lineata und costata. Platyceras naticoides. Phacops Ferdinandi. Cryphaeus laciniatus. Homalonotus crassicauda u. gigas. Tentaculites scalaris.
3. Silur Graptolithen. Hauptentwicklung der Trilobiten, Nautileen und Cystideen. Fast ausschließlich wirbellose Tiere, doch die ersten Knorpelfische. Viel Brachiopoden und Korallen, diese lokal riffbildend (Tetracoralla und Tabulata). Erste (vereinzelte) Landpflanzen, viel Algen und Tange.	**b) Ober-Silur**	Girvanella problematica. Favosites gothlandica. Omphyma subturbinata. Goniophyllum pyramidale. Heliolites interstinctus. Halysites catenularia. Monograptus colonus u. turriculatus. Rastrites Linnéi. Chonetes striatella. Orthis elegans u. biloba. Tentaculites annulatus. Orthoceras annulatum. Cyrtoceras corbulatum. Phragmoceras ventricosum. Lituites simplex. Trochoceras placidum. Beyrichia tuberculata. Calymene Blumenbachi. Encrinurus punctatus. Pterygotus Oesiliensis. Eurypterus Fischeri. Onchus.
	a) Unter-Silur	Diplograptus pristis. Didymograptus pennatulus. Phyllograptus typus. Tetragraptus bryonoides. Glyptosphaerites Leuchtenbergi. Caryocystites granatum. Echinoencrinus striatus. Echinosphaerites aurantium. Orthis calligramma. Platystrophia lyux. Orthoceras (Endoceras) vaginatum und duplex. Lituites lituus. Dalmania socialis. Trinucleus Goldfussi. Asaphus expansus. Illaenus crassicauda. Megalaspis planilimbata. Chasmops Odini.
2. Kambrium Die Fauna besteht wesentlich aus Trilobiten und Brachiopoden, unter letzteren viel hornschalige Formen (Linguliden). Die Flora nur aus Algen u. Tangen.	**c) Ober-Kambrium**	Dictyonema flabelliformis. Lingula (Lingulella) Davisii. Obolus Apollinis. Orthis lenticularis. Agnostus pisiformis und gibbosus. Olenus truncatus. Peltura scarabaeoides. Parabolina spinulosa. Dikelocephalus.
	b) Mittel-Kambrium	Paradoxides Oelandicus, Tessini u. spinosus. Ellipsocephalus Hoffii, Conocoryphe Sulzeri. Agnostus laevigatus.
	a) Unter-Kambrium	Fucoiden. Medusenreste (Medusina cristata). Lingulella primaeva u. ferruginea. Scolithus. Olenellus Kjerulfi u. gigas.
1. Präkambrium	**= Algonkium**	Radiolarien. Discina. Lingula. Hyolithes.

Erster Teil.

Pflanzenreich.

Systematische Übersicht.

I. Cryptogamae. Sporenpflanzen.

Erster Stamm: *Thallophyta.* Thallophyten.
1. Klasse: *Algae.* Algen und Tange.
2. Klasse: *Fungi.* Pilze (einschl. *Lichenes.* Flechten).

Zweiter Stamm: *Bryophyta.* Bryophyten.
Klasse: *Muscineae.* Moose.

Dritter Stamm: *Pteridophyta.* Gefäßkryptogamen.
1. Klasse: *Filicaceae.* Farne.
2. Klasse: *Rhizocarpeae.* Wasserfarne.
3. Klasse: *Calamarieae.* Schachtelhalme und Kalamiten.
4. Klasse: *Sphenophylleae.*
5. Klasse: *Lycopodiaceae.* Bärlappe.

II. Phanerogamae. Blütenpflanzen.

Erster Stamm: *Gymnospermae.* Nacktsamige Blütenpflanzen.
1. Klasse: *Cycadaceae.* Palmfarne und Sagopalmen.
2. Klasse: *Cordaiteae.* Kordaiten.
3. Klasse: *Coniferae.* Nadelhölzer.

Zweiter Stamm: *Angiospermae.* Bedecktsamige Blütenpflanzen.
1. Klasse: *Monocotylae.* Einsamenlappige Blütenpflanzen.
2. Klasse: *Dicotylae.* Zweisamenlappige Blütenpflanzen.

I. Cryptogamae. Sporenpflanzen.

Blütenlose Pflanzen, deren Fortpflanzung entweder ungeschlechtlich (durch Teilung oder Sporenbildung) oder geschlechtlich erfolgt. Die ♂ Geschlechtsorgane heißen *Antheridien*, sie bilden die *Spermatozoiden;* die ♀ sind die *Oogonien;* ihr Inhalt wächst zu einer oder mehreren ♀ Geschlechtszellen, den „Eizellen“ aus. Die geschlechtlich erzeugten Sporen heißen *Oosporen.*

Erster Stamm. Thallophyta. Thallophyten.

Der Pflanzenkörper bildet einen *Thallus,* d. h. es läßt sich an ihm keine deutliche morphologische Differenzierung in Blatt, Stamm und Wurzel erkennen. Kambrium—Jetzt.

1. Klasse. Algae. Algen und Tange.

Thallus chlorophyllhaltig, *ein-* oder *viel*zellig. Fortpflanzung durch Teilung oder durch Sporen. Meistens Wasserbewohner und zwar sowohl des Süß- als des Salzwassers. Auch die Landbewohner finden sich nur an feuchten Orten. Dimensionen sehr wechselnd: viele Formen sind von mikroskopischer Kleinheit, manche marine Tange messen bis 300 m. Im allgemeinen ist der Thallus leicht vergänglich, die fossilen Reste der Algen daher meist undeutlich und viele dafür gehaltene Bildungen zweifelhaft. Von vielen der letzteren ist nachgewiesen, daß sie keine Algen sind, sondern verschiedenartigen Vorgängen ihre Entstehung verdanken (rieselndes Wasser, Druck), andere sind Kriechspuren von Seetieren. Zuweilen imprägniert sich bereits bei der lebende Pflanze der Thallus mit Kieselsäure oder Kalkkarbonat und wird dadurch erhaltungsfähig.

1. ***Diatomaceae*** (= *Bacillariaceae*), Kieselalgen (Fig. 1). Stets mikroskopisch kleine ($^1/_4$—$^1/_{200}$ mm), einzellige Algen, deren Membran von amorpher Kieselsäure imprägniert ist. Diese meist zierlich skulpturierte Kieselhülle besteht aus zwei etwas ungleichen Teilen, den „*Schalen*" (Platten oder Valves). Die Ränder derselben greifen etwas übereinander, wie der Deckel über eine Schachtel. Diese übergreifende Zone nennt man die *Konnektivzone* oder den Gürtelring, die umgebogenen Schalenränder selbst die *Gürtelbänder.* Die Vermehrung erfolgt durch Teilung, indem die beiden Hälften des Kieselpanzers auseinanderfallen und sich in jeder eine neue Schalenhälfte bildet. Form und Verzierung der Schalen ist sehr mannigfaltig. Die Diatomeen leben im Süß-, Brack- oder Salzwasser, nur wenige an feuchten Stellen auf der Erde.

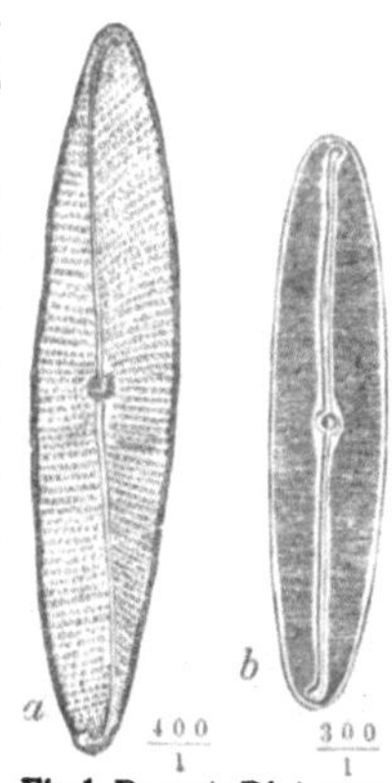

Fig. 1. Rezente Diatomeen. *a Scoliopleura tumida Bréb.* *b Navicula Liber Smith.*

Die Süß- und Brackwasserformen kommen zuweilen miteinander vermengt vor, dagegen bleiben die Arten des Meerwassers scharf von den anderen getrennt. Alle leben meist sehr gesellig. Ihre Kieselpanzer bilden häufig Absätze von erheblicher Mächtigkeit: Infusorienerde, Diatomeenerde, Bergmehl, Tripel, Kieselguhr oder Polierschiefer. Man kennt dergleichen seit dem Tertiär. Manche solcher Absätze bestehen vorwiegend nur aus einer oder doch nur wenigen Arten, andere sind sehr formenreich. Die Kieselguhr von Richmond in Virginien enthält 112 Arten; dagegen besteht der Polierschiefer von Bilin fast ausschließlich aus der kurz zylindrischen *Melosira* (*Gallionella*) *distans* Kütz., das Bergmehl von Eger zum größeren Teil aus *Campylodiscus clypeus* Ehrb. mit rundlichen, sattelförmig gebogenen, in der äußeren Hälfte mit kurzen breiten Rippen bedeckten Platten. Die ältesten Formen kennt man aus Lias, doch findet man sie während des Mesozoicum nur vereinzelt.

2. ***Siphoneae.*** Schlauchalgen (Figg. 2—7). Thallus oft sehr regelmäßig verzweigt, nackt oder mit Kalkkarbonat inkrustiert. Kambrium—Jetzt.

A. *Codiaceae.* Die zahlreichen, fadenförmigen, dichotomen Verzweigungen des Thallus sind ± locker miteinander verwoben und bilden einen ± regelmäßigen knolligen Körper. Silur—Jetzt. Marin. Typus ist die rezente Gattung *Codium* Ag.

Girvanella NICH. et ETH. Rundlich-knollige Körper von konzentrisch-schaligem Aufbau, zuweilen gesteinsbildend. *G. problematica* NICH. et ETH. Ob. Silur. Ganz ähnlich ist *Sphärocodium* ROTHPL. (Fig. 2). Perm und Trias.

B. *Dasycladaceae = Siphoneae verticillatae.* Thallus aus einer einzelligen, einfachen oder sich gabelnden, zylindrischen oder keulenförm. Axe (Stammzelle) gebildet, von welcher wirtelig angeordnete, schief nach aufwärts oder horizontal gerichtete Seitenzweige ausgehen, die oft selbst wieder wirtelig verästelt sind. Man unterscheidet danach Wirtelzweige I. bzw. II. Ordn. Die Stammzelle und in größerer oder geringerer Ausdehnung die Seitenwirtel werden häufig von Kalkkarbonat inkrustiert. In manchen Fällen erfährt die Stammzelle eine Gliederung, indem die Verkalkung an kurzen Strecken fehlt. Eine ev. gabelige Verzweigung des Thallus findet dann nur an diesen unverkalkten, biegsam bleibenden Zwischenstücken statt. Das untere Ende der Stammzelle durch wurzelähnliche Ausläufer festgeheftet, das obere kuppelförmig geschlossen. Die Sporen werden bei sämtlichen lebenden und einem Teile der fossilen Formen in eigenen birn- oder blasenförmigen, nach außen geschlossenen Zellen oder Kammern (Sporangien) gebildet, welche zwischen

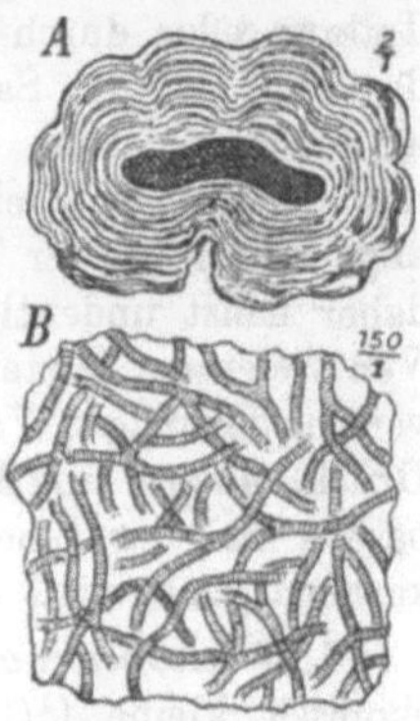

Fig. 2. *Sphaerocodium Bornemanni*. ROTHPL. Ob. Trias. Raibler Schichten. Karwendelgebirge. *A* Angewittertes Stück mit (dunklem) Fremdkörper in der Mitte. *B* Dünnschliff, das Geflecht der Zellfäden zeigend.

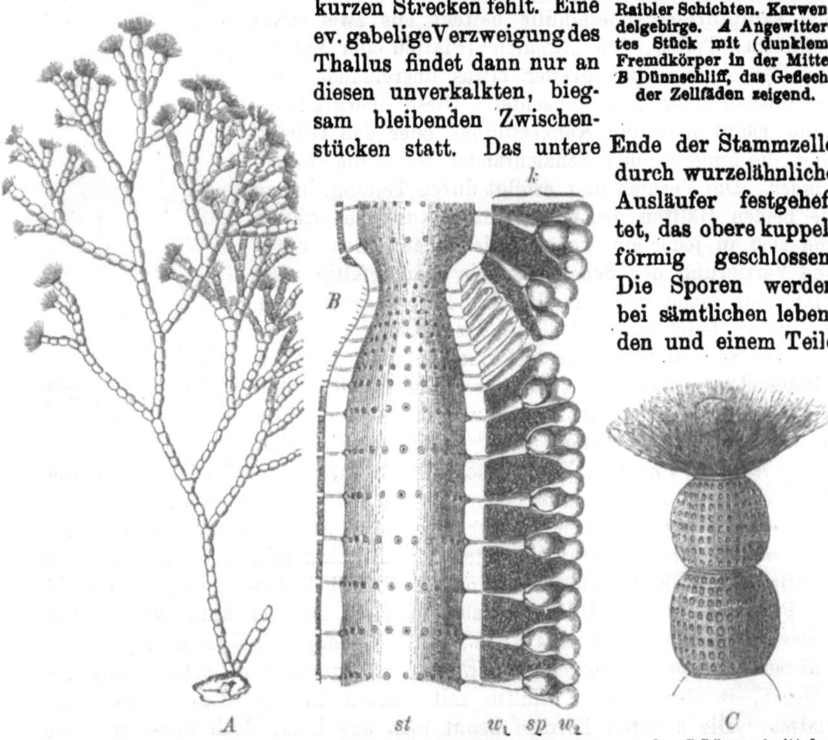

Fig. 3. *Cymopolia barbata Kütz.* Rezent. Kanarische Inseln. *A* Pflanze in nat. Gr. *B* Längsschnitt derselben, eine d. unverkalkten Gliederungsstellen des Thallus umfassend. Die Ausdehnung d. Verkalkung ist durch die dunkle Schattierung außerhalb der Wandung der Stammzelle angedeutet. *st* Stammzelle. w_1 Wirtelzweige I. Ordn. w_2 Wirtelzweige II. Ordn. *sp* Sporangien. *k* Kalkzylinder. Vergr. 32. Nach SOLMS-LAUBACH. *C* Eine Astspitze mit einer Quaste reich verzweigter Haare. Vergr. 10.

den Seitenwirteln entspringen. Von den fossilen Exemplaren findet man natürlich nur die verkalkten Krusten. Sie erscheinen bei günstiger Erhaltung als dicke Hohlzylinder (oder -Keulen), die Wirtelzweige als Kanälchen in deren Wandung, ihre Abgangsstellen von der Stammzelle und ihre äußeren Enden als Poren auf der Innen- bzw. Außenwand jener Zylinder. In der Regel sind sämtliche Hohlräume mit eingedrungenem, später zu Kalkstein erhärtetem Schlamm erfüllt und die Untersuchung der Reste muß durch Dünnschliffe erfolgen. Derartige Siphoneenkalkzylinder finden sich in manchen Gesteinen seit dem Silur in Menge; zuweilen setzen sie mächtige Schichten fast ausschließlich zusammen, z. B. die Diploporen- und Gyroporellen-Kalke und -Dolomite der Trias. Alle Formen sind marin.

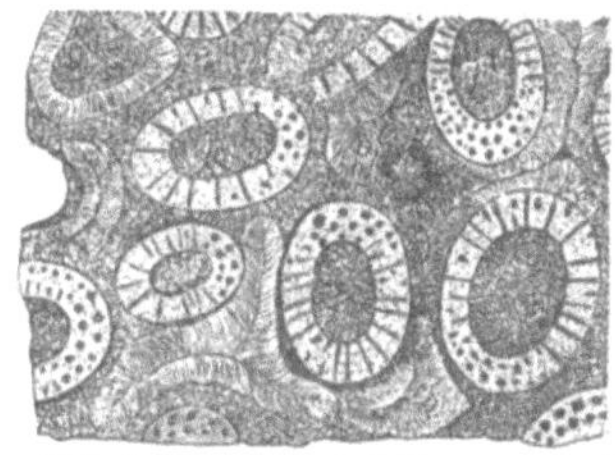

Fig. 4. Diploporenkalk, angeschliffen. Vergr. 3. Unterer Keuper, Südtirol.

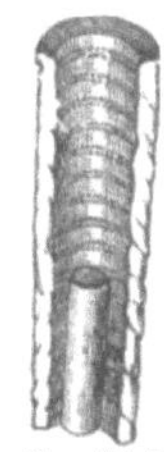

Fig. 5. *Diplopora sp.* von innen. Verg. 1,5. Keuper. Esino. Lombardei.

Cymopolia Lamx. (Fig. 3). Jeder Ast des wiederholt dichotomisch verzweigten Thallus besteht aus einer Reihe zylindrischer verkalkter Glieder, welche durch kurze unverkalkte Zwischenstücke zusammenhängen. Die Wirtelzweige I. Ordn. tragen je ein eiförmiges Sporangium und 4—6 Wirtelzweige II. Ordn., von denen nur der stielförmige innere, nicht der blasenförmige äußere Teil in der Verkalkungszone liegt. Tertiär—Jetzt. *C. elongata* Defr. Eocän.

Die meisten mesozoischen und sämtliche paläozoische Formen besaßen keine besonderen Sporangien; die Sporen bildeten sich in den ev. erweiterten Wirtelzweigen I. Ordn. oder in der Stammzelle.

Diplopora Schfh. (Figg. 4 u. 5). Röhren mit weitem zentralen Hohlraum, durch Einschnürungen ± deutlich in Ringe gegliedert; die Seitenzweige erscheinen in der Wandung als feine horizontale Kanälchen, auf der Innen- und Außenseite als Poren. Auf jeden Ring kommen zwei oder mehr Wirtel; oberes Ende selten erhalten, kuppelförmig. Perm—Trias. *D. annulata* Schfh. gesteinsbildend im Wettersteinkalk der nördl. Kalkalpen (unt. alpin. Keuper).

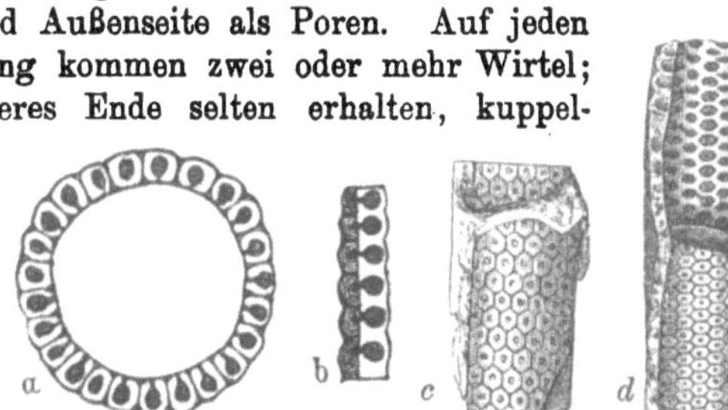

Fig. 6. *Gyroporella vesiculifera Gümb.* Mittlerer Keuper. Südtirol. *a* Querschliff. Vergr. 5. Nach Gümb. *b* Vertikalschliff durch eine Wandung, Vergr. 5. *c* und *d* Fragmente, die Felderung zeigend, Vergr. 1,5. *d* z. T. aufgebrochen.

Fig. 7. *Vermiporella sp.* Silur. Vergr. 12. Nach Stolley.

Gyroporella Gümb. (Fig. 6). Lange Röhren mit weiter Zentralhöhlung, ungegliedert, doch zuweilen außen mit flach-ringförmigen Wülsten. Oberfläche mit kleinen hexagonalen Felderchen. Seitenzweige I. Ordn. in alternierenden Reihen, in hexagonalen Feldern entspringend; in der Wandung blasenförmig erweitert, blind endigend; Trias. *G. vesiculifera* Gümb. gesteinsbildend im Hauptdolomit des mittl. alpin. Keuper.

In skandinavisch-baltischen Silurkalken und in Geschieben im norddeutschen Glazialdiluvium finden sich die beiden Gattungen:

Palaeoporella Stoll. Kalkröhren von 1,5—2,5 mm Durchmesser mit verästelten Kanälen, welche Seitenzweigen I.—III. Ordn. entsprechen, und

Vermiporella Stoll. (Fig. 7). Gekrümmte und verzweigte Röhren von 0,5—1 mm Durchmesser; nur Wirteläste I. Ordn., in Gestalt von einfachen, an der Außenfläche sich erweiternden Kanälchen vorhanden.

3. ***Florideae.*** Fast ausschließlich marine, rot oder violett gefärbte Algen, häufig mit Kalk inkrustiert oder imprägniert.

Lithothamnium Phil. (Fig. 8). Thallus krustenförmig, knollig oder strauchartig verästelt, im letzteren Fall Polster oder Rasen mit kurzen, an den Enden gerundeten Ästen bildend. Er ist in der Regel lagenförmig aufgebaut und besteht aus meist kurz-prismatischen, im Querschliff polygonalen, im Längsschliff rechteckigen Umriß zeigenden Zellen, welche nach aufwärts und auswärts gerichtete Fäden bilden. Dies Gewebe ist derart von Kalk imprägniert, daß die Pflanze auch im Leben steinhart

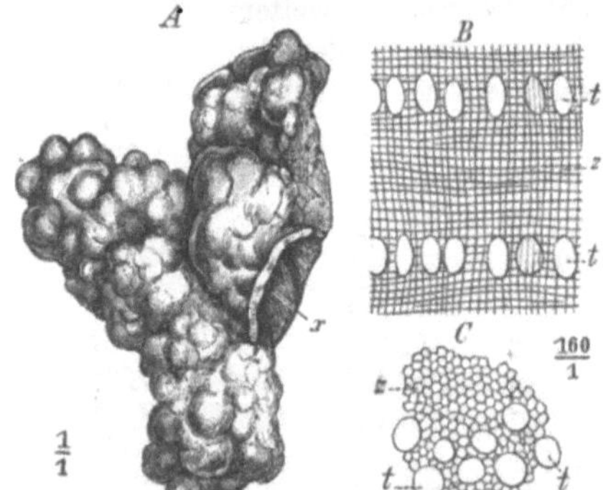

Fig. 8. *Lithothamnium gosaviense Gue.* Senon. Martigues. Frankreich. *A* Knolliger Thallus. *x* Anwachsstelle. *B* Längsschnitt. *C* Querschnitt durch das Zellengewebe *z*; *t* Tetrasporangien. Nach Steinmann.

Fig. 9. *Chara vulgaris L.* Rezent. *a* Stengel. *b* Frucht mit dem Krönchen.

erscheint. Fortpflanzung geschlechtlich oder ungeschlechtlich; letztere durch Tetrasporen, die sich in eiförmigen, vierteiligen Höhlungen, „Tetrasporangien“ bilden. Diese entstehen periodisch und sind daher lagenweise angeordnet; ihre Lage inmitten des Thallus erklärt sich durch spätere Überwallung, ursprünglich münden sie in feinen Poren nach außen aus. Die Gattung ist marin und lebt in seichterem Wasser. Zuweilen tritt sie so massenhaft auf, daß sie mächtige Kalkschichten ausschließlich zusammensetzt, an der Bildung anderer seit der ob. Kreide häufig einen wesentlichen Anteil nimmt. So besteht der obereocäne „Granitmarmor“ der bayr. Voralpen (*Lith. nummuliticum* GÜMB.) und lokal der miocäne Leithakalk des Wiener Beckens (*L. ramosissimum* RSS.) zum größten Teil aus Fragmenten der genannten Arten, während in den Latomien bei Syrakus bis 35 m mächtige jungtertiäre Kalkmassen von Lithothamnium-Knollen gebildet werden. Die ältesten Formen kennt man aus dem Jura.

4. ***Characeae.*** Armleuchteralgen. *Chara* A.BR. (Fig. 9). Aufrechte, verästelte, chlorophyllreiche Wasserpflanzen. Stengel durch die quirlartige Anordnung blattähnlicher Seitenorgane gegliedert. Die Seitenzweige sprossen aus der Achsel der „Blätter“. Auf letzteren entstehen die Antheridien und Sporenknospen. Diese entwickeln sich zu einer eiförmigen oder kugligen Frucht, die aus der großen Oospore, dem „Nüßchen“ und fünf sie spiralig umwindenden Hüllblättern, dem „Mantel“ besteht. Von letzteren gliedern sich auf der Spitze Zellen ab und bilden das „Krönchen“. Die Pflanze inkrustiert sich häufig mit Kalkkarbonat. In jungen Süßwasserablagerungen sind ganze Haufwerke inkrustierter Stengel nicht selten. Fossil seit Jura im Süß- und Brackwasser. Meist nur die 0,5—1,4 mm großen Früchte bekannt.

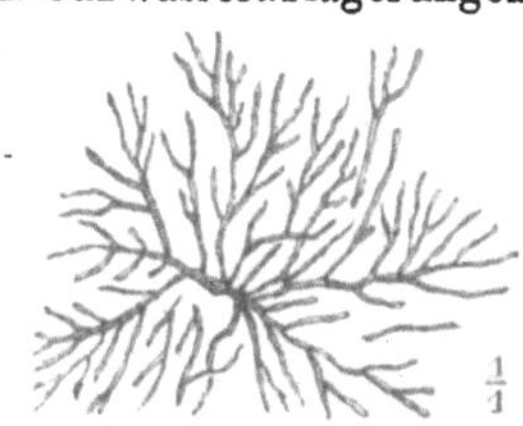

Fig. 10. *Chondrites intricatus Brgt.* Flysch. Oligocan. Schweizer Alpen.

Algen unsicherer systematischer Stellung.

Chondrites STRNB. (Fig. 10). Thallus dichotom oder unregelmäßig verzweigt, stielrund, glatt; äußerlich an die rezente Gattung Chondrus erinnernd. Derartige Reste finden sich, häufig gesellig die Schichtflächen bedeckend, in allen Formationen, besonders bezeichnend sind sie für den alttertiären (eoc. u. oligoc.) Flysch, eine mächtige Schichtenreihe von versteinerungsarmen Sandsteinen, Mergeln und Schieferthonen. *Ch. Targioni* BRGT. Flysch; *Ch. bollensis* ZIET. Lias.

Anhang: **Receptaculitidae.**

Receptaculites DEFR. (Fig. 11). ± kuglige oder feigenförmige Körper mit aus kalkigen Elementen bestehender Wandung und zentralem Hohl-

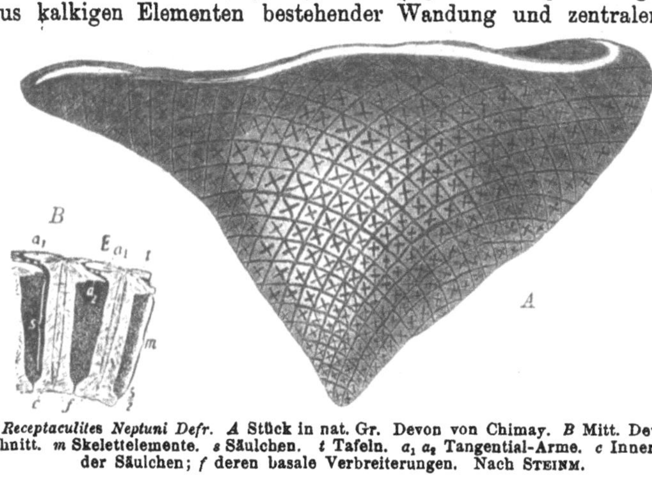

Fig. 11 *Receptaculites Neptuni Defr.* *A* Stück in nat. Gr. Devon von Chimay. *B* Mitt. Devon. Eifel. Längsschnitt. *m* Skelettelemente. *s* Säulchen. *t* Tafeln. a_1 a_2 Tangential-Arme. *c* Innere Höhlung der Säulchen; *f* deren basale Verbreiterungen. Nach STEINM.

raum, meist indes nur die eine Hälfte erhalten, daher gewöhnlich schüssel- oder trichterförmig. Oberfläche mit rhombischen oder hexagonalen Täfelchen bedeckt, die im Quincunx, bzw. bei der Wölbung der Körper in bogenförmigen, schrägen Reihen angeordnet sind. An der Innenfläche eines jeden Täfelchens, mit diesem ± verschmolzen, liegen in der Richtung seiner Diagonalen vier sich unter fast rechtem Winkel kreuzende Arme. Senkrecht auf diesen, radial nach innen gerichtet, steht ein ± dickes Säulchen; die inneren Enden desselben breiten sich etwas plattenförmig aus, so daß durch den Zusammenschluß derselben eine fast geschlossene Innenwand erzeugt wird. Das Säulchen ist der Länge nach von einem sich nach innen öffnenden Kanale durchzogen. Die systematische Stellung dieser Körper ist problematisch; früher zu den Foraminiferen gestellt, werden sie jetzt von manchen zu den Kalkalgen, von STEINMANN zu den Cölenteraten gerechnet. Silur und Devon.

Die *zweite Klasse* der Thallophyten, die *Fungi* (Pilze) u. *Lichenes* (Flechten), ist ohne geologische Bedeutung; von dem **zweiten Stamm** der Kryptogamen, den Bryophyten mögen hier nur die Torfmoose (*Sphagnum*) erwähnt sein.

Dritter Stamm. Pteridophyta. Gefäßkryptogamen.

Bei diesen gibt es zwei Generationen; die geschlechtliche, als „*Prothallium*" bezeichnet, besitzt nur geringe Größe, die ungeschlechtliche stellt oft sehr ansehnliche Pflanzen dar mit deutlicher Differenzierung in Stamm, Blatt und Wurzel und differenzierten Geweben. Gefäßbündel wohl entwickelt, bei fossilen Formen häufig mit sekundärem Dickenwachstum. Die ungeschlechtliche Generation produziert Sporen, aus denen ♂ u. ♀ Prothallien hervorgehen. Die Sporen entstehen in Sporenkapseln (*Sporangien*); sie sind bei den Farnen und Equiseten unter sich gleich: isospore Formen; bei einem Teil der Lycopodiaceen ungleich: heterospore Formen, indem in Mikrosporangien kleinere (Mikrosporen), in Makrosporangien größere (Makrosporen) gebildet werden. Stamm zuweilen unterirdisch: Rhizom. Silur—Jetzt.

1. Klasse. Filicaceae. Farne.

Isospor. Pflanzen stauden- oder baumförmig (Baumfarne). Blätter eine einfache Spreite, oder einen oft aufs zierlichste zerteilten „Wedel" bildend, indem sie ein- oder mehrfach gefiedert sind. Zuweilen finden sich an der Basis des Blattstieles oder seiner Verzweigungen abweichend geformte Fiederblättchen: *Adventivfiedern* oder *Aphlebien*. Die Gefäßbündel in den Blattstielen (= Rhachis) zeigen sehr charakteristische Durchschnittsformen. An der Unterseite der Blätter entstehen die Sporangien, gewöhnlich zu Fruchthäufchen, „*Sori*", vereinigt. Das Aufspringen der reifen Sporangien wird durch eine abweichend ausgebildete, meist ringförmige Zellgruppe bewirkt, den „*Annulus*" (Fig. 12). Seine Form und Stellung für die Systematik sehr wichtig. Die aufrechten Stämme häufig von dickem Wurzelgewebe eingehüllt. Nur die mit Fruktifikationsorganen bekannten fossilen Formen lassen eine sichere systematische Bestimmung zu, die übrigen gruppiert

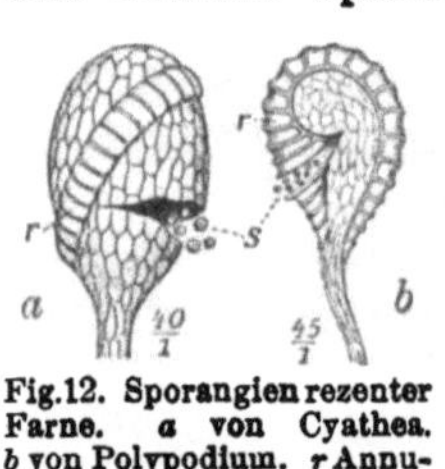

Fig. 12. Sporangien rezenter Farne. *a* von Cyathea. *b* von Polypodium. *r* Annulus. *s* Sporen.

man nach der Blattnervatur. Die wichtigsten Ausbildungsweisen der Nervatur werden durch folgende Gattungen repräsentiert:

Pecopteris Brgt. (Fig. 13). Laub mehrfach gefiedert. Die Seitennerven der Fiederblättchen nicht sehr zahlreich, unter ziemlich offenem Winkel aus dem Hauptnerv entspringend und ein- oder zweimal gegabelt, bogig zum Rand verlaufend. Besonders im Karbon.

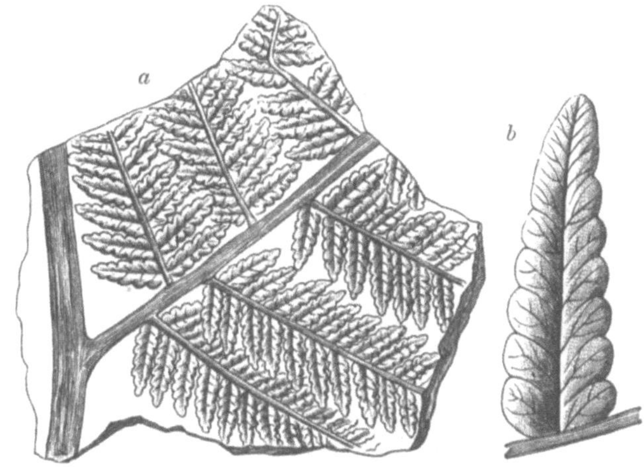

Fig. 13. *Pecopteris dentata Brgt.* Karbon. *a* Nat. Gr. *b* Fiederchen vergr.

Sphenopteris Brgt. (Fig. 14). Laub mehrfach gefiedert, letzte Segmente meist ± verschmälert, oft keilförmig. Seitennerven unter sehr spitzem Winkel abgehend. Besonders im Karbon.

Fig. 14. *Sphenopteris obtusiloba Brgt.* Karbon. *a* Nat. Gr. *b* Fiederchen. Vergr.

Taeniopteris Brgt. Blätter einfach, bandförmig, ganzrandig. Mittelnerv gewöhnlich stark, Seitennerven unter spitzem Winkel entspringend, dann rasch umbiegend und, unter sich parallel laufend, den Rand unter einem ungefähr rechten Winkel erreichend. Karbon—Perm.

Neuropteris Brgt. (Fig. 15). Laub mehrfach gefiedert, die letzten Segmente länglich-zungenförmig. Von der Mittelrippe derselben gehen unter spitzem Winkel Seitennerven ab, die sich mehrfach dichotom spalten und leicht bogenförmig zum Rand verlaufen. Karbon—Perm.

Dictyopteris Gutb. (Fig. 16). Wie Neuropteris, aber die Nerven untereinander anastomosierend, ein Netzwerk bildend. Karbon.

Fig. 15. *Neuropteris flexuosa Brgt.* Karbon. *a* Nat. Gr. *b* Fiederchen. Vergr.

Von geologisch wichtigen Formen mögen noch genannt sein:

Alethopteris Brgt. (Fig. 17). Laub mehrfach gefiedert, die letzten Fiederblättchen am Grund zusammenhängend („fiederteilig"); mit Mittelnerv, von dem zahlreiche gegabelte Seitennerven abgehen. Devon—Perm. *A. lonchitica Schl. sp.* Ob. Karbon.

Callipteris Brgt. (Fig. 18). Rhachis mit pecopteridischen Adventivfiedern.

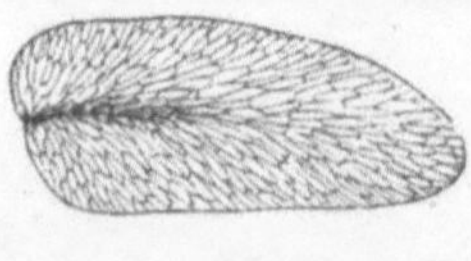

Fig. 16. *Dictyopteris Brongniarti Gutb.* Karbon. Nat. Gr.

Fig. 17. *Alethopteris Serlii Brgt.* Karbon. Nat. Gr.

Fig. 18. *Callipteris conferta Brgt.* Unt. Perm. Saarbrücken.

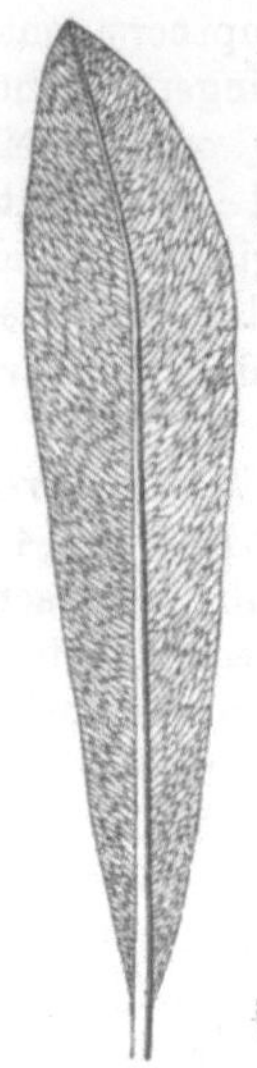

Fig. 19. *Glossopteris indica Schimp.* Unt. Trias. Ostindien.

Laub doppelt-gefiedert. Letzte Fiederblättchen breit zungenförmig, Mittelnerv ± deutlich, Seitennerven unter spitzem Winkel austretend, einfach oder sparsam gegabelt, leicht bogig zum Rand laufend. Karbon-Perm. *C. conferta* Brgt., sehr bezeichnend für das Perm.

Glossopteris Brgt. (Fig. 19). Blätter einfach, spatelförmig, nach der Basis zu verschmälert, unmittelbar dem Rhizom ansitzend Nervatur dictyopterid. Perm – Trias, besonders in der Umgebung des Indischen Ozeans (Glossopteris-Fazies).

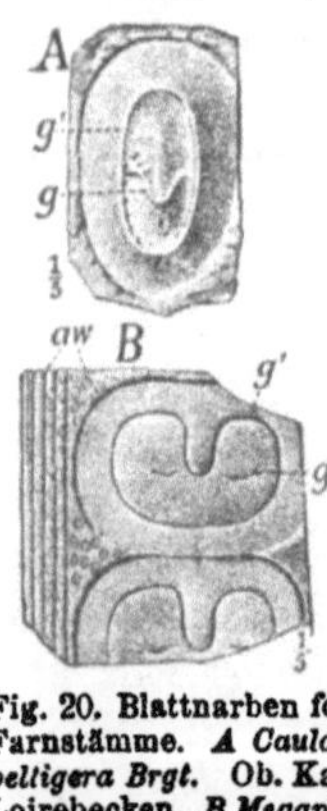

Fig. 20. Blattnarben fossiler Farnstämme. *A Caulopteris peltigera Brgt.* Ob. Karbon. Loirebecken. *B Megaphytum sp.* Ebendaher. *g* Innere, *g'* äußere Gefäßbündelspur. *aw* Adventivwurzeln.

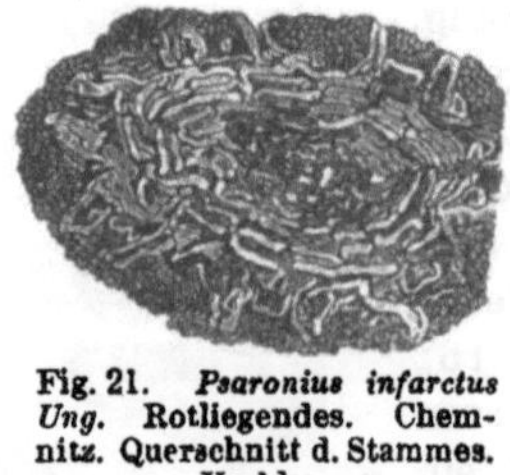

Fig. 21. *Psaronius infarctus Ung.* Rotliegendes. Chemnitz. Querschnitt d. Stammes. Verkl.

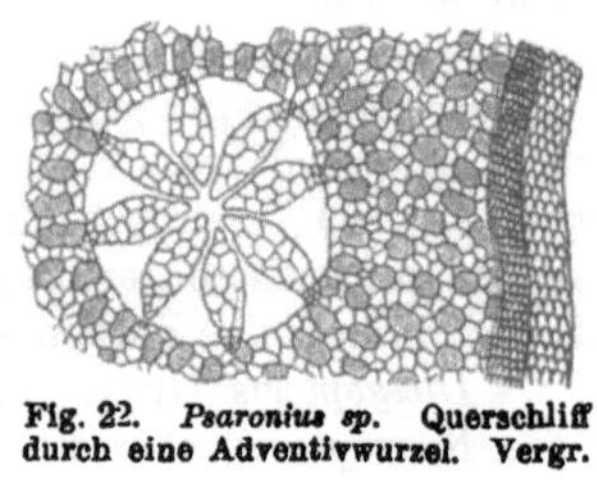

Fig. 22. *Psaronius sp.* Querschliff durch eine Adventivwurzel. Vergr.

Stammreste von Farnen (Fig. 20 u. 21). Im Gegensatz zu den lebenden zeigen manche paläozoische Farnstämme die Blattnarben nicht in spiraligen, sondern in Längsreihen. Im Karbon findet man sie meist plattgedrückt aber mit wohlerhaltenen Blattnarben, im Perm häufig verkieselt, mit schön erhaltener Struktur.

Caulopteris Lindl. et Hutt. (Fig. 20 *A*). Blattnarben spiralig gestellt, 2,5—7 cm breit und 4—11 cm hoch. Karbon. *C. caulopteroides* Gr. E.

Megaphytum Art. (Fig. 20 *B*). Blattnarben in zwei gegenständigen Reihen. Karbon. *Meg. Mac-Layi* Lesq.

Psaronius Cotta (Figg. 21 u. 22). Stamm meist von Adventivwurzeln umgeben; in diesen bilden die Gefäßbündel eine sternförmige Figur. Der Stamm selbst ist erfüllt von bandförmigen, oft wurmförmig gekrümmten, aus Treppentracheiden gebildeten Gefäßbündeln, die eine ± konzentrische Anordnung zeigen. Karbon—Perm. *Ps. asterolithus Corda.*

Unterklasse: ***Cycadofilices*** Potonié (Figg. 23 u. 24). Paläozoische, farnähnliche Formen, die in der Struktur ihrer Blattstiele und Stämme an die Cycadeen erinnern.

Medullosa Cotta (Fig. 23). Stammreste mit reichlichem zentralen Mark und ± zahlreichen Holzkörpern. Diese sind in der zentralen Partie sternförmig oder zylindrisch: „Sternringe", nach außen plattenförmig, konzentrisch gelagert, zuweilen fast ringförmig

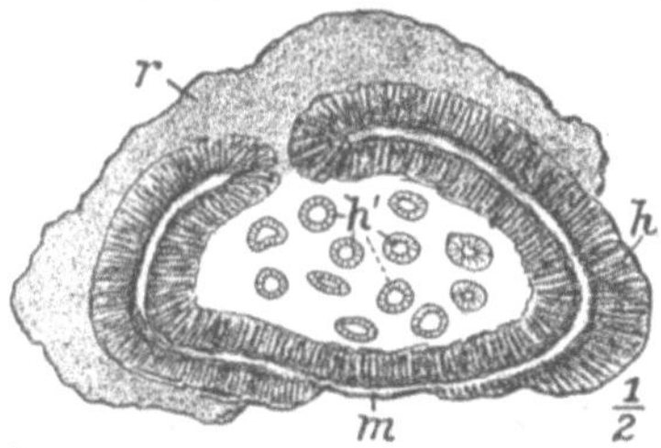

Fig. 23. *Medullosa stellata Cotta.* Rotliegendes. Chemnitz. Querschnitt des Stammes. *h'* Sternringe. *h* Plattenring. *m* dessen schmale Markhöhle. *r* Rinde.

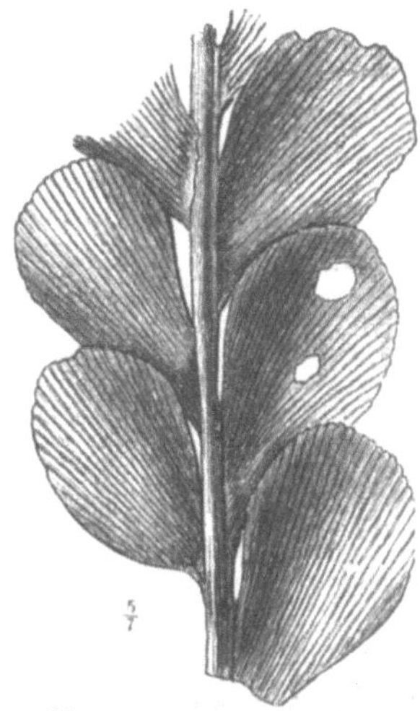

Fig. 24. *Noeggerathia foliosa Strnbg.* Unterer steriler Wedelteil. Ob. Karbon. Radnitz in Böhmen.

zusammenschließend: „Plattenringe". Sie zeigen ein an die Cycadeen erinnerndes sekundäres Dickenwachstum. Zugehörige Blattstiele sind als *Myeloxylon* Brgt. oder *Myelopteris* Ren. beschrieben. Ob. Karbon u. Perm, meist verkieselt.

Hierher gehört vielleicht auch die Gattung:

Noeggerathia Strnb. (Fig. 24). Gefiederte Wedel, deren oberer Teil fertil und ährenförmig, deren unterer steril ist. Die querovalen fertilen Fiedern tragen auf ihrer Oberseite je mehrere Sporangien, die sterilen sind breit-spatelförmig, mit zahlreichen, unter sich parallelen, doch gegabelten Nerven, die zum fein gezähnelten Oberrand laufen. Ob. Karbon (Radnitzer Schichten Böhmens). *N. intermedia* Feistm.

Die *zweite Klasse*, die *Rhizocarpeae*, Wasserfarne, ist geologisch unwichtig.

3. Klasse. Calamarieae. Schachtelhalmähnliche Gewächse.

Stamm aufrecht, längs gerieft, gegliedert, Glieder durch je eine horizontale Scheidewand (*Diaphragma*) getrennt, meist infolge des Verschwindens des weiten Markes hohl. Am unteren Ende jedes Gliedes teilen sich die Gefäßbündel in zwei Äste, die sich an die rechts und links liegenden Bündel des nächst-unteren Gliedes anlegen. In zwei aufeinanderfolgenden Internodien stehen daher, tangential gesehen, die Gefäßstränge alternierend übereinander. (Einzige Ausnahme Archaeocalamites.) Dadurch entsteht an der Gliedgrenze ein zickzackförmiger Kommissuralstrang. Hier entspringen auch die stets quirlförmig angeordneten Blätter und Seitenzweige. Die Gliedgrenzen werden auch als *Knoten-* oder *Nodial-Linien*, kurz als „*Nodien*" bezeichnet, die Glieder entsprechend als „*Internodien*". Sporangien an eigenen Trägern (*Sporangiophoren*) hängend, Fruchtstand ährenförmig.

1. ***Equiseteae.*** Schachtelhalme. Der Holzkörper besteht aus einem Kreise isolierter, runder, von einem Luftgange durchzogener Gefäßbündel ohne sekundäres Dickenwachstum. Blätter kurz, am Grunde zu einer Scheide verwachsen. Fruchtstand ährenförmig, nur aus fertilen Wirteln bestehend. Sporen gleichartig.

Equisetum L. (Fig. 25). Die größte lebende Art, *E. giganteum L.* in Südamerika erreicht 12 m Höhe und 2 cm Durchmesser. Die meisten Formen dagegen sind klein, die fossilen erreichten in der Trias gewaltige Dimensionen, bis 20 cm Durchmesser. Karbon—Jetzt. *E. arenaceum* Br. unt. Keuper (Schilfsandstein).

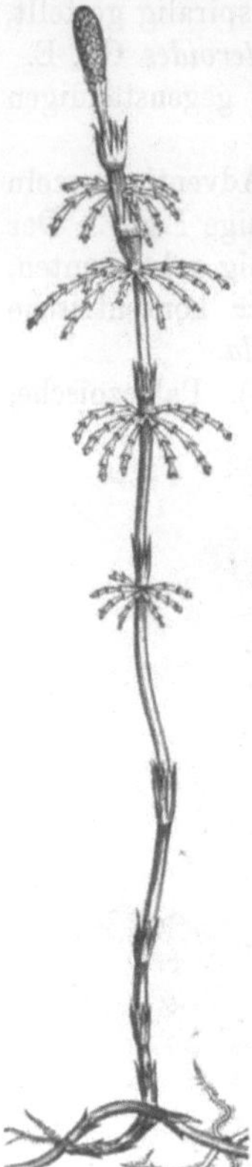

Fig. 25. *Equisetum arvense L.* Sproß mit Fruchtstand. Rezent.

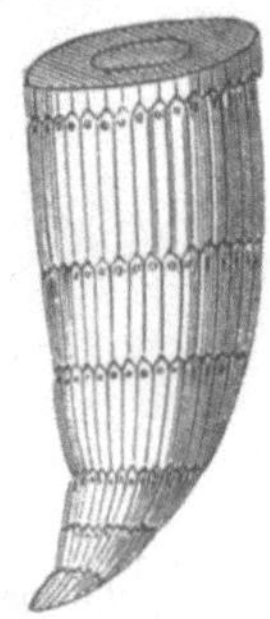

Fig. 26. *Calamites sp.* Karbon. Unteres Ende des Stammes. Verkl.

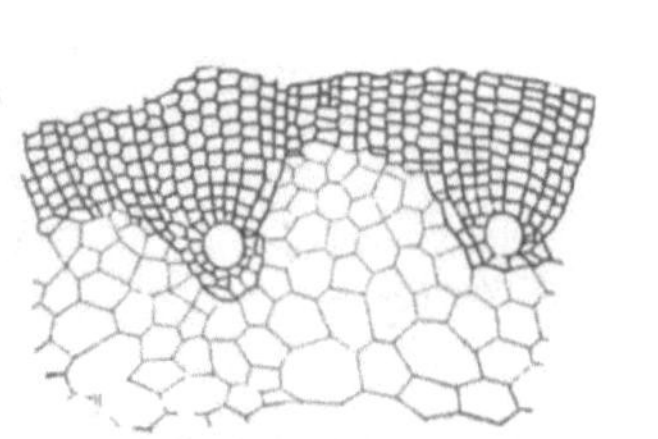

Fig. 27. *Arthropitys sp.* Karbon. Fragment eines Querschliffes des Holzringes mit anstoßendem Markparenchym, zwei Holzkeile zeigend, deren jeder in seinem Primärstrang eine Lakune enthält. Vergr.

2. ***Calamiteae.*** Kalamiten (Figg. 26— 2). Größere, oft baumförmige Pflanzen, deren Stämme 12 m Länge erreichten. Am unteren Ende verjüngten sich letztere und endeten kegelförmig (Fig. 26). Sie besitzen eine durch das Verschwinden des Markes entstandene, ± mächtige zentrale Höhlung. Anlage des Holzkörpers equisetenähnlich, später jedoch tritt sekundäres Dickenwachstum ein: die Gefäßbündel werden keilförmig und vereinigen sich seitlich miteinander (Fig. 27) zu einem ± dicken Holzring. Da sie gegen die Markhöhle hin vorspringen, erzeugen sie auf den Steinkernen der letzteren Längsfurchen, die an den Gliedgrenzen durch eine zickzackförmige

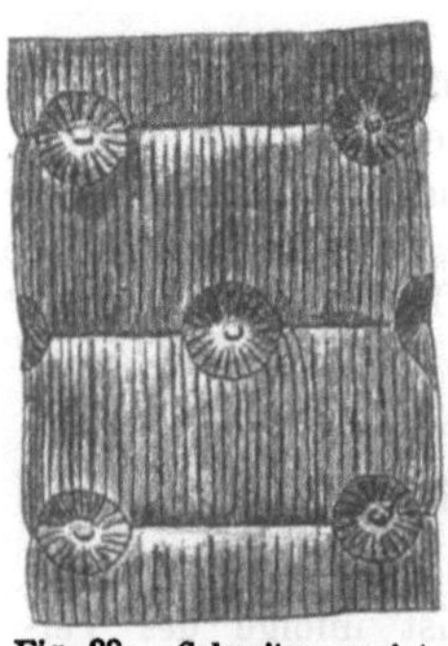

Fig. 28. *Calamites cruciatus Sternb.* Ob. Karbon. Verkl.

Nodialfurche verbunden werden (Fig. 26). Meist werden von den Kalamiten Stammfragmente, beblätterte Zweige und Fruchtstände isoliert, nur höchst selten im Zusammenhange gefunden. Von den Stämmen liegt in der Regel nur die von einer Kohlenrinde bedeckte, meist ± plattgedrückte Ausfüllung des Markzylinders vor, seltener sind sie mit vollständig erhaltener Struktur versteinert (*Arthropitys* GÖPP. [Fig. 27], *Calamodendron* BRGT.). Die verkohlten oder als Steinkerne vorliegenden Reste faßt man als

Calamites SUCK. zusammen und unterscheidet: *Stylocalamites* WEISS. Ausgezeichnet durch Zweigarmut. *C. cannaeformis* SCHL. *Eucalamites* WSS. (Fig. 28). An fast allen Knoten zweigtragend. *C. cruciatus* STERNB., *C. ramosus* ART. *Calamophyllites* (Fig. 29). GR. EUR. (= *Calamitina* WSS.). Nur einzelne Knoten zweigtragend, aber die Zweig-

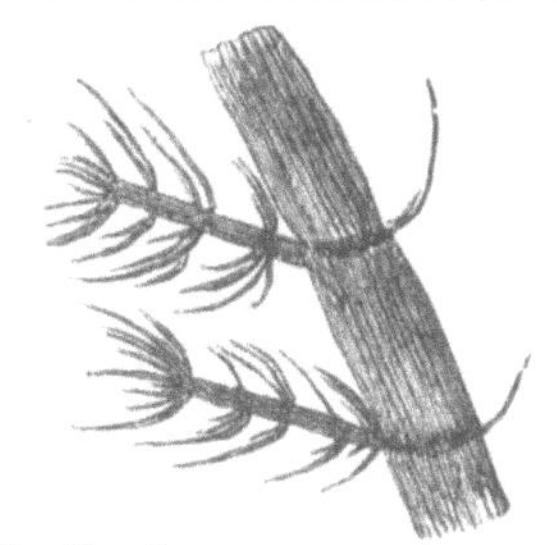

Fig. 30. *Asterophyllites equisetiformis Schloth sp.* Ob. Karbon.

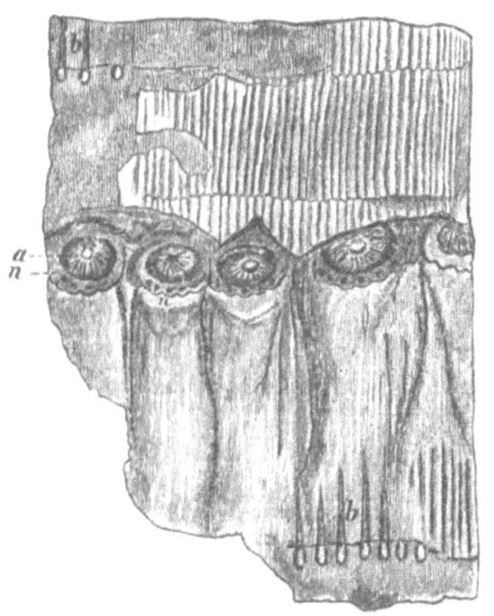

Fig. 29. *Calamites (Calamophyllites) varians Sternb.* Kalamit mit Gliedern von verschiedener Höhe, die periodisch an Höhe zu- od. abnehmen. *a* Astnarben, darunter verläuft eine Reihe Blattnarben *n*, während bei *b* die Blätter an den Nodiallinien ohne Astnarben sichtbar sind. Verkl.

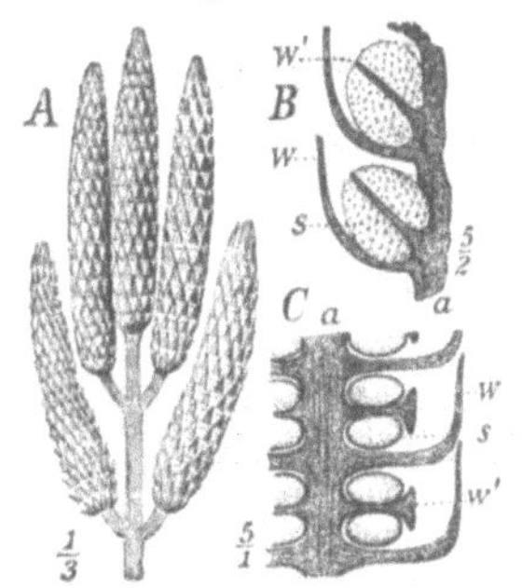

Fig. 31. Fruchtstände von Kalamiten. *A Calamostachys typica Schimp.* Ob. Karbon. Radnitz. Böhmen. *B Palaeostachya elongata Presl.* Ob. Carbon. Radnitz. *C Calamostachys Binneyana Schimp.* Ob. Karbon. Lancashire. Ein Stück der Ähre im Längsschnitt. *w* sterile, *w'* fertile Wirtel. *s* Sporangien.

narben in dichten Reihen. Internodien ungleich hoch. Die beblätterten Seitenzweige der Calamariaceen sind als

Asterophyllites und *Annularia* beschrieben. Die Blätter sind schmal, linear oder lang lanzettlich. *Asterophyllites* BRGT. (Fig. 30), Blätter bis zum Grunde unverwachsen. *Annularia* BRGT. (Fig. 32). Blätter am Grunde zu einer scheibenförmigen kurzen Scheide verbunden. An der Ansatzstelle derselben markiert sich ein Ring: der verdickte Rand des Diaphragma. Nicht selten finden sich auch isolierte *Fruchtstände* (z. B. *Calamostachys* WSS. [Fig. 31 *A*, *C*], *Palaeostachya* WSS. [Fig. 31 *B*]). Sie sind ährenförmig und bestehen aus abwechselnd sterilen und fertilen Blattwirteln. Letztere, die Sporangiophoren, endigen häufig mit einer schildförmigen Verbreiterung, an deren Innenfläche die Sporangien sitzen. Die Ähren sind entweder isospor oder heterospor. Die Kalamitenreste finden sich im Karbon und Perm, besonders häufig im ob. Oberkarbon: „Kalamarienstufe“.

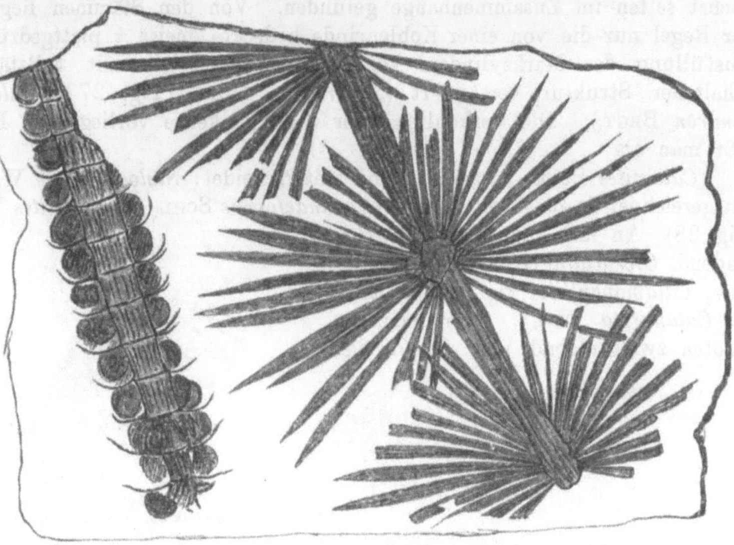

Fig. 32. *Stachannularia tuberculata Sternb. sp.* Fruchtstand der r. stehenden *Annularia longifolia Brgt.* Ob. Karbon.

Archaeocalamites STUR. Furchen und Rippen zweier benachbarter Internodien nicht alternierend, sondern durchlaufend. Ob. Devon und besonders im Kulm. *A. radiatus* BRGT. (= *transitionis* GÖPP.)

4. Klasse. Sphenophylleae.

Sphenophyllum BRGT. (Fig. 33). Im Habitus kalamarienähnlich, aber Blätter meist breiter, keilförmig, von sich gabelnden Nerven durchzogen, am abgestutzten Rand gezähnelt Ihre Zahl in einem Wirtel ist stets ein Multiplum von 3. Holzkörper des Stengels dreiseitig, massiv, ohne Markhöhlung. Karbon und Perm. *Sph. tenerrimum* ETTHS. Kulm.

Fig. 33. *Sphenophyllum Schlotheimi Brgt.* Ob. Karbon.

5. Klasse. Lycopodiaceae. Bärlappe.

Vom Jura an kleine, meist kriechende, im Palaeozoicum vorwiegend baumförmige Gewächse. Verzweigung meist dichotom. Fruchstand ähren- oder zapfenförmig. Sporen gleichartig (Lycopodium) oder ungleichartig (Lepidodendron, Sigillaria). Devon—Jetzt. Für den Geologen sind nur die beiden fast ausschließlich paläozoischen Familien der Lepidodendreae und Sigillarieae von Wichtigkeit.

1. ***Lepidodendreae.*** Schuppenbäume (Figg. 34—37). *Lepidodendron* BRGT. (Figg. 34—36). Dichotom verzweigte Bäume. Oberfläche des Stammes und der Zweige mit spiralig angeordneten Blättern bedeckt, die nach dem Abfallen vertikal verlängerte, rhombische, doch seitlich gerundete *Blatt-*

polster (Fig. 34) hinterlassen. Nahe dem oberen Ende derselben die kleine, querrhombische *Blattnarbe* mit einem zentralen, von dem Blattgefäßbündel herrührenden und zwei seitlichen, Parenchymsträngen entsprechenden Närbchen. Der größere, unter

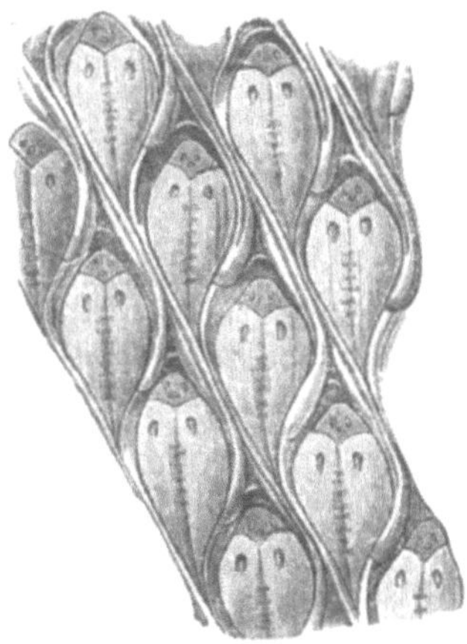

Fig. 34. *Lepidodendron dichotomum Sternb.* (*L. Sternbergi Brgt.*) Karbon. Verkl.

Fig. 35. *Lepidodendron elegans Brgt.* Karbon. Beblätterte Zweige. Verkl.

der Blattnarbe gelegene Teil des Blattpolsters zerfällt durch einen medianen Längskiel in zwei „Wangen". Letztere tragen im obersten Teil je eine Narbe. Diese beiden „Male" werden als Transspirationsöffnungen gedeutet. Ist die Epidermis abgefallen, so erscheint statt des erwähnten Kieles eine Längsrinne, über welche ± zahlreiche Querrunzeln verlaufen. Überhaupt bietet die Oberfläche eines Lepidodendron je nach dem Erhaltungszustand, besonders nach Verlust von einer oder mehreren Rindenschichten ein sehr wechselndes Aussehen. Mehrere „Gattungen" sind daraufhin aufgestellt worden. Z. B. *Aspidiaria* Presl für Stammreste ohne Blattpolster, *Knorria* Strnb. für Steinkerne hohler Mittel- oder Außenrinden. Die Blätter sind bald länger bald kürzer (1—15 cm), linear bis länglich-lanzettlich, einnervig. Die Blütenstände (*Lepidostrobus* Brgt. [Fig. 36]) sind zapfenförmig, endständig; jedes der fertilen Blätter — Sporophylle (isoliert als *Lepidophyllum* Brgt. beschrieben) — trägt ein großes Sporangium; letztere enthalten im oberen Teil des Zapfens Mikro-, im unteren Makrosporen. Struktur des Holzkörpers des Stammes verschieden, bei den größeren Arten findet sich im Gegensatz zum lebenden Lycopodium ein sekundäres Dickenwachstum. Rinde sehr dick. Bez. der Wurzeln s. *Stigmaria* S. 25. Lepidodendron findet sich im Devon—Perm, bes. im unt. Oberkarbon: „Lepidodendronstufe".

Fig. 36. *Lepidostrobus sp.* Karbon. Ob. Hälfte vorn von Blättern entblößt, zeigt die Axe. Verkl.

U. G. Ulodendron Strnb. (Fig. 37) wie Lepidodendron, aber Blüten stammbürtig; die Zapfen hinterließen nach dem Abfallen zwei gegenständige Längszeilen großer, schüsselförmiger Einsenkungen. Karbon.

2. ***Sigillarieae.*** Siegelbäume (Figg. 38—42). *Sigillaria* BRGT. (Figg. 38—42). Ebenfalls dichotom aber weit spärlicher verzweigt als Lepidodendron. Die Stämme erreichten eine Höhe bis zu 30 m, an der Basis einen Durchmesser von 1 m. Oberfläche des Stammes und der Zweige mit Blättern bedeckt, die nach ihrem Abfallen Narben, zuweilen deutlich umgrenzte Blattpolster, beide von meist ungefähr hexagonalem Umriß hinterlassen. Sie stehen in Längsreihen und gleichzeitig spiralig,

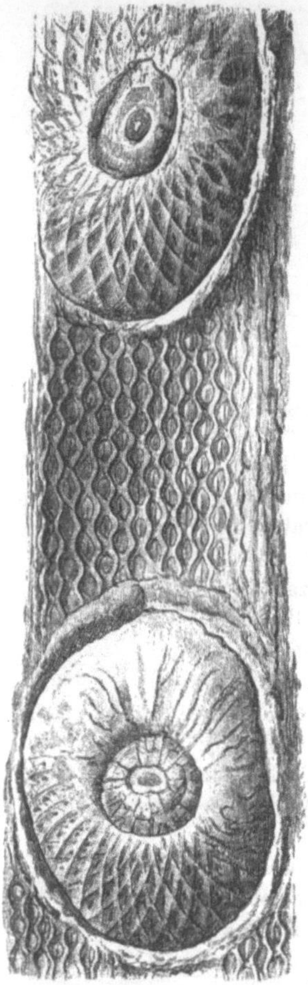

Fig. 38. *Sigillaria.* Restauriert nach der Auffassung von GRAND'EURY.

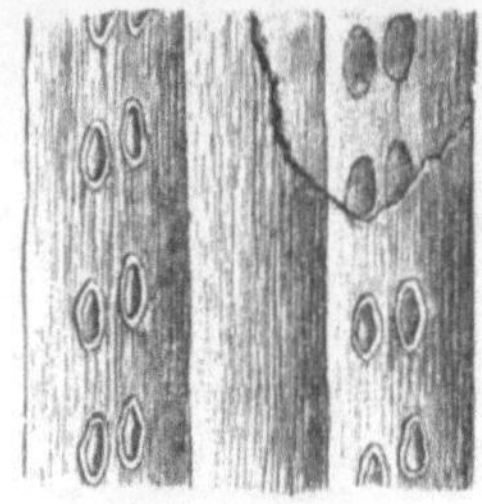

Fig. 39. *Sigillaria (Rhytidolepis) alternans Lindl. et Hutt.* Carbon. Verkl.

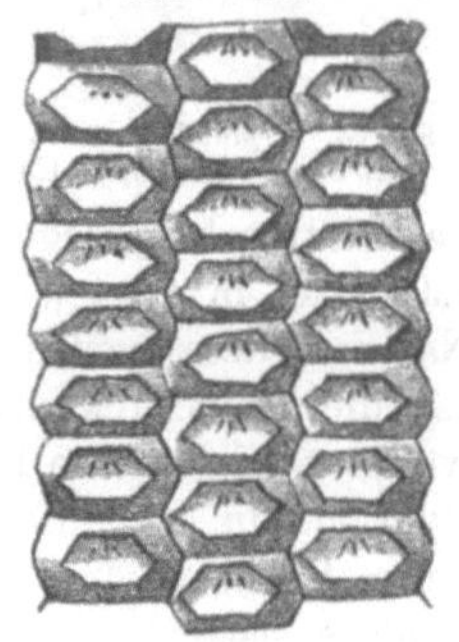

Fig. 40. *Sigillaria (Favularia) hexagona Brgt.* Karbon.

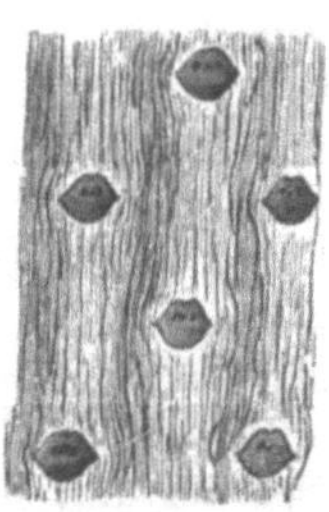

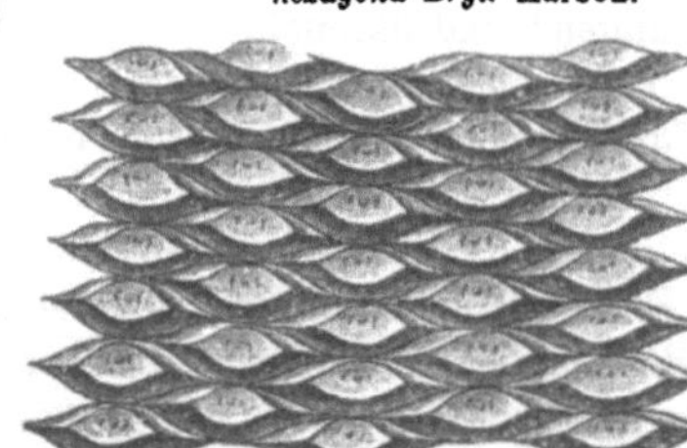

Fig. 37. *Ulodendron majus Lindl. et Hutt.* Karbon. Verkl.

Fig 41. *Sigillaria (Leiodermaria) denudata Goepp.* Karbon. Verkl.

Fig 42. *Sigillaria (Clathraria) Brardi Brgt.* Karbon. Verkl.

da sie in benachbarten Reihen alternieren. Bald stehen sie dicht gedrängt (Figg. 40 u. 42), bald ± weitläufig (Fig. 39 u. 41). Auf ihren Narben finden sich drei Male, mit gleicher Bedeutung wie bei Lepidodendron (s. ob. S. 23). Die *Blätter* (Fig. 38) sind lang, schmal und ziemlich steif, mit einem starken Mittelnerv. *Fruchtstand* (Fig. 38) ähren- bis zapfenförmig, stammbürtig und gestielt. *Stammstruktur:* Ein sekundär in die Dicke wachsender, aber dünn bleibender Holzzylinder umgibt ein weites

Mark. Rinde sehr mächtig. — Je nach der Skulptur der Rinde und Anordnung der Blattnarben unterscheidet man zwei große und mehrere Untergruppen:

- Rinde mit Längsfurchen, bez. breiten, flachgewölbten Rippen: = Eusigillariae
  - a) Längsfurchen gerade. Blattnarben ± weitläufig, aber nicht durch Querfurchen getrennt: *Rhytidolepis* (Fig. 39).
  - b) Längsfurchen zickzackförmig, Blattnarben gedrängt stehend, durch Querfurchen getrennt: *Favularia* (Fig. 40).
- Rinde furchenlos: = Subsigillariae
  - a) Blattnarben getrennt: *Leiodermaria* (Fig. 41).
  - b) „ zusammenstoßend: *Clathraria* (Fig. 42).

Abgesehen davon bieten die Sigillarienstämme ein und derselben Gattung je nach ihrer Erhaltung (Verlust der Epidermis und ev. von Rindenlagen) ein sehr verschiedenes Bild, welches wie bei Lepidodendron zur Aufstellung weiterer „Gattungen“ geführt hat (z. B. *Syringodendron* Strnb. = Steinkerne mit Abdruck der Innenseite der Rinde). Die Sigillarien finden sich vom unt. Oberkarbon—Perm, vereinzelte noch im Buntsandstein; am häufigsten im mittl. Oberkarbon: „Sigillarienstufe“. Als *Stigmaria* Brgt. (Fig. 43) bezeichnet man die unterirdischen Organe der Lepidodendron sowohl als der Sigillarien: sie sind am besten als Rhizome aufzufassen. Verzweigung dichotom. Oberfläche mit entfernt voneinanderstehenden, im Quincunx angeordneten, runden Narben bedeckt, an denen noch zuweilen die Würzelchen ansitzen. Letztere waren walzenförmig, von einem Gefäßbündel durchzogen, gegen ihr Ende sich etwas verjüngend. Die Stigmarien finden sich im Devon und unt. Karbon, wo nur Lepidodendron vorkommt; sehr häufig im Oberkarbon mit Lepidodendron und Sigillaria zusammen, selten im Perm. Mit Sigillarienstämmen sind sie mehrfach im Zusammenhange gefunden.

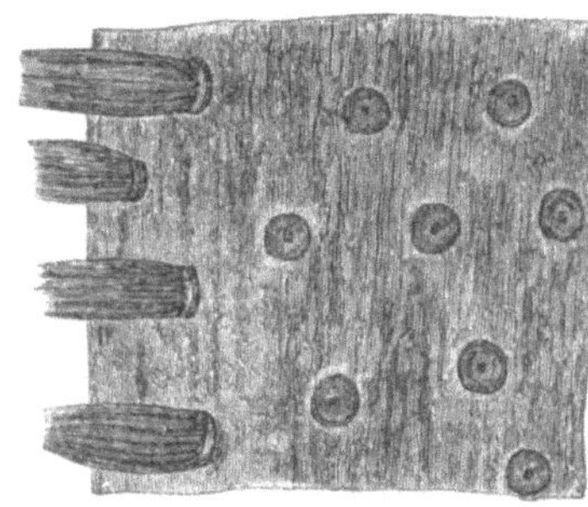

Fig. 43. *Stigmaria ficoides Sternb.* Karbon.

II. Phanerogamae. Blütenpflanzen.

Blütenbildende Gewächse, sich durch Samen fortpflanzend. Dieser entsteht in dem ♀ Organ, der Samenknospe nach Befruchtung durch den in den ♂ Geschlechtsorganen, den Staubgefäßen gebildeten Blütenstaub (Pollen). Man nennt die Blüten monözisch (einhäusig), wenn sie entweder ♂ oder ♀ sind, beide aber auf derselben Pflanze vorkommen, diözisch (zweihäusig), wenn sie auf verschiedenen Individuen vorkommen.

Erster Stamm. Gymnospermae. Nacktsamige Blütenpflanzen.

Die Samenknospen sind nicht in einem Fruchtknoten (s. u. S. 31) eingeschlossen, sondern liegen frei auf der Fläche oder an dem Rande eines schuppenförmigen Blattorganes, der „Fruchtschuppe“. Karbon-Jetzt. 3 Klassen: 1. Cycadaceae. 2. Cordaiteae. 3. Coniferae.

1. Klasse. Cycadaceae. Cycadeen. Sagopalmen (Fig. 44—50).

Stamm meist unverzweigt, zylindrisch oder kurz, fast kuglig; die wedelartigen Blätter spiralig angeordnet, groß, gefiedert, am Gipfel des Stammes eine den Baumfarnen ähnliche Krone bildend (Fig. 44 *A*). Stamm oft von den sitzenbleibenden Blattstielbasen wie von einem dicken Schuppenpanzer eingehüllt. Die jüngeren Fiedern zuweilen wie bei den Farnen spiralig eingerollt. Die Fiederblättchen entweder von einem einzigen, unzerteilten, oder von zahlreichen, unter sich parallel laufenden, zuweilen gegabelten Nerven durchzogen. Sowohl die ♂ als die ♀ der stets eingeschlechtigen Blütenstände sind zapfenförmig (Fig. 44 *B*, *D*). Samen außen fleischig, innen mit verholztem Kern (Steinkern). Der Stamm enthält einen sekundäres Dickenwachstum zeigenden Holzzylinder, der ein weites Mark umgibt und seinerseits von einer rel. dicken Rinde umgeben wird. Oberkarbon—Jetzt, im Mesozoicum die vorherrschenden Pflanzenformen.

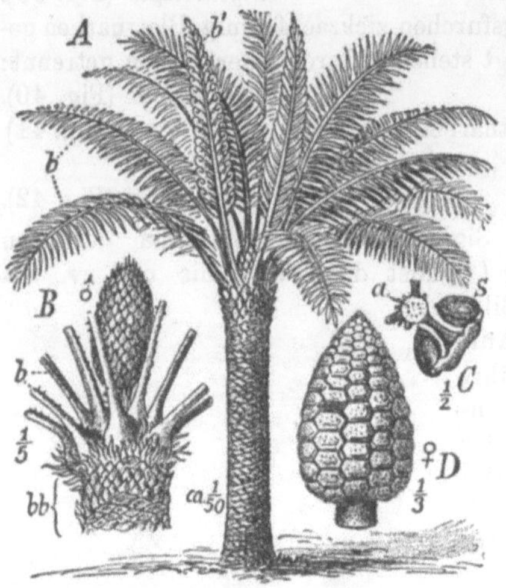

Fig. 44. *A*, *B* *Cycas revoluta L.* Rezent. *A* Habitusbild einer ♀ Pflanze. *B* Stamm mit endständigem ♂ Blütenzapfen. *b* entwickelte, *b'* unentwickelte Blätter mit eingerollten Fiedern. *b b* Blattbasen. *C*, *D* *Zamia integrifolia Ait.* Rezent. *C* 1 Fruchtblatt mit 2 Samen *s*; *a* Axe des Fruchtzapfens. *D* Fruchtzapfen. Nach Steinm.

Die fossilen Blätter lassen sich nach Form und Nervatur in drei Gruppen bringen, die sich an die drei lebenden Gattungen Cycas, Zamia und Encephalartos anschließen und als Cycaditen, Zamiten und Encephalartiten bezeichnet werden.

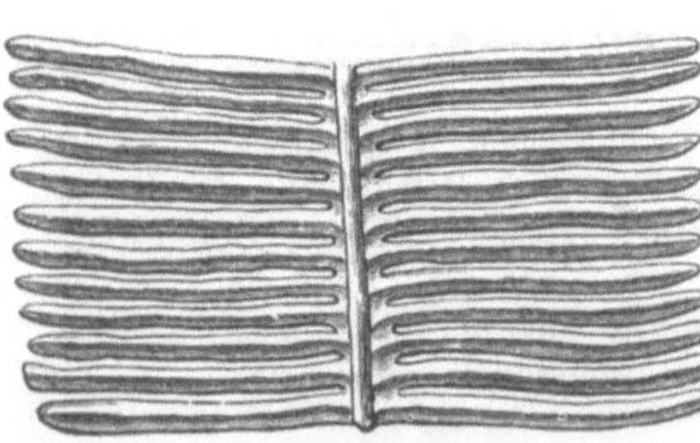

Fig. 45. *Cycadites rectangularis Braun.* Unt. Lias. Hettingen.

Fig. 46. *Zamites Feneonis Brgt.* Malm. Frankreich.

1. *Cycaditen.* Fiederblättchen einnervig. *Cycadites* Brgt. (Fig. 45). Fiederblättchen schmal-linear, wie bei der rezenten Cycas. Ob. Karbon—Kreide.

2. *Zamiten.* Fiederblättchen am Grunde stark verschmälert, zuweilen sich abgliedernd, daher oft isoliert vorkommend, von zahlreichen, unter sich parallelen Nerven durchzogen.

Zamites Brgt. (Fig. 46). Fiederblättchen mit verdickter Basis angeheftet, meist gedrängt stehend. Trias—Miocän, bes. im Jura.

Podozamites Br. (Fig. 47). Fiederblättchen locker stehend, Nerven am Ende derselben konvergierend. Rhät—unt. Kreide.

3. *Encephalartiten.* Fiederblättchen mit nicht eingeschnürter Basis. Nervatur wie bei den Zamiten.

Pterophyllum Brgt. (Fig. 48). Fiederblättchen breit oder linear, der Rhachis mit ganzer Breite ansitzend. Ob. Karbon—Wealden.

Nilssonia Brgt. (Fig. 49). Blätter lang-

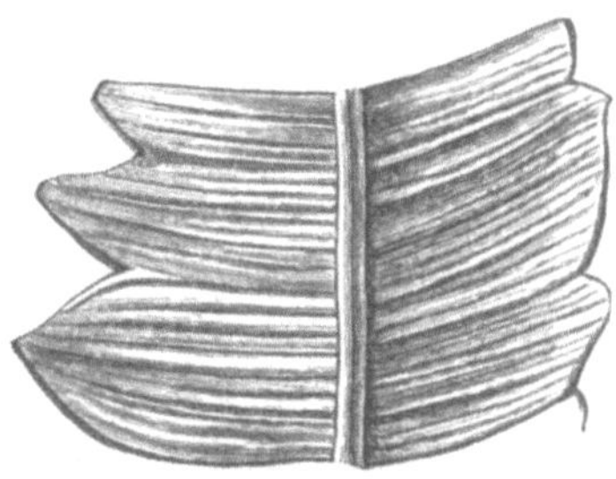

Fig. 49. *Nilssonia brevis Brgt.* Rhät. Hör in Schonen.

Fig. 47. *Podozamites distans Presl.* Rhät. Franken.

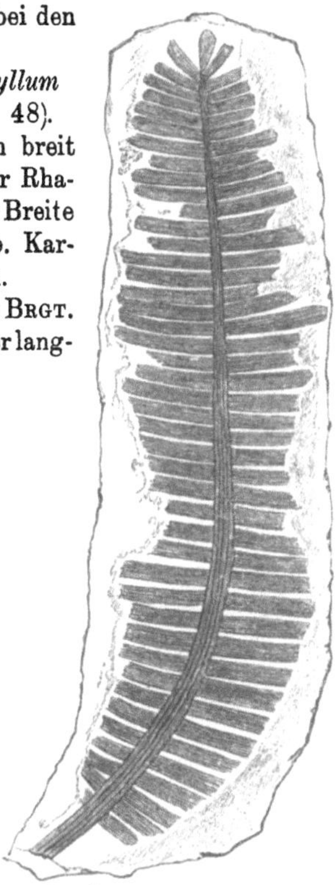

Fig. 48. *Pterophyllum Jaegeri Brgt* Schilfsandstein. Mittl. Keuper. Stuttgart.

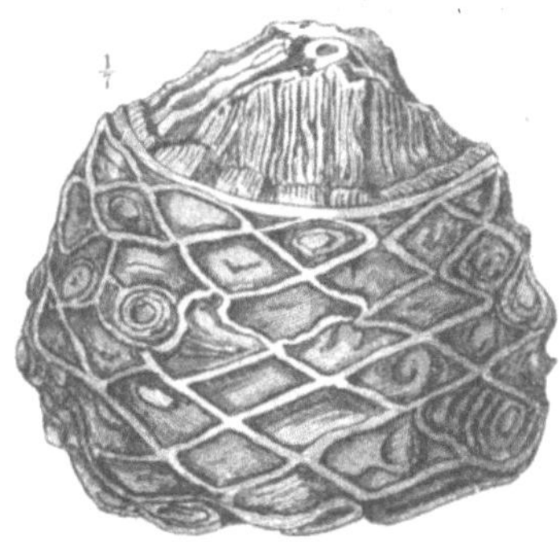

Fig. 50. *Clathropodium megalophyllum Buckl.* Purbeck. Portland.

elliptisch oder fast bandförmig, jede Blatthälfte in eine kleinere oder größere Anzahl unregelmäßiger, ungleich großer Abschnitte geteilt. Rhät—Dogger.

Auch fossile Stämme (*Cycadoidea, Clathropodium* [Fig. 50], *Bennettites*) und Fruchtstände (*Zamiostrobus*) sowie Samen (*Cycadeospermum*) sind in zahlreichen Formen besonders aus mesozoischen Schichten beschrieben.

2. Klasse. Cordaiteae (Figg. 51—53).

Bäume von 20—30 m Höhe mit starkem Holzzylinder. Verzweigung der schlanken Stämme unregelmäßig; Blätter am oberen Ende der Äste und Stämme zusammengedrängt, spiralig gestellt (Fig. 51 *a*). Blütenstände (*Cordaianthus*) ährenförmig, die Blüten getrennt-geschlechtig. Die ♂ Blüten stehen in bezug auf ihren Bau denjenigen der Salisburien am nächsten, die ♀ den der Cycadeen. Samen mit Steingehäuse und fleischiger Hülle. Wurzeln sich flach ausbreitend. Blätter 2 bis 90 cm lang und bis 20 cm breit, von zahlreichen, meist parallelen Nerven durchzogen. Nach ihrer Form teilt sie GRAND'EURY

Fig. 51. *a Cordaites sp.* Beblätterte Zweige. Restauriert von GRAND' EURY. Verkl. *b Rhabdocarpus disciformis Sternb. sp.* Karbon.

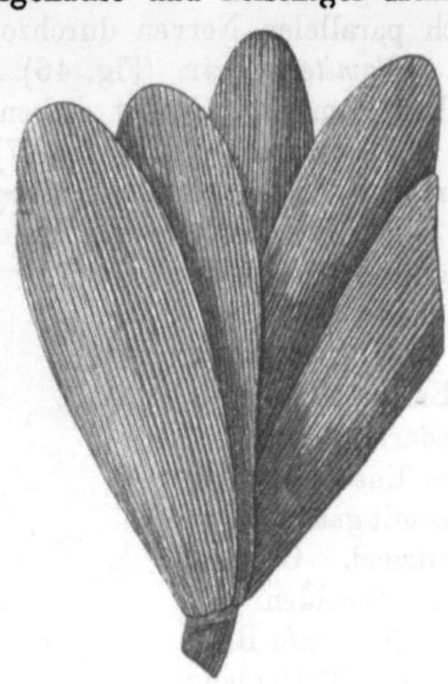

Fig. 52. *Cordaites lingulatus Gr. Eu.* Zweigende. Karbon.

in 3 Gruppen: 1. *Eucordaites* (Fig. 52): Blätter elliptisch oder ± verlängert, am Ende abgerundet. 2. *Dorycordaites*: Blätter lanzettlich zugespitzt. 3. *Poacordaites*: Blätter schmal, linear. — Das Holz (*Cordaïoxylon*) zeigt den Bau von Araucaria; das Mark, isoliert früher *Artisia* genannt, war gefächert, Ausgüsse desselben sind daher quergerieft. Isolierte Samen sind als *Cordaïspermum* (herzförmig), *Trigonocarpus* (mit drei Längsleisten; Fig. 53), *Rhabdocarpus* (oval, Ende zugespitzt; Fig. 51 *b*) etc. beschrieben. Cordaites findet sich im Karbon u. Perm und hat bei ihrer Größe und Häufigkeit lokal wesentlichen Anteil an der Kohlenbildung.

Fig. 53. *Trigonocarpus Noeggerathi Brgt.* *a* von unten; *b* von der Seite; *c* von oben. Karbon. Etwas verkl.

3. Klasse. Coniferae. Zapfenträger, Nadelhölzer.

Meist baumartige, zuweilen über 100 m hohe Pflanzen, mit reichlicher, zuweilen scheinbar wirtelförmiger Verzweigung. Holzzylinder sehr dick. Blätter meist nadel- oder schuppenförmig. Blüten meist ein- seltener zweihäusig. Die ♂ Blüten sind kätzchenförmig, d. h. eine größere Anzahl von Staubblättern stehen an einer ± verlängerten Axe. Die ♀ Blüten bilden Zapfen, deren Axen mit schuppenartigen Fruchtblättern besetzt sind. Sind letztere doppelt ausgebildet, nennt man das äußere „Deckschuppe", das innere — einen oder mehrere Samen tragende — „Fruchtschuppe". Die Koniferen erscheinen zuerst im ob. Karbon, werden aber erst vom Beginn des Mesozoicum an häufiger. Nach dem Bau der ♀ Blüten unterscheidet man folgende Familien:

I. Bildung eigentlicher Zapfen unterbleibt, Frucht beerenartig: 1. Taxaceae.

II. Zapfenschuppen (u. Laubblätter) gegen- oder quirlständig angeordnet: 2. Cupressineae.

III. Zapfenschuppen spiralig angeordnet:

a) Fruchtblatt mit innerer Fruchtschuppe, diese zwei oder mehr Samen tragend.
- a_1 Samenknospen aufrecht: 3. Taxodineae.
- a_2 „ nach unt. gerichtet: 4. Abietineae.

b) Fruchtblatt ohne innere Fruchtschuppe, nur **eine** Samenanlage tragend: 5. Araucarieae.

1. *Taxaceae.* Frucht beerenartig mit fleischiger Hülle. Karbon—Jetzt.

Taxus L. Blätter nadelförmig, zweizeilig stehend, Frucht ein fleischiger Ring, der einen kleinen Steinkern einschließt. *T. baccata* L. Eibe, rezent und in diluvialen Torfmooren.

Gingko L. (= *Salisburia* SM. [Fig. 54]). Blätter fächerförmig, ± tief gelappt, mit sich gabelnden Nerven. ♂ Blüten ährenförmig, ♀ Blüten gestielt, mit meist nur zwei Samenknospen. Perm—Jetzt. *G. multipartita* HEER Wealden.

2. *Cupressineae.* Laub- und Fruchtblätter gegenständig oder quirlig gestellt. Trias—Jetzt.

Cupressus L. Blätter schuppenförmig. Frucht ein meist kugliger Zapfen mit fest zusammenschließenden holzigen Fruchtblättern, die durch gegenseitigen Druck hexagonal werden. Tertiär—Jetzt.

Widdringtonia ENDL. Blätter kurz, an jüngeren Zweigen in zweizähligen Wirteln, an älteren spiralig

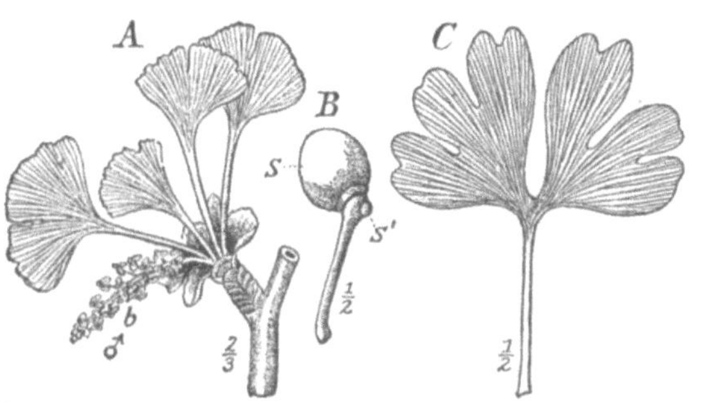

Fig. 54. *A B Gingko biloba L.* Rezent. *A* Ein Kurztrieb mit Blättern u. ♂ Blüte *b*. *B* Reifer Samen *s* (der 2. *s'* verkümmert). *C Gingko Huttoni Sternb. sp.* Dogger. Yorkshire.

Fig. 55. *a* und *b Widdringtonites Keuperianus Heer.* Lettenkohle. Würzburg *c Widdringtonites Bachmanni Heer.* Dogger. Hochmad. Schweiz.

stehend. Malm—Jetzt. Gegenwärtig auf Südafrika beschränkt, im Tertiär bis in die Polarregion vorkommend. Verwandte fossile Formen sind als *Widdringtonites* ENDL. (Fig. 55) beschrieben. Trias—Tertiär.

3. *Taxodineae.* Blätter und Zapfenschuppen spiralig angeordnet. Blätter entweder kurz, angedrückt und daher schuppenförmig oder linear-lanzettlich. Blüten monözisch, Samenknospen aufrecht. Perm—Jetzt.

Voltzia BRGT. (= *Glyptolepis* SCHIMP. [Fig. 56]). Hohe Bäume mit wirtelständigen Ästen, deren Seitenzweige alternierend stehen. Blätter verschieden gestaltet: an den oberen Teilen der Zweige länger, linear, flach, an den unteren kurz, kantig. ♂ Blüten bilden ovale Kätzchen. Zapfenschuppen rundlich, mit in einen Stiel verschmälerter Basis, am oberen Rande gelappt oder gekerbt, 2—3 Samen tragend. Perm—Trias. *V. Liebeana* Gein. Zechstein. *V. heterophylla* Brgt. leitend für den ob. Buntsandstein: „Voltziensandstein".

Taxodium Rich. Heute nur noch 2 Arten, die eine auf Mexiko, die andere (*T. distichum* Rich., Sumpfzypresse) auf die Vereinigten Staaten von Nordamerika beschränkt. Von letzterer ist eine im Tertiär (vom Oligocän—Pliocän, bes. im Miocän) von Europa und Asien

Fig. 56. *Voltzia*. *A—D V. heterophylla Brgt.* Ob. Buntsandstein. Sulzbad. U.-Elsaß. *A* Zweige mit langen und kurzen Blättern. *B* Zweig mit aufgesprungenem Fruchtzapfen. *C* ♂ Blüte. *D* Ein Ast mit Blattnarben. *E V. Liebei Gein.* Kupferschiefer. Trebnitz. Thüringen. Zapfenschuppe mit 2 Samenanlagen *s*.

Fig. 57. *Sequoia*. *a* Zapfen von *S. Couttsiae Heer.* Oligocän. Bovey Tracy. *b S. Langsdorfi Heer.* Miocän. *c S. sempervirens Presl.* Rezent. Zapfenschuppe mit 6 Samen *s*.

einschließlich der arktischen Zone sehr verbreitete Art nicht zu trennen und wird daher als *Taxodium distichum miocenicum* Heer bezeichnet.

Sequoia Torr. (Fig. 57). ♂ Blüten endständig, kuglig, Zapfen rel. klein, mit spiral gestellten, bei der Reife horizontal abstehenden, gestielten, holzigen Schuppen. Kreide—Jetzt. Die riesigen, reichlich verzweigten Stämme lieferten häufig fast ausschließlich das Material für Braunkohlenflötze, z. B. *S. Couttsiae* Heer (Oligoc.). Von dieser im Tertiär sehr verbreiteten, mehrfach in die Arktis reichenden Gattung existieren heute noch 2 Arten, auf Kalifornien beschränkt, von denen die eine *S. gigantea* Torr. (Mammutbaum) die größten Koniferen darstellt (über 100 m hoch).

4. *Abietineae*. Bäume mit wirtelständigen Ästen. Seitenzweige bilateral. Blätter spiralig oder durch Drehung des Blattstieles bilateral ge-

stellt. Zapfenschuppen spiralig angeordnet. Blüten monözisch. Samenknospen, wenn entwickelt, nach unten gerichtet. Trias—Jetzt. In diese Gruppe gehören die Kiefern (*Pinus*), Tannen (*Abies*), Fichten (*Picea*), Lärchen (*Larix*), Zedern (*Cedrus*). Wichtig sind einige Formen des Unteroligocän als Erzeuger des als Bernstein bekannten fossilen Harzes. Da eine spezifische Trennung nicht sicher auszuführen ist, faßt man sie als *Pinus* oder *Pinites succinifera* Göpp. zusammen.

5. *Araucarieae.* Bäume mit wirtelständigen Ästen, Seitenzweige meist bilateral, Blätter linear oder ± breit, wie die Zapfenschuppen spiralig stehend. Blüten monözisch oder diözisch, endständig. Auf jedem Fruchtblatt nur 1 Samenanlage. Karbon—Jetzt.

Araucaria Juss. Jetzt in wenigen Arten auf die südliche Halbkugel beschränkt, früher auch in Europa sehr verbreitet. Seit Lias.

Walchia Strnb. (Fig. 58). Äste wirtelständig, Seitenzweige bilateral abwechselnd stehend, Blätter nadelförmig, gekielt. Im Habitus gleicht die

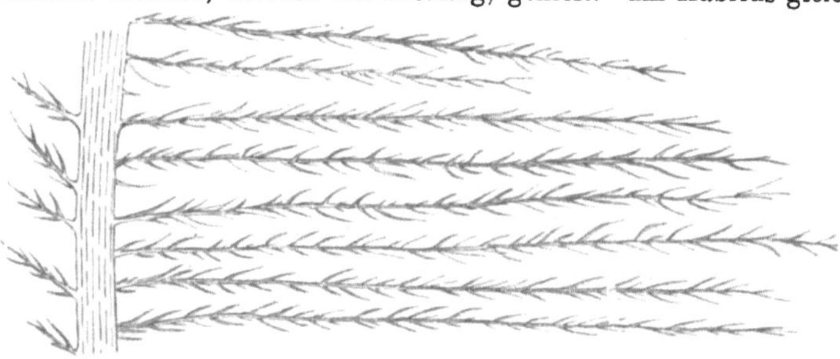

Fig. 58. *Walchia piniformis Sternb.* Rotliegendes. Norheim bei Kreuznach.

Pflanze daher der häufig kultivierten *Araucaria excelsa.* ♂ Blütenstände ähren-, ♀ zapfenförmig. Ausgüsse der Markhöhlung des Stammes sind isoliert als *Tylodendron* Weiss beschrieben. Walchia ist ein sehr wichtiges Fossil, um eine Grenze zwischen dem produktiven Karbon und dem Perm ziehen zu können. Sie tritt zuerst im unteren Rotliegenden auf, für welches sie sehr charakteristisch ist: „Walchienschichten". *W. filiciformis* Schl. sp.

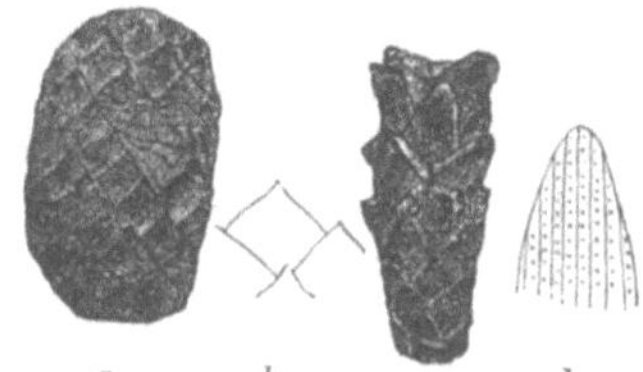

Fig. 59 *Ullmannia Bronni Goepp.* *a* Zapfen (?). *b* Blätter von *a* vergr. *c* Zweige. *d* Einzelnes Blatt, vergr. Kupferschiefer. Frankenberg in Hessen.

Ganz unsicher in bezug auf ihre systematische Stellung ist:

Ullmannia Göpp. (Fig. 59) Verzweigung unregelmäßig, Blätter gedrängt und spiralig stehend, kurz-zungenförmig, lanzettlich oder linear, einnervig. Manche mit vorkommende Reste sind vielleicht als zugehörige Zapfen zu deuten. Perm, bes. im Kupferschiefer, häufig in Kupferglanz vererzt (Frankenberger Kornähren). *U. selaginoides* Gein. *U. frumentaria* Göpp.

Zweiter Stamm. Angiospermae. Bedecktsamige Blütenpflanzen.

Die Samenknospen sind stets in einen Fruchtknoten eingeschlossen, der aus einem einzigen oder aus mehreren, miteinander verwachsenen Fruchtblättern gebildet wird. Die zuerst am Keim auftretenden Blattorgane, die schon im Samen fast vollständig ausgebildet sind, heißen Samenlappen oder Cotyledonen. Im Holz echte Gefäße. Sie treten zuerst in der unteren Kreide auf.

1. Klasse. Monocotyledoneae.

Nur 1 Samenlappen vorhanden, welcher meist scheidenförmig die Spitze des Keimes umgibt. Blätter meist parallelnervig. Gefäßbündel im Querschnitt isoliert erscheinend.

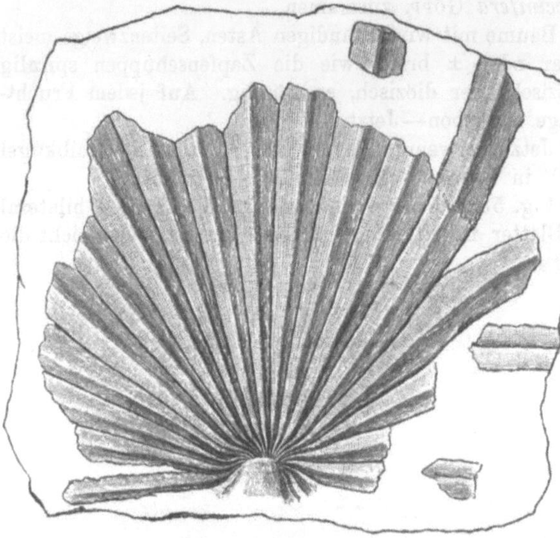

Fig. 60. *Chamaerops helvetica Heer.* Unteroligocän. Nachterstedt in Sachsen.

Reste von *Palmen* finden sich seit d. unt. Kreide u. zwar sowohl Blätter als auch Hölzer (*Palmoxylon*). Die Blätter sind entweder fächerförmig (z. B. *Chamaerops* L. [Fig. 60], *Sabal* ADANS.) oder gefiedert (*Phoenix* L., Dattelpalme). In Mittel- und Nordeuropa finden sich Palmen im Eocän und Oligocän ziemlich reichlich, im Pliocän verschwinden sie fast ganz.

2. Klasse. Dicotyledoneae.

2 Samenlappen vorhanden. Gefäßbündel, wenn isoliert bleibend, ringförmig geordnet, bei größeren Pflanzen einen geschlossenen Holzzylinder oder kompakten Holzkörper bildend. Blätter meist mit netzartiger Nervatur. In Nordamerika in der unt. Kreide (Neocom) auftretend, in Europa erst in der ob. Kreide, dem Cenoman.

Bei dem enormen Formenreichtum muß trotz der großen Wichtigkeit, welche die dikotylen Reste für die Ermittelung der klimatischen Verhältnisse der Tertiär- und Quartärzeit besitzen, hier von einer vollständigen systematischen Übersicht abgesehen werden und mögen nur folgende wichtige Formen erwähnt sein:

Fig. 61. Fig. 62. Fig. 63.
Fig. 61. *Salix polaris Wahlbg.* Rezent. Nat. Gr. Fig. 62. *Dryas octopetala L.* Rezent. Nat. Gr. Fig. 63. *Betula nana L.* Rezent. Nat. Gr.

Betula L. Birke. B. nana L. (Fig. 63). Zwergbirke, eine hochnordische Form, welche aber während der Glazialzeit auch in Mitteleuropa weit verbreitet war. Gegenwärtig findet sie sich in der arktischen Region beider Erdhälften bis zum 71.° n. Breite.

Salix L. Diese Gattung überschreitet mit niedrigen, strauchartigen Formen, den Zwergweiden (Fig. 61), die Polarzone in beiden Erdhälften, auf der östlichen nahezu den 80.° n. Breite erreichend. Diese Zwergweiden sind sehr wichtig für die glazialen Bildungen Mitteleuropas, z. B. *S. retusa* L. u. a. — Von jenen Resten, welche uns über die frühere Verbreitung arktisch-alpiner Formen Aufschluß geben, ist noch zu erwähnen die zu den Rosiflorae gehörende Gattung

Dryas L. *D. octopetala* L. (Fig. 62). Silberwurz. Pflanze klein, strauchartig, mit niederliegenden Zweigen. Blüten weiß; reife Früchtchen mit langem, federartigem, silberglänzendem Fortsatz. Sie findet sich in Mitteleuropa an der obersten Grenze des Eiszeitalters, als das Klima noch stark vom abschmelzenden Binneneis beeinflußt und daher sehr kalt war. Ihr Vorkommen ist meist in Thonen (Dryasthone), oft am Grunde von Torfmooren (Norddeutschland). Gegenwärtig ist sie häufig in Skandinavien und den Alpen.

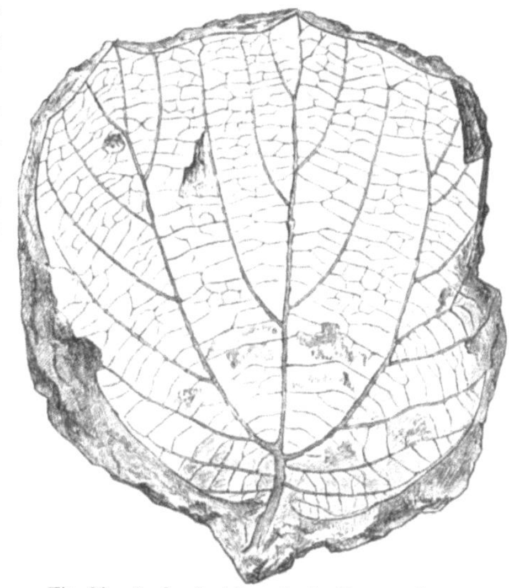

Fig. 64. *Credneria triacuminata Hampe.* Senon.

Credneria ZENK. (Fig. 64). Ziemlich große, gestielte Blätter von rundlichem oder gerundet vierseitigem, an der Basis leicht eingebuchtetem Umriß. Bez. der Nervatur vgl. Fig. 64. Die systematische Stellung dieser charakteristischen Blätter ist unsicher. Die auffällige Aderungsweise am Grunde der Blattspreite kommt auch bei Platanus vor. Sie finden sich weit verbreitet (Österreich, Deutschland, Grönland) in der ob. Kreide (Cenoman—Senon). Im sächsischen Elbsandsteingebirge bezeichnet man die untere Abteilung des Cenoman nach ihrem reichlichen Vorkommen als „Crednerienstufe".

Zweiter Teil.

Tierreich.

Systematische Übersicht.

I. Evertebrata. Wirbellose Tiere.

Erster Stamm: *Protozoa.* Urtiere.
Klasse: *Rhizopoda.* Wurzelfüßer.

Zweiter Stamm: *Coelenterata* oder *Zoophyta.* Pflanzentiere.
Erster Unterstamm: *Spongiae* oder *Poriferae.* Schwämme.
Zweiter Unterstamm: *Cnidaria.* Nesseltiere.
1. Klasse: *Anthozoa.* Korallentiere.
2. Klasse: *Hydrozoa.* Hydroidpolypen und Quallen.
3. Klasse: *Ctenophora.* Rippenquallen.

Dritter Stamm: *Echinodermata.* Stachelhäuter.
Erster Unterstamm: *Crinoidea* oder *Pelmatozoa.* Haarsterne.
1. Klasse: *Eucrinoidea.* Seelilien.
2. Klasse: *Cystoidea.* Cystoideen oder Beutelstrahler.
3. Klasse: *Blastoidea.* Knospenstrahler.
Zweiter Unterstamm: *Asteroidea.* Seesterne und Schlangensterne.
1. Klasse: *Stelleridea.* Seesterne.
2. Klasse: *Ophiuridea.* Schlangensterne.
Dritter Unterstamm: *Echinoidea.* Seeigel.
Vierter Unterstamm: *Holothurioidea.* Holothurien, Seegurken oder Seewalzen.

Vierter Stamm: *Vermes.* Würmer.

Fünfter Stamm: *Molluscoidea.* Molluskoiden.
1. Klasse: *Bryozoa.* Moostierchen.
2. Klasse: *Brachiopoda.* (Armfüßer.) Armkiemer.

Sechster Stamm: *Mollusca.* Weichtiere.
1. Klasse: *Lamellibranchiata.* Muscheltiere (Blattkiemer).
2. Klasse: *Scaphopoda.* Kahn- oder Grabfüßer (Röhrenschnecken).
3. Klasse: *Amphineura* oder *Placophora.* Käferschnecken.
4. Klasse: *Gastropoda.* Bauchfüßer oder Schnecken.
5. Klasse: *Pteropoda.* Flossenfüßer.
6. Klasse: *Cephalopoda.* Kopffüßer oder Kraken.

Siebenter Stamm: *Arthropoda.* Gliedertiere.
1. Klasse: *Crustacea.* Krebstiere.
2. Klasse: *Myriapoda.* Tausendfüßer.
3. Klasse: *Arachnoidea.* Spinnen und Skorpione.
4. Klasse: *Insecta.* Insekten.

II. Vertebrata. Wirbeltiere.

1. Klasse: *Pisces.* Fische.
2. Klasse: *Amphibia.* Amphibien oder Lurche.
3. Klasse: *Reptilia.* Reptilien (Kriechtiere).
4. Klasse: *Aves.* Vögel.
5. Klasse: *Mammalia.* Säugetiere.

Erster Stamm. Protozoa. Urtiere.

Die Protozoen sind Organismen von meist geringer Größe, vielfach einzellig. Sie bestehen aus Sarkode (Protoplasma) ohne zellig gesonderte Organe oder Gewebe. Doch scheiden viele kalkige oder kieselige Gehäuse aus, die sich auch fossil seit den ältesten Zeiten erhalten haben. Die Nahrungsaufnahme geschieht meist entweder durch eine besondere Mundöffnung oder an irgend einer beliebigen Körperstelle durch allmähliches Umfließen fremder organischer Partikel vermittelst Fortsätzen des Sarkodeleibes, die in mannigfaltigsten Formen ausgestreckt und wieder eingezogen werden können. Sie dienen gleichzeitig zur Bewegung und heißen daher „*Pseudopodien*" (Figg. 65 u. 66). Die Fortpflanzung ist vorwiegend ungeschlechtlich und erfolgt meist durch Knospung oder Teilung. Die meisten Protozoen leben im Meer, viele auch im Süßwasser, einzelne in andern Tieren schmarotzend. Für den Geologen hat von den verschiedenen Klassen der Protozoen nur die der Rhizopoden Bedeutung, da in dieser die meisten Formen ein erhaltungsfähiges Skelett ausscheiden.

Klasse. Rhizopoda. Wurzelfüßer.

Protozoen, welche fähig sind, bald fingerartig oder lappig zerteilte, bald feine, haarförmige Pseudopodien ausstrecken und wieder einziehen, bzw. in die Körpersubstanz verfließen zu lassen. In der Regel mit ausgeschiedenem chitinösen oder Kalkgehäuse oder Kieselgerüst. Die meisten leben im Meer-, einzelne im Süßwasser.

Sie zerfallen in 6 Ordnungen, von denen indes nur 2, die Foraminifera und Radiolaria für den Geologen von Wichtigkeit sind.

I. Ordnung. Foraminifera d'Orbigny (Figg. 65—89).

Rhizopoden, deren Sarkodeleib keine häutige Zentralkapsel enthält, mit meist kalkiger, seltener kieseliger oder chitinöser Schale, in einzelnen Fällen schalenlos.

Die Schalen der Mehrzahl der Foraminiferen bestehen aus kohlensaurem Kalk, seltener haben sie eine sandig-kieselige Beschaffenheit, noch seltener bestehen sie aus Chitin oder fehlen ganz. Nur in den beiden ersten Fällen ist die Schale erhaltungsfähig. Sie besitzt zum Austritt der Pseudopodien entweder (Fig. 65) nur eine größere Öffnung — Mündung — oder (Fig. 66) ist von zahlreichen feinen Kanälchen durchbohrt. Die *kalkigen* Schalen haben entweder eine dichte, porzellanartige oder eine poröse Struktur. Untersucht man lebende Vertreter dieser beiden Gruppen, so erscheinen bei der 1., den Imperforata, die Schalen bei auffallendem Licht opak. Dagegen zeigen sie sich bei der 2. Gruppe,

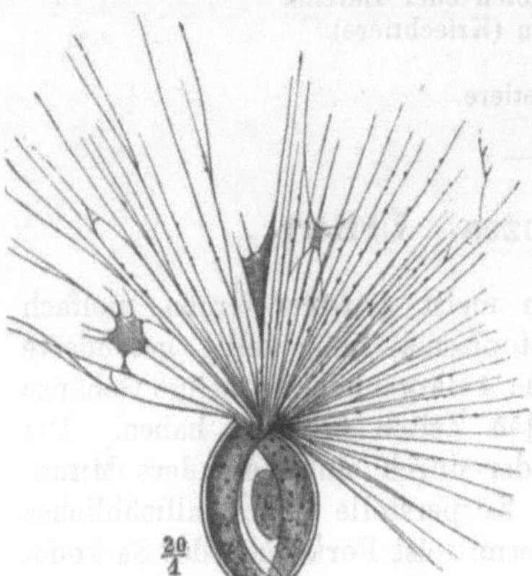

Fig. 65. Typus der *Imperforata*. Lebende *Miliola sp.* Die Pseudopodien treten nur aus der Mündung aus.

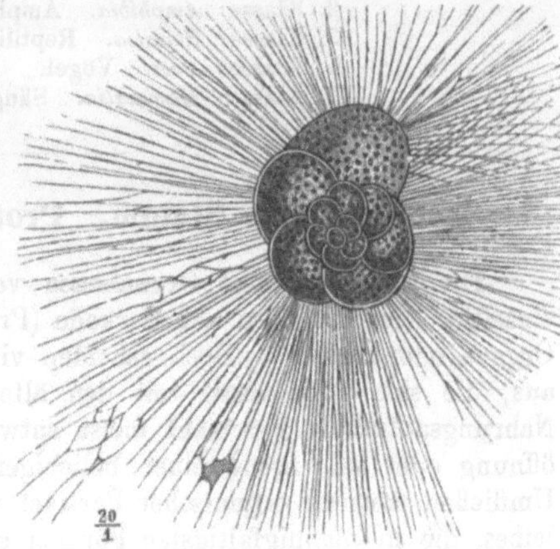

Fig. 66. Typus der *Perforata*. Lebende *Rotalide*. Die Pseudopodien treten aus zahlreichen Poren aus.

den Perforata, mehr glasig glänzend und bei durchfallendem Licht mehr durchscheinend und porös. Die fossilen Reste sind natürlich ± alteriert. Die *kieseligen* Schalen erscheinen wie aus kleinen, verkitteten Sandkörnchen zusammengesetzt, denen sich zuweilen sonstige Fremdkörper beimengen. Sie bilden die Gruppe der Silicea oder Agglutinantia und besitzen ebenfalls entweder eine dichte oder poröse

Fig. 67. *Nodosaria rapa d'Orb.* (Längsschn.) Neogen. Italien.

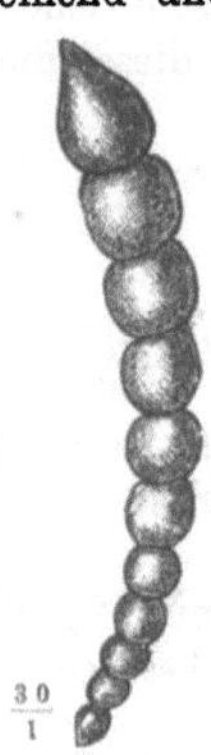

Fig. 68. *Dentalina elegans d'Orb.* Miocän. Baden bei Wien.

Fig. 69. *Textularia praelongaRss.* Turonpläner. Weinböhla in Sachsen.

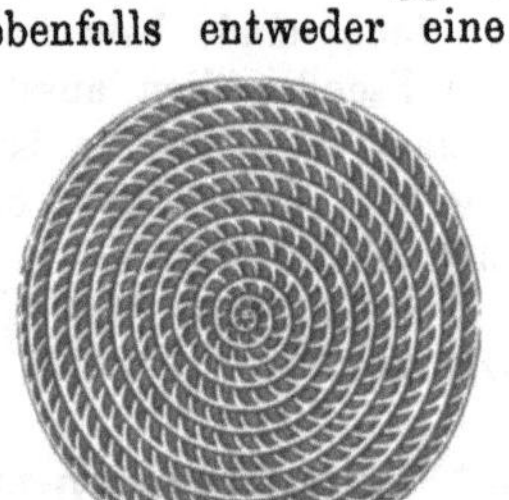

Fig. 70. *Nummulina sp.* Horizontaldurchschnitt durch die Schale. Vergr.

Fig. 71. *Biloculina inornata d'Orb.* Miocän. Baden b. Wien. Vergr.

Struktur. Das Gehäuse selbst ist entweder einkammerig oder vielkammerig. Letzteres ist bei der überwiegenden Mehrzahl der Foraminiferen der Fall, die daher auch „Polythalamia" genannt werden. Die vielkammerigen Schalen zeigen einen sehr mannigfaltigen Bau. Es können die Kammern in einer geraden (z. B. *Nodosaria*, Fig. 67) oder gebogenen (*Dentalina*, Fig. 68) Linie angeordnet sein, oder 2 oder 3 alternierende Reihen bilden (*Textularia*, Fig. 69) oder spiralig in einer Ebene (*Nummulina*, Fig. 70) oder schneckenartig (*Bulimina*) aufgerollt sein oder schließlich sich konzentrisch umfassen (Biloculina, Fig. 71) oder unregelmäßig um- und aneinander gruppiert sein (Globigerina, Fig. 72). Bei spiralig aufgerollten Schalen bezeichnet man den gemeinsamen Medianteil der Umgänge als *Rücken-* oder *Dorsalstrang* (Fig. 85). Bei einer Anzahl der Perforata findet sich in dem Gehäuse ferner noch ein zuweilen sogar sehr kompliziertes *Kanalsystem*. Die Schale wird von verästelten, ev. untereinander kommunizierenden Kanälen durchzogen, die mit Sarkode erfüllt sind, aber nicht mit den Poren in Verbindung stehen. Diese Kanäle verlaufen z. B. in den Scheidewänden oder bei spiralig in einer Ebene aufgerollten Formen wie Nummulites, außerdem in dem Dorsalstrang.

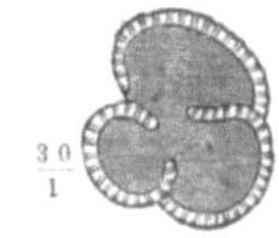

Fig. 72, Durchschnitt einer *Globigerina*.

Bei manchen komplizierter gebauten Formen kommen in Vertiefungen und Lücken des Gehäuses kalkige Ablagerungen vor, die in vielen Fällen zapfen- oder keilförmig vom Zentrum radial nach außen gerichtet sind (s. *Calcarina*, Fig. 82). Sie sind meist dicht, zuweilen jedoch ebenfalls von verzweigten Kanälchen durchzogen. Die Summe dieser Bildungen bezeichnet man als „*Zwischenskelet*". Auch die Verzierungen der Oberfläche der Schalen wie Rippen, Leisten, Dornen, Stacheln und dergl. werden ihm zugerechnet.

Die Foraminiferen finden sich fast ausschließlich im Meer, nur einige Formen (Fam. Gromidae) im Süßwasser. Letztere besitzen eine chitinöse, nicht erhaltungsfähige Schale und kommen daher ebenso wie die wenigen schalenlosen Formen für den Geologen nicht in Betracht. Die meisten For. besitzen sehr geringe Dimensionen, weniger als 1 mm, wenige werden 1—2 cm, einige Riesenformen allerdings 5—6 cm groß. Trotz ihrer meist geringen Größe besitzen diese einfachen Organismen durch ihre kalkabscheidende Tätigkeit eine nicht geringe Bedeutung, indem sich häufig ihre Schalen mit Schlamm vermengt in ungeheurer Menge anhäufen. Bereits im Paläozoicum findet man Gesteine, die vorwiegend oder doch zum großen Teil aus Schalen von For. bestehen und daher, je nachdem das Bindemittel kalkiger oder thoniger Natur ist, als Foraminiferenkalke bzw. -mergel bezeichnet werden. Gesteinsbildende Formen sind namentlich im Kohlenkalk die Fusulinen (Fig. 83), in der Kreide die Orbitulinen (Fig. 74), im Tertiär die Nummuliten (Figg. 70, 86—88) und Milioliden (Figg. 71, 76, 77). Auch die Glaukonitkörnchen zahlreicher cretaceischer Glaukonitsande sind nichts anderes als die von diesem Mineral gebildeten Steinkerne von For.-Gehäusen. Auch in der Jetztwelt leben manche Formen in der Nähe der Küsten und bilden daselbst förmliche Ablagerungen; andere bevölkern dicht enorme Areale der Oberfläche der Ozeane. Die Schälchen der abgestorbenen Individuen sinken zu Boden und bilden mächtige Ablagerungen eines förmlichen Foraminiferenschlammes, der bis zu 90 % aus kalkigen For.-Gehäusen bestehen kann. Je nachdem unter letzteren die Gattung Globigerina (Fig. 79) oder Biloculina (Fig. 71) am reichlichsten vertreten ist, nennt man derartige Ablagerungen Globigerinen- bzw. Biloculinenschlamm. Analoge Sedimente sind aus verschiedenen Formationen, auffallend übereinstimmende namentlich aus der Kreideformation bekannt. Auch die weiße Schreibkreide selbst ist eine Tiefseebildung, bestehend aus einem Haufwerk winziger organischer Reste, unter denen For.-Schalen weitaus die erste Rolle spielen. Die darin vorwiegenden Gattungen sind allerdings von denen im rezenten Tiefseeschlamm verschieden. In diesem findet man vorzugsweise Globigerina, Orbulina und Biloculina, während in der Kreide Textularia und Rotalia vorherrschen. Fossil sind Foraminiferen seit dem Cambrium bekannt.

Agglutinantia.

Schale kieselig, dicht oder porös, aus kleinen, durch ein verschiedenartiges Zement verkitteten Sandkörnchen und andern Fremdkörpern aufgebaut.

Haplophragmium Rss. (Fig. 73). Schale dicht, anfangs unregelmäßig spiral, später gerade, daher bischofsstabförmig. Kammern und Mündung einfach. Trias—rezent.

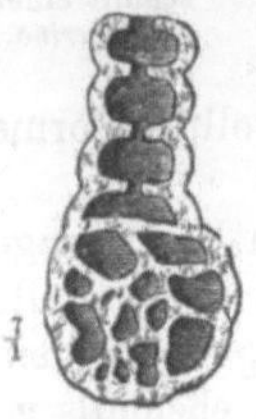

Fig. 73. *Haplophragmium irregulare Reuss.* Längsschnitt. Turonpläner. Böhmen.

Calcarea imperforata.

Schalen kalkig, dicht, daher porzellanartig (*Porcellanea*), zuweilen mit kieseliger oder aus agglutinierten Sandkörnchen bestehender Außenschicht.

Orbitulina Lam. (Fig. 74). Schale kalkig mit agglutinierten Sandkörnchen, schüssel- bis flach kegelförmig. 2—20 mm groß. Oberseite etwas ausgehöhlt, Unterseite gewölbt, mit kieseliger, konzentrisch gestreifter Deckschicht. Innerer Bau kompliziert: Gehäuse aus mehreren Lagen in konzentrischen Ringen angeordneter, vorwiegend rechteckiger Kammern bestehend; die äußern Kammern werden durch sekundäre Scheidewände in mehrere kleine sekundäre Kammern geteilt. Kreide, in der südlichen Fazies derselben häufig gesteinsbildend. Die in dieser Beziehung wichtigsten Arten sind *Orb. lenticularis* Lam. im Aptien und *Orb. concava* Lam. im Cenoman.

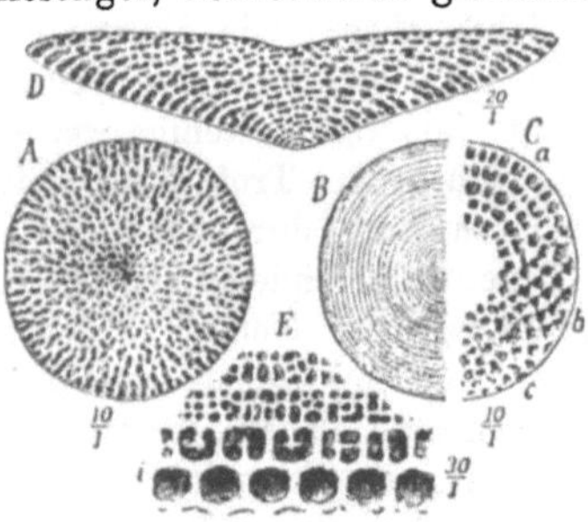

Fig. 74. *Orbitulina lenticularis Lam.* Aptien. Perte du Rhône. *A* Schale von oben. *B* von unten. *C* Unterseite nach Entfernung der Deckschicht. *a* Die Ringe rechteckiger Kammern, *b c* diese tiefer im Innern zeigend. *D* Querschnitt, zeigt den konzentrischlagenförmigen Aufbau. *E* Kammern dicht an der Deckschicht mit sekundären Scheidewänden, letztere nach innen (*i*) zu verschwindend. Nach Steinm.

Alveolina Bosc. (Fig. 75). Schale meist spindel- oder eiförmig. Sie besteht aus spiral aufgerollten, sich gänzlich umhüllenden Umgängen (involut). Diese werden zunächst durch schräg zur Oberfläche und parallel zur Windungsaxe gestellte, nach vorn konvexe Scheidewände in lange Hauptkammern zerlegt, deren Längsgrenzen die auf der Oberfläche der Schale befindlichen Längsriefen entsprechen. Durch weitere Quersepta werden diese Hauptkammern in Nebenkammern geteilt. Ihnen entsprechen die feinen Querfurchen der Oberfläche. Die Nebenkammern zerfallen bei einigen lebenden Arten z. B. *Alv. Quoii* d'Orb. durch bödenartige Gebilde noch in einige niedrige Stockwerke. Mündungssporen zahlreich, in einer oder mehreren Längsreihen. Kreide—rezent. Im Alttertiär manche Gesteine ganz erfüllend (Alveolinenkalk).

Fig. 75. *Alveolina Bosci d'Orb.* Mehrfach angeschnitten. Eocän. Paris.

Fam. ***Miliolidae.*** *Cornuspira* SCHULTZE. Schale aus zahlreichen, in einer Ebene aufgerollten Umgängen bestehend, diese ungekammert. Perm—rezent.

Miliola SCHULTZE. Die Kammern sind anfangs spiralig angeordnet, später knäulförmig in 1—5 Ebenen um eine gemeinsame Axe gewunden; in der Richtung dieser derart verlängert, daß die Pole des Gehäuses stets von der Endkammer gebildet werden, bzw. diese die nächst vorhergehende daselbst abschließt. An den Umbiegungsstellen sind die Umgänge geknickt, daselbst finden sich die inneren Scheidewände. Die Mündung wird meist durch einen vorspringenden Zahn hufeisenförmig verengt. Nach den verschiedenen Aufwindungsformen des Gehäuses unterschied D'ORBIGNY folgende Untergattungen: Findet die Aufrollung desselben in einer Ebene statt, und bleiben alle Umgänge äußerlich sichtbar, so entsteht *Spiroloculina* (Fig. 76); rollen sie sich in gleicher Weise auf, umhüllen sich aber vollständig (durch starke seitliche Verbreiterung), so daß nur die beiden letzten Kammern sichtbar bleiben, *Biloculina* (Fig. 71); wickeln sie sich in 3 bzw. 5 Ebenen auf und bleiben nur die 3 bzw. 5 letzten Kammern sichtbar, *Triloculina* bzw. *Quinqueloculina* (Fig. 77). — Trias—rezent. Hauptverbreitung: Tertiär und Jetzt. Die genannten Miliolaformen gehören zu den wichtigsten Gesteinsbildnern. *Quinqueloculina saxorum* D'ORB. (Fig. 77) bildet im mittl. Eocän des Pariser Beckens die „Milioliden-kalke", Biloculina noch jetzt w. Norwegen kalkige Absätze.

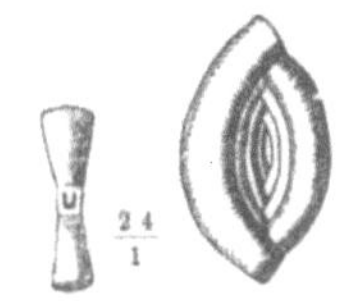

Fig. 76. *Spiroloculina Badensis d'Orb.* Miocän. Baden bei Wien.

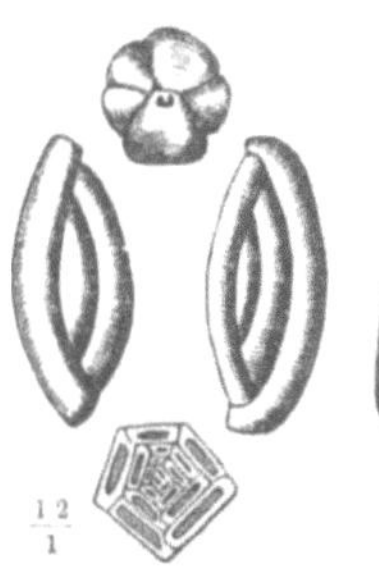

Fig. 77. *Quinqueloculina saxorum d'Orb.* Eocän. Grignon bei Paris.

Fig. 78. *Frondicularia Cordai Rss.* Turonpläner. Weinböhla. Sachsen.

Calcarea Perforata.

Schale meist kalkig, porös, zuweilen indes sandig und dann häufig mit kalkiger, grob poröser Unterlage.

Fam. ***Lagenidae.*** Schalen rein kalkig, fein porös.

Nodosaria LAM. (Fig. 67). Kammern in einer geraden Linie angeordnet, durch Einschnürungen getrennt. Gehäuse stabförmig, bis 3 cm lang. Mündung terminal. Silur—Jetzt. *N. Zippei* REUSS. Turon.

Frondicularia DEFR. (Fig. 78). Gehäuse komprimiert, blattförmig, aus winklig gebogenen oder geknickten, seitlich übereinandergreifenden „reitenden" Kammern bestehend. Mündung terminal. Trias—Jetzt, bes. Kreide und Tertiär. *Fr. Goldfussi* REUSS. Unt. Senon.

Fam. ***Textularidae.*** Schale kalkig oder — bei größeren Formen — sandig mit kalkiger Unterlage. Die Kammern meist in 2 alternierenden Reihen angeordnet. Silur—Jetzt.

Textularia DEFR. (Fig. 69). Gehäuse meist verkehrt-kegelförmig, ± komprimiert. Kammern zweizeilig alternierend, durch Spalten kommunizierend. Karbon—Jetzt, bes. in der weißen Kreide, an deren Bildung die Schälchen einen wesentlichen Anteil nehmen. *T. turris* D'ORB. Senon.

Fam. ***Globigerinidae.*** Schalen kalkig, porös, ein- oder mehrkammerig.

Globigerina D'ORB. (Fig. 79). Kammern kuglig, unregelmäßig od. undeutlich spiral zu einem sphäroidischen Gehäuse gruppiert. Trias—Jetzt. Diese Gattung findet sich in enormen Mengen im Tiefseeschlamm der heutigen Ozeane bis zu 4000 m Tiefe herab, den man danach als „Globigerinen-Schlamm" bezeichnet. Auch an der Zusammensetzung mancher Gesteine früherer Erdepochen (vom Jura an) nimmt Globigerina ± Anteil.

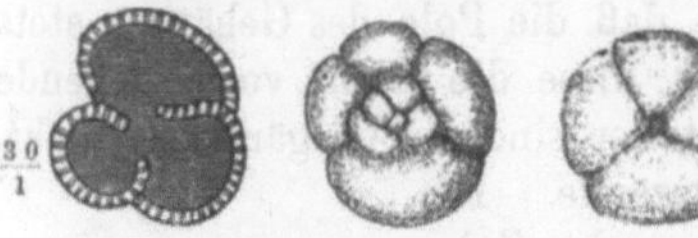

Fig. 79. *Globigerina conglomerata Schwag.* Pliocän. Nicobaren.

Fam. ***Rotalidae.*** Schale meist kalkig, fein- oder grobporös. Zuweilen mit Zwischenskelett. Kammern meist regelmäßig schneckenförmigspiralig angeordnet, Gehäuse daher scheiben- bis flach kreiselförmig, oft auf der einen Seite alle, auf der Gegenseite nur den letzten Umgang zeigend. Karbon—Jetzt.

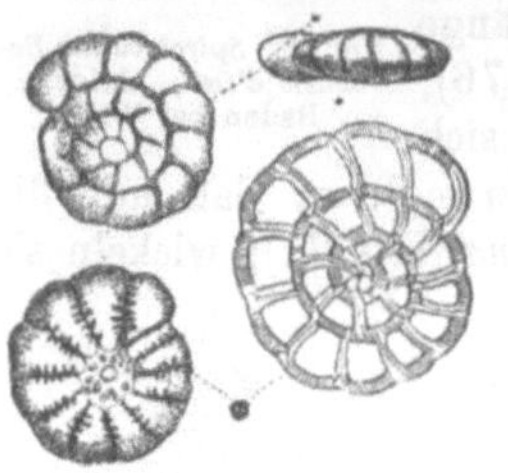

Fig. 80. *Rotalia Beccarii L.* Pliocän. Siena (n. ZITT.).

Rotalia LAM. (Fig. 80). Schale feinporös, scheiben- bis flach kreiselförmig. Kammern spiralig angeordnet. In den Scheidewänden einfache, gegen die Oberfläche zu sich verzweigende Kanäle. Jura—Jetzt. Die Gattung nimmt zusammen mit *Textularia* (Fig. 69) wesentlichen Anteil an der Bildung der weißen Kreide.

Amphistegina D'ORB. (Fig. 81). Schale linsenförmig, mit ungleicher Wölbung der beiden Breitseiten und zugeschärftem Außenrand. Sie ist spiral, aber etwas unsymmetrisch und zwar derart eingerollt, daß man beiderseits nur den letzten Umgang sieht, indem die Umgänge sich fast vollkommen umfassen. Die Scheidewände verlaufen unter der Oberfläche zunächst nach vorn und biegen sich dann winklig nach rückwärts um. Nahe der Unterseite sind sie ebenfalls nach vorn gerichtet, spalten sich aber in der Nähe der Peripherie in 2 Äste, so daß Sekundärkammern entstehen. Sämtliche Kammern kommunizieren durch eine Spalte an ihrem Innenrand, welche mehr der Unterseite genähert ist. Von der zentralen Embryonalkammer strahlen kegelförmige Zapfen (= Zwischenskelett) in der Richtung der kürzesten Schalenaxe nach außen und bilden an der Oberfläche der Schale je 1 zentrales Knöpfchen. Die Schalen erreichen 2—4 mm im Durchmesser. Tertiär—Jetzt, vereinzelt bereits im Kohlenkalk und der ob. Kreide. Am häufigsten im Miocän, z. B. im Wiener Becken. Hier setzt *A. Haueri* D'ORB. einzelne Schichten im Leithakalksand beinah allein zusammen.

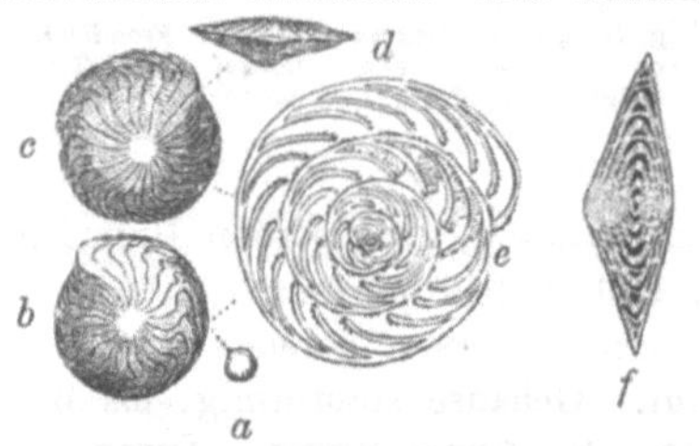

Fig. 81. *Amphistegina Haueri d'Orb.* Miocän. (Leithakalk). Nußdorf bei Wien (n. ZITT.). *a* Nat. Gr. *b—f* vergr. *b* Ansicht der Oberseite. *c* Ansicht der Unterseite. *d* Seitenansicht. *e* Medianschnitt. *f* Querschnitt.

Calcarina D'ORB. (Fig. 82). Schale niedrig-kreiselförmig, mit stachel- oder zapfenförmigen Fortsätzen. Oberseite gewölbt, Unterseite flach,

Kammern in einer Spirale angeordnet. Vom Zentrum strahlen keilförmige, von groben Kanälen durchzogene Partien aus: Zwischenskelett. Dieses bildet die erwähnten Fortsätze und inkrustiert auch die Oberfläche der Schale, die daher rauh ev. warzig erscheint. Ob. Kreide—Jetzt.

Calc. Spengleri L. sp. (= *calcitrapoides* Lmk., Fig. 82) findet sich in Menge im obersten Kreidetuff (Danien) von Maastricht.

Fam. ***Fusulinidae.*** Schale kuglig oder quer verlängert und dann spindelförmig; aus niedrigen, symmetrisch eingerollten, sich vollständig umfassenden (involuten) Umgängen bestehend. Scheidewände kompakt, eben oder wellig gefaltet. Ihnen entsprechen die Längsfurchen der Schalenoberfläche Mündung spaltförmig oder durch eine Reihe von Löchern ersetzt. Nur im Karbon und Perm, oft gesteinsbildend.

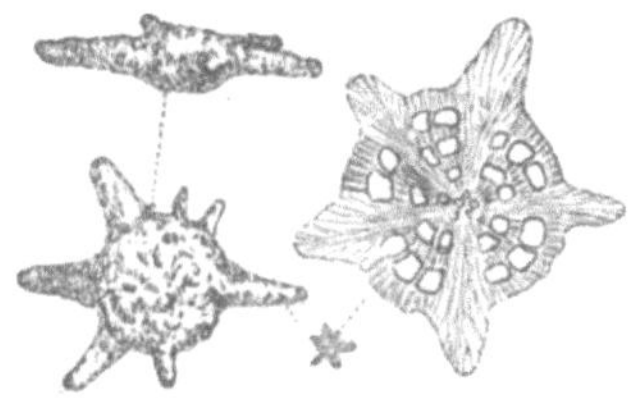

Fig. 82. *Calcarina calcitrapoides Lmk.* Danien (Kreidetuff). Maastricht (n. Zitt.).

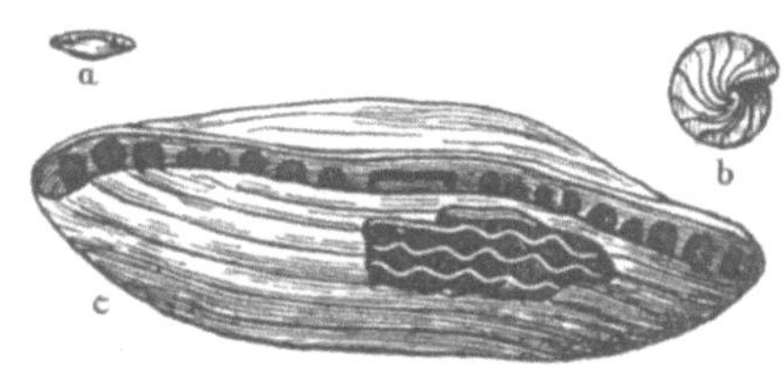

Fig. 83 *Fusulina cylindrica Fisch.* Ob. Kohlenkalk. Rußland. *a* Nat. Gr. *b* Gehäuse von einem Pol der Längsaxe aus gesehen. Vergr. 4. *c* Ansicht auf die Mündung. Schale z. T. aufgebrochen, um die welligen Scheidewände zu zeigen. Vergr. 9.

Fusulina Fisch. (Fig. 83). Schale spindelförmig, bis 12 mm lang. Scheidewände stark wellig gefaltet, so daß die aus ihnen zunächst gebildeten Hauptkammern in sekundäre, unter sich seitlich kommunizierende Nebenkammern zerlegt werden. Im marinen ob. Karbon werden manche Kalksteinlagen fast nur aus Schalen dieser Gattung gebildet: „Fusulinenkalk“, z. B. in Rußland (*Fus. cylindrica* Fisch. u. *Fus. longissima* Möll.), in Japan (*Fus. japonica* Gümb.).

Schwagerina Möll. Schale kuglig-eiförmig. Scheidewände eben oder nur schwach gebogen. Oberstes Oberkarbon (Europa, Asien, Nordamerika); ebenfalls lokal gesteinsbildend. *Schw. princeps* Ehrb. sp. Japan.

Fam. ***Nummulinidae.*** Gehäuse linsen- oder scheibenförmig, oft von beträchtlicher Größe. Kammern entweder in spirale Umgänge oder in zyklische Ringe angeordnet. Häufig ein dichtes Zwischenskelett und in der Schale ein kompliziertes Kanalsystem vorhanden. Karbon—Jetzt, Hauptverbreitung im Tertiär besonders im Eocän.

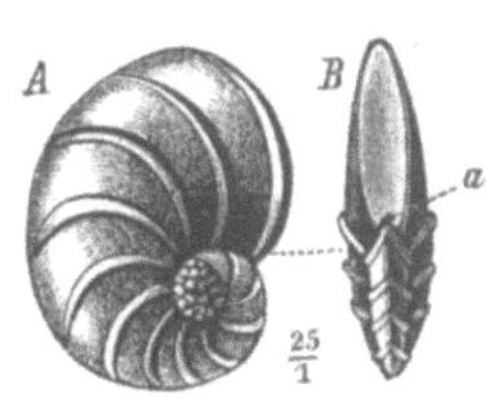

Fig. 84. *Operculina cretacea Rss.* Danien. Maastricht. *A* von der Seite. *B* von vorn. *a* Mündung. Nach Steinm.

Operculina d'Orb. (Fig. 84). Schale flach, bis mehrere Millimeter groß, aus wenigen rasch anwachsenden, sich nicht umhüllenden Umgängen bestehend. Kammerwände und Dorsalstrang von einem verästelten Kanalsystem durchzogen. Zuweilen ein Zwischenskelett vorhanden, welches dann in gleicher Weise, wie bei Amphistegina (s. ob. Fig. 81 f.) ausgebildet ist. Kreide—Jetzt.

Nummulites d'Orb. (Figg. 70, 85—88). Zu dieser Gattung gehören die größten Foraminiferen, indem die linsen- od. scheiben- bzw. münzenförmigen Schalen einen Durchmesser von 2—6 cm erreichen. Sie bestehen aus zahlreichen, spiraligen, vielkammerigen Umgängen (Figg. 70 u. 85). In den Scheidewänden und dem Dorsalstrang ein verästeltes Kanalsystem. Je nachdem die Umgänge alle äußerlich sichtbar bleiben, oder sich vollständig umhüllen, so daß nur der letzte zu sehen ist, unterscheidet man 2 Untergattungen: Assilina und Nummulina.

1. *Assilina* D'ORB. Umgänge sehr langsam anwachsend, alle äußerlich sichtbar. *A. exponens* Sow. Eocän.

2. *Nummulina* D'ORB. (Figg. 86 u. 87). Die seitlichen Kammerwände ruhen nicht einfach auf dem vorhergehenden Umgang auf, sondern verlängern sich und greifen über die vorhergehenden Umgänge bis zum Zentrum der Schale über. Der letzte Umgang verhüllt daher alle

Fig. 85. Mehrfach angeschnittene *Nummulina* cf. *Lucasana Defr.* Eocän. Kressenberg in Bayern.

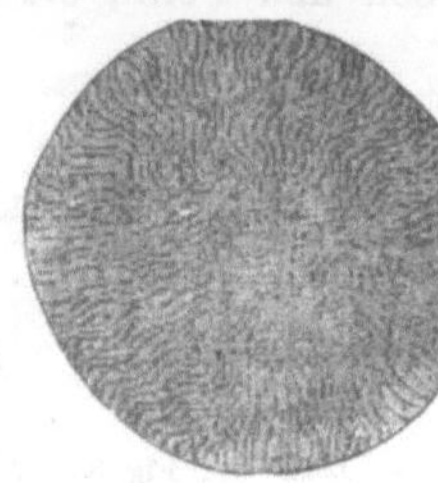

Fig. 86. *Nummulina sp.* Nat. Gr.

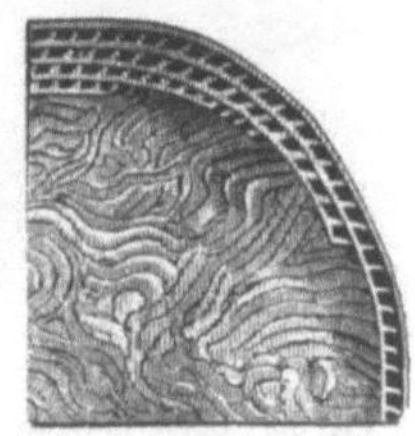

Fig. 87 *Nummulina Gizehensis Ehrb.* Eocän. Ägypten. Vergr.

übrigen. Auch die Septa verlängern sich in die reitenden Seitenflügel der Kammern. Diese Septalverlängerungen zeigen daselbst ein verschiedenes Verhalten: entweder sie verlaufen ziemlich gerade (Fig. 85) oder leicht geschwungen nach dem Zentrum: Radiatae (z. B. *N. planulata* D'ORB.) oder wirr gebogen, mäandrisch: Sinuatae (*N. Gizehensis* EHRB. [Fig. 87]) oder schließlich sie anastomosieren miteinander und bilden so ein unregelmäßiges Netzwerk: Reticulatae (*N. laevigata* LAM.). Bei der spezifischen Bestimmung einer Nummulina wird man daher zunächst ein Stückchen Schale absprengen oder abschleifen, um den Verlauf dieser Septalverlängerungen zu untersuchen und dadurch zuerst die Gruppe zu ermitteln, in die der betr. Nummulit gehört. Das Zwischenskelett ist in Gestalt von Pfeilern von dichterer Schalensubstanz entwickelt, die auf oder zwischen den Septalverlängerungen stehen. Auf der Oberfläche der Schalen bilden diese Wärzchen oder Körner. Einzelne Nummuliten werden bereits aus Kohlenkalk und Jura angeführt, doch fehlt ihnen das Kanalsystem im Dorsalstrang. Die echten Nummuliten charakterisieren das älteste Tertiär (unt. Eocän—unt. Oligocän). 1 Art noch lebend. In der südlichen Fazies des Eocän bestehen mächtige Gebirgsschichten fast nur aus ihren Schalen (Fig. 88). Solche Nummulitenkalke finden sich namentlich in der Umgebung des Mittelmeeres, in den Pyrenäen, Alpen, Karpathen, in Kleinasien, Ägypten und erstrecken sich bis nach Ostasien, fehlen jedoch auch im Süden der Vereinigten Staaten nicht.

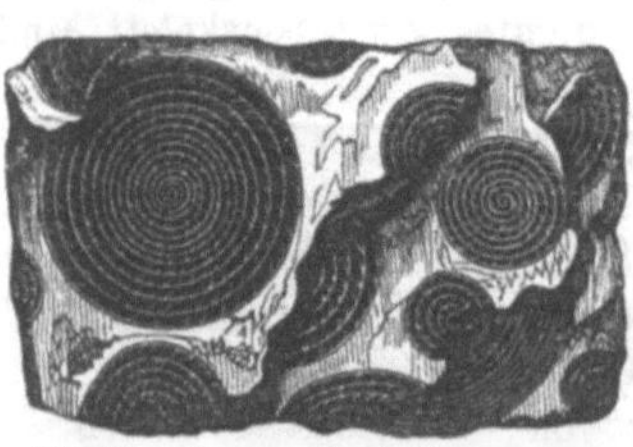

Fig. 88. Nummulitenkalk aus den Pyrenäen.

Orbitoides D'ORB. (Fig. 89). Schale scheibenförmig, von rundlichem oder sternförmigem Umriß, doch oft gebogen, bis 4 cm groß. Sie besteht aus zahlreichen, zyklischen Ringen, die durch Septen gekammert werden. Wie ein Vertikalschnitt zeigt, sind die Kammern der in der Medianschicht gelegenen Zyklen bedeutend größer als die der übrigen und werden daher als „Hauptkammern" von jenen, den „Nebenkammern" unterschieden. Die ersten Hauptkammern sind spiralig angeordnet; in den Septen sowohl, als im Dorsalstrang verlaufen Kanäle. Die Lagen der Nebenkammern werden von pfeilerartigen, durch Platten verbundenen Gebilden des Zwischenskeletts durchsetzt. Die Pfeiler erscheinen an der Oberfläche der Schale als Körner oder Wärzchen. Ob. Kreide — Miocän. Am häufigsten, und zwar manche Gesteinslagen ganz erfüllend, im Eocän, die Nummuliten begleitend. *Orb. papyracea* BOUBÉE im eoc. oolithischen Eisenerz von Kressenberg in Oberbayern.

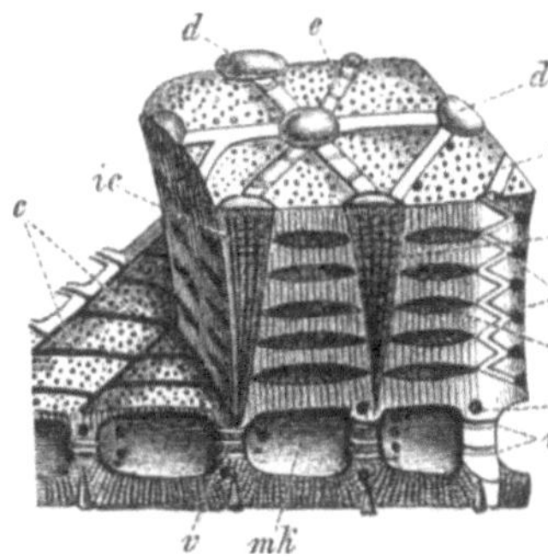

Fig. 89. *Orbitoides*, in verschiedenen Ebenen angeschnitten. Die vordere Fläche ist Radialebene. *mk* Mittlere (Haupt-) Kammerreihe. *v* Paarige Verbindungsrohren zwischen zwei aufeinanderfolgenden Zyklen. *o* Kleinere Sekundärkammern. *n* Auf- und absteigende Verbindungsröhren zwischen den Zellen. *d* Warzen der Oberfläche, die Endigungen der verkehrt-konischen Pfeiler (= Zwischenskelett) mit darin verlaufenden Interkanalsystem (*ic*). *e* Platten von Zwischenskelettsubstanz, welche die Pfeiler miteinander verbinden. *c* Kanalsystem in den zyklischen und in den radialen Kammerscheidewänden verlaufend. Nach STEINM.

Anhang: Von DAWSON wurden knollige, bis kopfgroße, aus abwechselnden Lagen von grünem Serpentin und weißem Kalkspat bestehende Gebilde aus laurentischem Gneiß von Canada unter dem Namen *Eozoon canadense* als Foraminiferen beschrieben. Nach MÖBIUS sind es indes nur mineralische, anorganische Ausscheidungen.

II. Ordnung. Radiolaria. (Figg. 90—93.)

Marine Rhizopoden, deren Sarkodeleib eine häutige, poröse Kapsel, die „Zentralkapsel" enthält und feine, fadenförmige Pseudopodien entsendet. Meist mit gitterförmig durchbrochenem Kieselskelett. In der Regel von mikroskopischer Kleinheit, erreichen sie nur ausnahmsweise einen Durchmesser von mehreren Millimetern. Sie leben fast stets als Einzeltiere, nur selten zu Kolonien vereinigt, jedoch sehr gesellig teils an der Oberfläche, teils in beträchtlicher Tiefe der Ozeane. An einigen Stellen ist der Boden der letzteren mit einer Anhäufung von niedergesunkenen Radiolariengehäusen bedeckt, dem „Radiolarienschlamm". Analoge Bildungen sind auch aus dem Tertiär bekannt (Nicobaren, Barbados). Doch sind auch sonst zahlreiche, namentlich kieselige Gesteine aus andern Formationen ± reich an Radiolarien, namentlich viele mesozoische Kieselschiefer und Hornsteine, die man daher in diesem Fall als „Radiolarit" bezeichnet. Nach BARROIS finden sie sich im Präkambrium und wären demnach die ältesten Tiere; sicher ist ihr Auftreten im Kambrium. Die Skelette der Rad. sind äußerst mannigfaltig gestaltet und sehr zierlich gebaut. Im Innern oft radial oder symmetrisch angeordnete Stäbe, die sich nach außen ev. in lange Stacheln verlängern. Bei einer Gruppe (Acantharia) bestehen die Skelette aus organischer Substanz, dem Acanthin, und sind daher fossil nicht erhalten, bei allen andern aus Kieselsäure. Diese zerfallen, wenn wir von den fossil äußerst seltenen Phaeodaria absehen, nach der Beschaffenheit der Zentralkapsel und der Ausbildung des Skeletts in 2 Gruppen: Spumellaria und Nasselaria.

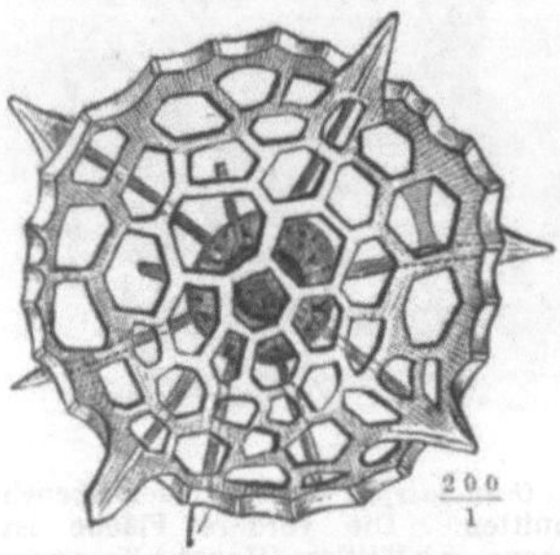

Fig. 90. *Actinomma Schwageri Stöhr.* Miocän. Grotte in Sizilien.

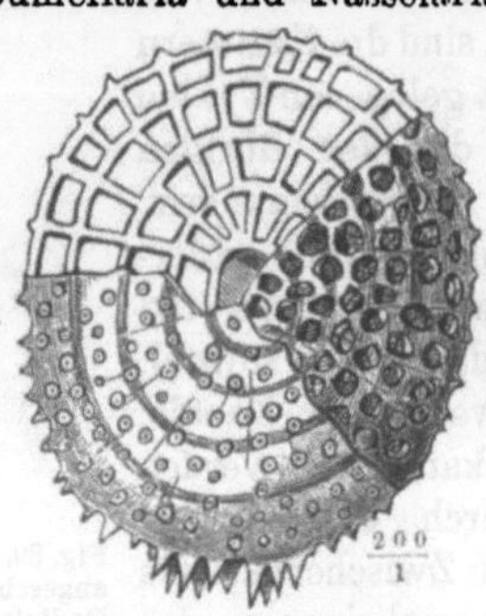

Fig. 91. *Ommatodiscus Haeckeli Stöhr.* Miocän. Grotte in Sizilien.

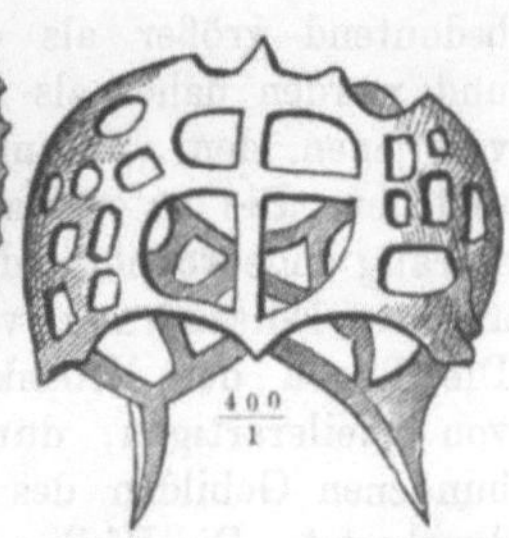

Fig. 92. *Petalospyris corona Stöhr.* Miocän. Grotte in Sizilien.

1. ***Spumellaria.*** Membran der Zentralkapsel allseitig mit Poren. Skelett kuglig oder scheibenförmig, ausnahmsweise fehlend. Hier mögen nur die beiden fossil häufigen Familien der *Sphäriden* und *Disciden* erwähnt sein. Bei den Sphäriden ist das Skelet ± kuglig und besteht entweder aus einer einfachen z. B. *Coenophaera* Ehrb. oder aus mehreren ineinandergeschachtelten Gitterkugeln, z. B. *Actinomma* Haeck. (Fig. 90). Bei den Disciden (Fig. 91) ist das Skelett ± scheibenförmig, z. B. *Stylodictya* Ehrb., *Trematodiscus* Haeck.

2. ***Nasselaria.*** Membran der Zentralkapsel nur an 1 Pol mit einem Porenfeld versehen. Skelet mit idealer Längsaxe, helm- oder mützenförmig (Fig. 92), an beiden Polen verschieden (Apical- oder Scheitel-, und Basal- oder Mündungspol). Die formenreichste und auch durch fossile Formen am stärksten vertretene Familie dieser Gruppe sind die *Cyrtidae*. Bei ihnen ist die ei- oder kegelförmige Schale entweder einkammerig, oder zeigt durch quere Einschnürungen eine unvollkommene Gliederung. Z. B. *Podocyrtis* Ehrb. (Fig. 93), *Stichocapsa* Haeck. Jura—Jetzt.

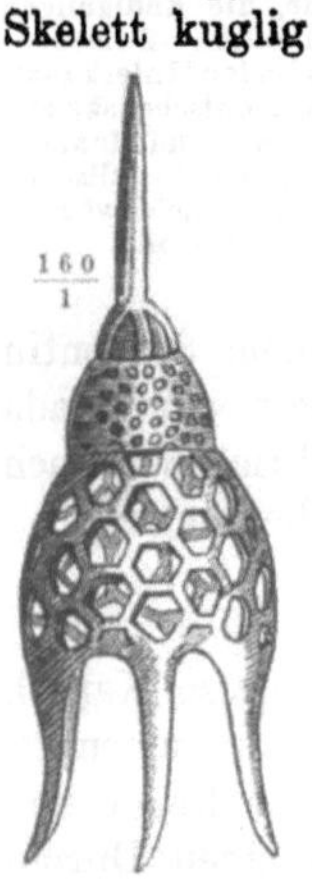

Fig. 93. *Podocyrtis Schomburgki Ehrb.* Tertiär, Barbados.

Zweiter Stamm. Coelenterata (Zoophyta, Pflanzentiere).

Die Coelenterata sind festsitzende oder freischwimmende Wassertiere, mit zellig differenzierten Organen, von ± radiär-symmetrischem Körperbau und mit zentraler Leibeshöhlung (Gastrovascularraum). Zu letzterer führt eine größere, sog. Mundöffnung, die jedoch auch zum Austritt der Sekretionen und der Embryonen dient, da eine besondere After- oder Genitalöffnung fehlt. Der Körper besteht im allgemeinen aus 3 zelligen Schichten: Ento-, Meso- u. Ektoderm. Häufig sind Skelettbildungen horniger, kalkiger oder kieseliger Natur. Sie können — räumlich betrachtet — in verschiedenen Zellschichten auftreten, sind aber genetisch stets auf das Ektoderm zurückzuführen. Man unterscheidet 2 Unterstämme: Spongiae und Cnidaria.

Erster Unterstamm. Spongiae oder Porifera. Schwämme.

Festsitzende, selten flottierende, fast nur marine Tiere von mannigfaltiger Gestalt. Sie leben als Einzelindividuen oder bilden Stöcke (Kolonien). In der Regel mit einem aus Horn-, Kiesel- oder Kalkgebilden bestehenden festen Gerüst (Skelett), mit einem zentralen Hohlraum (Magenhöhle, Paragaster), einem innern Kanalsystem, zahlreichen Zufuhrporen und einer oder mehreren Auswurfsöffnungen (Oscula, s. Fig. 94).

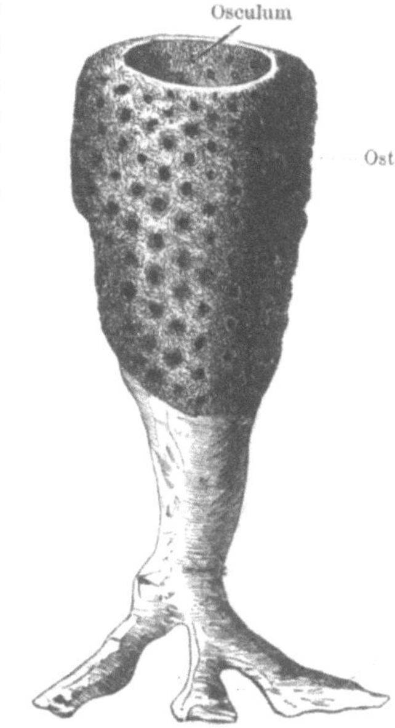

Fig. 94. *Ventriculites simplex Mant.* Kieselschwamm aus der Kreide, zeigt das Osculum u. die Ostia.

Von den übrigen Coelenterata, den Cnidaria, unterscheiden sich die Spongien in mehreren wichtigen Punkten, so daß sie von manchen als besonderer Stamm zwischen jenen und den Protozoa angesehen werden. 1. Es tritt bei ihnen die strahlige Anordnung der Teile weniger hervor als bei jenen oder fehlt ganz. 2. Es ist mehr als zweifelhaft, ob man die zentrale Leibeshöhle der Spongien auch physiologisch als Magenhöhle, d. h. eine verdauende, einen Nahrungssaft bereitende auffassen kann. 3. Die obere Öffnung (Osculum) der Zentralhöhle dient bei den Spongien *nur* als Auswurfsöffnung, bei den übrigen Coelenterata auch zur Einfuhr. 4. Es fehlen den Spongien die Nesselorgane im Ektoderm. — Der Körper der Spongien ist von einem *Kanalsystem* durchzogen, welches bei dünnwandigen Formen sehr einfach bleibt ev. nur in Form von die Wand durchsetzender Poren entwickelt ist, bei dickwandigen sehr kompliziert wird; es dient zur Zufuhr des nahrungshaltigen Außenwassers in die Zentralhöhle. Die Einlaßporen sind sehr klein und befinden sich in der Haut, daher *Dermalporen* genannt. Sie führen in feine Kanälchen, die sich später zu stärkeren vereinigen. Die Öffnungen, mit denen die Kanäle entweder in die Zentralhöhle oder an beliebigen Sellen der Oberfläche des Schwammes ausmünden, heißen *Ostien* (Figg. 94 u. 95). Von den Dermalporen unterscheiden sie sich in letzterem Falle durch ihren größeren Durchmesser. Der zentrale Hohlraum ist sehr verschieden gestaltet, bald seicht, bald tief, und je nachdem schüssel-, trichter- oder röhrenförmig. Diejenigen Spongien, die nur 1 Osculum besitzen, werden als Einzel-

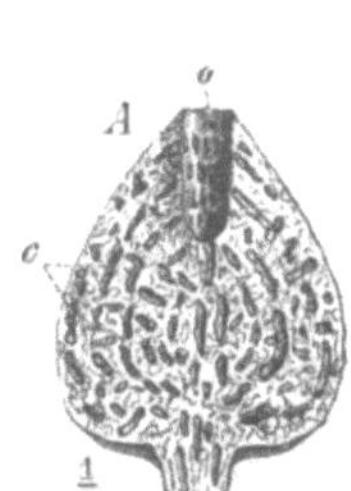

Fig. 95. *Siphonia tulipa Zitt.* Cenoman. Blackdown. England. Längsschnitt. In der Zentralhöhle sind die in Längs- u. Querreihen gestellten Ostien (*o*) der Bogenkanale (*c*) sichtbar.

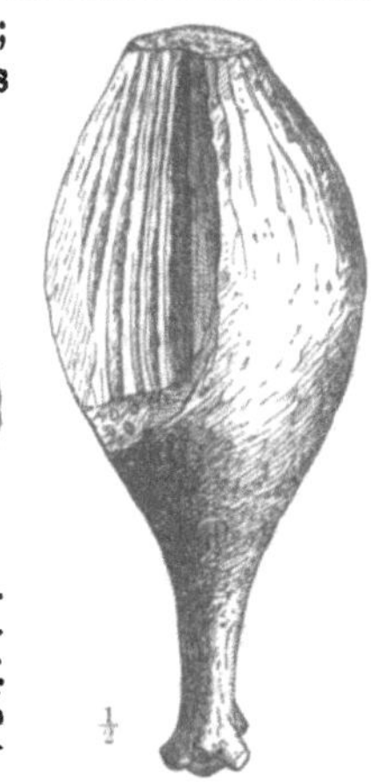

Fig. 96. *Jerea pyriformis Lamx.* Cenoman. Kehlheim.

individuen angesehen und heißen *monozoische* Formen; besitzen sie mehrere Oscula, werden sie als zusammengesetzte oder *polyzoische* Formen bezeichnet. Zuweilen ist die Zentralhöhle durch ein Bündel vertikaler Röhren ersetzt, während der Schwammkörper äußerlich als ein Einzelindividuum erscheint, und sich auch sein Kanalsystem wie bei einem solchen verhält. Solche Schwammkörper heißen *syndesmotische* Stöcke (z. B. *Jerea*, Fig. 96). Fast sämtliche Spongien sind entweder direkt mit ihrer Basis, oder durch einen Stiel, oder einen aus faden- oder nadelförmigen Skelettgebilden bestehenden Wurzelschopf (Fig. 97) angeheftet; einige bohren sich in fremde Körper ein, s. u. S. 48. Die Vermehrung erfolgt entweder geschlechtlich oder ungeschlechtlich durch Knospung. Bei der äußerst wandelbaren äußeren Form der Spongien beruht die Systematik derselben ausschließlich auf dem Skelett. Nach der Beschaffenheit desselben zerfallen sie in 4 Gruppen: 1. *Myxospongiae*, Skelett fehlt. 2. *Ceraospongiae*, Sk. hornig. 3. *Silicispongiae*, Sk. kieselig. 4. *Calcispongiae*, Sk. kalkig. Bei fossilen Spongien kommt es nicht allzuselten vor, daß ihr ursprünglich kalkiges Skelett verkieselt, ihr kieseliges in Kalk verwandelt worden ist. Bei Bestimmung derselben hat man daher stets diese Möglichkeit in Betracht zu ziehen.

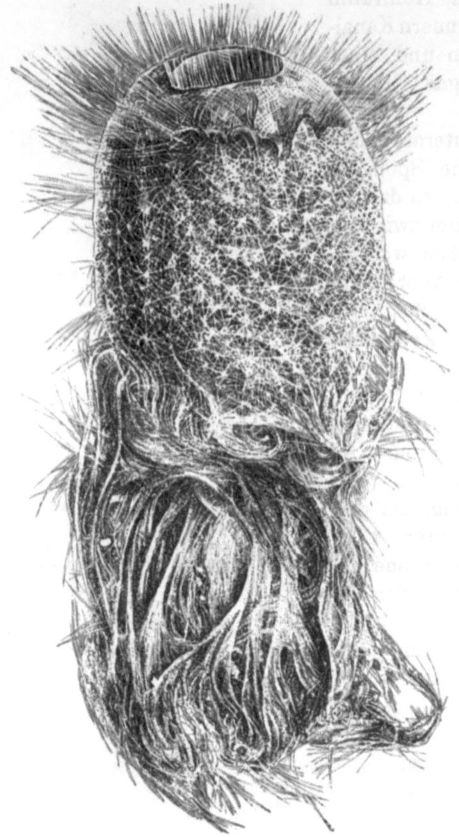

Fig. 97. *Holtenia Carpenteri Thoms.*, lebender Schwamm mit kieseligem Skelett u. einem Wurzelschopf aus Glasfäden.

Mit Ausnahme einer Gattung (*Spongilla*) bewohnen sämtliche Spongien das Meer, und zwar sind Myxospongien, Ceraospongien und Calcispongien Bewohner des seichteren Wassers, während sich die Kieselspongien in den verschiedensten, oft sehr beträchtlichen Tiefen (bis 6000 m) der Ozeane finden. Oft leben die Spongien gesellig, zuweilen treten sie so massenhaft auf, daß sie förmliche Riffe bilden und ganze Schichten mit ihren Skeletten erfüllen. Besonders ist dies im Malm der Fall, welcher häufig in Form solcher Schwammkalke, der „Spongitenfazies", entwickelt ist (schwäbisch-fränkischer Jura). Fossile Spongien kennt man seit dem Kambrium.

1. Gruppe: *Myxospongiae.* Sie sind fossil nicht erhaltungsfähig, ebensowenig die Skelette der 2. Gruppe: *Ceraospongiae*, Hornschwämme; doch

dürften manche Körper in verschiedenen Formationen als Steinkerne solcher aufzufassen sein. So z. B.

Rhizocorallium Zenker. Kürzere, zylindrische oder ± gebogene oder zuweilen sehr lange, schlangenartig hin- und hergewundene Wülste, die auf ihrer Oberfläche bei günstiger Erhaltung eine fasergewebähnliche Zeichnung erkennen lassen. Oft in Menge auf den Schichtflächen mancher Triasgesteine, seltener in der Kreide. *Rh. Jenense* Zenk. Lokal in Menge auf einer Dolomitbank im ob. Buntsandstein (Röt), die daher als „Rhizocoralliumdolomit" bezeichnet wird. *Rh. commune* Schmid. Wurm- oder hufeisenförmige, seltener spiralige, bis fingerdicke Wülste im Muschelkalk, sog. „Schlangenwülste". Auch die von Geinitz als *Spongites Saxonicus* beschriebenen zylindrischen, sich häufig hirschgeweihähnlich teilenden, stellenweise eiförmig anschwellenden Körper aus dem sächs.-böhm. Quadersandstein dürften zu den Hornschwämmen gehören.

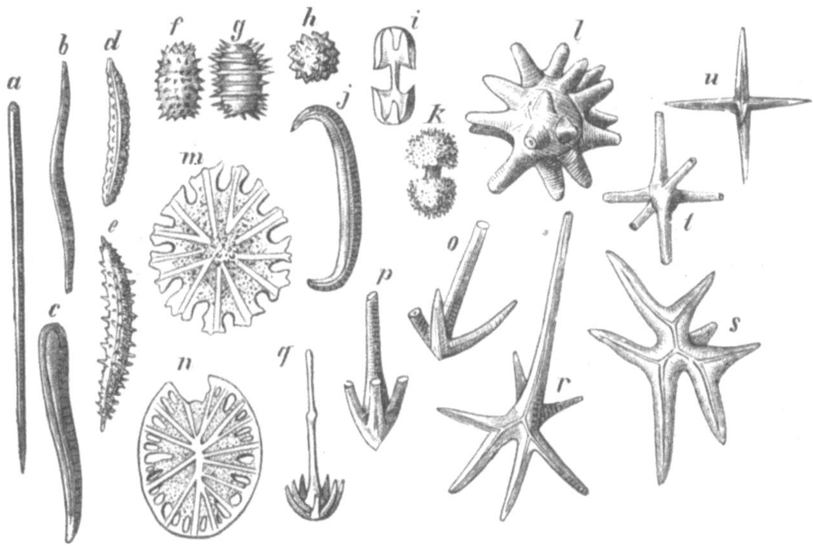

Fig. 98. Verschiedene Skelettelemente von Kieselspongien aus der ob. Kreide von Haldem in Westfalen und Vordorf in Lüneburg.

3. Gruppe: *Silicispongiae*, Kieselschwämme. Das Skelett besteht entweder nur aus Kieselelementen oder aus Hornfasern mit eingelagerten Kieselgebilden. Auch in den Fällen, in welchen es ein zusammenhängendes Gerüst bildet, besteht es aus einzelnen, miteinander verflochtenen oder verschmolzenen Skelettelementen, „*Spiculae*". Die Vielgestaltigkeit derselben ist ganz enorm. Manche Elemente sind einaxig, andere drei- oder vieraxig, noch andere besitzen die Formen von Haken, Spangen, Ankern, Kugeln, Scheiben usw. (Fig. 98). Fast immer enthalten die Elemente, bzw. bei mehrstrahligen, die einzelnen Arme derselben, je einen feinen zentralen Kanal: den „*Axenkanal*". Nach Ausbildung dieser Skelettelemente zerfallen die Kieselschwämme in 4 Ordnungen: 1. *Monactinellida.* Sämtliche Skelettelemente einaxig. 2. *Tetractinellida.* Skelett vorwiegend von Vierstrahlern gebildet, diese bleiben isoliert, bilden kein zusammenhängendes

Gerüst. 3. *Lithistida.* Mit dickem, steinartigem Skelett. Es besteht vorwiegend aus unregelmäßigen Vierstrahlern mit knorrigen oder wurzelartig zerteilten Enden. 4. *Hexactinellida.* Skelettelemente von sechsstrahliger Form.

I. Ordnung. Monactinellida Zittel.

Sämtliche Skelettelemente sind einaxig. Kambrium—Jetzt.

Die Skelettelemente meist in Hornfasern eingeschlossen, seltener frei im Weichkörper liegend. Da auch die Hornsubstanz sich nicht fossil erhält, findet man fast nie ein zusammenhängendes Skelett, sondern nur isolierte Elemente. Dergleichen sind aus fast allen Formationen beschrieben, lassen sich aber nur bei besonders charakteristischer Gestalt auf bestimmte Gattungen beziehen. Ihre Form ziemlich mannigfaltig, meist nadelförmig, doch auch spindel-, haken- oder klammerförmig. In diese Ordnung gehört auch die Süßwasserspongie Spongilla und die sich in Kalkfelsen, Korallen und Molluskenschalen einbohrende Gattung Cliona Grant (= Vioa Nardo); Bohrgänge der letzteren sind seit Silur bekannt. Sie bohren mechanisch durch die Kontraktion ihres Körpers mit Hilfe ihrer Kieselnadeln.

II. Ordnung. Tetractinellida Marshall.

Die Skelettelemente sind regelmäßig ausgebildete Vierstrahler, zu denen sich meist noch andere mannigfach gestaltete Kieselkörper gesellen (z. B. Stabnadeln, Kugeln). Sie liegen frei im Weichkörper, bilden nie ein zusammenhängendes Gerüst. Fossil daher äußerst selten in ursprünglicher Lage gefunden. Karbon—Jetzt, z. B. *Tethyopsis* Zitt. Kreide. (Fig. 99.)

Fig. 99. *Tethyopsis Steinmanni Zitt.* Skelett. Mucronatenkreide. Ahlten. Hannover.

III. Ordnung. Lithistidae O. Schmidt.

Sehr dickwandige, daher mit ± kompliziertem Kanalsystem versehene Kieselschwämme. Skelett sehr dicht, daher auch bei lebenden Formen eine steinartige Beschaffenheit besitzend (daher der Name der Ordnung: lithos = Stein). Skelettelemente unregelmäßige Vierstrahler oder Einstrahler, stets an ihren Enden, ev. an der ganzen Oberfläche mit knorrigen oder wurzelartig verzweigten Fortsätzen und mit diesen innig untereinander verflochten. Außerdem kommen an der Oberfläche verschieden gestaltete Spiculae vor. Kambrium – Jetzt.

Infolge der massiven Beschaffenheit des Skeletts sind die Lithistiden unter den fossilen Schwämmen am reichsten vertreten. Ihre Gestalt ist sehr mannigfaltig, am häufigsten sind becher-, schüssel- oder birnförmige Formen; doch auch kuglige und röhrenförmige sind nicht selten. Nach Ausbildung der Skelettelemente unterscheidet man 5 Unterordnungen:

1. *Tetracladina* Zitt. (Fig. 100). Die Skelettelemente bestehen aus 4, ± regelmäßig und unter sich gleichartig ausgebildeten, meist glatten, häufig gegabelten Armen, die unter einem Winkel von ca. 110° in einem

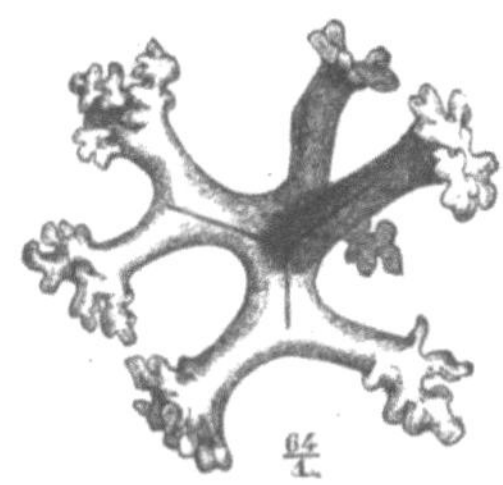

Fig. 100. *Jerea Quenstedti Zitt.* Senon. Linden bei Hannover. Ein tetracladines Skelettelement mit 4 glatten, dichotom gegabelten, an den Enden wurzelartig zerteilten Armen. Jeder Arm enthält 1 Axenkanal. Der 4. Arm ist z. T. verdeckt.

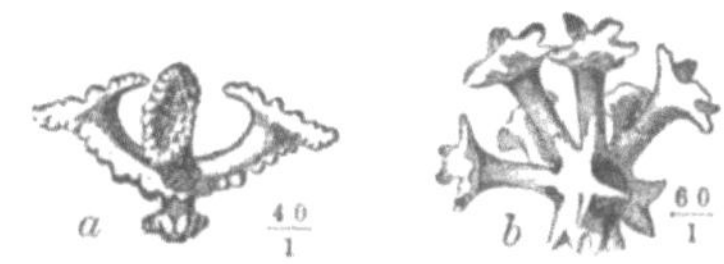

Fig. 101. Eutaxicladine Skelettelemente. *a Hindia.* 3 gleiche u. 1 verkürzter Arm. *b Astylospongia.* Von dem verdickten Zentrum gehen zahlreiche Arme aus, die durch frühzeitige Spaltung aus 4 entstanden sind. Nach Rauff.

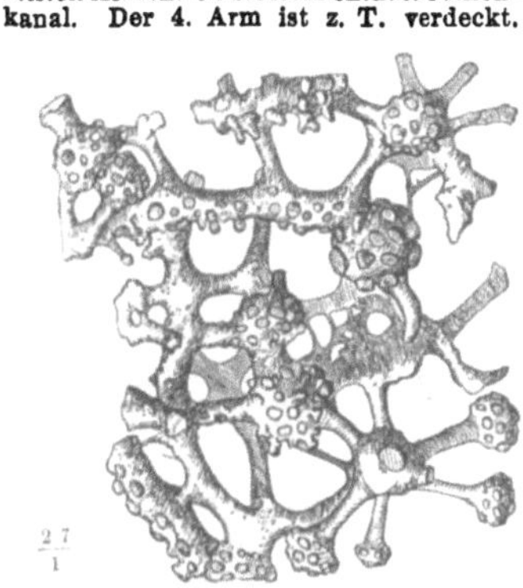

Fig. 102. Anomocladine Skelettelemente von *Cylindrophyma milleporata Goldf. sp.* Malm. Hochsträß.

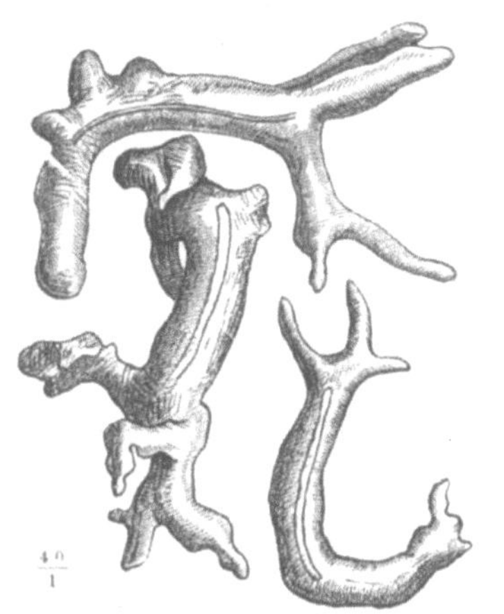

Fig. 103. Megamorine Skelettelemente von *Megalithista foraminosa Zittel.* Malm. Nattheim.

nicht verdickten Zentrum zusammenstoßen und sich mit ihren wurzelförmig zerteilten Enden verflechten. Jeder Arm ist von einem Axenkanal durchzogen.

2. *Eutaxicladina* Rauff. (Fig. 101). Die Skelettelemente bestehen aus 4 Armen, von denen 3 gleich sind, sich ev. rasch spalten und an den Enden wurzelartig zerteilt sind, während der 4. Arm verkürzt und dick ist. Sie stoßen in einem meist stark verdickten Zentrum zusammen. Schwammkörper kuglig oder napfförmig.

3. *Anomocladina* Zitt. (Fig. 102). Skelettelemente von 1 Axenkanal durchzogen, aus einem Stiel mit kuglig verdickten Enden bestehend. Von letzteren gehen zahlreiche Arme aus, mit denen sich die benachbarten Elemente verbinden. Ob. Jura u. Jetztzeit.

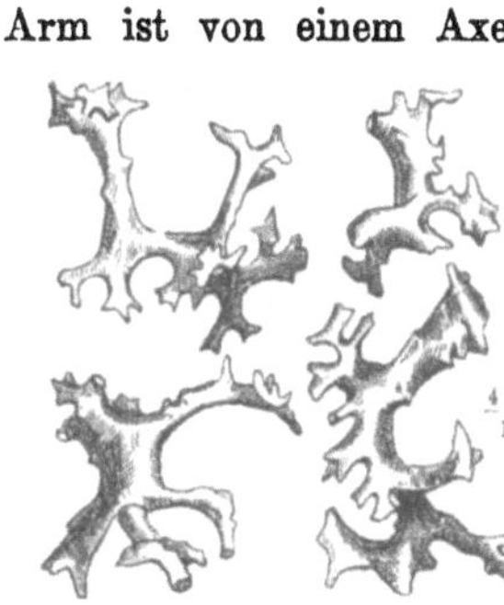

Fig. 104. Rhizomorine Skelettelemente von *Epistomella clivosa Qu. sp.* Malm. Sozenhausen.

4. *Megamorina* Zitt. (Fig. 103). Skeletelemente von 1 Axenkanal durchzogen, rel. sehr groß, unregelmäßig gebogen und schwach verzweigt.

Außerdem Einstrahler und langschaftige Vierstrahler in der Oberflächenschicht. Silur—Jetzt.

5. *Rhizomorina* Zitt. (Fig. 104). Skelettelemente mit einem einfachen oder mehrfach verästelten Axenkanal, rel. klein, gewöhnlich nach einer Axe verlängert, oft mit Seitenarmen und stets mit ± zahlreichen, wurzelartigen oder knorrigen Ausläufern besetzt. Jura—Jetzt. Nach Hinde schon im Kambrium und Kohlenkalk.

1. Tetracladina v. Zittel.

Siphonia Park. (Figg. 95 u. 105). Feigen-, birn- oder apfelförmig. Mit kürzerem oder längerem Stiel, der unten ev. wurzelförmig zerteilt ist. Scheitel mit tiefer Zentralhöhle. Kanalsystem wohl entwickelt; es besteht einerseits

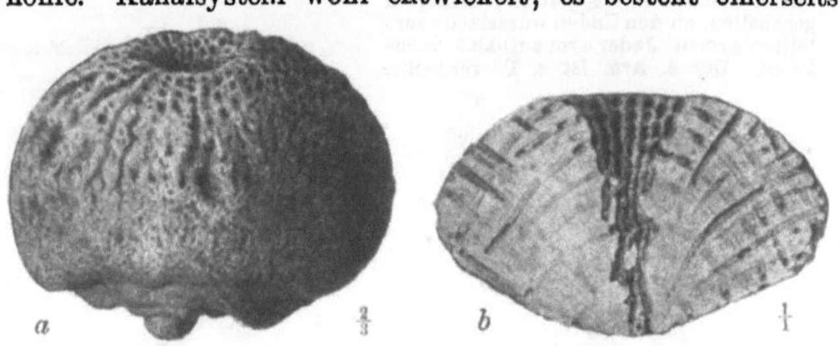

Fig. 105. *Siphonia tulipa* Zitt. Cenoman. Blackdown. England.

Fig. 106. *Aulocopium aurantium* Osw. *a* Geschiebe aus d. Diluvium bei Berlin. *b* Medianer Vertikalschnitt eines kleineren Exemplars aus d. Diluvium bei Kiel. Nach Rauff.

aus bogenförmig, der Peripherie parallel verlaufenden, in die Zentralhöhle mündenden Kanälen, andrerseits aus solchen, die mehr radial laufen und an der Oberfläche münden. Erstere stellen sich in der Mitte steiler und setzen sich als Vertikalröhren in den Stiel und ev. in die Wurzel fort. Skelettelemente meist glattarmige, mehrfach gegabelte Vierstrahler; in der Oberflächenschicht Stabnadeln und Gabelanker. Sehr verbreitet in der ob. Kreide. *Siph. piriformis* Goldf. Senon.

Jerea Lamx. (Fig. 96). Wie Siphonia, aber Zentralhöhle durch ein Bündel Röhren ersetzt, welche in der Mitte vertikal, nach außen zu mehr bogenförmig, den Umrissen des Schwammkörpers entsprechend, verlaufen. Auf dem abgestutzten oder mit Einsenkung versehenen Scheitel daher statt *eines* großen Osculum eine Anzahl kleiner, runder Öffnungen, den Mündungen jener Röhren. Ob. Kreide. *J. pyriformis* Lamx. Cenoman.

Aulocopium Osw. (Fig. 106). Schwammkörper kuglig bis niedergedrückt kissenförmig, oder birn- oder umgekehrt kegelförmig. Mit ± tiefer, trichter- oder napfförmiger Zentralhöhle. Kanalsystem aus stärkeren, bogenförmig dem Umfang parallel verlaufenden und feineren Radialkanälen bestehend. An der Wand der Zentralhöhle stehen die Ostien der ersteren in Vertikal- und nicht selten gleichzeitig in Horizontalreihen. Auf der Unterseite eine konzentrisch-runzlige, dichte Deckschicht. Körper jedenfalls nicht frei, wie oft angenommen, doch die Haftstelle äußerst klein, oder das Stielchen winzig kurz. Unter-, seltener Obersilur, auch als Geschiebe im norddeutschen Diluvium. *Aul. diadema* Osw.

2. Eutaxicladina Rauff.

Astylospongia Roem. (Fig. 101*b*, 107). Schwammkörper kuglig; eine seichte Vertiefung des Scheitels stellt die Zentralhöhle dar. Das Kanalsystem besteht aus stärkeren, dem Umfang parallel laufenden Kanälen, deren Ostia auf dem Boden der Zentralhöhle in radiale Reihen angeordnet sind; da-

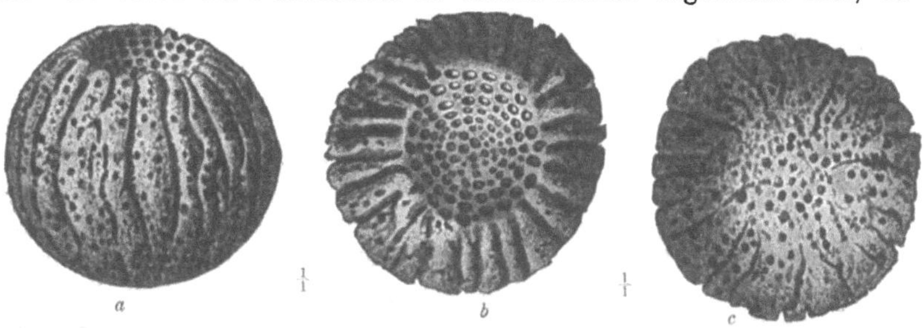

Fig. 107. *Astylospongia praemorsa F. Röm.* Silur. Geschiebe aus d. Diluvium von Westpreußen.

neben schwächere, überall auf der Oberfläche ausmündende Radialkanäle vorhanden, Unterseite ohne Anwachsstelle. Der Schwamm war wohl nur durch basale Ankernadeln befestigt. Skelettelemente in der Mitte stark knotenförmig verdickt. Silur. Auch als Geschiebe im norddeutschen Diluvium. *Ast. castanea* Röm.

3. Anomocladina v. Zittel.

Cylindrophyma Zitt. (Figg. 102 u. 108). Schwammkörper zylindrisch, mit dicker Wandung. Zentralhöhle röhrenförmig, an ihren Wandungen die Öffnungen zahlreicher, in sie einmündender Radialkanäle. Malm.

4. Megamorina v. Zittel.

Megalithista Zitt. (Fig. 103). Birn- oder becherförmige oder zylindrische Schwämme mit dicker Wandung, Zentralhöhle weit, röhrenförmig. Skelettelemente sehr groß, glatt, sich spärlich verzweigend. Malm. *Meg. foraminosa* Zitt.

Doryderma Zitt. Schwammkörper einfach, häufiger ästig; von einer Anzahl der Längsaxe parallelen Röhren und zahlreichen Radialkanälchen durchzogen. Die Skelettelemente bilden ein grobmaschiges Netzwerk, in dessen Maschen dicht gedrängt langschaftige Gabelanker stecken. Ob. Kreide, vielleicht schon im Kohlenkalk.

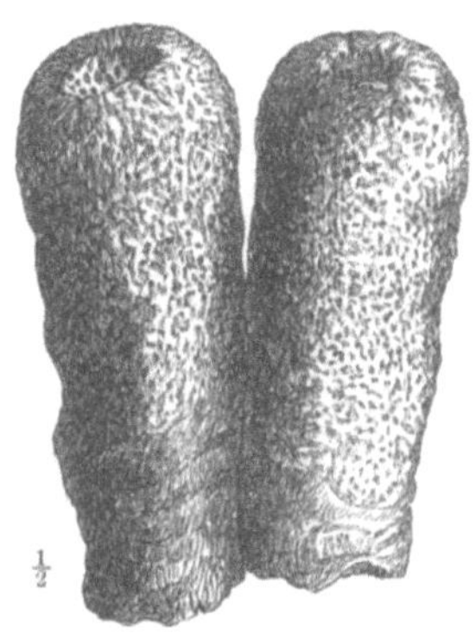

Fig. 108. *Cylindrophyma milleporata Goldf. sp.* Malm. Hochsträß.

5. Rhizomorina v. Zittel.

Cnemidiastrum Zitt. (Fig. 109). Schüssel- oder kreiselförmig. Zentralhöhle vertieft, oft trichterförmig. Die dicke Wandung von nach außen ein- oder mehrmals dichotomierenden Radialspalten durchsetzt, die durch zahlreiche, vertikal übereinander stehende Radialkanäle erzeugt werden. An den seitlichen Außenflächen daher Vertikalreihen von Ostien. Zuweilen ist eine alles überziehende Deckschicht vorhanden. Skelettelemente schwach verästelt, aber überall mit dornigen Auswüchsen besetzt, locker miteinander verflochten. Eine der häufigsten Gattungen im Malm. *Cn. stellatum* Goldf. sp. *Cn. rimulosum* Goldf. sp. Malm β.

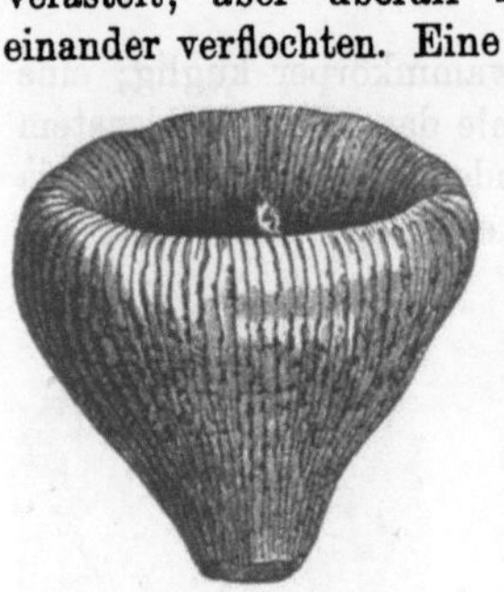

Fig. 109. *Cnemidiastrum striato-punctatum Goldf. sp.* Weißer Jura δ.

Hyalotragos Zitt. Meist schüssel- oder flach trichterförmig. Oberseite vertieft, bald mit unregelmäßig zerstreuten, größeren, und dann nur sehr wenig vertieften, bald mit dicht gedrängten kleineren Osculis. Außenwand entweder porös oder mit einer konzentrisch-runzligen Deckschicht überzogen. In der Mitte der Oberfläche mündet eine größere oder kleinere Anzahl von vertikalen, den Schwammkörper bis zur Basis durchziehenden Röhren. Außerdem verlaufen in der Wand parallel der Oberfläche sehr feine Radialkanäle; sind dieselben, wie häufig, in radiale Vertikalreihen angeordnet, entsteht eine der Gattung Cnemidiastrum ähnliche, jedoch viel feinere, undeutlichere strahlige Struktur. Sehr häufig im Malm, und zwar auf diesen beschränkt. *H. patella* Goldf. sp.

IV. Ordnung. Hexactinellida O. Schmidt.

Die Skelettelemente dieser Kieselschwämme haben stets eine sechsstrahlige Form, indem ihnen ein Axenkreuz aus drei sich rechtwinklig schneidenden Kanälen zugrunde liegt. Sie bleiben entweder isoliert oder werden in unregelmäßiger Weise miteinander verlötet oder verschmelzen zu einem ± regelmäßigen Gitterwerk, indem sich die Arme benachbarter Sechsstrahler aneinander anlegen und von gemeinsamer Kieselmasse umhüllt werden. Die Verschmelzung bleibt durch das Vorhandensein zweier Axenkanäle in jedem Balken des Gittergerüstes sichtbar. Der Mittelpunkt, in dem die sechs Arme eines Skelettelements zusammenstoßen, wird als „*Kreuzungsknoten*" bezeichnet. Er ist meist ± verdickt, und entweder dicht oder derartig durchbrochen, daß er die Gestalt eines hohlen Oktaëders annimmt (Fig. 110). Man nennt ihn dann „durchbohrt" und derartig gebildete Sechsstrahler „*Laternennadeln*". Die Maschen des Gittergerüsts sind oft sehr regelmäßig ausgebildet und erscheinen dann kubisch; zuweilen stellen sich indes Unregelmäßigkeiten ein, indem ein Sechsstrahler seine Reihe verläßt und seine Arme in willkürlicher Weise an die benachbarten ankittet. Die Maschen erscheinen dann dreieckig oder höchst unregelmäßig verzogen. Die einzelnen Skelettelemente sind oberflächlich entweder glatt oder mit Spitzen und Dornen verziert. Häufig zeigt die Oberflächenschicht des Skeletts eine von der des übrigen ± abweichende Ausbildung und bildet eine „*Deckschicht*". Im einfachsten Falle verschwindet in der

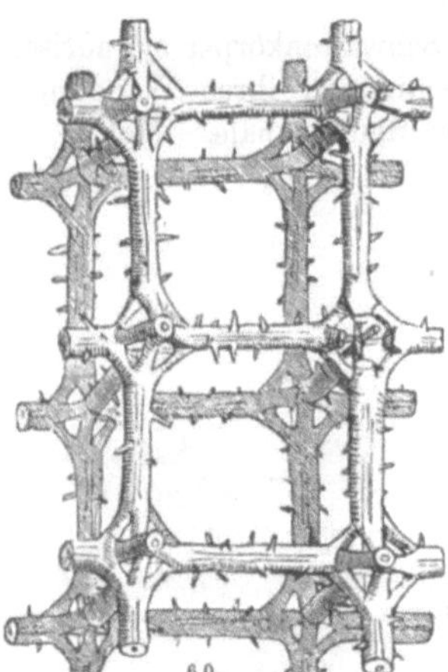

$\frac{60}{1}$

Fig. 110. *Coeloptychium Seebachi Zitt.* Gitterskelett mit durchbohrten Kreuzungsknoten.

äußersten Lage der nach außen gerichtete Strahl der Skelettelemente. In andern Fällen verschwindet gleichzeitig auch der nach innen gerichtete Arm, und die so entstandenen vierstrahligen Kreuze werden durch eine gemeinsame Kieselhaut verbunden (Fig. 111). In noch andern Fällen erscheint die Deckschicht als ein äußerst zartes, gazeartiges Gewebe. Außer den eigentlichen Skelettelementen finden sich noch mannigfach gestaltete, meist winzige „Fleischnadeln", die indes fossil fast niemals erhalten sind. Die äußere Gestalt der Hexactinellidae ist ebenso mannigfaltig, wie die der andern Schwämme. Sie sind entweder direkt mit ihrer Basis, oder mit einer verzweigten Wurzel aufgewachsen, ev. mit einem aus langen, feinen Glasfäden gebildeten Wurzelschopf angeheftet (Fig. 97). Wandung meist von geringer Dicke, die Zentralhöhle weit, das Kanalsystem daher viel einfacher als bei den dickwandigen Lithistiden. Es besteht nur aus kurzen Kanälen, die in verschiedener Richtung in der Wand verlaufen, aber nur selten deren ganze Dicke durchdringen, sondern entweder an der Innen- oder Außenseite beginnen, um dann unter der entgegengesetzten Oberfläche blind zu endigen. Wie die Hexactinelliden sich heute vorzugsweise in den tieferen Regionen der Ozeane finden, so sind auch von den fossilen viele aus Tiefseeablagerungen bekannt. Die ältesten kennt man aus Kambrium; die größte Entwicklung zeigen sie im Malm und in der Kreide. Sie zerfallen in 2 Unterordnungen: Lyssacina und Dictyonina.

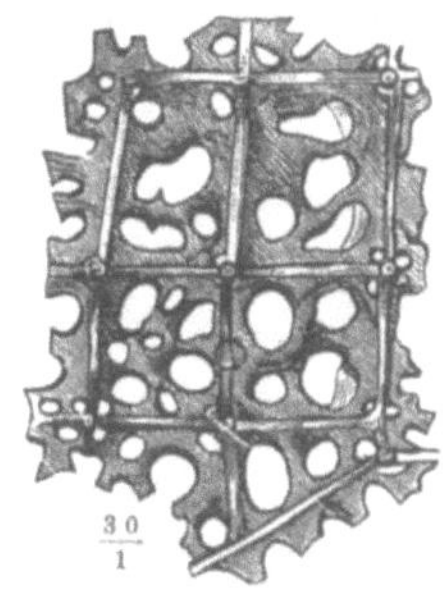

Fig. 111. *Coeloptychium agaricoides Goldf.* Gittergerüst des Stieles. Deckschicht.

1. Lyssacina v. Zittel.

Die Skelettelemente bleiben in der Regel isoliert und liegen frei in der Sarkode. Ausnahmsweise werden sie durch plattige Kieselsubstanz in unregelmäßiger Weise z. T. miteinander verbunden, und bilden so ein zusammenhängendes Gerüst. Fossil seit Kambrium.

Dictyophyton Hall. Schwammkörper oft von ansehnlicher Größe, trichterförmig oder zylindrisch. Wandung dünn, meist in Buckeln und Rippen vorspringend. Skelett stellt ein sehr regelmäßiges Gitter dar, das aus Bündeln feiner Spiculae besteht. Devon. (Meist als Ausguß der Zentralhöhle erhalten.)

Astraeospongia Röm. (Fig. 112). Schwammkörper frei, oben konkav, unten konvex, kreisrund, einer dickwandigen, flachen Schüssel gleichend. Skelettelemente ordnungslos zerstreut, vollkommen regelmäßig sechsstrahlig-sternförmig und nicht untereinander zusammenhängend, z. T. sehr groß. Sechs Strahlen derselben liegen in einer Ebene, parallel zur Oberfläche, zwei weitere senkrecht darauf stehende sind zu knopfförmigen Gebilden verkümmert. Ob. Silur—Devon.

Fig. 112. *Astraeospongia meniscus Roem.* Ob. Silur. Tennessee.

2. Dictyonina v. Zittel.

Die Skelettelemente verschmelzen zu einem zusammenhängenden Gittergerüst, indem sich die Arme benachbarter Sechsstrahler aneinanderlegen und von einer gemeinsamen Kieselmasse umhüllt werden. Trias—Jetzt, bes. häufig in Jura und Kreide.

1. Fam. ***Craticularidae.*** Skelettelemente mit undurchbohrten Kreuzungsknoten. Oberfläche durch Verdichtung der äußeren Skelettschicht geschützt oder mit einem zarten Netz verschmolzener Spiculae überzogen. Jura—Miocän.

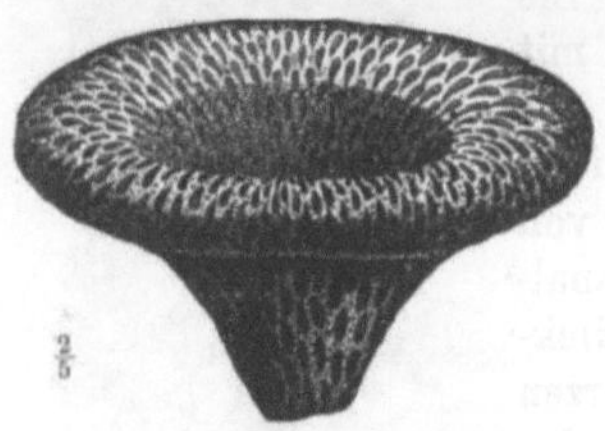

Fig. 113. *Tremadictyon reticulatum Goldf.* Malm. Streitberg. Franken.

Tremadictyon Zitt. (Fig. 113). Teller-, becherförmig oder zylindrisch, mit weiter Zentralhöhle. Ostien auf der Innen- und Außenseite der Wand in alternierenden Reihen stehend. Die Deckschicht wird von einem äußerst zarten Netz verschmolzener Sechsstrahler gebildet, welches auch die Ostien überspinnt. Bes. häufig im Malm. *Tr. reticulatum* Goldf. sp. *Tr. obliquatum* Qu. sp.

Craticularia Zitt. (Fig. 114). Kreisel-, trichter- oder zylinderförmig mit weiter Zentralhöhle. Innen- und Außenseite der Wand mit rundlichen Ostien, welche in vertikalen und horizontalen Reihen stehen. Lias—Miocän.

2. Fam. ***Coscinoporidae.*** Schwammkörper meist dünnwandig, becherförmig oder sternförmig gefaltet. Kreuzungsknoten der Skelettelemente dicht, seltener durchbohrt. Oberfläche beiderseits von zahlreichen, in alternierenden Reihen angeordneten Ostien bedeckt. Deckschicht durch Verdichtung (bestehend in Verdickung und teil-

Fig. 114. *Craticularia paradoxa Mstr. sp.* Malm. Muggendorf.

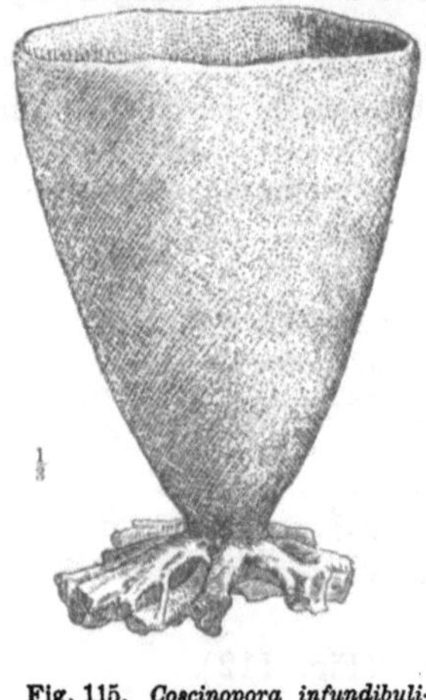

Fig. 115. *Coscinopora infundibuliformis Goldf.* Senon. Côesfeld. Westfalen.

Fig. 116. *Cypellia rugosa Goldf. sp.* Malm. Streitberg. Franken.

weiser Verschmelzung der einzelnen Spiculae) der äußeren Skelettschicht gebildet. Kreide.

Coscinopora Goldf. (Fig. 115). Becherförmig, mit verzweigter Wurzel. Kreuzungsknoten der Sechsstrahler z. T. durchbohrt. Ob. Kreide.

3. Fam. ***Staurodermidae.*** Schwammkörper kreisel-, trichter- oder zylinderförmig, selten ästig. Kreuzungsknoten dicht oder durchbohrt.

Deckschicht aus meist großen, sternförmigen Spiculae gebildet, die entweder stellenweise miteinander verschmelzen bzw. durch plattige oder fadenförmige Kieselbrücken miteinander verkittet werden, oder in einer zusammenhängenden, löcherigen, die ganze Oberfläche überziehenden Kieselhaut eingebettet sind. Gitterskelett ± regelmäßig. Jura—Kreide.

Cypellia ZITT. (Fig. 116). Kreisel- oder schüsselförmig oder ästig. Wandung dick, von unregelmäßigen, gebogenen und verzweigten Radialkanälen durchsetzt. Entsprechend sind die Ostien auf ihrer Außen- und Innenfläche unregelmäßig verteilt. Auch die Maschen des Gitterskeletts unregelmäßig. Kreuzungsknoten durchbohrt. Deckschicht aus großen, in einer löcherigen Kieselhaut eingebetteten Vierstrahlern bestehend. Sehr häufig im Malm. *C. rugosa* GOLDF. sp. Malm.

Casearia QU. Schwammkörper kreiselförmig, durch zahlreiche quere Einschnürungen in ringförmige Abschnitte geteilt. Malm. *C. articulata* GOLDF. sp. *C. eurygaster* ZITT.

4. Fam. ***Ventriculitidae.*** Wand vertikal gefaltet, Falten radiär angeordnet. Skelettelemente mit durchbohrten Kreuzungsknoten. Jura—Kreide.

Ventriculites MANT. (Fig. 94). Teller-, schüssel-, becher-, trichter- oder zylinderförmig, dünnwandig, mit weiter Zentralhöhle, am unteren Ende wurzelartig zerteilt. Die Wand in dichtgedrängte, innen und außen durch Vertikalfurchen getrennte Falten gelegt. Skelett regelmäßig gitterförmig, mit verdichteter Deckschicht. Zahlreiche Querbrücken dieser letzteren spannen sich über die Furchen der Außenfläche, so daß diese in Lücken zerfällt, welche in senkrechten Reihen angeordneten Ostien gleichen. Kreide. *V. striatus* T. SM. Senon. *V. angustatus* RÖM. sp. Turon.

Pachyteichisma ZITT. Kreisel- oder schüsselförmig. Wand sehr dick, gefaltet. Die Falten an der Außenseite durch tiefe, innen durch seichte Furchen getrennt. Maschen des Skeletts sehr regelmäßig. Malm. *P. lopas* QU. sp.

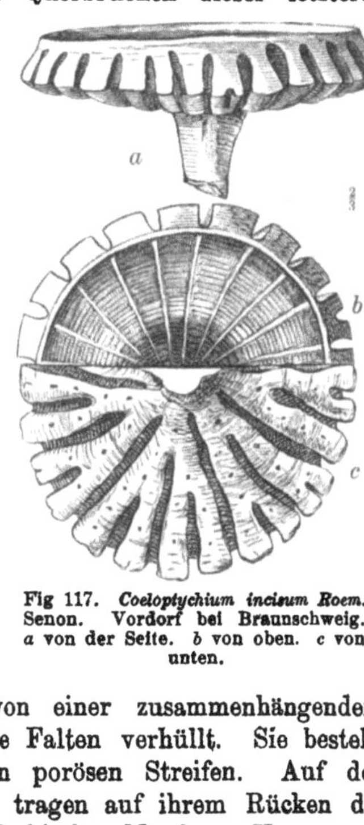

Fig 117. *Coeloptychium incisum Roem.* Senon. Vordorf bei Braunschweig. *a* von der Seite. *b* von oben. *c* von unten.

5. Fam. ***Coeloptychidae.*** Schwammkörper pilz- oder schirmförmig, gestielt, doch oben abgeplattet oder selbst konkav. Stiel hohl, unten wurzelförmig zerteilt. Wand dünn, tief gefaltet. Die Falten verlaufen radial und gabeln sich häufig gegen die Peripherie des Schirmes. Nach innen verlaufen sie bis an den Stiel, und wird die Zentralhöhle daher in radiale Kammern zerlegt. Oberfläche und die meist schräg abfallenden Seitenflächen des Schirmes von einer zusammenhängenden, porösen Deckschicht überzogen, welche die Falten verhüllt. Sie besteht aus radialen, abwechselnd grob und fein porösen Streifen. Auf der Unterseite sind die Falten unbedeckt und tragen auf ihrem Rücken die Ostien. Gittergerüst sehr regelmäßig, mit kubischen Maschen. Kreuzungs-

knoten der Skelettelemente durchbohrt, die Arme mit stachligen Fortsätzen. Einzige Gattung: *Coeloptychium* Goldf. (Fig. 117). Ob. Kreide. *C. agaricoides* Goldf. *C. princeps* Röm.

4. Gruppe: *Calcispongiae* Blainville. Kalkschwämme. Die äußere Gestalt der Kalkschwämme ist ebenso mannigfaltig, wie die der Kieselschwämme, stimmt indes am häufigsten mit derjenigen der Lithistiden überein. Auch das Kanalsystem ist oft in gleicher Weise ausgebildet. Skelett aus Kalkspiculae von nadelförmiger, drei- oder vierstrahliger Gestalt bestehend. Diese liegen meist frei im Weichkörper. Bei der nur fossil bekannten Ordnung der Pharetrones Zitt. werden sie durch ein Kalkzement zu anastomosierenden Faserzügen vereinigt (Fig. 118), nur ausnahmsweise sind sie direkt miteinander verschmolzen. Da die Kalkspiculae indes leicht zerstörbar sind, so sind auch in den Faserzügen einzelne Nadeln nur ganz selten noch erkennbar, und es erscheinen erstere meist strukturlos. Oft hat auch eine Umkristallisierung stattgefunden, bei der in den Faserzügen radial-strahlig struierte Kalkgebilde entstanden sind (Fig. 119); oder schließlich es ist eine Verkieselung eingetreten, durch welche die ursprüngliche Beschaffenheit der Faserzüge ebenfalls stets zerstört worden ist. Die lebenden Kalkschwämme zerfallen nach der Ausbildung ihres Kanalsystems in 3 Ordnungen: Ascones, Leucones und Sycones. Von diesen haben die beiden ersteren keine oder keine sicheren fossilen Vertreter hinterlassen und kommen daher hier nur die Syconen und die oben erwähnten Pharetronen in Betracht.

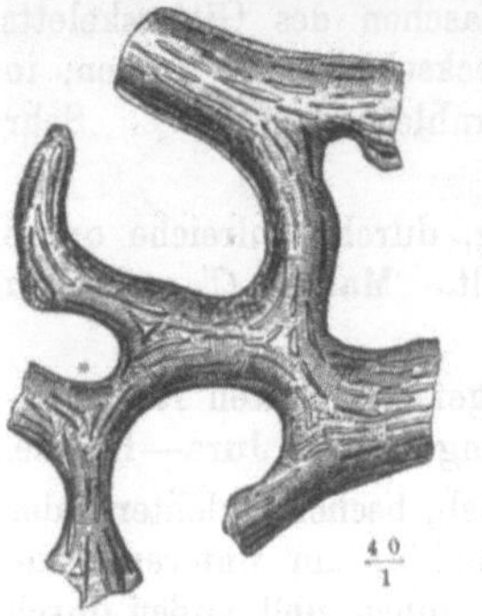

Fig. 118. Faserzüge eines fossilen Kalkschwammes (*Peronidella multidigitata Mich. sp.* Cenoman. Le Mans) mit erhaltenen einaxigen Spiculae. Nach Zittel.

Fig. 119. Fasern eines fossilen Kalkschwammes (*Corynella gracilis Mst.* Ob. Trias. St. Cassian) durch Kristallisation in radial-strahlige Gebilde verändert. Vergr. 50.

Ordnung: Sycones Haeckel.

Meist monozoische Kalkschwämme mit dicker Wandung, die von einfachen Radialröhren durchsetzt wird. Skelettelemente regelmäßig angeordnet, zuweilen verschmolzen, aber nicht durch Zement zu Faserzügen vereinigt. Jura—Jetzt.

Protosycon Zitt. Schwammkörper klein, zylindrisch-kegelförmig. Malm.

Porosphaera Steinm. (Fig. 120). Kleine, meist kuglige, freie oder um einen Fremdkörper gewachsene Körper mit zahlreichen, feinen Radialröhren. Der umwachsene Fremdkörper ist meist zerstört, der Knollen dann durchbohrt. Skelettelemente verschmolzen. Sehr häufig in ob. Kreide. Nach Zittel eine Hydromeduse.

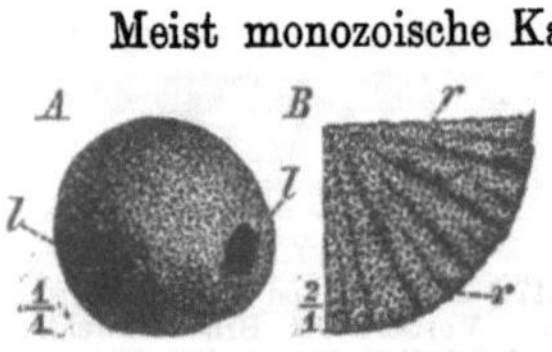

Fig. 120. *Porosphaera globularis Phill. sp.* Senon. Rügen. *A* Außenansicht. *l* Röhrenförmiger Hohlraum, ursprünglich von einem umwachsenen Fremdkörper eingenommen. *B* Radialschnitt; *r* Radialkanäle. Nach Steinmann.

Ordnung: Pharetrones v. Zittel.

Wand dick, Kanäle einfach oder verästelt. Skelettspiculae durch ein Kalkzement zu anastomosierenden Faserzügen vereinigt. Devon—Kreide.

Stellispongia D'ORB. (Fig. 121). Meist polyzoische Stöcke aus knolligen oder dick-birnförmigen Individuen zusammengesetzt. Scheitel gewölbt, Zentralhöhle seicht, von radial ausstrahlenden Furchen umgeben. Trias — Jura.

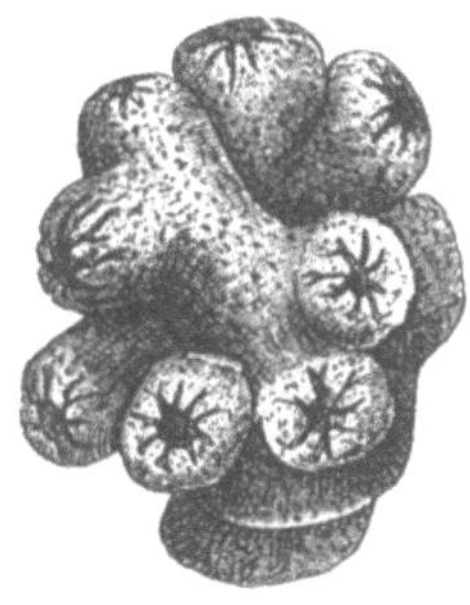

Fig. 121. *Stellispongia glomerata Qu. sp.* Malm ε.

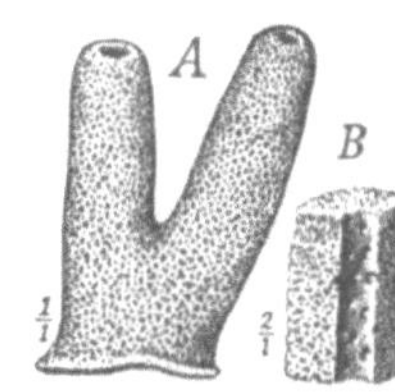

Fig. 122. *Peronidella furcata Goldf. sp.* Cenoman. Essen. *A* Stock von 2 Individuen. *B* Innenansicht einer Zentralröhre mit Kanalöffnungen. Nach STEINMANN.

Peronidella ZITT. (Fig. 118, 122). Einfach oder zusammengesetzt, die Individuen von zylindrischer Form. Zentralhöhle röhrenförmig, sehr tief, Kanalsystem fehlend oder undeutlich. Trias—Kreide.

Zweiter Unterstamm. Cnidaria, Nesseltiere.

Körper radial symmetrisch gebaut, mit einer als Verdauungsraum fungierenden Zentralhöhle. Letztere kommuniziert mit dem umgebenden Medium durch eine von Tentakeln umstellte Mundöffnung, die jedoch nicht nur zur Einfuhr, sondern auch zur Ausfuhr dient, und zwar nicht nur der Ausscheidungen, sondern auch der Geschlechtsprodukte bzw. der Embryonen. Im Ektoderm zahlreiche, mit ätzendem Saft erfüllte Nesselzellen (Cnidoblasten). Im Gegensatz zu den Poriferen fehlen die zur Einführung des Wassers dienenden Hautporen, bzw. Ostien. Häufig sind vom Ektoderm ausgehende Skelettbildungen; auch wo dieselben im Mesoderm entstehen, sind sie auf vom Ektoderm her eingewanderte Zellen zurückzuführen.[1] Muskeln und Nerven sind bei den höheren Formen als Gewebselemente gesondert.

Die Cnidaria zerfallen in 3 Klassen: Anthozoa, Hydrozoa und Ctenophora. Von der letzteren, den Rippenquallen, sind keine fossilen Reste erhalten, so daß hier nur die beiden ersten in Betracht kommen.

1. Klasse. Anthozoa, Korallentiere.

Meist festsitzende, sackförmige Polypen mit einem von Tentakeln umstellten Mund, Schlundrohr und Gastrovasculararraum (Leibeshöhle). Letzterer zerfällt durch vertikale, radial verlaufende Scheidewände (Mesenterialfalten) in einzelne Kammern. Häufig ein kalkiges oder horniges oder aus beiden Substanzen bestehendes Skelett vorhanden.

Der einzelne Korallenpolyp (Fig. 123) hat meist die Form eines Sackes, welcher oben mit einer Platte, der „*Mundscheibe*", bedeckt ist. Im Zentrum ist dieselbe von der Mundöffnung durchbrochen. Von letzterer hängt ein kürzeres oder längeres Rohr, „*Schlundrohr*", in die

[1] DELAGE et HÉROUARD, Traité de zool. concr. T. II. P. 2. Coelentérés p. 381.

zentrale Leibeshöhle herab. Den Boden derselben bildet das Fußblatt oder die Basalplatte. Von den Seitenwänden der Leibeshöhle ragen vertikale, radial angeordnete Falten, „*Mesenterialfalten*“, in dieselbe hinein. Mit ihrem Oberrand verwachsen diese mit der Innenfläche der Mundscheibe, außerdem die längeren derselben mit der obersten Partie ihres vertikalen Innenrandes mit der Außenwand des Schlundrohres. Durch diese Falten zerfällt die Leibeshöhle in eine oft sehr große Anzahl von radialen, nach innen geöffneten Kammern, „*Mesenterialfächer*“. Nach oben setzt sich jede derselben in einen hohlen Tentakel fort. Die zuweilen lippenartig umwulstete Mundöffnung dient nicht nur zur Einfuhr, sondern fungiert zugleich als Auswurfsöffnung und läßt unverdaute Nahrungsreste, sowie die Geschlechtsprodukte aus dem Körper austreten. Letztere entstehen an den Rändern oder Seitenflächen der Mesenterialfalten in bandförmigen oder krausenartig gefalteten Verdickungen. Die Anthozoen leben entweder als Einzeltiere oder bilden Stöcke = Kolonien. Die Einzelkorallen pflanzen sich durch Eier fort, die stock-bildenden außerdem auch ungeschlechtlich durch Knospung oder Teilung. Bleiben die dabei entstandenen Individuen durch eine gemeinsame Körpermasse verbunden, so bezeichnet man diese als „*Coenosark*“ und die ev. in ihm entstehenden Skelettbildungen als „*Coenenchym*“.

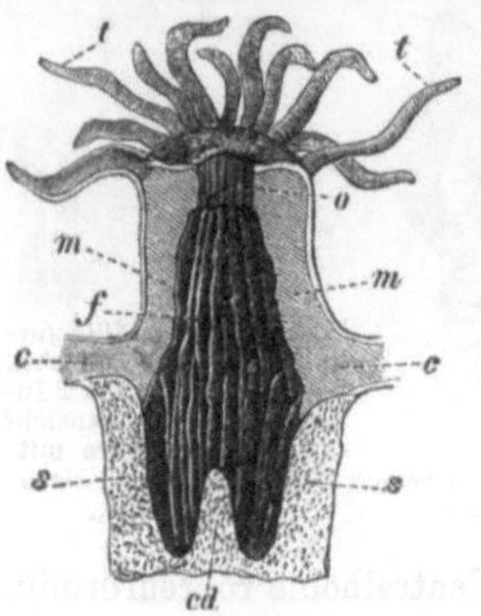

Fig. 123. Längsschnitt durch einen Einzelpolypen von *Astroides calycularis Lam. sp.* Kalkskelett (*s* u. *cd*) punktiert. Weichteile schraffiert, Leibeshöhle dunkel gezeichnet. *t* Tentakel. *o* Magenrohr. *m* Mesenterialfalten. *f* Mesenterialfächer. *c* Coenosark. *s* Septen. *cd* Columella. Nach STEINMANN.

Bei manchen Polypen bleibt der Körper zeitlebens weich und fleischig, bei andern kommt es zur Bildung von kalkigen oder hornigen, oder hornigkalkigen Skeletten. Diese sind stets ektodermalen Ursprungs (s. ob. S. 57). Hauptsächlich 2 Fälle lassen sich in bezug auf die Skelettbildung unterscheiden: 1. Es werden mannigfach gestaltete, bei jeder Gattung indes konstante Formen besitzende glatte oder knorrige Kalkkörperchen „Spiculae“ oder „Skleriten“ gebildet, welche manchmal isoliert in großer Masse im Körper verteilt bleiben. In andern Fällen verflechten sie sich innig und bilden kalkige Axen (Fig. 130) oder umgeben als kalkige Rinden hornige Axen; oder schließlich werden sie durch eine kalkige Zwischensubstanz fest miteinander verkittet und bilden entweder Röhren (Tubipora) oder baumförmig verzweigte Axen (Corallium). Diese geschilderten Ausbildungsweisen des Skeletts trifft man vorzugsweise in der Unterklasse der Alcyonaria oder Octocoralla; anders ist sie bei den Steinkorallen oder Madreporaria. Bei diesen besteht das kalkige Skelett aus einer größeren Anzahl untereinander ± zusammenhängender Gebilde. Die Summe derselben, die sich um und in einem einzelnen Polypen bildet, bzw. das den Polypen schützende und stützende Gehäuse, in das er sich zurückziehen kann, nennt man „*Polypar*“ oder „*Zelle*“ (Fig. 127). Der obere Teil desselben wird als „*Kelch*“ bezeichnet. In verschiedener Weise kann die Vereinigung solcher Polypare zu mannigfaltig gestalteten Stöcken erfolgen. Auch die Form des einzelnen Polypars ist sehr wechselnd, am häufigsten ist sie scheiben-, schüssel-, becher-, kreisel-, horn- oder zylinderförmig. An einem solchen Polypar bemerkt man folgende Teile, die jedoch nicht alle gleichzeitig vorhanden zu sein brauchen: Die *Septa* oder Sternleisten. Es sind vertikal und radial gestellte Kalklamellen, die sich stets zwischen je zwei Mesenterialfalten bilden. Ihre Zahl und Stellung entspricht daher derjenigen der Mesenterialfächer und Tentakeln. Sie sind entweder dicht oder porös. Ihr Oberrand ist entweder ganzrandig oder gezähnt, gekörnt, gekerbt. An ihren Seitenflächen können sie mit Leisten, Runzeln oder Reihen von Körnern besetzt sein. In manchen Fällen sind die Septen durch Reihen von ± langen Bälkchen und Dornen ersetzt (Alveopora). Sind sie zahlreich vorhanden, so entstehen sie, nachdem eine bestimmte Zahl, die „*Primärsepten*", (4, 6 oder 8) gleichzeitig gebildet ist, stets wieder in bestimmter Reihenfolge bzw. Anzahl und besitzen meist eine dieser sukzessiven Bildung entsprechende verschiedene Größe. Die Zwischenräume zwischen den Septen heißen *Interseptalkammern*. — *Theca*. Gleichzeitig

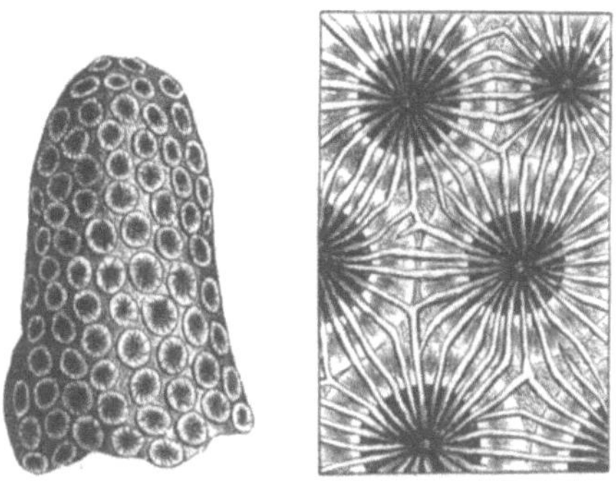

Fig. 124. *Heliastraea conoidea* Rss. Miocän. Grund b. Wien.

mit der Bildung der Septen verkalkt auch das Fußblatt und bildet die „*Basalplatte*", auf welcher sich erstere erheben. In vielen Fällen entsteht an der Peripherie der Basalplatte ein ringförmiges Kalkgebilde, welches vertikal oder schräg nach außen in die Höhe wächst und die „*Mauer*" oder „*Theca*" bildet. Sie verbindet entweder die Enden der Septen, und erscheint dann auf ihrer Außenfläche glatt, oder die Septen ragen ± über die Mauer hervor. Diese außerhalb der Mauer liegenden Teile der Septen nennt man „*Rippen*" oder „*Costae*".

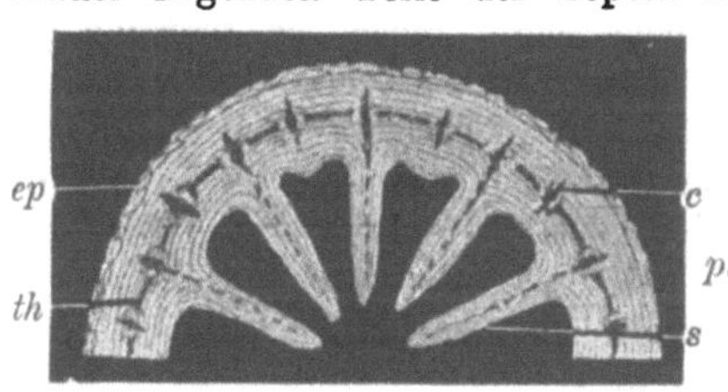

Fig. 125. Schematischer Querschnitt durch einen Kelch mit dicker Wandung. In dieser tangential gestreckte Verkalkungs-(Calcifications-)zentren *th*. (Typus der *Euthecalia*.) *s* Septen, *c* deren radial gestreckte Verkalkungszentren. *ep* Epithek. Nach M. Ogilvie.

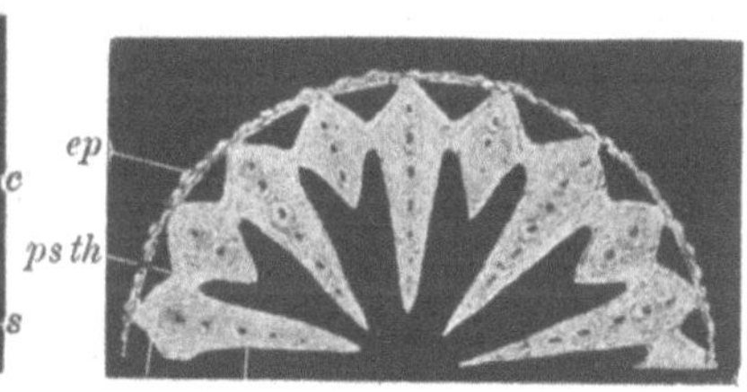

Fig. 126. Schematischer Querschnitt durch einen Kelch mit Pseudothek *ps th*. (Typus der *Pseudothecalia*.) *s* Septa, seitlich verdickt u. zusammenstoßend. *c* Rippe. *ep* Epithek. Nach M. Ogilvie.

Will man beide Teile zusammen bezeichnen, spricht man von „*Septocosten*". Diese dienen sehr häufig bei koloniebildenden Formen zur Verbindung der einzelnen Polyparien (Fig. 124). Entsteht die Mauer als selbständiges Gebilde, so wird sie als echte Mauer oder „*Euthek*" (Fig. 125) bezeichnet. In andern Fällen dagegen entsteht ein mauerähnliches Gebilde dadurch, daß sich die Septen in gleichen Abständen vom Zentrum verdicken, und mit diesen verdickten Teilen gegenseitig verschmelzen. Dies dadurch entstehende Gebilde wird als falsche Mauer oder „*Pseudothek*“ bezeichnet (Fig. 126). In vielen Fällen fehlt die Mauer ganz: „*athecale*“ Formen. — *Columella* oder Säulchen. Es ist eine meist zapfen- oder säulenförmige, zentral gelegene Erhebung der Basis, welche nach oben zu gewöhnlich bis zum Grunde des Kelches reicht; öfters ist sie ± komprimiert, und kann selbst blattförmig werden. Ihrer Struktur nach ist sie entweder kompakt oder spongiös. Zuweilen besteht sie aus einem Bündel sich dicht umeinander schlingender Kalkstäbchen (faszikuläre Columella). Entsteht die Columella als selbständiges Gebilde, so wird sie als „wahre“ Col. bezeichnet (Fig. 127 u. 169 *b*). Zuweilen rollen sich die inneren Enden der Septen umeinander, oder verwachsen direkt miteinander und bilden so eine „falsche“ oder Pseudocolumella. Mit dem Namen „*Pfählchen*“ oder „Pali“ bezeichnet man kleine Vertikallamellen (Fig. 127), welche sich öfters zwischen den Enden eines Teiles der Septen und der Columella erheben; sie sind in einem oder mehreren Kreisen (Kränzen) angeordnet. Zwischen den Seitenflächen benachbarter Septen finden sich häufig Querbälkchen ausgespannt. Je nachdem dieselben selbständig oder nur durch Verlängerung und Verwachsung zweier sich gegenüberstehender Körner auf den Septalflächen entstehen, werden sie als „*Synaptikeln*“, bzw. „*Pseudosynaptikeln*“ bezeichnet. Da das Wachstum des Korallentieres meist nach oben zu stattfindet, so wird auch das Polypar immer höher. Es entstehen dabei in seiner unteren Partie von Weichteilen entblößte Räume, die entweder durch zusammenhängende Querböden „*Tabulae*“ (Figg. 131 *B* u. 132 *b*), oder durch ± zahlreiche, kleine, schräg gegen das Zentrum geneigte, gewölbte Kalkblättchen, „*Querblätter, Traversen* oder *Dissepimente*“ (Fig. 152) nach oben abgeschlossen werden. Der oberste Boden, bezw. die oberste Schicht der Traversen schließt den jeweiligen Wohnraum des Tieres nach unten ab. Tabulae und Traversen faßt man unter dem gemeinsamen Namen „*Endothek*“ zusammen, letztere werden daher auch oft als Endothekallamellen bezeichnet. Zuweilen fehlt die Endothek. Unter der „*Epithek*“ versteht man glatte, oder ringstreifig-runzlige Deckschichten, welche von der Fußplatte ausgehen und sich entweder direkt auf die Mauer, oder, falls auf dieser Rippen vorhanden sind, auf diese auflegen. Besonders stark ist die Epithek da entwickelt, wo eine Mauer überhaupt fehlt (z. B. Montlivaultia); sie legt sich in diesem Fall auf die Außenränder der Septen (Fig. 128). Da diese oft scharf gezähnelt sind, so ist ihre Befestigung eine ungleichmäßige, und daher ist sie bei fossilen

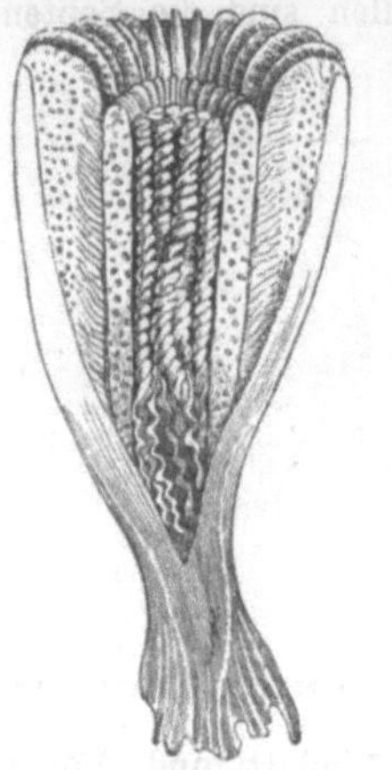

Fig. 127. *Caryophyllia cyathus Sol.* Medianer Längsbruch durch das Polypar, im Zentrum mit einer echten, faszikulären Columella, die von einem Palikranz umgeben ist.

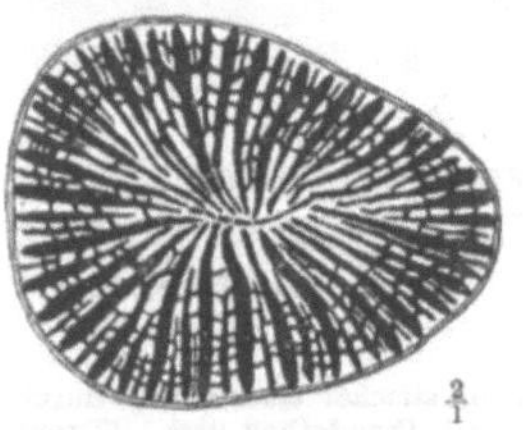

Fig. 128. *Elasmophyllia deformis Rss. sp.* Querschnitt. Polypar von Epithek umgeben, ohne Mauer: Athecal. Ob. Turon. Gosau.

Exemplaren oft verschwunden oder nur noch in Gestalt einzelner ringförmiger Streifen erhalten (Fig. 163).

Die Korallen pflanzen sich entweder geschlechtlich oder ungeschlechtlich fort. Letztere Art erfolgt entweder durch Knospung oder Teilung. Bei der Knospung (Figg. 168 u. 171) sproßt ein junger Polyp an einer verschieden gelegenen Stelle des Muttertieres hervor und entwickelt sich, ohne daß letzteres seine Selbständigkeit einbüßt. Bei der Teilung (Fig. 167) dagegen verschwindet der alte Kelch als solcher und gehen aus ihm zwei neue hervor. Knospen, die innerhalb des Kelches des Muttertieres entstehen (intrakalyzinale Knospung, Fig. 129), führen zu Übergängen zwischen beiden Vermehrungsarten. Da nach der Knospung oder Teilung die neugebildeten Individuen unter sich und mit dem Mutterpolyp in Verbindung bleiben, so entstehen höchst mannigfaltig gestaltete Stöcke oder Kolonien. Diese sind entweder massiv, halbkuglig oder unregelmäßig knollig, pilzförmig oder baumförmig verzweigt. Andere sind schüsselförmig oder gleichen gefalteten Blättern, noch andere bilden Krusten oder selbst netzförmige Ausbreitungen.

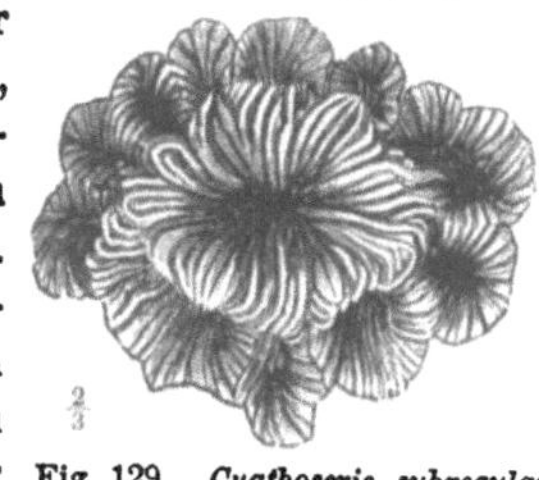

Fig. 129. *Cyathoseris subregularis* Rss. Oligocän. Vicentin.

Die Anthozoen sind ausschließlich Meeresbewohner, die Mehrzahl findet sich in seichtem Wasser. Ein andrer Teil bis in große Tiefen (bis 5000 m) herab. Die überwiegende Menge dieser letzteren sind Einzelkorallen, während die Bewohner des seichteren Wassers meist koloniebildende Formen darstellen. Sie bilden daselbst oft gewaltige Anhäufungen, die Korallenriffe. Diese Riffkorallen finden sich gewöhnlich nur bis zu einer Tiefe von 35 m, nur wenige Gattungen gehen bis in Tiefen von 90 m herab, außerdem verlangen sie Wasser mit einer nicht unter 18—20° sinkenden Temperatur. Derartige Korallenriffe kennt man auch fossil aus der Mehrzahl der Formationen, die ältesten aus dem Silur.

Die Anthozoen zerfallen in: *Alcyonaria* (Octocoralla) mit 8 Tentakeln und ebensoviel Mesenterialfalten und *Zoantharia* mit 12 oder mehr Tentakeln, die meist nach Multipla der Zahlen 4 oder 6 angeordnet erscheinen.

1. Unterklasse. *Alconaria.*

Meist koloniebildend; Polypen mit 8 gefiederten Tentakeln und 8 Mesenterialfalten. Skelettbildungen sehr mannigfaltig.

Fam. ***Gorgonidae,*** Rindenkorallen. Festsitzende Polypenstöcke mit hornigem oder kalkigem, baumartig verästeltem Axenskelett, welches oft von einer zerreiblichen, aus einzelnen Skleriten gebildeten Kalkrinde überzogen wird. Kreide—Jetztzeit.

Fig. 130. *Isis melitensis Goldf.* Miocän. Wiener Becken.

Isis LAMX. (Fig. 130). Axe gegliedert, aus abwechselnd hornigen und kalkigen Stücken gebildet. Tertiär—Jetzt.

Corallium LAMX. Axe steinhart, ungegliedert; sie besteht aus kristallinischer Grundmasse mit eingebetteten knorrigen Skelettelementen. Kreide—Jetzt. *C. rubrum* LAMX., Edelkoralle.

Fam. ***Helioporidae.*** Skelett kalkig. Der Korallenstock besteht aus röhrigen Polypenzellen, die durch ein aus feineren Röhrchen gebildetes Coenenchym verbunden werden. Diese beiderlei Röhren werden von zahlreichen, horizontalen Querböden gefächert. In den Hauptröhren septenähnliche Vertikalleisten, deren Zahl aber nicht mit den Tentakeln übereinstimmt (Pseudosepten).

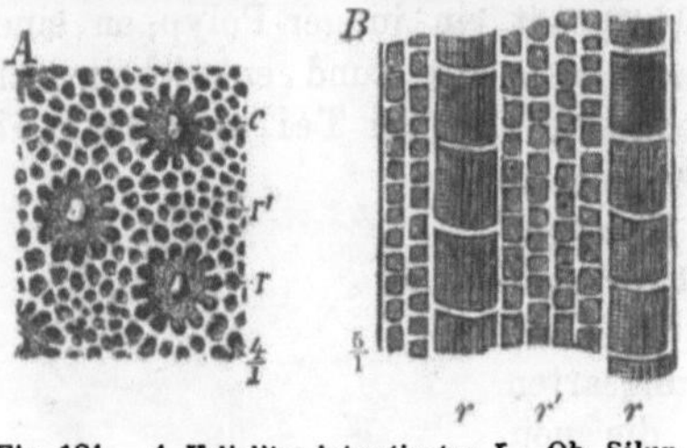

Fig. 131. *A Heliolites interstinctus L.* Ob. Silur. Gotland. Ansicht der Oberfläche. c Säulchen. r Kelch mit weiten Böden t, r' Coenenchymröhren mit engen Böden. *B Hel. porosa Goldf.* Mittl. Devon. Eifel. Längsschliff.

Heliopora BLV. Kolonie knollig oder ästig, Pseudosepten sehr schwach entwickelt, 12—25. Kreide—Jetzt.

Heliolites DANA. (Fig. 131). Ähnlich Heliopora, aber die Wand der Kelchröhren besser ausgebildet. In letzteren meist 12 wohl entwickelte Pseudosepten und ev. ein zentrales Säulchen. Silur. Devon.

Anhang: **Tabulata E. H.**

Die systematische Stellung und überhaupt Zusammengehörigkeit der als „Tabulata" zusammengefaßten Formen ist unsicher. Sie bilden stets Stöcke. Diese bestehen aus röhrenförmigen, oder prismatischen, seltener dütenförmigen Zellen, die durch Querböden gefächert werden. Septen fehlen oder sind rudimentär. Fast sämtliche Gattungen sind paläozoisch, nur einzelne reichen bis in den Jura.

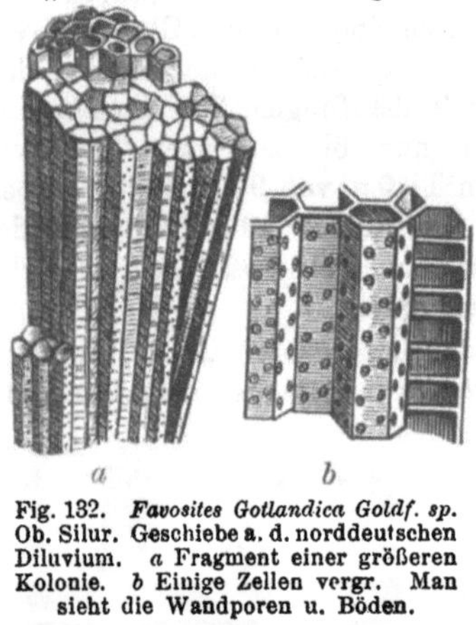

Fig. 132. *Favosites Gotlandica Goldf. sp.* Ob. Silur. Geschiebe a. d. norddeutschen Diluvium. *a* Fragment einer größeren Kolonie. *b* Einige Zellen vergr. Man sieht die Wandporen u. Böden.

Fam. ***Favositidae.*** *Favosites* LAM. (= *Calamopora* GOLDF.) (Fig. 132). Kolonie massiv, seltener ästig. Zellen lang, prismatisch, von polygonalem Querschnitt, direkt durch ihre Wandungen verbunden. Letztere mit entferntstehenden, in Vertikalreihen angeordneten Poren. Septen fehlend oder rudimentär, durch Längsleisten oder Dornenreihen ersetzt. Böden horizontal, zahlreich. Silur—Kohlenkalk. *F. polymorpha* GOLDF. sp. Devon.

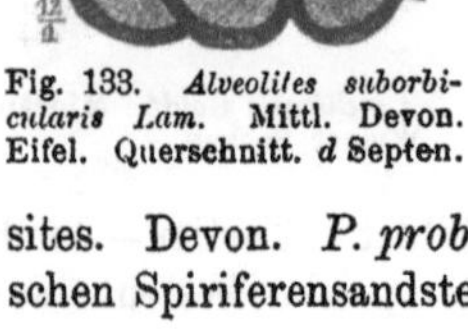

Fig. 133. *Alveolites suborbicularis Lam.* Mittl. Devon. Eifel. Querschnitt. *d* Septen.

Alveolites LAM. (Fig. 133). Kolonie knollig, oft lagenförmig aufgebaut, seltener ästig. Röhrenzellen komprimiert, schräg zur Oberfläche stehend; ihre Mündung daher dreieckig oder halbmondförmig. Septen rudimentär, zuweilen nur eins deutlich entwickelt. Silur – Devon. *Alv. suborbicularis* LAM. Devon. *Alv. Labechii* E. H. Ob. Silur.

Pleurodictyum GOLDF. (Fig. 134). Ähnlich Favosites. Devon. *P. problematicum* GOLDF. ist sehr häufig im unterdevonischen Spiriferensandstein der Eifel, jedoch stets als Steinkern erhalten; die

Wände erscheinen daher als Spalten, die Verbindungsporen als zarte Bälkchen. Oft auf einer Serpula aufgewachsen.

Fam. ***Chaetetidae.*** *Chaetetes* FISCH. v. WLDH. (Fig. 135). Kolonie massiv, aus sehr dünnen, langprismatischen Zellröhren gebildet; diese direkt mit ihren Wandungen verschmolzen. Letztere dicht. Septen fehlend oder durch 1—2 Längsleisten ersetzt. Böden horizontal, entfernt stehend. Vermehrung durch Teilung. Devon—Trias. *Ch. radians* FISCH. erfüllt ganze Lagen im Kohlenkalk von Moskau.

Fig. 134. *Pleurodictyum problematicum Goldf.* Unt. Devon. Koblenz.

Fam. ***Monticuliporidae.*** *Monticulipora* D'ORB. (Fig. 136). Ähnlich Chaetetes, aber Röhren des Stockes ungleich stark; mit ihren Wandungen aneinander anliegend, aber nicht verschmolzen. Vermehrung durch Knospung. Silur—Trias.

Fam. ***Syringoporidae.*** *Syringopora* GOLDF.

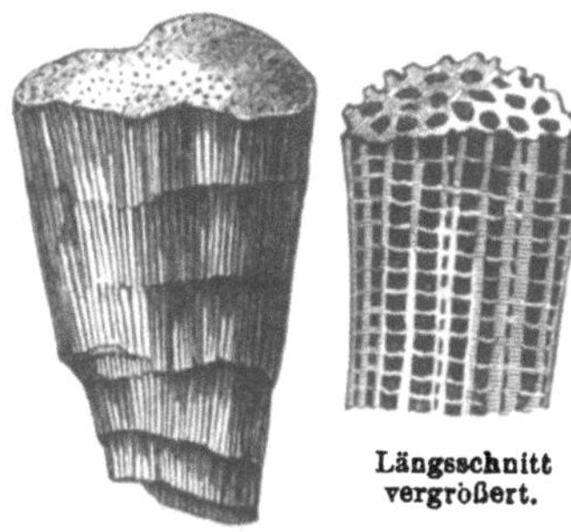

Fig. 135. *Chaetetes radians Fisch.* Kohlenkalk. Kaluga. Rußland.

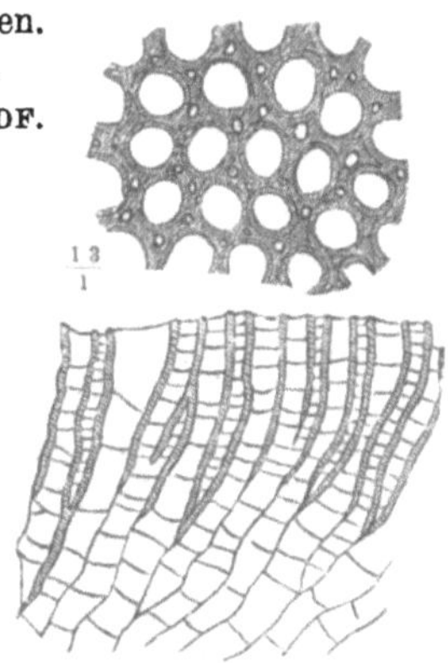

Fig. 136. *Monticulipora (Heterotrypa) Andrewsi Nich.* Unt. Silur. Ohio.

(Fig. 137). Kolonie bündelförmig. Die einzelnen zylindrischen Zellen stehen durch horizontale röhrenförmige Fortsätze miteinander in Ver-

Fig. 137. *Syringopora cancellata E. H.* Silur. Diluvialgeschiebe.

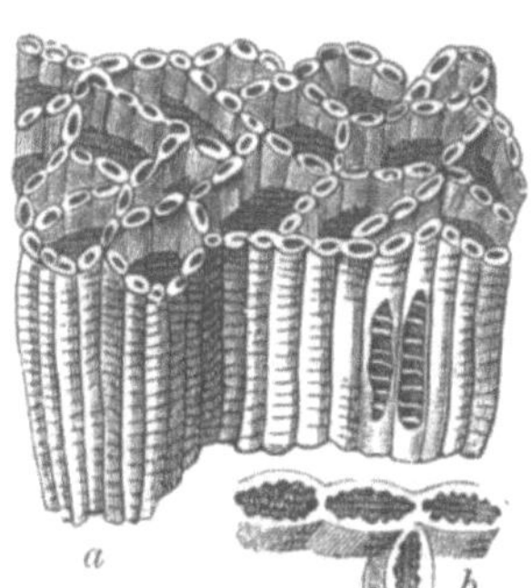

Fig. 138. *Halysites catenularia E. H.* Ob. Silur. Gotland. *a* Natürl. Gr. *b* Einige Zellen vergrößert.

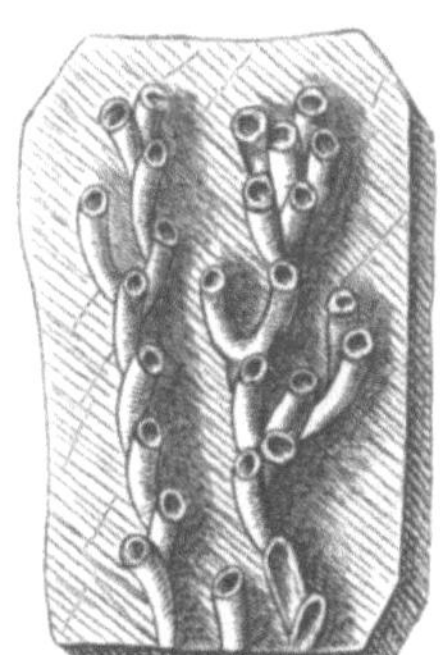

Fig. 139. *Aulopora tubaeformis Goldf.* Mittl. Devon. Gerolstein.

bindung. Septen rudimentär. Böden trichterförmig. Silur—Kohlenkalk.

Fam. ***Halysitidae.*** *Halysites* FISCH. (= *Catenipora* LAM., Kettenkoralle, Fig. 138). Die Kolonie besteht aus langen, röhrenförmigen aber komprimierten Zellen, welche mit ihren Schmalseiten zu Reihen mit kettenförmigem Querschnitt verwachsen sind. Sie bilden so vertikale Blätter, die sich wirr durchkreuzen. Septen als 12 kurze Leisten oder Dornreihen ausgebildet oder fehlend. Querböden horizontal. Silur. *Hal. catenularia* L. Ob. Silur. *Hal. escharoides* Lam. sp. Ob. Silur.

Fam. ***Auloporidae.*** *Aulopora* Goldf. (Fig. 139). Kolonie kriechend, oft netzförmig. Die einzelnen Zellen dütenförmig oder fast zylindrisch, ihrer ganzen Länge nach auf fremdem Körper aufgewachsen. Kelchöffnung kreisrund, dicht unterhalb derselben knospen die jungen Kelche hervor. Silur—Karbon. *Aul. repens* E. H. Mittl. Devon.

2. Unterklasse. *Zoantharia.*

Einfache oder stockbildende Polypen mit 12 oder mehr Tentakeln, welch letztere sich mit zunehmendem Alter des Tieres vermehren und meist in mehrfachen Kreisen um die Mundöffnung stehen. Ihre Anzahl stellt in der Regel ein Vielfaches der Zahlen 4 oder 6 dar.

Es gibt Formen ohne Skeletbildung: Actiniaria und solche, die eine innere, hornige Axe besitzen: Antipatharia. Von diesen sind keine fossilen Reste bekannt. Wir behandeln daher hier nur die 3. Ordnung, die Madreporaria, welche die Formen mit Kalkskelet umfaßt.

Ordnung. Madreporaria E. H.

Je nachdem in dem jungen Polypentier zuerst 4 oder 6 (bzw. 12) Primärsepten gebildet werden, zerfallen die Madreporaria in 2 Unterordnungen: Tetracoralla und Hexacoralla.

1. Unterordnung. *Tetracoralla* Haeck.

4 Primärsepten vorhanden; von diesen nennt man das eine das „*Hauptseptum*“, das diesem gegenüberstehende des „*Gegenseptum*“, die beiden andern die „*Seitensepten*“ (Fig. 141). Häufig liegt das Hauptseptum (Fig. 143), zuweilen auch das Gegenseptum oder die Seitensepten in Furchen, den „*Septalfurchen*“. Hauptseptum und Gegenseptum sind sehr oft unter sich verschieden, die beiden Seitensepten dagegen stets unter sich gleich entwickelt. Die weiter entstehenden Septen schalten sich nun derartig zwischen die 4 Primärsepten ein, daß sie sich parallel zu den Seitensepten zu stellen suchen und daher zum Hauptseptum meist eine divergierende, fiederartige Stellung einnehmen (Fig. 140 u. 144). Die Reihenfolge ihrer Entstehung bezeichnen die Zahlen in Fig. 141. Die Gesamtanordnung ist also meist eine bilaterale, manchmal indes eine radiale (Cyathophyllum). Auch

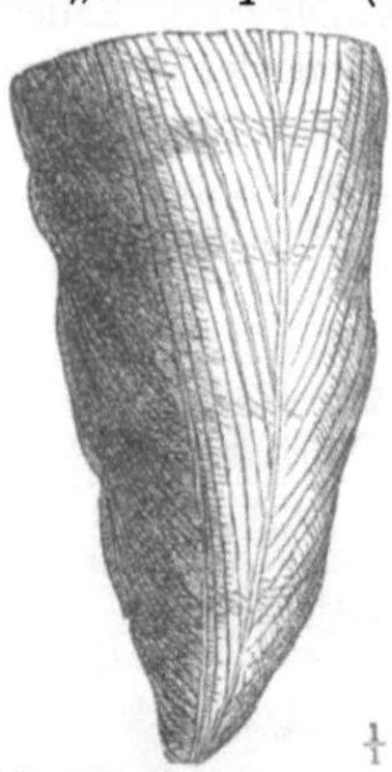

Fig. 140. *Streptelasma corniculum* Hall. Unt. Silur. Ohio.

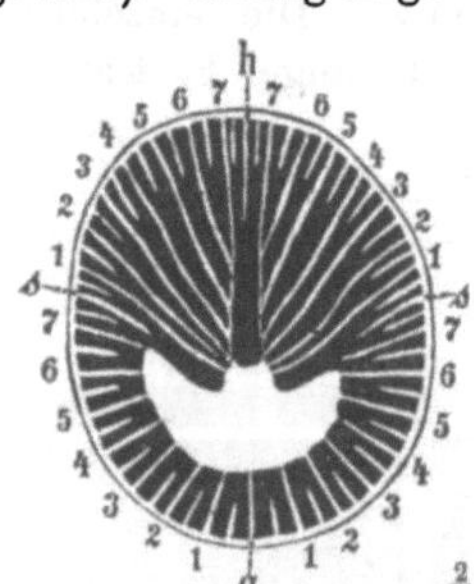

Fig. 141. *Menophyllum tenuimarginatum* E. H. Kohlenkalk. Tournay. Haupt- und Seitensepten liegen in Septalfurchen. Der weiße Körper ist der oberste sehr gewölbte, hier nur bis an die Septalfurchen reichende Querboden.

wenn bei letzterer die Zahl der Septen eine sehr große wird, zeigen sie doch nicht derartige Verschiedenheiten in bezug auf ihre Stärke und Länge, wie bei den Hexacoralla (s. u.), sondern es wechselt meist ein stärkeres und längeres mit einem schwächeren und kürzeren ab. Man unterscheidet demgemäß nur Septen 1. und 2. Ordnung. Sehr häufig sind endothekale Böden und Traversen. Die ganze Wand ist mit meist dicker, runzliger Epithek bekleidet, so daß sie auch als „Rugosa" bezeichnet werden. Es sind teils Einzelformen, teils bilden sie Kolonien. Zuweilen tritt ein und dieselbe Art bald als Einzelform, bald als Stock auf (z. B. *Cyathophyllum helianthoides* Goldf.). Mit Ausnahme einiger Gattungen, die sich in der alpinen Trias finden, sind sie sämtlich paläozoisch.

Fam. ***Cyathaxonidae.*** *Cyathaxonia* Mich. (Fig. 142). Einfach, umgekehrt kegel- oder hornförmig. Hauptseptum in einer Furche. Columella griffelförmig, weit vorragend. Böden und Traversen fehlen. Kohlenkalk.

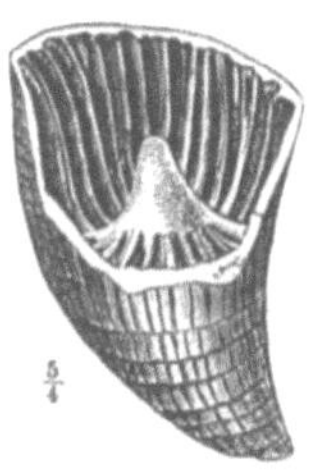

Fig. 142. *Cyathaxonia Dalmani E. H.* Ob. Silur. Gotland.

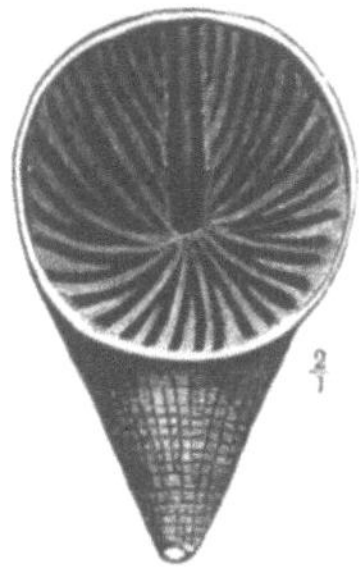

Fig. 143. *Zaphrentis cornu-copiae E. H.* Kohlenkalk. Tournay.

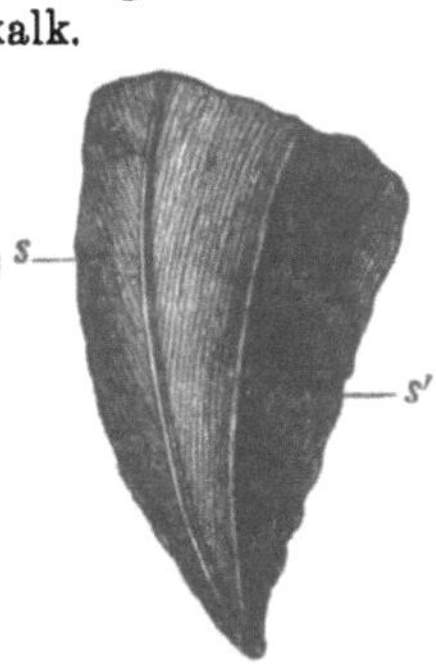

Fig. 144. *Streptelasma europaeum Röm.* Unt. Silur. Diluvialgeschiebe. Schlesien. *s* Hauptseptum. *s'* Seitenseptum.

Fig. 145. *Omphyma subturbinata E. H.* Ob. Silur. Gotland.

Fam. ***Zaphrentidae.*** Stets Einzelformen. *Zaphrentis* Raf. (Fig. 143). Kreiselförmig. Septen ± deutlich fiederstellig geordnet. Hauptseptum in einer tiefen Furche. Böden und Traversen vorhanden. Silur—Kohlenkalk.

Streptelasma Hall. (Figg. 140 u. 144). Kreisel- oder hornförmig. Die umeinander geschlungenen inneren Enden der Septen bilden im Zentrum eine Pseudocolumella. Wand dünn, daher die Fiederstelligkeit der durchschimmernden Septen und besonders der Primärsepten bereits von außen erkennbar. Silur. *Str. corniculum* Hall. Unt. Silur.

Omphyma Raf. (Fig. 145). Kreiselförmig. Wand mit wurzelartigen Fortsätzen; die 4 Primärsepten in seichten Furchen. Silur. *O. subturbinata* E. H. Ob. Silur. *O. turbinata* Fougt sp. Ob. Silur.

Fam. ***Cyathophyllidae.*** Einzelkorallen oder massive oder buschige Stöcke. Septen radial angeordnet. Im zentralen Teil der Polyparhöhle Böden, im peripherischen blasige Endothek entwickelt. Silur—Kohlenkalk.

Cyathophyllum Goldf (Figg. 146 u. 147). Kreisel-, horn- oder zylinderförmige Einzelkorallen oder massive oder buschige Stöcke. Sehr artenreiche Gattung. Silur—Kohlenkalk. *C. helianthoides* Goldf. Einfach und stockbildend! Devon. *C. ceratites* Goldf. (hornförmig). Devon. *C. caespitosum* Goldf. (buschig). Devon. *C. articulatum* His. Ob. Silur.

Lithostrotion FLEM. (Figg. 148 u. 149). Zusammengesetzt, massig, bündel- oder büschelförmig. Die Zellen sind entweder seitlich miteinander verwachsen und dann von polygonalem Querschnitt oder voneinander getrennt, dann von zylindrischer Form. Im Zentrum werden die Böden von

Fig. 146. *Cyathophyllum pullulatum Qu.* Ob. Silur. Gotland.

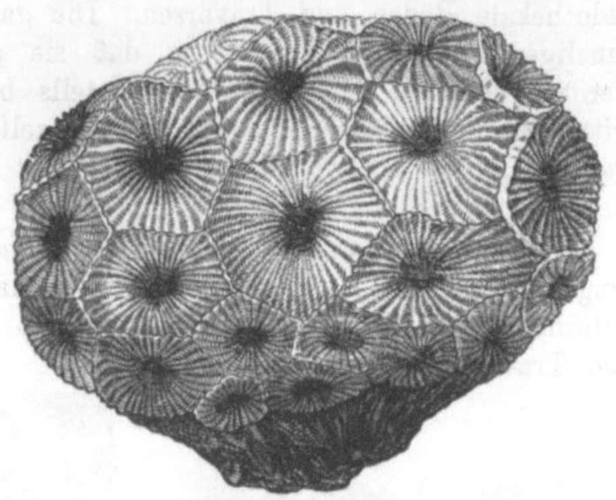

Fig. 147. *Cyathophyllum hexagonum Goldf.* Mittl. Devon. Gerolstein. Eifel.

einer griffelförmigen Columella durchbrochen. Kohlenkalk. *Lith. basaltiforme Phil.*

Acervularia SCHWEIGG. (Fig. 150). Stöcke asträoidisch oder buschig. Zellen mit akzessorischer innerer Wand. Columella fehlt. Silur, Devon. *A. ananas* L. sp. Ob. Silur.

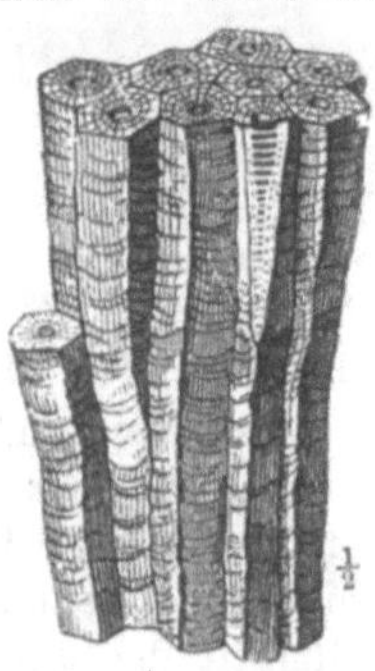

Fig. 148. *Lithostrotion basaltiforme Phill.* Kohlenkalk.

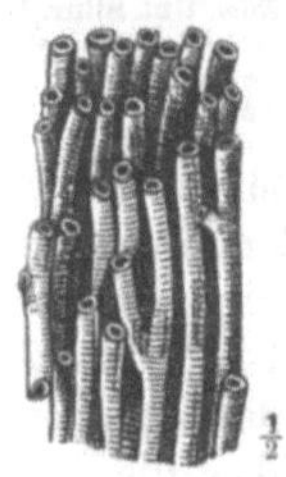

Fig. 149. *Lithostrotion junceum E. H.* Kohlenkalk. Derbyshire.

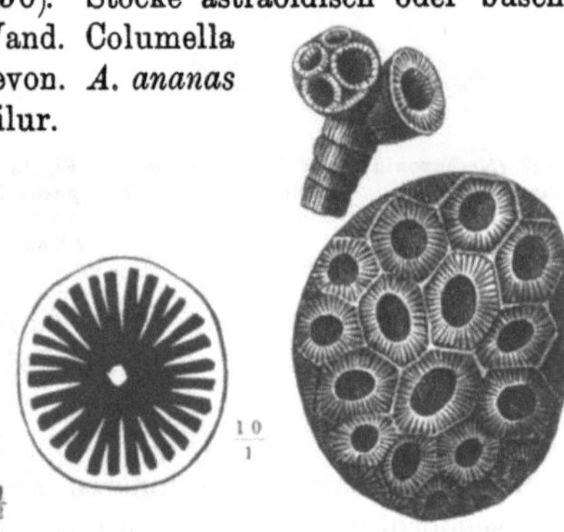

Fig. 150. *Acervularia luxurians E. H.* Ob. Silur. Dudley. Engld.

Stauria E. H. (Fig. 151). Stöcke asträoidisch oder buschig. Die 4 Primärsepten stärker und länger als die andern und ein Kreuz bildend. Ob. Silur.

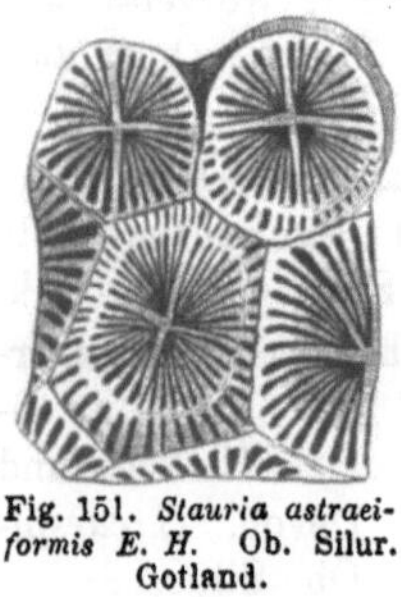

Fig. 151. *Stauria astraeiformis E. H.* Ob. Silur. Gotland.

Fam. ***Cystiphyllidae.*** *Cystiphyllum* LONSD. (Fig. 152). Einfach, deutliche Septen und Böden fehlen. Die Visceralhöhle der Zellen ist vollständig mit Blasengewebe erfüllt, in welchem nur zuweilen sehr dünne, lineare Septen erkennbar sind. Silur, Devon.

Fam. ***Calceolidae.*** Einzelkorallen mit einem einfachen oder aus mehreren Stücken zusammengesetzten Deckel. Septen sehr niedrig, leistenförmig.

Calceola Lam. (Fig. 153). Zelle frei, dem vorderen Teil eines Pantoffels gleichend, mit einfachem, dickem, ungefähr halbkreisförmigem Deckel. Kelch sehr tief, Septen nur durch feine, granulierte Linien angedeutet. Hauptseptum in der Mitte der gewölbten, Gegenseptum in der Mitte der platten Seite. Seitensepten in den Ecken. Unterseite des Deckels mit einer stärkeren Medianleiste und schwächeren Nebenleisten. Devon. *C. sandalina* Lam. Ausgezeichnetes Leitfossil für das Mitteldevon. (Calceolakalke, -mergel, -schiefer.)

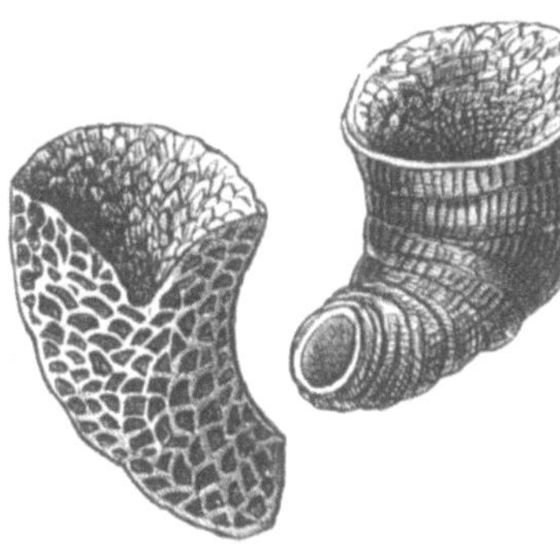

Fig. 152. *Cystiphyllum vesiculosum Goldf. sp.* Mitteldevon. Eifel.

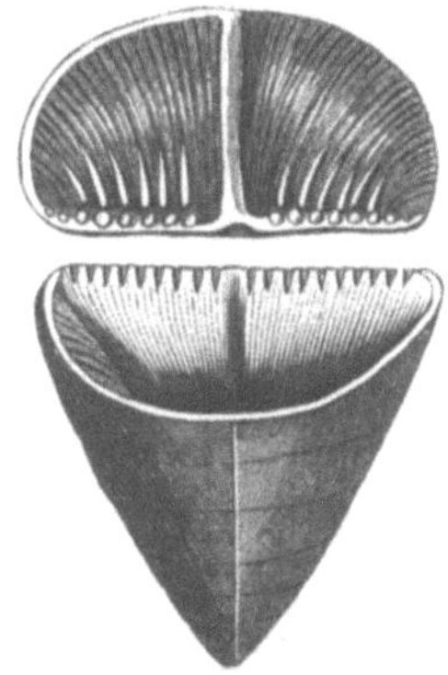

Fig. 153. *Calceola sandalina Lam.* Mitteldevon. Eifel.

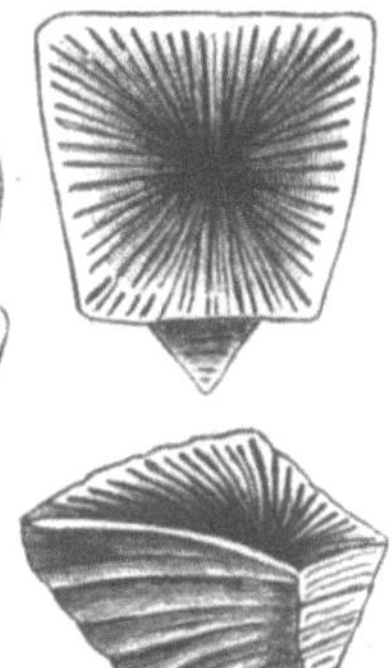

Fig. 154. *Goniophyllum pyramidale E. H.* Silur. Gotland.

Goniophyllum E. H. (Fig. 154). Polypar vierseitig, pyramidal. Deckel aus vier paarigen Stücken zusammengesetzt. Septen leistenförmig. Die 4 Primärsepten in der Mitte der 4 Seitenflächen des Kelches gelegen. Ob. Silur.

2. Unterordnung. *Hexacoralla* Haeck.

In der Regel 6 Primärsepten vorhanden. Auch beim ausgewachsenen Tier ist die Zahl der Tentakeln und Septen auf den Numerus 6 zurückführbar. Anordnung der Septen meist radiär, selten bilateral-symmetrisch. Böden selten. Skelett dicht oder porös. An der Basis des jungen Polypen entstehen in der Regel 6 (selten 5, 8, 10 oder 12) Primärsepten. Sie bleiben meist von den sich später entwickelnden Septen durch bedeutendere Größe und Stärke ausgezeichnet. Sie werden als Septen 1. Ordnung bezeichnet und bilden zugleich den 1. Zyklus (Fig. 155). Zwischen ihnen schieben sich dann, die Interseptalräume halbierend, 6 Septen 2. Ordn. ein und bilden den 2. Zyklus. Der Kelch zerfällt jetzt in 12 Interseptalkammern; es bilden sich daher die Septen 3. Ordn. oder der 3. Zyklus in der Zahl 12. Nach dessen Bildung sind 24 Kammern entstanden, welche nunmehr von Septen verschiedener Ordnung begrenzt werden, nämlich 12 Kammern liegen zwischen Septen der 1. und 3. Ordn. und 12 zwischen solchen der 2. und 3. Ord. Es bilden sich nun zunächst in den zwischen

Fig. 155. Schema des Milne Edwards u. Haimeschen Einschaltungsgesetzes der Septen bei den Hexacoralla. Kelch mit 4 Zyklen. Die Zahlen an d. Septen bezeichnen die Ordnung derselben.

den Septen 1. und 3. Ordn. liegenden Kammern 12 Septen der 4. Ordn., und darauf in den zwischen den Septen der 2. und 3. Ordn. liegenden 12 Septen der 5. Ordn. Diese beiden Ordnungen zusammen mit 24 Septen bilden den 4. Zyklus, denn jetzt sind wieder alle zwischen 2 Primärsepten liegenden Kammern gleichartig ausgebildet. Analog bilden die weiter sukzessiv entstehenden 48 Septen der 6. 7. 8. und 9. Ordn. den 5. Zyklus usw. Indessen gibt es vielfache Ausnahmen von diesem Gesetze, welches nach seinen Entdeckern als das „Milne Edwards und Haimesche Wachstumsgesetz" bezeichnet wird. Doch haben die gleichzeitig gebildeten Septen, meist auch die eines Zyklus, in der Regel gleiche Länge und Stärke und es lassen sich die jüngeren durch schwächere Entwicklung von den älteren unterscheiden. Sämtliche zwischen 2 Primärsepten liegende Septa bezeichnet man als ein „System".

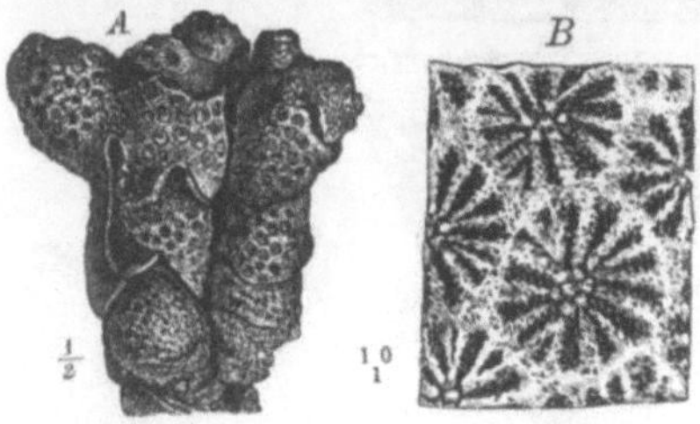

Fig. 156. *A Porites ramosa Rss.* Oligocän. Vicentin. Stück eines verzweigten Stockes. *B* Oberfläche von *Por. incrustans Rss.* Miocän. Mähren.

Fam. ***Poritidae.*** Stets koloniebildend. Skelett sehr porös. Trias—Jetzt.

Porites Lam. (Fig. 156). Stock knollig oder ästig, die Zellen stoßen direkt aneinander. Wand rudimentär, Kelche seicht, polygonal, Septen wenig zahlreich, Columella warzig, um sie stehen 6 Pali. Kreide—Jetzt. Sie gehört zu den wichtigsten riffbildenden Formen.

Fam. ***Madreporidae.*** Stets koloniebildend, meist ästig; Zellen klein, durch ein poröses Coenenchym verbunden. Tertiär und rezent.

Madrepora L. (Fig. 157). Zellen kurz, röhrenförmig, ± aus dem Coenenchym hervorragend; Kelche tief, 2 gegenüberliegende Primärsepten stärker entwickelt als alle übrigen und in der Mitte zusammenstoßend. Tertiär—Jetzt. In der Gegenwart nimmt die Gattung einen hervorragenden Anteil an der Bildung der Korallenriffe.

Fig. 157. *Madrepora Anglica Dunc.* Oligocän. England.

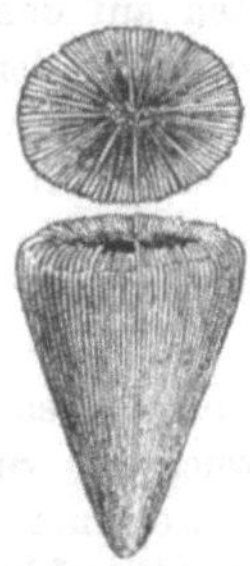

Fig. 158. *Eupsammia trochiformis Pall.* Eocän. Paris.

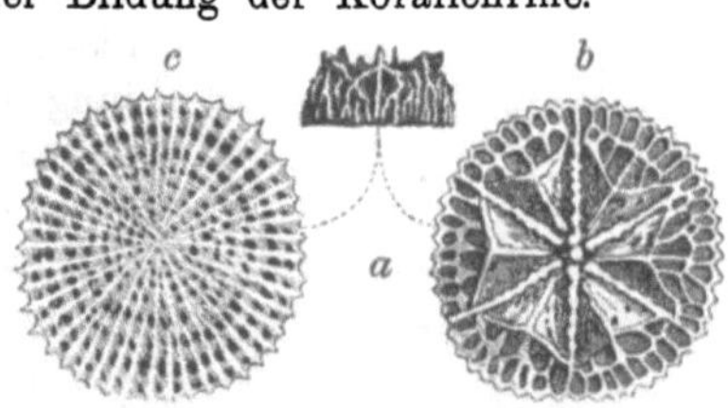

Fig. 159. *Stephanophyllia elegans Br. sp.* Pliocän. Modena. *a* Von der Seite, Nat. Gr., *b* von oben, vergr., *c* von unten., vergr.

Fam. ***Eupsammidae.*** Einzelkorallen oder durch Knospung entstandene, meist ästige Stöcke. Skelett porös. Septen zahlreich, mit ihren inneren Enden z. T. verwachsen. Jura—Jetzt.

Eupsammia E. H. (Fig. 158). Einfach, kreiselförmig, unten zugespitzt; wenn erwachsen, ohne Anheftungsstelle. Septen zahlreich, öfters eine spongiöse Columella vorhanden. Eocän—Jetzt.

Stephanophyllia Mich. (Fig. 159). Einfach, scheibenförmig, frei. Wand horizontal. Kelch kreisrund. Septen hoch, stachlig. Die 6 deutlichen Primärsepten frei, bis zum Zentrum reichend, die übrigen mit ihren Innenrändern verwachsen. Kreide—Tertiär.

Dendrophyllia Blv. (Fig. 160). Ästig. Vermehrung durch Seitenknospen. Columella spongiös. Tertiär bis Jetzt.

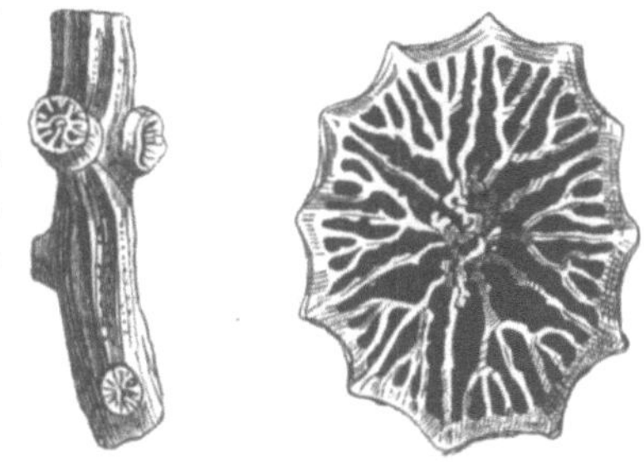

Ein Kelch vergrößert.

Fig. 160. *Dendrophyllia prismatica* Rss. Miocän. Ruditz. Mähren.

Fam. ***Fungidae.*** Einzelkorallen oder Kolonien, letztere meist in die Breite wachsend, selten ästig. Septa dicht oder porös, durch Synaptikel verbunden, neben denen zuweilen auch Traversen vorkommen. Eine echte Theca fehlt. Trias—Jetzt.

Cyclolites Lam. (Fig. 161). Einfach, frei, kreisrund oder elliptisch. Die mit konzentrisch-runzliger Epithek bedeckte Basis flach, Oberseite ± gewölbt. Septen oft außerordentlich zahlreich, mit in regelmäßigen Reihen stehenden Poren. Synaptikel und Traversen vorhanden. Die Gattung ist sehr bezeichnend für die Kreideformation (*C. elliptica* Lam. Unt. Senon). Vereinzelt auch im Jura und Eocän.

Thamnastraea Le Sauv. (Fig. 162). Stets zusammengesetzte, mannigfach gestaltete Stöcke: ausgebreitet, knollig, zuweilen gestielt und pilzförmig. Unterseite mit gemeinsamer Wand. Die Einzelzellen ohne Wand, durch die von einem Kelch in den andern übergehenden („konfluenten") Kostalsepten verbunden. Septen dicht oder porös. Columella spongiös oder griffelförmig, oft fehlend. Trias—Oligocän. *Th. concinna* Goldf. Malm. *Th. agaricites* Goldf. Ob. Kreide.

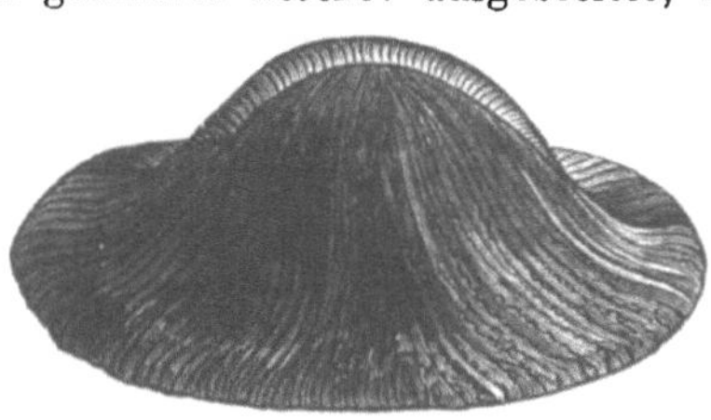

Fig. 161. *Cyclolites undulata Lam.* Ob. Turon. Gosau.

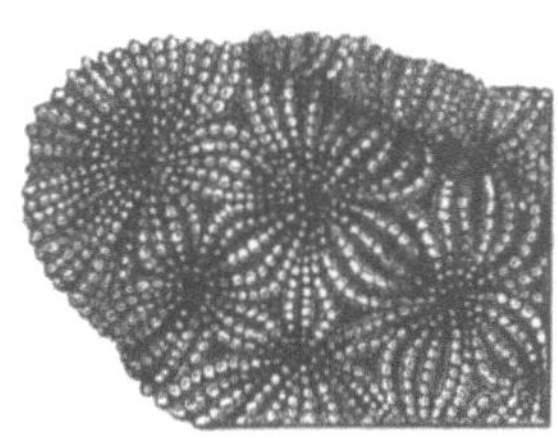

Fig. 162. *Thamnastraea biformis* Rss. Dogger. Balin.

Latimaeandraraea From. Wie Thamnastraea, aber Kelche in meistens vertiefte, ± lange Reihen („Täler") geordnet, welche durch ± erhabene, von den Kostalsepten bedecke Zwischenräume („Rücken" oder „Hügelkämme") getrennt werden. Trias—Kreide. *Lat. morchella* Rss. sp. Ob. Kreide.

Fam. ***Astraeidae.*** Einzelkorallen, oder — häufiger — Stöcke von höchst mannigfaltiger Gestalt. Theca vorhanden oder fehlend. Septa zahlreich, dicht, am Oberrand gezackt oder gezähnelt. Traversen ± reichlich entwickelt. Böden und Coenenchym fehlen. Zellen entweder durch ihre Wände oder durch Rippen verbunden. Fortpflanzung geschlechtlich oder ungeschlechtlich durch Knospung oder Teilung. Trias—Jetzt.

Montlivaultia Lamx. (Fig. 163). Einfach, kreiselförmig oder zylindrisch, Theca fehlt, Epithek stark. Columella fehlt. Trias—Kreide, vereinzelt noch im unt. Tertiär.

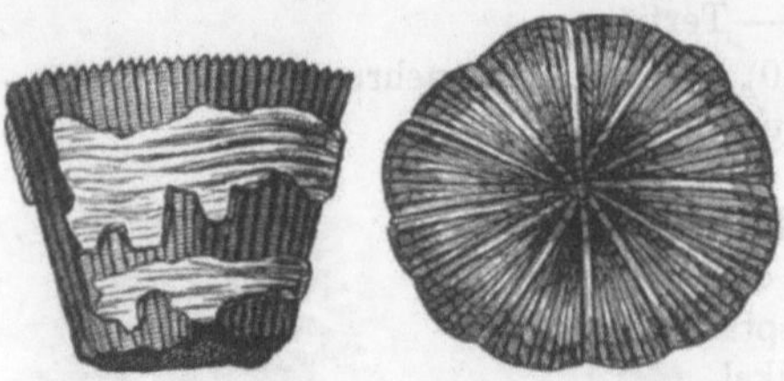

Fig. 163. *Montlivaultia trochoides E. H.* mit teilweise erhaltener Epithek. Dogger.

Thecosmilia E. H. (Fig. 164). Buschig, Vermehrung durch Teilung. Theca fehlt. Epithek stark. Zuweilen eine rudimentäre Columella vorhanden. Trias bis Kreide, vereinzelt im unt. Tertiär.

Calamophyllia E. H. (Fig. 165). Buschig oder bündelförmig. Vermehrung durch Teilung. Theca vorhanden, gerippt, mit kragenförmigen Vorsprüngen. Columella fehlt. Trias—Tertiär. *C. pseudoflabellum* Cat. sp. Oligocän.

Heliastraea E. H. (= *Orbicella* Dana) (Fig. 124). Stock massiv, Zellen durch Rippen und exothekale Traversen verbunden. Theca vorhanden, Columella spongiös, selten griffelförmig. Vermehrung durch intercalycinale Knospung. Jura — Jetzt.

Fig. 164. *Thecosmilia trichotoma Goldf. sp.* Malm. Nattheim.

Fig. 165. *Calamophyllia Stokesi E. H.* Malm. England.

Fig. 166. *Isastraea helianthoides Goldf. sp.* Malm. Nattheim.

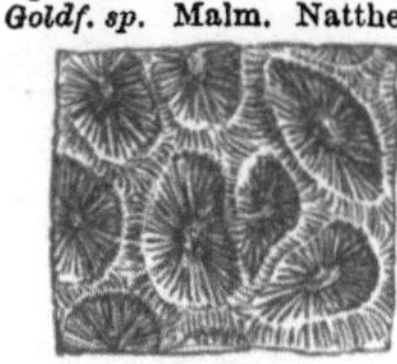

Fig. 167. *Favia caryophylloides From.* Malm. Nattheim.

Favia Ok. (Fig. 167). Wie Heliastraea, aber Vermehrung durch Teilung. Jura—Jetzt. *F. profunda* Rss. Eocän.

Isastraea E. H. (Fig. 166). Stock massiv, Zellen prismatisch, direkt durch ihre Wandungen verbunden. Kelche polygonal. Columella fehlend oder rudimentär. Vermehrung meist durch Teilung. Trias — Tertiär. *Is. helianthoides* Goldf. Malm. *Is. affinis* Rss. Oligocän.

Fig. 168. *Stylocora exilis Rss.* Miocän. Niederleis. Mähren. *a* Nat. Gr. *b* Kelch vergr.

Latimaeandra d'Orb. Wie Isastraea, aber Kelche in kürzeren oder längeren Reihen angeordnet, die durch Rücken getrennt werden. Trias—Tertiär. *L. seriata* Beck. Malm.

Cladocora Ehrbg. Buschig-ästige Stöcke. Zellen zylindrisch, Kelche kreisrund, durch Seitenknospen sich vermehrend. Columella und ein Palikranz vorhanden. Jura—Jetzt. Ganz nahe verwandt ist *Stylocora* Rs. (Fig. 168). Kreide—Miocän.

Maeandrina LAM. Stock massig. Kelche ineinander verfließend, und in mäandrischen Reihen angeordnet, welche direkt mit ihren Wandungen verbunden werden. Die einzelnen Kelchzentren undeutlich. Columella spongiös. Kreide—Jetzt. *M. Michelini* Rss. Ob. Turon.

Fam. ***Stylinidae.*** Massive, asträoidische Stöcke. Zellen meist durch Septokosten, selten durch die Wand verbunden. Eine echte Theca ist nur selten, dagegen stets eine durch seitliche Verdickung der Septen gebildete innere Pseudothek vorhanden. Septen wenig zahlreich, der Oberrand derselben glatt oder fein gezähnelt. Zahl der Primärsepten nicht selten von 6 abweichend (5, 10). Zuweilen Böden vorhanden. Vermehrung durch Knospung oder Teilung. Trias—Tertiär.

Fig. 169. *Stylina Delabechei E. H.* Malm. England. *a* Nat. Gr., *b* vergr.

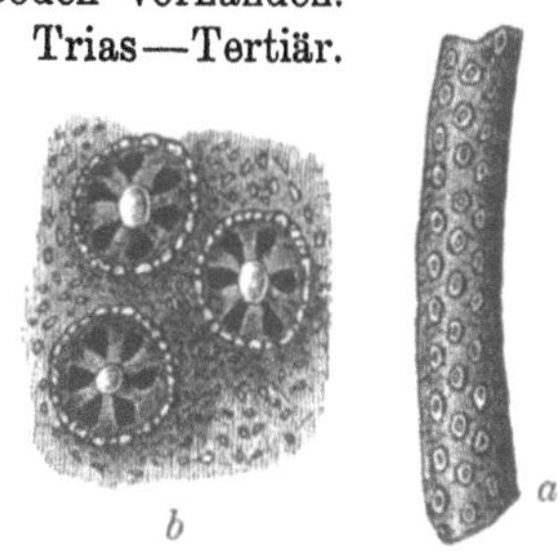

Fig. 170. *Stylophora annulata Rss.* Oligocän. Oberburg. *a* Nat. Gr., *b* vergr.

Stylina LAM. (Fig. 169). Zellen durch Septokosten verbunden. Columella griffelförmig. Vermehrung durch Knospung. Trias—Kreide. *St. limbata.* Malm.

Fam. ***Stylophoridae.*** Massive oder ästige Stöcke. Zellen durch dichtes, doch Hohlräume einschließendes Coenenchym oder durch ihre, dann dicken Wände verbunden. Kelche meist klein, Septen wenig zahlreich. Columella vorhanden. Jura—Jetzt.

Stylophora SCHWEIGG. (Fig. 170). Meist ästig, selten knollig. Kelche klein, tief, in reichliches, an der Oberfläche fein stachliges oder körniges Coenenchym eingebettet. Nur 6 oder 12 Septen. Columella kräftig, griffelförmig. Jura—Jetzt.

Fig. 171. *Lophohelia prolifera E. H.* Rezent. w. Norwegen.

Astrocoenia E. H. Massiv oder ästig. Zellen polygonal, durch ihre dicken Wände verbunden. Columella griffelförmig, selten spongiös. Trias—Tertiär.

Fam. ***Oculinidae.*** Stöcke ästig, Zellen durch mit ihrer Wandung verschmolzenes dichtes Coenenchym verbunden, über welches die Kelche ± weit hinausragen. Interseptalkammern leer, doch wird der Visceralraum unten durch kompakte Kalkmasse ausgefüllt oder verengt. Vermehrung durch laterale Knospung. Jura—Jetzt.

Lophohelia E. H. (Fig. 171). Stock ästig. Knospen an den Seiten der Äste unregelmäßig alternierend entstehend. Kelche sehr tief, Columella und Pali fehlen. Tertiär—Jetzt. *L. prolifera* E. H. lebt im nördlichen atlantischen Ozean (bei Norwegen) und bildete bereits in der Diluvialzeit in der Gegend des heutigen Kristiania-Fjordes Riffe, die durch die später einsetzende Hebung heutzutage in beträchtlicher Höhe über dem Meeresspiegel liegen.

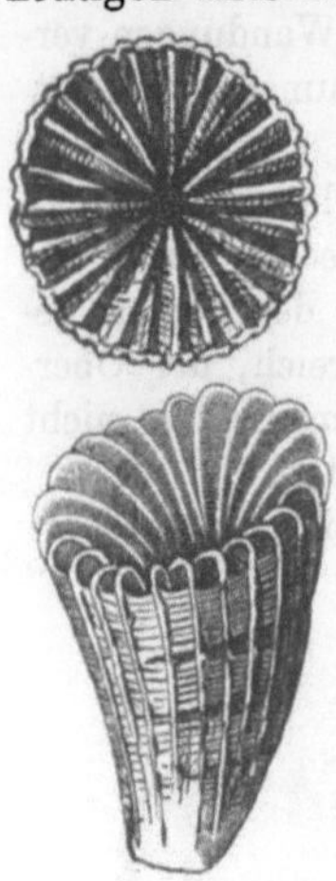

Fig. 172. *Coelosmilia laxa E. H.* Senon. Lüneburg.

Fam. ***Turbinolidae.*** Fast stets Einzelkorallen, selten aus mehreren Knospen bestehende Stöckchen. Wand und Septen dicht. Interseptalkammern mit Traversen oder leer. Kreide—Jetzt.

1. Unt. Fam. *Trochosmilinae.* Interseptalkammern mit Traversen.

Trochosmilia E. H. Kreiselförmig oder ± komprimiert bis keilförmig. Wand berippt. Septen zahlreich, Columella fehlt. Traversen reichlich. Kreide—Jetzt.

Coelosmilia E. H. (Fig. 172). Wie Trochosmilia, aber Traversen sehr spärlich. Kreide—Jetzt.

2. Unt. Fam. *Turbinolinae.* Interseptalkammern leer, ohne Traversen.

Turbinolia LAM. Kleine, kegelförmige, freie Formen. Kelch kreisrund. Columella griffelförmig, vorragend. Wand berippt. Tertiär—Jetzt.

Caryophyllia STOK. (Fig. 173). Kreiselförmig, mit breiter Basis festgewachsen. Columella kräftig, bündelförmig, oben warzig, von 1 Palikranz umgeben. Kreide—Jetzt.

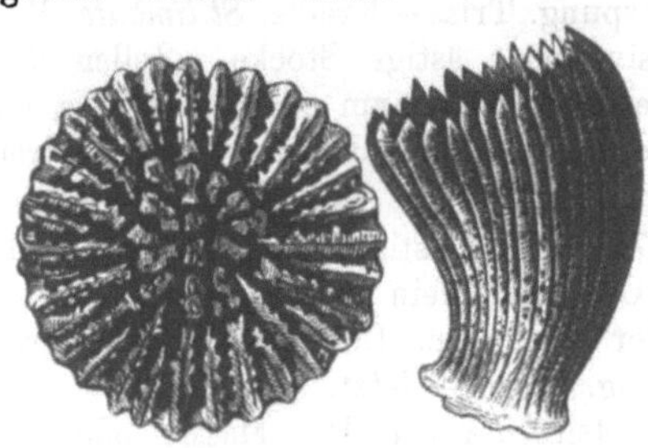

Fig. 173. *Caryophyllia crispata Rss.* Miocän. Porzteich. Mähren.

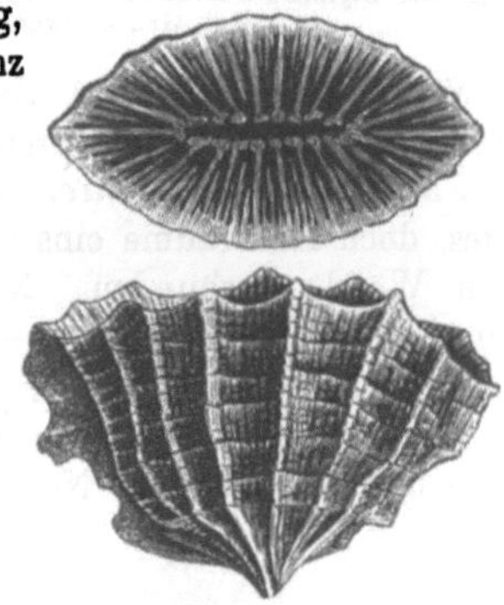

Fig. 174. *Flabellum Roissyanum E. H.* Miocän. Baden bei Wien.

Flabellum LESS. (Fig. 174). Komprimiert, keil- oder fächerförmig. Wand mit Epithek bedeckt. An den Schmalseiten des Polypars 2 kleine flügelförmige Fortsätze. Kreide—Jetzt. *Fl. appendiculatum* BRGT. sp. Eocän.

2. Klasse. Hydrozoa. Hydroidpolypen und Quallen.

Festsitzende oder freischwimmende Einzelformen oder Polypenstöcke; ohne inneres Schlundrohr; mit einfacher, nicht in radiale Kammern geteilter Leibeshöhle. — Der Körper der Hydrozoen bleibt meist weich und bildet nur rel. selten ein erhaltungsfähiges Skelett aus Chitin oder Kalk. Bei den koloniebildenden Formen ist sehr häufig ein Dimorphismus, bzw. Polymorphismus der Individuen zu beobachten. Man versteht darunter die Erscheinung, daß bei demselben Stock die Individuen zu 2 bzw. mehreren verschiedenen Funktionen (Ernährung, Fortpflanzung, Bewegung) verschieden ausgebildet sind. Häufig ist auch ein Generationswechsel. Die

Hydrozoen zerfallen in 3 Unterklassen: 1. Hydroidea oder Hydromedusae, 2. Acalephae (Scheibenquallen), 3. Siphonophorae (Röhrenquallen). Nur von den beiden ersten sind fossile Reste bekannt.

1. Unterklasse. *Hydroidea* oder *Hydromedusae* Vogt.

Kleine Polypen oder ästige, festsitzende Polypenstöcke, letztere mit dimorphen Ernährungs- und Fortpflanzungspolypen. Die Kolonie als Ganzes wird als „Hydrosoma" bezeichnet. Fossile Überreste sind von 3 Ordnungen derselben erhalten: den Hydrocorallinae, Tabulariae und Campanulariae.

I. Ordnung. Hydrocorallinae Moseley.

Korallenähnliche Hydroidstöcke aus verkalktem Coenenchym, in welchem röhrige, in oberflächlichen Poren geöffnete Vertiefungen für die dimorphen Polypen eingesenkt sind. Jura — Jetzt.

Millepora L. (Figg. 175 u. 176). Stock massig oder ästig. Auf der Oberfläche größere Poren für die Nährpolypen und dazwischen zahlreiche kleinere für die mundlosen Tastpolypen. Beide Röhren ohne besondere Wand, aber mit horizontalen Böden. Coenenchym aus gekrümmten und anastomosierenden Kalkfasern bestehend, zwischen denen wurmförmige Kanäle verlaufen. Tertiär — Jetzt. In den heutigen Meeren nimmt Millepora einen wesentlichen Anteil an der Bildung der Korallenriffe.

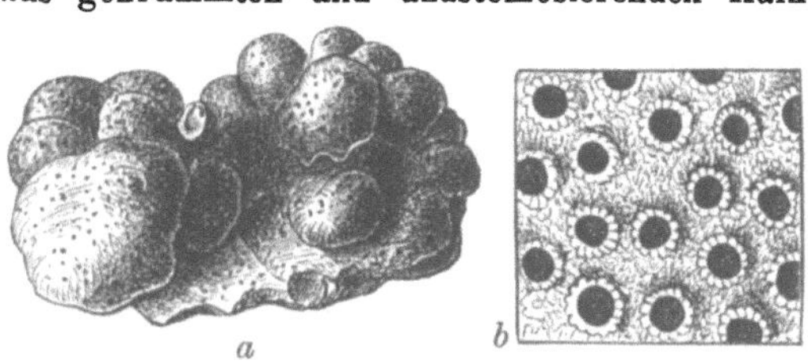

Fig. 175. *Millepora mammillaris d'Ach.* Oligocän. Crosara im Vicentinischen. *a* Kolonie in nat. Gr. *b* Oberfläche vergr.

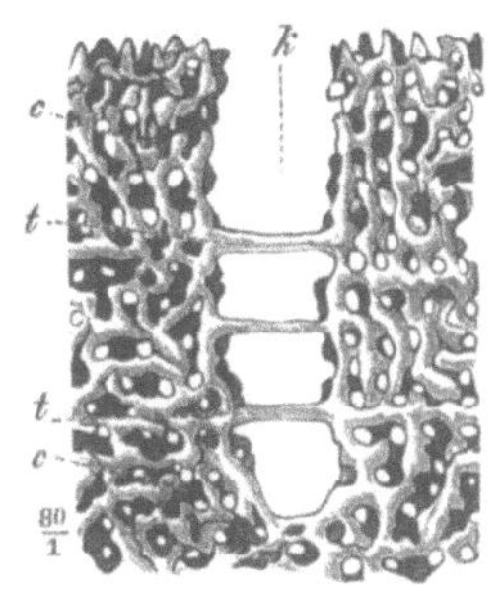

Fig 176. *Millepora nodosa Esp.* Rezent. Längsschnitt. *k* Polypenröhre mit horizontalen Boden (*t*). *c* Wurmförmige Röhren des Coenenchym. Nach Steinm.

II. Ordnung. Tabulariae Allman.

Nackte oder von einer Chitinhaut bekleidete Polypenstöckchen. Die einzelnen Polypen ohne becherförmige Chitinzellen. An der Basis häufig ein chitinöses oder kalkiges Skelett von maschiger Struktur. Perm — Jetzt.

Ellipsactinia Steinm. (Fig. 177). Unregelmäßig knollige Körper, die aus zahlreichen konzentrischen, durch enge Zwischenräume (Interlaminarräume) getrennten Kalkblättern bestehen. Letztere sind durch vertikale Pfeiler verbunden und von kurzen, radial verlaufenden Polypenröhrchen durchsetzt. Tithon.

Fig. 177. *Ellipsactinia ellipsoidea Steinm.* Tithon. Stramberg. Querschnitt. *L* Skelettlagen. *IL* Interlaminarräume. *p* Verbindungspfeiler. *Z* Polypenrohrchen. Nach Steinm.

Anhang. **Stromatoporidae** (Figg. 178 u. 179).

Unregelmäßig knollige, oft halbkuglige, zuweilen inkrustierende Stöcke, die aus zahlreichen, unter sich parallelen bzw. konzentrischen, durch Zwischenräume (Interlaminarräume) getrennten Kalkblättern aufgebaut sind. Oft sind letztere zugleich ± wellig gebogen. Die benachbarten werden durch vertikale — in Beziehung auf den ganzen Stock radiale — Pfeiler ver-

Fig. 178. *Stromatopora tuberculata Nich.* Devon. Ontario. Nat. Gr.

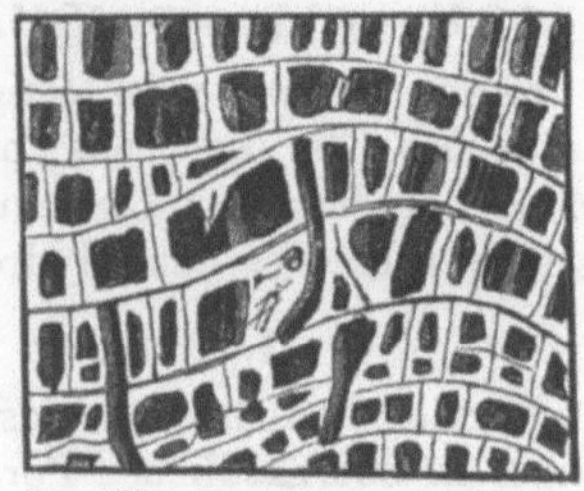

Fig. 179. *Stromatopora sp.* Devon. Vertikalschnitt. Stark vergr.

bunden. Zuweilen sind größere verstreute Vertikalröhren vorhanden. An der Oberfläche stets Poren und zuweilen Furchen, welche radial von einem Zentrum ausstrahlen. Unterseite der Stöcke oft mit konzentrisch-runzliger Epithek bedeckt. Silur—Perm. Die Stromatoporiden, deren Kolonien oft erhebliche Größe erreichen (bis 0,3 m), finden sich im Silur und Devon zuweilen so massenhaft, daß sie manche Gesteinsbänke fast allein zusammensetzen. Die wichtigste Gattung ist *Stromatopora* GOLDF. Silur, Devon. Zu den Hydroiden gehört schließlich noch die, eine isolierte Stellung einnehmende Gattung *Amphipora* SCHULZ (Fig. 180). Zylindrische Einzelformen oder ästige Stöcke. Das Skelettgewebe aus vorwiegend längs verlaufenden, aber anastomosierenden und sonst unregelmäßig miteinander verbundenen Kalkfasern bestehend. In der Längsaxe der Individuen verläuft eine mit Wandung versehene Röhre; rings an der Peripherie finden sich dicht nebeneinander und in Vertikalreihen übereinanderstehende Lakunen. *A. ramosa* SCHULZ (PHILL. sp.) erfüllt mächtige Bänke im ob. Mitteldevon (Eifel, Mähren).

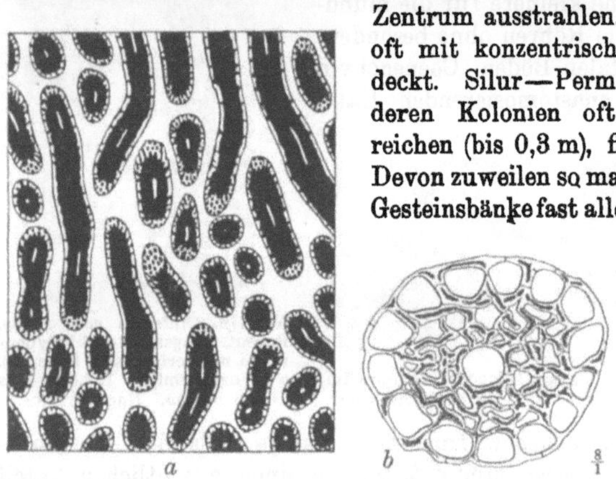

Fig. 180. *Amphipora ramosa Schulz.* Mittl. Devon. Mähren. *a* Durchschnitt einer Kolonie. Nat. Gr. *b* Querschliff eines Astes.

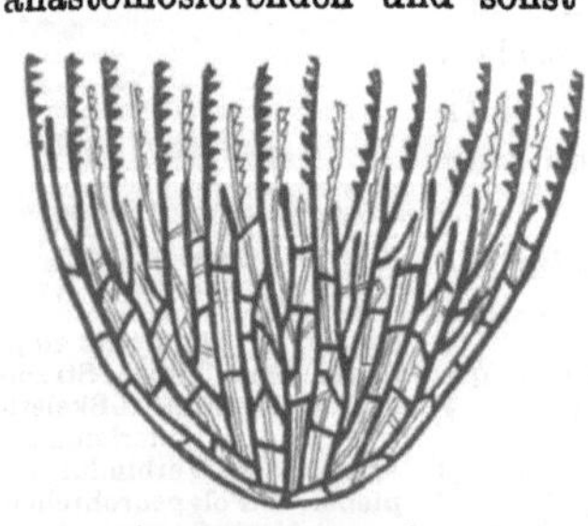

Fig. 181. *Dictyonema.* Ob. Silur. Schema nach DAMES.

III. Ordnung. Campanulariae Allman.

Festsitzende, ästige, von einer Chitinhaut bekleidete Polypenstöckchen. Erstere erweitert sich in der Umgebung der Polypen zu becherförmigen Chitinzellen (Hydrotheken). Polypen gewöhnlich dimorph: Nähr- und Fortpflanzungspolypen.

Mit lebenden Formen übereinstimmende Reste kennt man erst seit dem Jungtertiär, doch sind offenbar einige paläozoische Gattungen und die große Gruppe der Graptolithen sehr nahe verwandt.

Dictyonema Hall. (Fig. 181). Hydrosom frei, trichter- oder korbförmig. Es besteht aus Ästchen, die durch Querfäden verbunden sind und die an ihren Innenseiten die Hydrotheken tragen. Cambrium—Devon, besonders im obersten Kambrium (Dictyonemaschiefer).

Graptolithidae (Figg. 182—191). Auf das Silur beschränkte, daher für dieses äußerst charakteristische Gruppe. Sie stellen freie, nicht festgewachsene Polypenstöckchen mit chitinöser Hülle dar. Hydrosom meist linear (Fig. 184), seltener blattförmig (Fig. 190). Es ist entweder gerade (Fig. 189) oder gebogen, spiralig in einer Ebene (Fig. 186) oder schraubenförmig (Fig. 185) gewunden. Eine oder beide Seiten desselben mit sägezahnähnlich vorspringenden Zellen, „*Hydrotheken*", besetzt, welche alle durch einen gemeinsamen Kanal in Verbindung stehen (Fig. 182). Zur Stütze dient eine stabförmige, chinitöse Axe: „*Virgula*". Bei einzeiligen Formen liegt dieselbe dem zellentragenden Rand gegenüber, bei zweizeiligen meist in der Mitte einer Scheidewand, welche die Längskanäle der beiden Zellreihen trennt. Das Hydrosom beginnt mit einer Embryonalzelle: „*Sicula*", welche die Gestalt eines Dolchmessers hat. Diese Hydrosomen sind zuweilen in verschiedener Weise zu einer größeren Kolonie vereinigt gefunden worden. Es strahlt z. B. eine größere Anzahl von Hydrosomen radial von einer Zentralplatte aus (Fig. 183), oder die Virgulae verschiedener Äste verwachsen zu einem gemeinsamen Stiel, der in einer Scheibe steckt usw. Einzelne Graptolithen besaßen außer den normal gestalteten Hydrotheken noch größere von abweichender Gestalt; man hat sie als Zellen von Fortpflanzungspolypen „Gonangien" gedeutet. Die Chitinhülle der Graptolithen erscheint in fossilem Zustand als ein dünnes, kohliges Häutchen; zuweilen ist es mit Pyrit imprägniert oder in ein grünlichweißes Silikat „Gümbelit" umgewandelt. Gewöhnlich sind die Graptolithen plattgedrückt und bedecken oft in ungeheurer Menge die Schichtflächen silurischer Schiefer, seltener finden sie sich im Kalkstein, und sind dann ± plastisch erhalten. — Je nachdem die Hydrotheken nur auf einer, der Virgula gegenüberliegenden Seite entwickelt sind, oder in 2 (selten 4) Reihen um eine zentrale Virgula angeordnet sind, unterscheidet man Monoprionidae und Diprionidae. Hierzu kommt als 3. Gruppe die Retiolitidae, mit einer durch ein Netzwerk von Chitinfasern verstärkten Körperhülle.

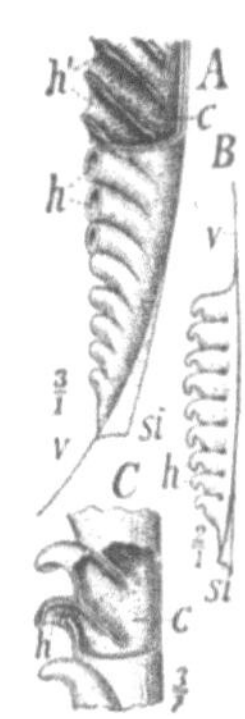

Fig. 182. *A Pristiograptus.* Ob. Silur. Böhmen. Polypenstock oben bis z. Mitte aufgeschnitten. *B Monograptus cultellus Törnq.* Ob. Silur. Schonen. *C Monograptus* z. T. aufgebrochen. *si* Sicula, *h* Hydrotheken bei *h'* bis zur Mitte aufgeschnitten, *c* kommunizierende Basalteile der Hydrotheken. *v* Virgula

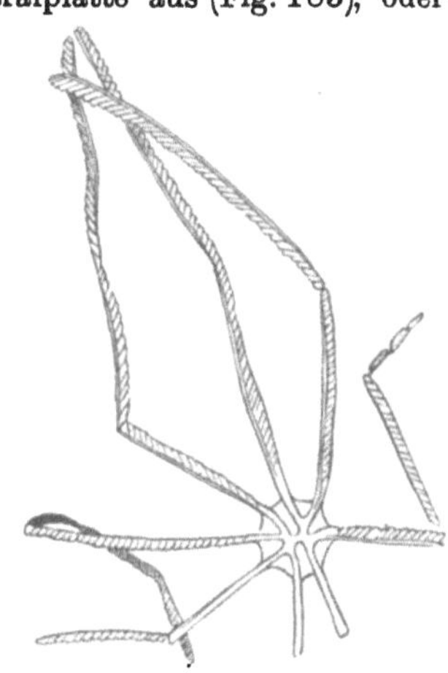

Fig. 183. *Dichograptus octobrachiatus Hall.* Unt. Silur. Kanada

1. Gruppe. Monoprionidae (Figg. 182—188).

Monograptus Gein. (Figg. 184 u. 185). Hydrosom gerade, gebogen, spiralig oder schraubenförmig gewunden. Zellen dicht gedrängt. Mittel- und Obersilur. *M. colonus* Barr. Ob. Silur.

Rastrites Barr. (Fig. 186). Einfach, spiralig, gekrümmt; Axe dünn, Kanal sehr eng, Zellen durch weite Zwischenräume geschieden. Obersilur.

Didymograptus M'Coy. (Fig. 187). 2 einzeilige Äste gehen symmetrisch von 1 Sicula aus. Untersilur.

Fig. 187. *Didymograptus pennatulus Hall.* Unt. Silur. Kanada.

Fig. 184. *Monograptus priodon Barr.* Ob. Silur E 1. Böhmen.

Fig. 185. *Monograptus turriculatus Barr.* Ob. Silur E 1. Böhm.

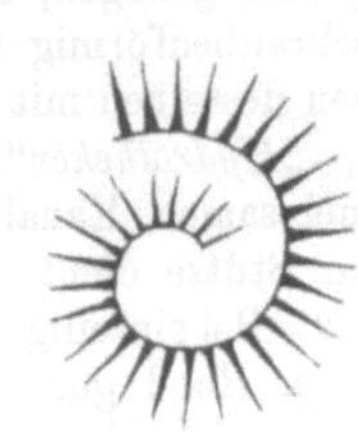

Fig. 186. *Rastrites Linnei Barr.* Ob. Silur E 1. Böhmen.

Fig. 188. *Tetragraptus bryonoides Hall.* Unt. Silur. Kanada.

Tetragraptus Salt. (Fig. 188). Wie vorige, aber mit 4 bilateral symmetrisch angeordneten Ästen. Untersilur.

2. Gruppe. Diprionidae (Figg. 189—190).

Diplograptus M'Coy. (Fig. 189). Stabförmig, Zellen in 2 Reihen angeordnet, einander gegenüberstehend. Axe in

Fig. 189. *Diplograptus palmeus Barr.* Ob. Silur E 1. Böhmen.

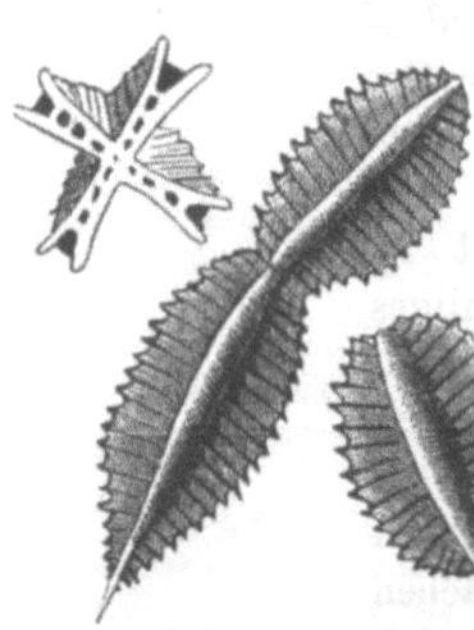

Fig. 190. *Phyllograptus typus Hall.* Unt. Silur. Kanada. Einige Exemplare in natürlicher Größe und ein idealer Querschnitt.

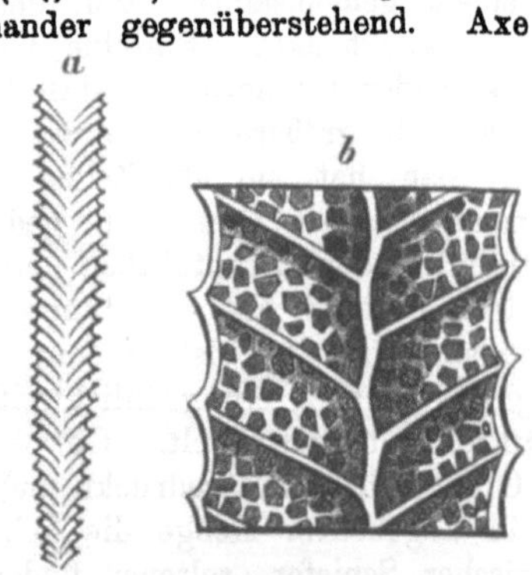

Fig. 191. *a Retiolites Geinitzianus Barr.* Ob. Silur E 1. Böhmen. *b Ret. venosus Hall.* Unt. Silur. Rochester im St. Neuyork. Vergr.

einer medianen Scheidewand gelegen, am distalen Ende oft weit hervorragend. Silur. *D. foliaceus* Murch. Unt. Silur.

Phyllograptus Hall. (Fig. 190). Zellen in 4 vertikalen Reihen um eine zentrale Virgula angeordnet. Die Hydrosomhälften blattförmig. Untersilur.

3. Gruppe. Retiolitidae (Fig. 191).

Retiolites Barr. (Fig. 191). Hydrosom stabförmig — abgeplattet, Zellen 2zeilig. Körperhülle durch ein Netzwerk von Chitinfasern verstärkt. In diesem, und zwar in der Mitte der einander gegenüberliegenden Breitseiten liegt je eine Virgula, die eine ist gerade, die andere zickzackförmig. Silur. *Ret. Geinitzianus* Barr. Ob. Silur.

2. Unterklasse. *Acalephae.* Scheibenquallen.

Da dieselben jeglicher Hartgebilde entbehren, sind fossile Reste sehr selten. Sie finden sich z. B. als Abdrücke in sehr feinkörnigem Gesteine wie dem lithographischen Kalkstein (Malm) der Gegend von Solnhofen. Ferner kommen im Cambrium die durch feinen Sandstein bewirkten Ausfüllungen (Steinkerne) ihrer Gastralhöhlen vor (Medusina, Spatangopsis, Protolyellia).

Dritter Stamm. Echinodermata. Stachelhäuter.

Tiere von 5strahligem, radiärem oder bilateral symmetrischem Bau, mit verkalktem, oft stacheltragendem Hautskelett, mit geschlossenem Darm, Blutgefäß- und Nervensystem und einem in der Regel zur Lokomotion dienenden Ambulakral- oder Wassergefäßsystem.

Die Richtungen, in denen die Hauptstränge der genannten wichtigsten Organe liegen, bilden die *Radien* des Tieres; die zwischenliegenden Teile fallen daher in die *Interradien.* Das *Skelett* entsteht durch Verkalkung der bindegewebigen Unterhaut. Es besteht in der Regel aus einzelnen Stücken von netz- oder gitterartiger Struktur, die in gesetzmäßiger Weise verschiedenartig zu einem beweglichen oder starren Hautpanzer verbunden sind. Nur bei den Holothurien finden sich *isolierte*, mannigfach gestaltete Kalkkörper, die in dem Integument eingelagert sind. Durch den Fossilisationsprozeß sind die Skeletteile fast stets in Kalkspat umgewandelt. Jeder verhält sich wie ein einheitlicher, selbständiger Kristall und zeigt rhomboëdrische Spaltbarkeit. Es ist dieser Erhaltungszustand für die fossilen Echinodermenreste sehr charakteristisch. Die Echinodermata zerfallen in 4 Unterstämme: Crinoidea, Asteroidea, Echinoidea und Holothurioidea.

Erster Unterstamm. Crinoidea (Pelmatozoa).

Meist zeitlebens mittels eines gegliederten, sich an die Dorsalseite anfügenden Stieles festgewachsen. Eine kugel-, schüssel- oder becherförmige, aus Kalktäfelchen zusammengesetzte Kapsel, der „*Kelch*“, umgibt die Leibeshöhle. Auf der oberen Seite derselben befinden sich Mund und After, sie ist daher die orale oder ventrale Seite. An ihrem Umkreis finden sich häufig freie, bewegliche Anhänge, die „*Arme*“. Kelch und Arme zusammen werden auch als „*Krone*“ bezeichnet. Die Crinoidea zerfallen in 3 Klassen: Eucrinoidea, Cystoidea und Blastoidea.

1. Klasse. Eucrinoidea oder Crinoidea s. str. Seelilien.

Meist langgestielte, festgewachsene, selten freie Crinoideen. Kelch aus regelmäßig angeordneten Täfelchen bestehend. Arme wohl entwickelt, beweglich, mit Seitenanhängen „*Pinnulae*" versehen. Der Mund liegt in der Regel im Zentrum der oralen Seite; von ihm aus erstrecken sich nach den Armen hin rinnenartige Furchen, „*Ambulakralfurchen*" genannt, da

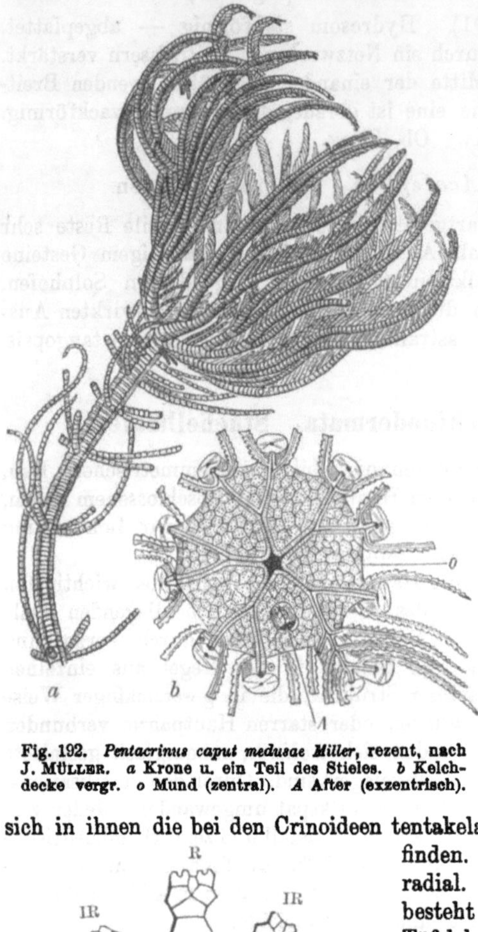

Fig. 192. *Pentacrinus caput medusae Miller*, rezent, nach J. Müller. *a* Krone u. ein Teil des Stieles. *b* Kelchdecke vergr. *o* Mund (zentral). *A* After (exzentrisch).

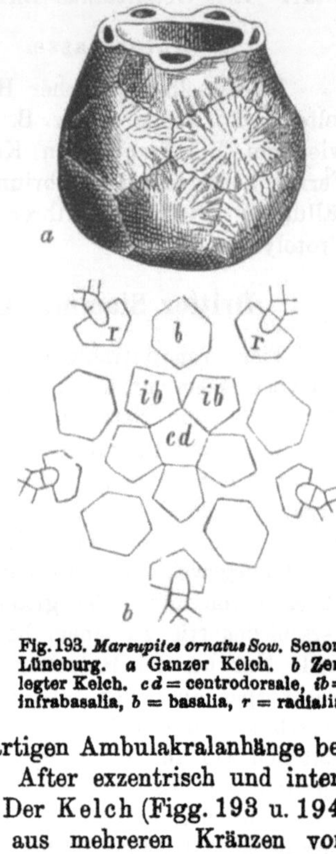

Fig. 193. *Marsupites ornatus Sow.* Senon. Lüneburg. *a* Ganzer Kelch. *b* Zerlegter Kelch. *cd* = centrodorsale, *ib* = infrabasalia, *b* = basalia, *r* = radialia.

sich in ihnen die bei den Crinoideen tentakelartigen Ambulakralanhänge befinden. After exzentrisch und interradial. Der K e l c h (Figg. 193 u. 194) besteht aus mehreren Kränzen von Täfelchen, von denen die einen in die Richtung der Arme und Ambulakralfurchen, also in die Radien, die andern in die Interradien fallen. Sein unterster Teil heißt die *Basis*. Sie besteht entweder aus 1 oder 2 Kränzen von Täfelchen; im ersteren Falle heißt sie *monozyklisch*, in letzterem *dizyklisch* (Fig. 193). Die Normalzahl jedes Kranzes ist 5, doch kommt in dem untern häufig eine Verminderung der Zahl vor. Bei der monozyklischen Basis liegen die 5 Basaltäfelchen, kurz „*Basalia*" genannt, interradial, bei der dizyklischen Basis gesellt sich ein unterer Täfelchenkranz, die „*Infra-*

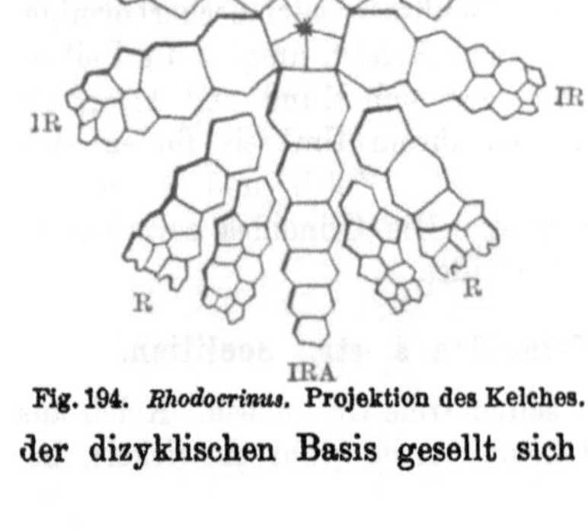

Fig. 194. *Rhodocrinus.* Projektion des Kelches.

basalia", hinzu, die radial gelegen sind. Unter sich und mit den folgenden Täfelchen sind die Basalia durch glatte Suturen unbeweglich verbunden. Über der Basis folgen 1—3 Kränze, fast immer mit je 5 radial gelegenen Täfelchen, den „*Radialia*". Sind mehrere vorhanden, so werden dieselben von unten nach oben als Radialia 1., 2., 3. Ordnung bezeichnet (R_1, R_2, R_3). Das oberste besitzt häufig oben 2 dachförmig abfallende Flächen, von denen jede wieder eine Reihe Täfelchen tragen kann. Derartige Täfelchen heißen „*Radialia axillaria*", und die auf sie folgenden, „*Radialia distichalia*", kurz „*Distichalia*". Durch später sich einstellende Distichalia axillaria können weitere Gabelungen erfolgen. Diejenigen Radialia, die mit den folgenden Täfelchen nicht durch glatte Sutur unbeweglich verbunden sind, sondern eine Gelenkfläche mit einer Querleiste besitzen, heißen „*Radialia articularia*". Über ihnen beginnen die Arme. Zwischen je 2 Reihen der Radialia können sich nun weitere Täfelchen einschieben, die man als „*Interradialia*" bezeichnet. Häufig sind sie allein in dem Interradius, in dem der After liegt, oder hier doch zahlreicher vorhanden (Interradialia analia, Fig. 194 IRA). Oberhalb der Armansätze wird der Kelch von der „*Kelchdecke*" überspannt (Figg. 192 *b* u. 195). Sie bleibt entweder häutig oder wird, namentlich bei paläozoischen Formen, ebenfalls mit kleinen Kalkplatten getäfelt. Gewöhnlich wird sie von Mund- und Afteröffnung durchbrochen. Finden sich in der direkten Umgebung des Mundes besonders große, oder abweichend gestaltete Platten, so werden diese als „*Oralplatten*" oder „*Oralia*" bezeichnet (Fig. 195). Die Durchbruchsstelle der Afteröffnung durch die getäfelte Kelchdecke ist zuweilen röhrenförmig verlängert, ebenfalls mit kleinen Täfelchen bedeckt, und bildet dann die „*Afterröhre*" oder „*Proboscis*" (Figg. 196 u. 200). Der Mund dagegen befindet sich zuweilen unter der Kelchdecke (subtegminal), wohin das Wasser durch Öffnungen an der Basis der Arme gelangt. Die Arme liegen in der direkten Fortsetzung der Radialia und sind mit dem obersten Radiale durch eine Gelenkfläche verbunden, daher beweglich. Auch sie werden von Kalktäfelchen, den Armgliedern oder „*Brachialia*" zusammengesetzt. Diese sind entweder einzeilig oder zweizeilig angeordnet, zuweilen sind sie keilförmig und richten ihre dickeren Hälften abwechselnd nach rechts und links. Es entstehen dann wechselzeilige Arme und die Suturen ihrer Täfelchen bilden eine Zickzacklinie. Auch die Arme können sich wieder gabeln. Oft tragen sie an ihren beiden Seiten gegliederte Anhänge „*Pinnulae*" (Fig. 201). Arme und Pinnulae haben auf ihrer Innenseite eine ziemlich tiefe Rinne, die Ambulakral- oder Tentakelrinne, welche u. a. ein Wassergefäß und von diesem aus-

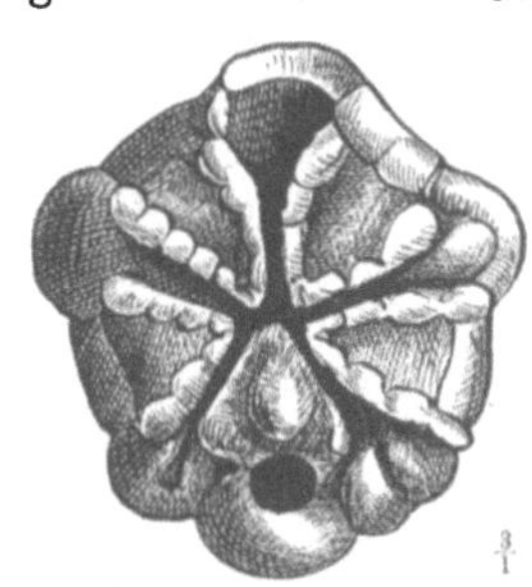

Fig. 195. *Coccocrinus rosaceus Röm.* Devon. Eifel. Kelchdecke von oben mit 5 großen Oralplatten.

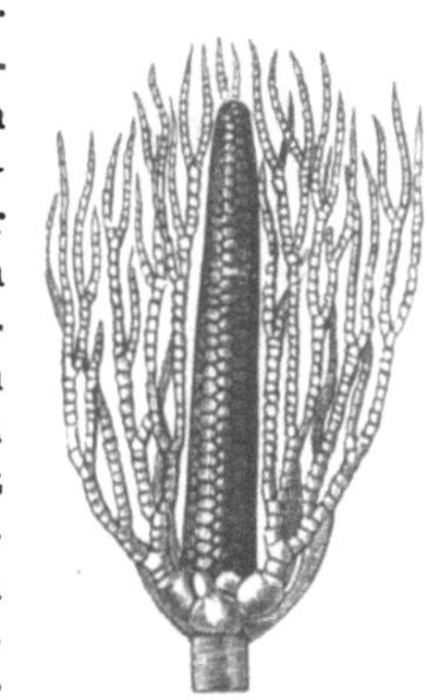

Fig. 196. *Lecythocrinus Eifelianus Müll.* Devon. Eifel. Mit röhrenförmig ausgezogenem After.

gehende Tentakel enthält. Die Verbindung der einzelnen Armglieder findet entweder durch Gelenkflächen statt, wobei sie gegeneinander beweglich sind, oder durch *Syzygialnähte*. In letzterem Falle sind die Berührungsflächen glatt, die beiden nur durch ein dünnes Häutchen getrennten Glieder gegeneinander unbeweglich.

Der Stiel kann bisweilen (Pentacrinus) eine Länge von mehreren Metern erreichen. Zuweilen fehlt er ganz und die Basalia umschließen dann ein zentrales Täfelchen, die „*Centrodorsalplatte*" (Fig. 193). Eine solche kann auch entwickelt sein, wenn ein Stiel vorhanden ist. Der Stiel besteht aus scheiben- oder trommelförmigen, zuweilen unter sich ungleichen Gliedern von rundlichem oder 4—5seitigem Querschnitt. Zuweilen trägt er Seitenranken (= Cirrhen) (Fig. 192). Sein unteres Ende geht entweder in eine verdickte Wurzel über (Fig. 206) oder verjüngt sich zu einer Spitze, in deren Nähe besonders häufig Seitenranken auftreten. Sämtliche Stiel- und Rankenglieder sind von einem die Ernährung vermittelnden Zentralkanal durchsetzt (Stiel- oder Nahrungskanal). Er enthält Blutgefäße und elastische Faserzüge. Die Verbindung der einzelnen Stielglieder erfolgt nur selten durch Syzygialnähte, sondern in der Regel durch Artikulationsflächen. Diese tragen meist verschiedenartige, oft radial angeordnete Erhöhungen, selten eine Querleiste, und sind außerdem von einer elastischen Interartikulationssubstanz bedeckt.

Die meisten Crinoiden sind ausgestorben, nur wenige Gattungen leben noch, und zwar meist in bedeutenden Meerestiefen. Ihre größte Mannigfaltigkeit erreichten sie im Paläozoicum, bereits im Mesozoicum nehmen sie ab. Sie zerfallen in 2 Unterordnungen: Tesselata und Articulata. Die *Tesselata* haben dünne oder mäßig dicke, unbeweglich mittels ebener Suturen verbundene Kelchtäfelchen. Zu ihnen gehören sämtliche paläozoische und einige wenige mesozoische Formen. Die *Articulata* haben meist sehr dicke, durch gelenkartig ausgehöhlte, bzw. gewölbte Flächen verbundene Kelchtäfelchen. Zu ihnen gehören sämtliche rezente und mit wenigen Ausnahmen alle fossilen Eucrinoiden von der Trias an aufwärts.

In den Diagnosen der Crinoideengattungen bedeutet:

B = Basalia
IB = Infrabasalia
R = Radialia
IR = Interradialia
IRA = Interradialia Analia
Br = Brachialia.

I. Tesselata J. Müller.

Cupressocrinus Goldf. (Figg. 197 u. 198). Kelch schüsselförmig, regulär. 5 B, zwischen ihnen eine Centrodorsalplatte. 5 R. Auf der Oberseite des Kelches, an der Basis der Arme ein

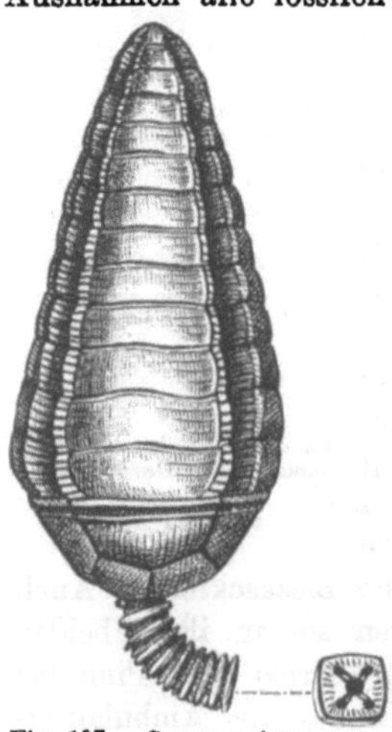

Fig. 197. *Cupressocrinus crassus Goldf.* Devon. Eifel.

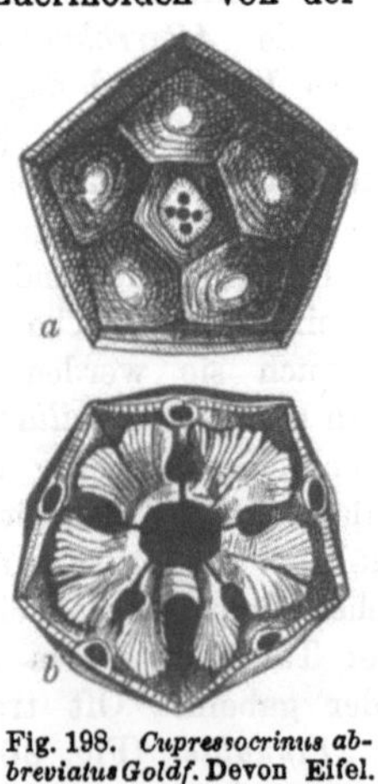

Fig. 198. *Cupressocrinus abbreviatus Goldf.* Devon Eifel. *a* Kelch von unten. *b* Kelch von oben mit dem Konsolidationsapparat.

aus 5 großen, blumenblattförmigen, interradial gelegenen Oralplatten gebildeter „Konsolidationsapparat“, der zum Ansatz der Armmuskeln dient. Er umschließt eine große zentrale Öffnung. Die Platten sind seitlich verwachsen, doch findet sich zwischen ihnen eine runde Öffnung zum Durchtritt des Ambulakralgefäßes. Außerdem ist eine der Platten durch die Afteröffnung durchbohrt. Br durch einfache Suturen fest verbunden. Stiel vierkantig. Mittl. Devon.

Cyathocrinus MILL. (Fig. 199). Kelch becherförmig, Basis dizyklisch. Ein Kranz von 5 R mit halbmondförmig ausgeschnittenen Gelenkflächen für die Arme. Zwischen ihnen ein größeres IRA, dem nach oben zu einige kleinere folgen. Kelchdecke mit dünnen Täfelchen und hoher After-

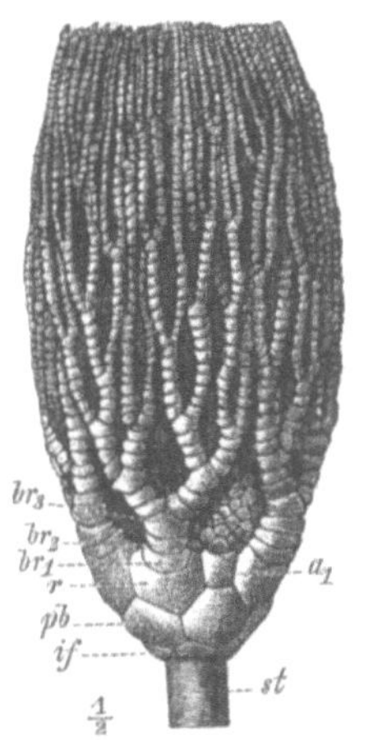

Fig. 199. *Cyathocrinus ramosus Ang.* Ob. Silur. Gotland. a_1 Anale, darüber ein Teil der Afterröhre sichtbar. *st* Stiel, *if* Infrabasalia, *pb* Basalia, *r* Radialia, br_{1-3} Brachialia. Nach STEINMANN.

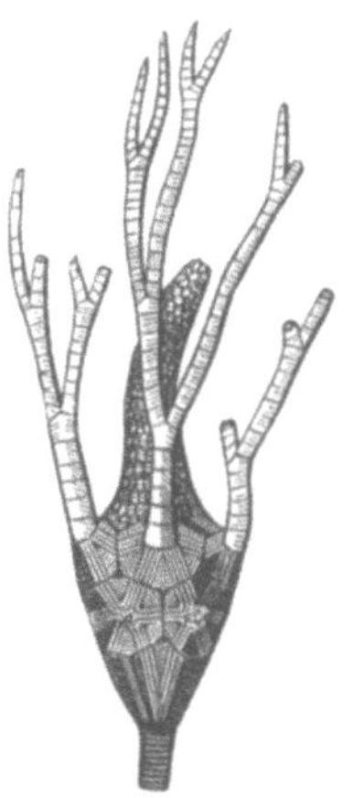

Fig. 200. *Poteriocrinus radiatus Aust.* Kohlenkalk. Irland.

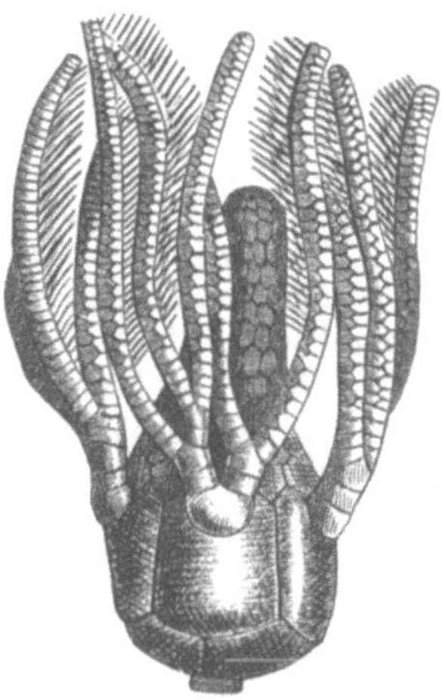

Fig. 201. *Platycrinus trigintadactylus Aust.* Kohlenkalk. Tournay in Belgien.

röhre. Mund subtegminal, von 5 Oralplatten umgeben. Arme lang, einzeilig, mehrfach gegabelt, ohne Pinnulae. Längs ihrer Ambulakralrinne alternierende Randplättchen. Stiel rund, mit abwechselnd größeren und kleineren Gliedern. Silur—Perm. *C. caryocrinoides* M'COY. Kohlenkalk.

Sehr nahe verwandt, aber durch winzig kleine IB unterschieden, ist *Lecythocrinus* MÜLL. (Fig. 196) aus Devon.

Poteriocrinus MILL. (Fig. 200). Kelch becherförmig, 5 IB, 5 hohe B, 1 Kranz von R; einige IRA. Analröhre hoch, getäfelt, an ihrer Basis befindet sich die Afteröffnung. Arme lang, wechselzeilig, mehrfach gegabelt, mit langen Pinnulae. Stiel rundlich oder 5seitig. Devon—Kohlenkalk.

Marsupites MANT. (Fig. 193). Kelch bauchig-urnenförmig, aus großen dünnen Platten gebildet, 5 IB, 5 B, 1 Kranz von 5 R mit hufeisenförmigem Ausschnitt zur Einlenkung der einzeiligen Arme. Stiel fehlt, dafür zwischen den IB eine 5seitige Centrodorsalplatte. Senon. *M. ornatus* SOW.

Platycrinus MILL. (Fig. 201). Kelch becherförmig, 3 ungleiche B; R groß, hoch, am Oberrand mit hufeisenförmigem Ausschnitt zur Einlenkung der Arme. IR vorhanden; sie nehmen an der Bildung der Kelchdecke teil, die ein solides, aus fest verbundenen Täfelchen bestehendes Gewölbe darstellt. Mund subtegminal. After an der Spitze einer dicken Röhre. Stiel aus niedrigen Gliedern mit elliptischer Querfläche. Kohlenkalk, sehr selten im Devon.

Fig. 202. *Actinocrinus stellaris de Kon.* Kohlenkalk. Tournay. Kelch ohne Arme.

Hexacrinus Aust. 3 B, 5 R und 1 großes, nur wenig von den R verschiedenes IRA. Devon.

Actinocrinus Mill. (Fig. 202). Kelch birn- oder eiförmig. 3 B, die ein Sechseck bilden, 3 Kränze von je 5 R. R_3 axillar. Größere Anzahl von IR vorhanden. Kelchdecke solid getäfelt, zuweilen mit verlängerter Afterröhre. Arme mit langen, feinen Pinnulae. Stiel rund, mit 5lappigem Kanal. Kohlenkalk.

Rhodocrinus Mill. (Fig. 194). Kelch schüsselförmig, Basis eben oder etwas eingesenkt, dizyklisch. IB sehr klein, eine 5seitige Platte bildend, 3 Kränze von je 5 R. R_3 axillar. IR zahlreich, in mehreren Reihen, Kelchdecke getäfelt. After sehr exzentrisch. Arme dünn, ungegabelt, 2zeilig, mit langen Pinnulae. Kohlenkalk.

Melocrinus Goldf. Kelch birn- oder melonenförmig. Basis monozyklisch, 4 B, 3 Kränze von je 5 R und zahlreiche IR. Kelchdecke solid getäfelt mit subzentralem oder exzentrischem After. Arme paarweise in ihrer ganzen Länge miteinander verwachsen, auf der

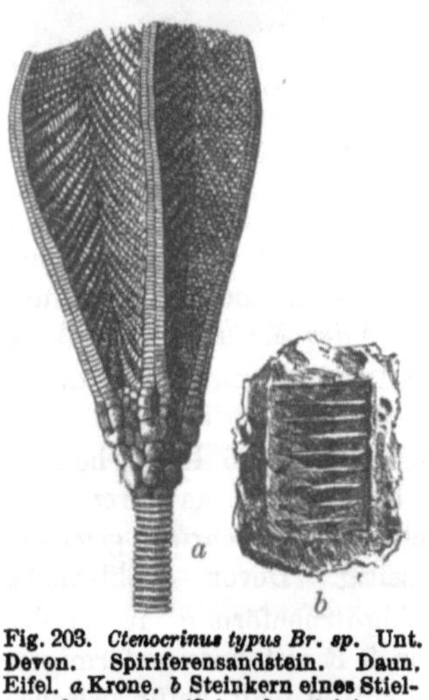

Fig. 203. *Ctenocrinus typus Br. sp.* Unt. Devon. Spiriferensandstein. Daun. Eifel. *a* Krone. *b* Steinkern eines Stielfragmentes (Schraubenstein).

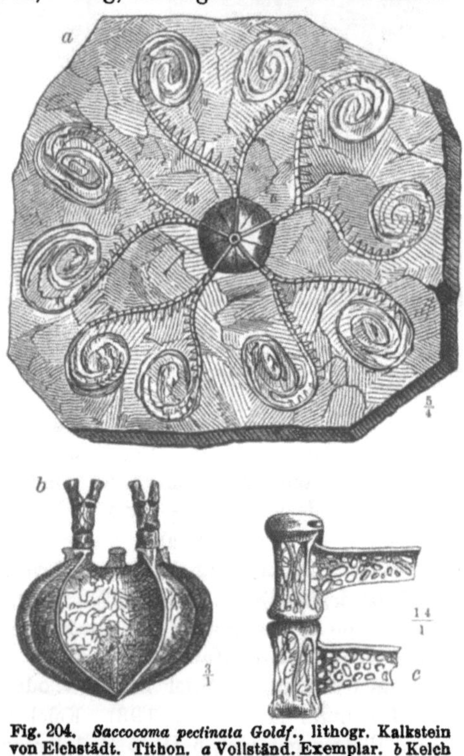

Fig. 204. *Saccocoma pectinata Goldf.*, lithogr. Kalkstein von Eichstädt. Tithon. *a* Vollständ. Exemplar. *b* Kelch von der Seite. *c* 2 untere Armglieder.

Gegenseite tragen sie mit Pinnulae besetzte Nebenzweige. Stiel rund, Glieder niedrig. Silur—Devon. *M. gibbosus* Goldf. Devon.

U. G. *Ctenocrinus* Bronn. (Fig. 203). Wie Melocrinus, aber mit Analröhre. Devon. Sehr häufig sind im unt. Devon (bes. im Spiriferensandstein) die inneren Ausfüllungen des Nahrungskanales des Stieles und der scheibenförmigen Zwischenräume zwischen je 2 Gliedern desselben, Steinkerne, welche früher als Schraubensteine bezeichnet wurden (Fig. 203 *b*) — Anhangsweise sei hier noch erwähnt die ziemlich isoliert stehende Gattung:

Saccocoma Ag. (Fig. 204). Freischwimmend. Kelch klein, ungestielt, halbkuglig. Er besteht aus 5 dünnen, außen mit einer medianen Längskante versehenen R, die ein einziges B umgeben. Br_2 axillar. 10 Arme, deren Enden gewöhnlich eingerollt sind. Die Armglieder an der Innenseite mit flügel- oder dornförmigen Anhängen. Skelett von maschiger Beschaffenheit. Malm. Sehr häufig im lithograph. Kalkstein von Solnhofen. *S. pectinata* Goldf.

II. Articulata Joh. Müller. Trias—Jetztzeit.

Encrinus Mill. (Fig. 205). Kelch schüsselförmig, niedrig. Basis dizyklisch. 5 IB, sehr klein, unter dem obersten Stielglied versteckt. 5 B groß. 5 R, ihre obere Gelenkflächen mit Querleisten. Auf ihnen die Arme.

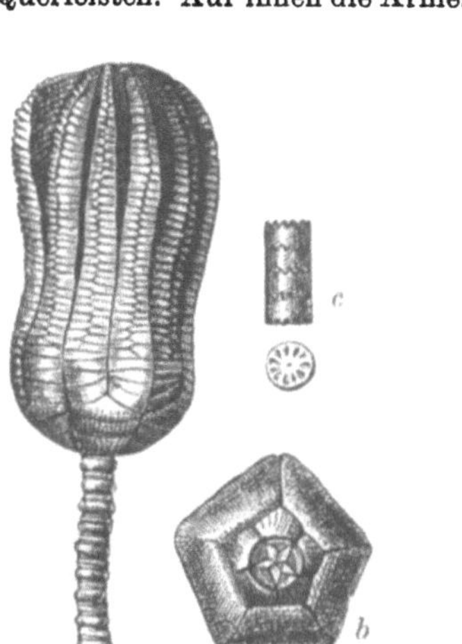

Fig. 205. *Encrinus liliiformis Lam.* Muschelkalk. Gaismühle. *a* Krone mit Stiel. *b* Kelch von unten, zeigt die dizyklische Basis, dann 5 große R. *c* Stielglieder.

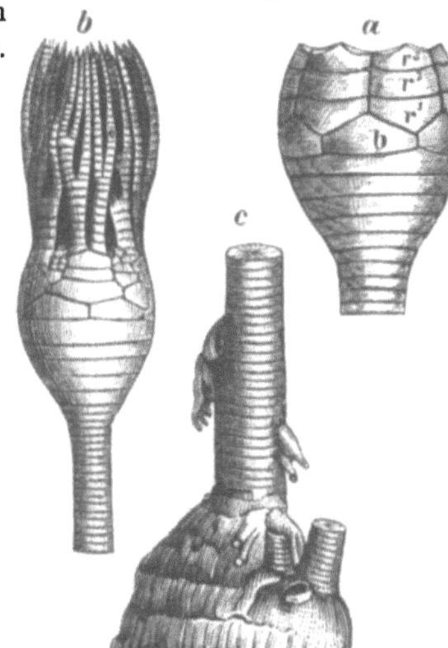

Fig. 206. *a Apiocrinus Parkinsoni Schloth.* Dogger. Ranville. Calvados. *b*, *c Ap. Roissyanus d'Orb.* *b* Krone. *c* Wurzel. Malm. Tonnere. Yonne.

Br_2 axillar. Meist 10, selten 20 Arme vorhanden, diese sind anfangs einzeilig oder wechselzeilig, später zweizeilig und tragen kräftige Pinnulae. Stiel lang, rund, unten mit verdickter Wurzel; im unt. und mittl. Teil aus gleich großen, trommelförmigen Gliedern bestehend, im ob. Teil aus alternierend größeren und kleineren. Trias, bes. im Muschelkalk. Die Stielglieder bilden nicht selten, bes. in der unt. Stufe des ob. Muschelkalkes fast allein mächtige Gesteinsbänke, „Trochitenkalke". *Encr. Carnalli* Beyr. und *Encr. Brahli* im unt., *E. liliiformis* Lam. bes. im ob. Muschelkalk.

Dadocrinus Mey. Wie Encrinus, aber Arme lang, wechselzeilig. *D. gracilis* Mey. bes. im unt. alpin. Muschelkalk.

Apiocrinus Mill. (Fig. 206). Kelch birnförmig. Stiel lang, rund, allmählich in den Kelch übergehend, indem seine niedrigen Glieder nach und nach an Durchmesser zunehmen. Das oberste Stielglied hat 5 erhabene

Radialkanten. Auf ihm 5 B, dann 3 Kränze von je 5 R. R_3 axillar. Die 10 Arme sind mäßig vergabelt, einzeilig, mit langen Pinnulae. Das untere Ende des Stieles bildet eine verdickte Wurzel. Lias—unt. Kreide. Die Stielglieder bilden zuweilen Crinoiden- oder Trochitenkalke. *Ap. magnificus* D'ORB. Malm.

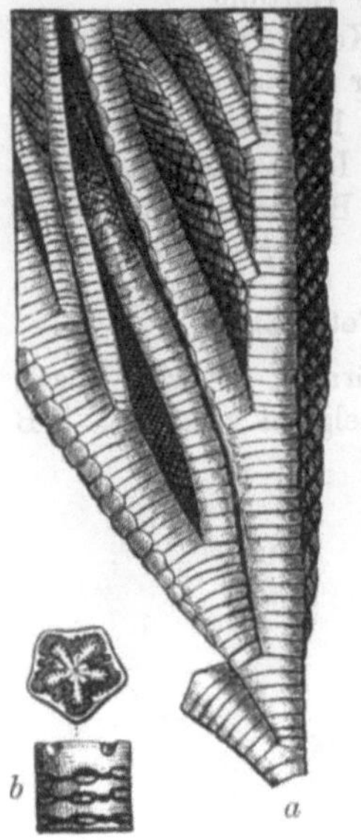

Fig. 207. *Pentacrinus subangularis Mill.* Lias ε. Ohmden. *a* Beginn der Verzweigung eines Armes. *b* Stielglieder.

Bourgueticrinus D'ORB. Kelch klein, birnförmig, 5 B und 1—3 Kränze von je 5 R, unter den B eine hohe Centrodorsalplatte. Die obersten Stielglieder verdickt. Alle Glieder gelenkig verbunden. Malm—Tertiär. *B. ellipticus* MILL. Senon.

Pentacrinus MILL. (Fig. 207). Kelch klein, 5 B und 5 R. Br_2 axillar. Arme überaus mächtig entwickelt, vielfach verzweigt und mit Pinnulae versehen. Stiel sehr lang, meist 5 kantig, seltener rundlich, mit Cirrhen. Die Gelenkfläche der Stielglieder mit sternförmiger, aus 5 Blättchen bestehender Figur; die Konturen derselben werden von winzigen Querleistchen und zwischenliegenden Grübchen gebildet, welche zur festeren Verbindung der einzelnen Glieder dienen. Trias—Jetzt, am häufigsten und schönsten erhalten im Lias. *P. Briareus* MILL. Lias.

2. Klasse: Cystoidea. Beutelstrahler.

Gehäuse meist kuglig oder becherförmig, aus ± zahlreichen (13 bis über 100) polygonalen Täfelchen zusammengesetzt. Diese sind meist unregelmäßig (Fig. 208), seltener 5 strahlig und in aufeinanderfolgende Kränze (Fig. 210) angeordnet. Arme schwach entwickelt, zuweilen fehlend. Pinnulae fehlen stets. Das Gehäuse ist entweder mit der Basis angeheftet oder besitzt einen kurzen Stiel. Doch diente dieser nur in seltenen Fällen als Anheftungsorgan, da er meist am unteren Ende in eine Spitze ausläuft. Auf der Oberseite des Gehäuses eine zentrale Mund- und eine exzentrische Afteröffnung. Zwischen beiden ev. noch eine Genitalöffnung. Von der Mundöffnung, die manchmal mit kleinen Oralplatten bedeckt ist, strahlen meist Ambulakralfurchen aus. Auch die Analöffnung zuweilen durch kleine, dreieckige, pyramidenförmig angeordnete Täfelchen bedeckt. Bei einer Gruppe der Cystoideen sind die das Gehäuse bildenden Täfelchen mit Kanälchen versehen, die in verschiedener Weise entwickelt sind. Zuweilen werden die einzelnen Täfelchen von gerade oder etwas gebogen verlaufenden Kanälchen durchsetzt, welche beiderseits in einer einfachen oder an der Außenfläche in 2 Öffnungen münden. Die äußeren Öffnungen von 2 Kanälchen werden entweder durch seichte Furchen (Porengänge) oder durch umwallte Vertiefungen miteinander verbunden und bilden daher an der Oberfläche „Doppelporen" (Fig. 211). In andern Fällen (Fig. 208) beobachtet man „*Porenrauten*". Diese entstehen dadurch, daß die Poren in einer rhombischen Figur angeordnet sind, und zwar liegt der Rhombus so, daß die Sutur zweier benachbarter Täfelchen seine größere oder kleinere Diagonale bildet. Jeder Rhombus erstreckt sich also über 2 Nachbartäfelchen. Diese

Poren sind die Öffnungen von horizontalen, je 2 gegenüberliegende Poren verbindenden Kanälchen, die meist erst bei Anwitterung der Oberfläche sichtbar werden. Im letzterem Falle erscheint der Rhombus gestreift. Die Poren standen außerdem durch Kanälchen auch mit dem Innenraum des Kelches in Verbindung. Solche Porenrauten finden sich entweder auf allen oder nur auf einzelnen Kelchtäfelchen. Poren und Kanäle werden als „*Hydrospiren*" oder Hydrophoren bezeichnet. Sie führten der Leibeshöhle Wasser zu und dienten gleichzeitig zur Respiration. Bes. Kambrium und Silur, selten Devon u. Kohlenkalk.

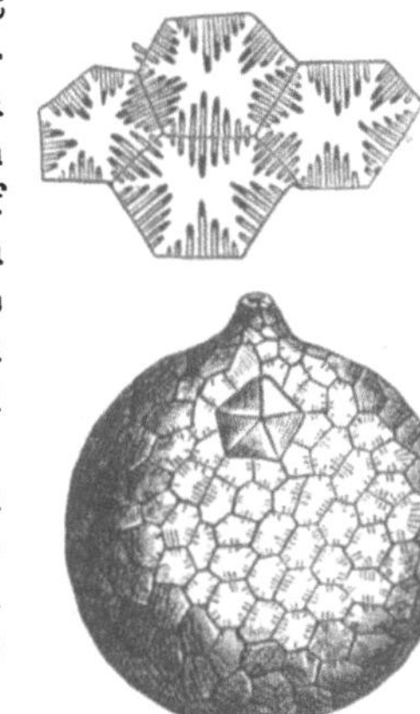

Fig. 208. *Echinosphaerites aurantium His. sp.* Unt. Silur. Pulkowa bei St. Petersburg. Nat. Gr. Oben einige Täfelchen mit Porenrauten, vergr.

Echinosphaerites Wahlbrg. (Fig. 208). Kelch kuglig, ungestielt, aus zahlreichen, regellos angeordneten, mit Porenrauten versehenen Täfelchen bestehend. Mund im Scheitel, After von einer aus dreieckigen Täfelchen bestehenden Pyramide bedeckt. Seitwärts zwischen Mund und After eine kleine Genitalöffnung. Unt. Silur, oft so häufig, daß man z. B. in den baltischen Provinzen eine Schicht als „Echinosphäritenkalk" bezeichnet. Häufigste Art: *E. aurantium* His. sp.

Caryocystites v. Buch. (Fig. 209). Kelchtäfelchen rel. sehr groß. Die die Poren der Rauten verbindenden Kanäle treten leistenartig hervor. Unt. Silur.

Caryocrinus Say. (Fig. 210). Kelch becherförmig, aus 4 Basaltafeln, 2 Kränzen von Seitentafeln und einigen Scheiteltäfelchen bestehend. Die basalen und lateralen mit Porenrauten. Am Außenrand der Kelchdecke schwache Arme. Stiel lang. Ob. Silur.

Glyptosphaerites J. Müll. (Fig. 211). Von kugliger Form, aus zahlreichen, unregelmäßig angeordneten Täfelchen mit Doppelporen zusammengesetzt. Unt. Silur.

Fig. 209. *Caryocystites granatum Wahlbrg. sp.* Unt. Silur. Oeland. Nat. Gr.

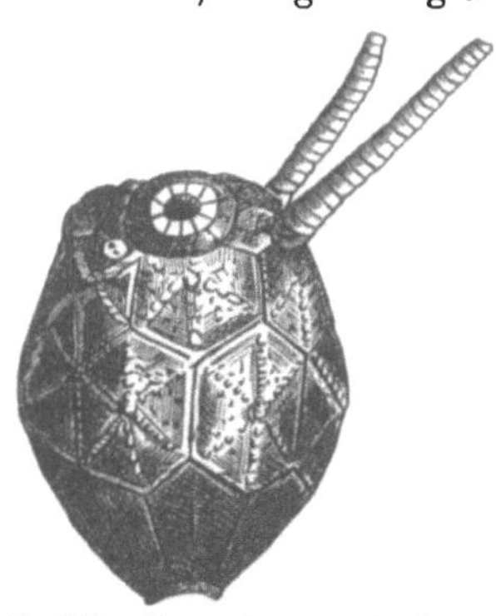

Fig. 210. *Caryocrinus ornatus Say.* Ob. Silur. Lockport (New York).

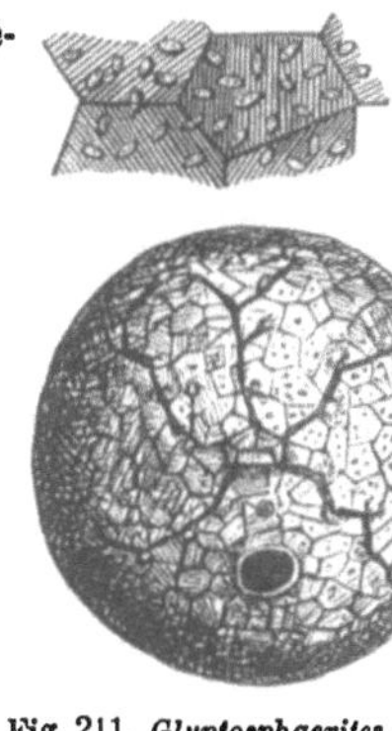

Fig. 211. *Glyptosphaerites Leuchtenbergi Volb.* Unt. Silur. St. Petersburg. Oben einige Täfelchen mit Doppelporen, vergr.

3. Klasse. Blastoidea. Knospenstrahler.

Kelch knospenförmig, regelmäßig gebaut, 5strahlig. Arme fehlen, dafür mit Pinnulae besetzte Ambulakralfelder. Kelch meist 5kantig, kurzgestielt oder ungestielt. Er besteht aus 13 Stücken, die in 3 Kränzen angeordnet sind (Fig. 212). Zu unterst liegen 3 Basalia, 2 größere und ein kleines. Auf sie folgen 5 Radialia, ihrer Form nach als „*Gabelstücke*" bezeichnet, und schließlich 5 Interradialia, die „*Deltoid*"- oder „*Trapezstücke*". Im Scheitel liegt die 5strahlige, mit kleinen aber selten erhaltenen Täfelchen bedeckte Mundöffnung, in der hinteren Interradialplatte die Afteröffnung. Vom Mund erstrecken sich bis zum unteren Ende des Ausschnittes der Gabelstücke 5 ± breite, blattförmige Ambulakralfelder. Zwischen den oberen Enden derselben, unmittelbar über den interradialen Deltoidstücken, befinden sich meist je 1 (dann geteilte) oder 2 Öffnungen (Spiracula). Diese sind die Mündungen von unter den Ambulakralfeldern liegenden Röhren bzw. Röhrenbündeln (Hydrospiren), welche zur Respiration und vielleicht gleichzeitig zur Aufnahme bzw. Entleerung der Genitalprodukte dienten. Außen in der Mitte der Ambulakralfelder liegt ein schmales, fein quergestreiftes, unten zugespitztes „*Lanzettstück*". Es erstreckt sich über die ganze Höhe des Ambulakralfeldes, aber niemals über dessen ganze Breite. Die dadurch neben ihm freibleibenden Räume werden vielmehr ± vollständig von quer verlängerten „*Seitenplättchen*" oder „*Porenstücken*" ausgefüllt. Sie tragen die nur höchst selten erhaltenen Pinnulae (Fig. 214) und lassen zwischen sich an ihren äußeren Enden je eine Pore frei. Häufig bedecken sie auch ± vollständig das Lanzettstück. Beseitigt man die Täfelchenbedeckung der Ambulakralfelder oder ist sie abgewittert, so trifft man auf die Hydrospiren. Die Blastoideen haben ihre Hauptverbreitung im Kohlenkalk, finden sich aber auch im ob. Silur und Devon. Die wichtigste Gattung ist

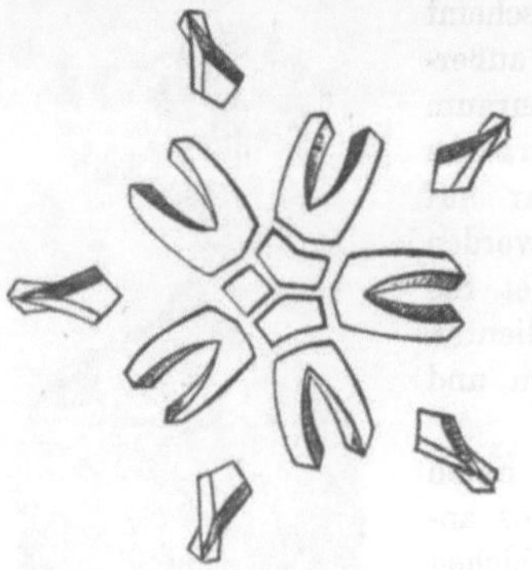

Fig. 212. Analyse des Kelches von *Pentremites florealis Say.*

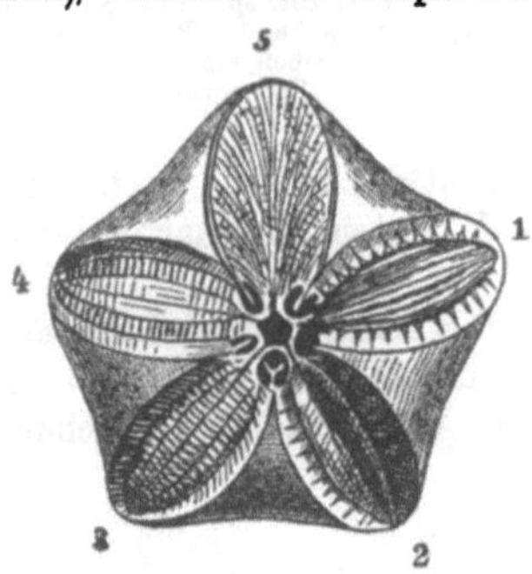

Fig. 213. *Pentremites florealis Say.* Kohlenkalk Illinois. Vergr. Kelch von oben. *1* Ambulacralfeld, nach Beseitigung des Lanzettstückes die Röhrenbündel (Hydrospiren) zeigend. *2* Dasselbe, mit erhaltenem Lanzettstück. *3, 4* Dasselbe, mit erhaltenem, die Querstreifung noch zeigendem Lanzettstück und den Porentäfelchen. *5* Dasselbe mit Pinnulis bedeckt.

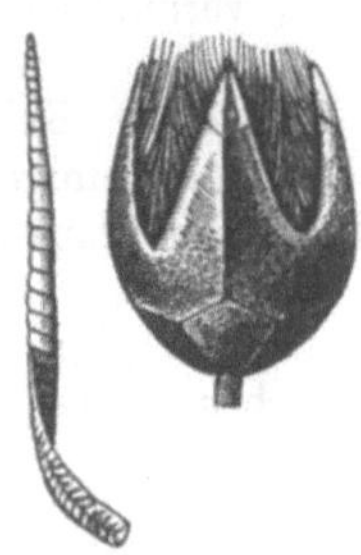

Fig. 214. *Pentremites sulcatus Röm.* Kohlenkalk. Huntsville. Kelch mit erhaltenen Pinnulis, u. eine Pinnula vergr.

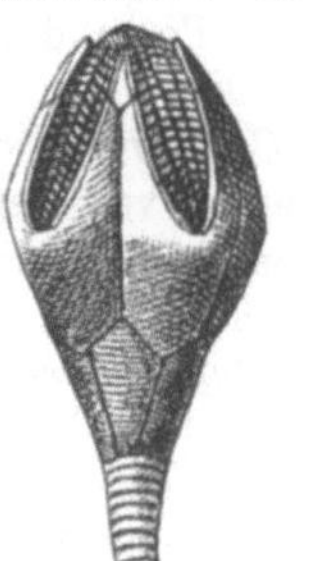

Fig. 215. *Pentremites pyriformis Say.* Kohlenkalk. Illinois.

Pentremites Say. (Figg. 212—215). Das Lanzettstück ist entweder gar nicht oder nur teilweise von den Seitenplättchen bedeckt. Unter letzteren liegen die Hydrospiren, welche ein aus 3—9 abgeplatteten Röhren bestehendes Bündel darstellen. Um den Mund 5 Spiracula, von denen das hintere etwas größer als die übrigen ist und die Afteröffnung einschließt. Unter dem Lanzettstück liegt noch ein zweites schmales Kalkplättchen, das „*Unterlanzettstück*". Kohlenkalk.

Zweiter Unterstamm. Asteroidea Claus.
Seesterne u. Schlangensterne (*Asterozoa* Zitt., *Stelleroidea* Steinm.).

Echinodermen von flach pentagonaler oder sternförmiger Gestalt, aus einer Zentralscheibe und Armen zusammengesetzt. Mund im Zentrum der Unterfläche, auf welch letztere auch die Ambulakralfüßchen beschränkt sind. Das Hautskelett besteht aus locker verbundenen, verschieden gestalteten Kalkplatten, welche Stacheln tragen können.

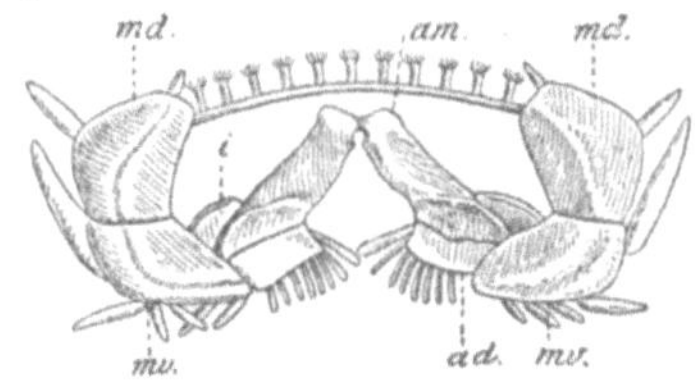

Fig. 216. *Astropecten aurantiacus Phill.* Rezent. Querschnitt eines Armes. Vergr. *am* Ambulakralplatten. *ad* Adambulakralplatten, *md* obere, *mv* untere Randplatten, *i* intermediäre Platten.

Das Ambulakralgefäßsystem besteht aus dem den Schlund umfassenden Ringgefäß und 5 in die Strahlen, bzw. Arme abgehenden Radiärgefäßen. Diese sind stets von regelmäßig angeordneten Kalkplatten umgeben (Fig. 216). In den Armen der eigentlichen Seesterne liegt ihnen jederseits eine „*Ambulakralplatte*" an, unter der sich noch eine „*Adambulakralplatte*" findet. Bei den Schlangensternen sind die Ambulakralplatten rel. groß und paarweise zu wirbelartigen, die Arme fast erfüllenden Kalkscheiben verbunden. In der Mitte der Ventralseite besitzen diese einen tiefen Ausschnitt, in dem

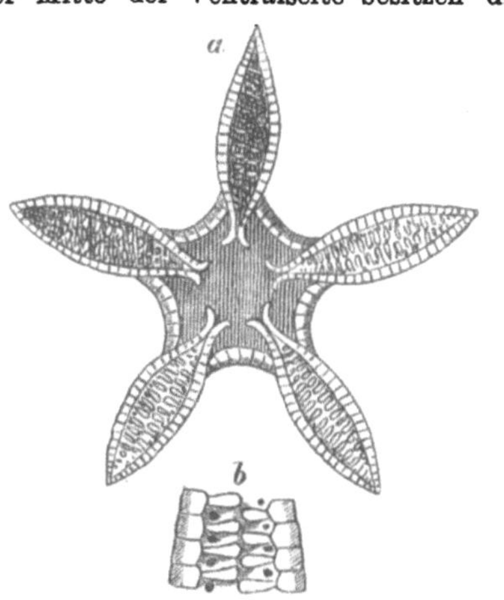

Fig. 217. *Aspidosoma petaloides Simonowitsch.* Unt. Devon. Niederlahnstein. *a* Von der Unterseite. Nat. Gr. *b* Arm von der Unterseite, vergr.

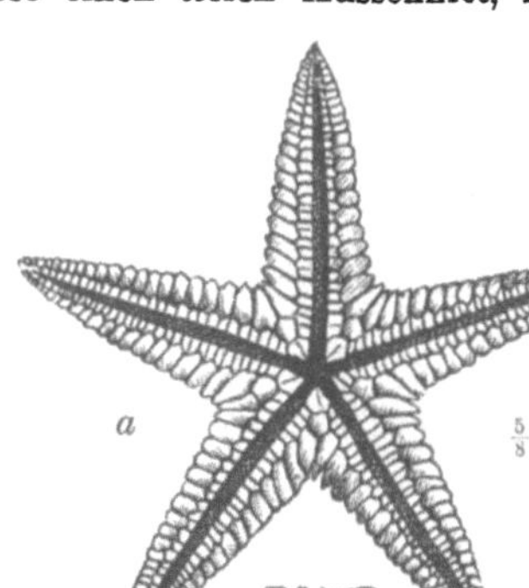

Fig. 218. *Palaeaster eucharis Hall.* Devon. Hamilton. New York. *a* Von der Unterseite. *b* Arm von unten.

das Ambulakralgefäß verläuft. Außerdem ziehen sich bei den Seesternen längs der Seitenränder der Arme 2 Reihen von Kalkplatten hin, die oberen und unteren „*Randplatten*", während die Arme der Schlangensterne gewöhnlich von 4 Platten umgeben sind: 1 Dorsal-, 2 Lateral- und 1 Ventralplatte. Auf der Dorsalseite bleibt die Haut oft lederartig, ist indes zuweilen auch mit ev. stacheltragenden Kalkplatten erfüllt. Je nachdem die Arme Ausstülpungen der Leibeshöhle (Darmanhänge, Genitalorgane) aufnehmen oder nicht, unterscheidet man Stelleridea und Ophiuroidea. Silur—Jetzt.

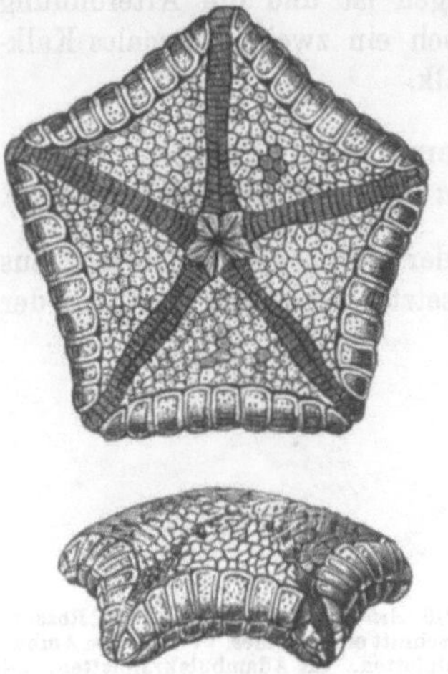

Fig 219. *Goniaster Parkinsoni Forb.* Senon. Sussex. Von unten u. von der Seite gesehen.

1. Klasse. Stelleridea Claus (Asteroidea Steinm. u. Zitt.). Seesterne.

Arme nicht scharf von der Scheibe abgesetzt und Anhänge des Darmes und der Genitalorgane in sich aufnehmend. Um den Mund 5 Paare vorspringender Oralplatten. Silur—Jetzt.

Aspidosoma Goldf. (Fig. 217). Arme mit großen Randplatten. Devon.

Palaeaster Hall. (Fig. 218). Arme dick, auf der Oberseite mit kleinen stachligen Platten. Silur—Kohlenkalk.

Goniaster Ag. (Fig. 219). Pentagonal, Arme nur wenig über die Scheibe vorragend. Rand mit 1 dorsalen und 1 ventralen Reihe von großen Randplatten besetzt. Lias—Jetzt.

2. Klasse. Ophiuroidea. Schlangensterne.

Arme meist lang, scharf von der Scheibe abgesetzt, keine Anhänge des Darmes aufnehmend. Je nachdem sie einfach oder verzweigt, unterscheidet man die Ophiureae mit einfachen und die Euryaleae mit verzweigten Armen (Fig. 220). Silur—Jetzt.

Aspidura Ag. (Fig. 221). Sternförmig, Arme ziemlich kurz und breit. Um den Mund 5 Mund-

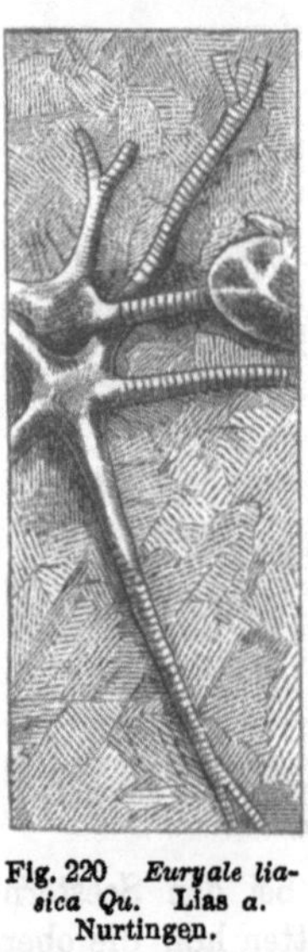

Fig. 220 *Euryale liasica Qu.* Lias α. Nurtingen.

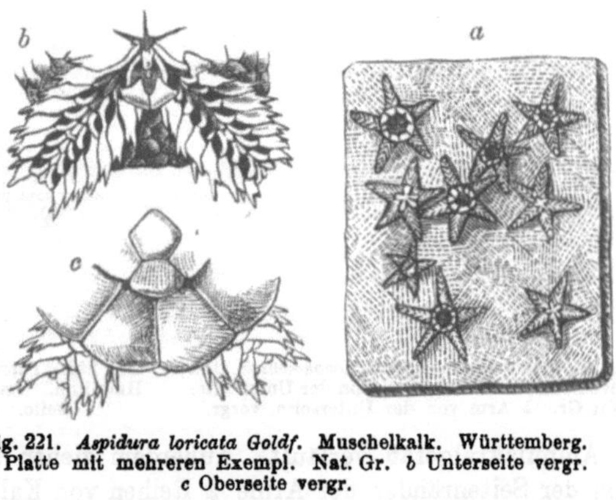

Fig. 221. *Aspidura loricata Goldf.* Muschelkalk. Württemberg. *a* Platte mit mehreren Exempl. Nat. Gr. *b* Unterseite vergr. *c* Oberseite vergr.

schilder, welche durch eine Medianfurche in zwei Hälften geteilt sind. Dorsalfläche der Zentralscheibe mit 16 Plättchen getäfelt, indem ein innerer

Kranz von 5 und ein äußerer von 10 Plättchen 1 zentrales umgeben. Trias, bes. im Muschelkalk.

Dritter Unterstamm. Echinoidea. Seeigel.

Scheiben-, herz- oder halbkugelförmige, stets freilebende, nie gestielte Echinodermen mit meist unbeweglichem, aus zahlreichen Kalkplatten zusammengesetztem Hautskelett, welches bewegliche Stacheln trägt. Mund auf der Unterseite, After im Scheitel oder zwischen Mund und Scheitel.

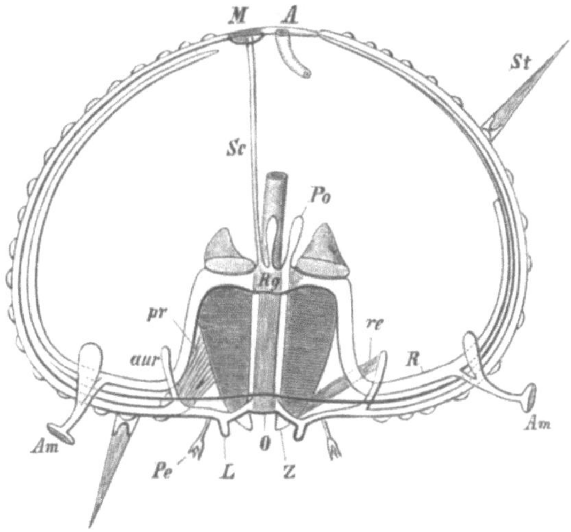

Fig. 222. Diagramm zur Darstellung der Organsysteme eines Seeigels. Nach HUXLEY. O = Mund, Z = Zähne, L = Lippen, *aur* = Auriculae, *re* = retractore, *pr* = protractore Muskeln des Kauapparates, *Rg* = Ringgefäß, *Po* = Polische Blasen, *R* = Radialgefäß des Wassergefäßsystems mit den zu den Ambulakralfüßchen *Am* verlaufenden Seitenzweigen. *Sc* = Steinkanal, *A* = After, *M* = Madreporenplatte, *St* = Stachel, *Pe* = Pedicellarie (Greifzange).

Das Ambulakralgefäßsystem (Fig. 222) besteht aus einem den Mund umgebenden Ringgefäß, von welchem 5 radiäre Gefäßstämme nach dem Scheitel verlaufen. Da diese innerhalb der Schale liegen, müssen die von ihnen ausgehenden zur Lokomotion dienenden Ambulakralfüßchen die Schale durchbohren. Vor ihrem Austritt gabeln sie sich gewöhnlich und vereinigen sich außen wieder, so daß jedem Saugfüßchen ein Poren*paar* entspricht. Dadurch zerfällt die Schale in 5, seitlich von *Porenstreifen* (auch Porengänge genannt) begrenzte *Ambulakralfelder* und in 5 dazwischenliegende *Interambulakralfelder*. Bei den lebenden und den meisten fossilen Seeigeln besteht jedes dieser Felder aus je 2 Täfelchenreihen, so daß die ganze Schale von 20 meridionalen Reihen gebildet wird. Die einzelnen Täfelchen sind fast immer unbeweglich miteinander verbunden, und zwar diejenigen einer Reihe unter sich mit parallelen, mit denen der Nachbarreihe durch zickzackförmige Suturen. Das auf jedem Ambulakraltäfelchen sich findende Porenpaar besteht entweder aus 2 gleichen oder ungleichen Poren; sind dieselben durch eine Furche verbunden, nennt man sie *gejocht.*

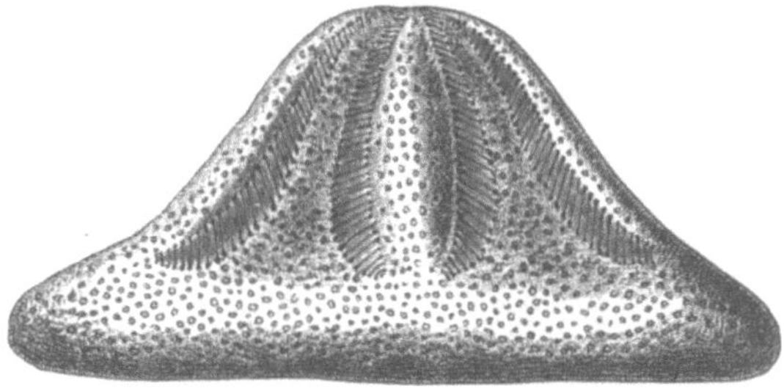

Fig. 223. *Clypeaster altecostatus Mich.* Miocän. Leithakalk. Wien. Verkl.

Das ganze Ambulakralfeld samt den Porenstreifen wird „*Ambulacrum*" genannt. Verlaufen die Porenzüge geradlinig, und in gleichbleibender Breite, vom Scheitel zum Munde, so nennt man ein solches Ambulacrum *einfach*; divergieren die Porengänge aber anfänglich, um sich später wieder einander zu nähern, wobei sie sich in der Mitte häufig spindelförmig verbreitern, so entsteht ein blattförmiges oder *petaloides* Ambulacrum (Fig. 223), und man bezeichnet die zwischen derartigen Porengängen liegenden blattförmigen Felder als „*Petalodien*". Je nachdem die Porengänge nach unten zu wieder konvergieren oder divergierend endigen, sind die Petalodien unten geschlossen oder bleiben ± weit geöffnet.

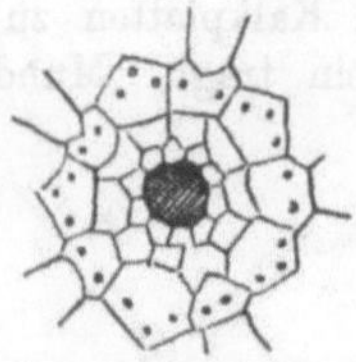

Fig. 224. *Palaëchinus elegans M'Coy.* Kohlenkalk. Irland. Scheitelschild. Vergr.

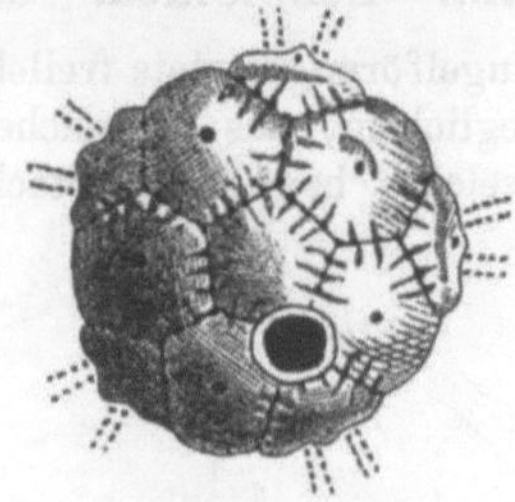

Fig. 225. *Salenia scutigera Gray.* Senon. Charente. Scheitelschild. Vergr.

Man nennt die Ambulacra *subpetaloid*, wenn die Petalodien stark verlängert, unten geöffnet und aus gleichen, runden, ungejochten Poren zusammengesetzt sind. Zentral oder subzentral auf der ± gewölbten Oberseite der Schale liegt das „*Scheitelschild*" (Fig. 224—227). Ist es normal entwickelt, so besteht es aus 5 am Ende der Ambulacra liegenden Augen- oder „*Ocellartäfelchen*" und 5 mit diesen alternierenden, also interradial gelegenen „*Genitaltäfelchen*". Erstere sind von 1 (selten 2) äußerst feinen Öffnung, letztere von 1 (oder 3—5 [Fig. 224]) größeren Poren, den Mündungen der Genitalkanäle, durchbohrt. Eins der Genitaltäfelchen zeichnet sich durch seine poröse Beschaffenheit aus, die „*Sieb*"- oder „*Madreporenplatte*" (Fig. 226), die zum Eindringen des Wassers in den „*Steinkanal*" dient, der es dem zirkumoralen Ringgefäß zuführt. Bei den regulären Seeigeln liegt die Afteröffnung innerhalb des Scheitelschildes (Fig. 225), bei den irregulären außerhalb desselben im hinteren Interambulacrum (Fig. 242). Dadurch ist die Schale der irregulären Seeigel orientiert und man bemerkt weiter, daß die Madreporenplatte stets im vorderen rechten Interradius liegt. Bei den regulären Seeigeln ist die zentrale Afterlücke von weiteren Täfelchen bedeckt. Bei den irregulären Seeigeln stoßen die Scheiteltäfelchen entweder ebenfalls direkt aneinander oder bleiben getrennt. Es stoßen nämlich zuweilen die Ambulakren nicht in einem gemeinsamen Zentrum zusammen, sondern es bleiben die Enden der 3 vorderen Ambulakren mit ihren 3 Ocellar- und 4 Genitaltäfelchen von den beiden hinteren mit deren beiden Ocellartäfelchen durch

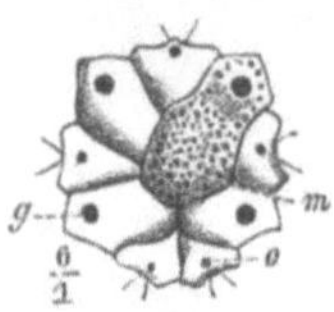

Fig. 226. Scheitelschild von Micraster aus 5 Augentäfelchen (*o*) und 4 Genitaltäfelchen (*g*) bestehend, von denen das vordere rechte, durch seine Größe u. Porosität ausgezeichnet, die Madreporenplatte (*m*) ist.

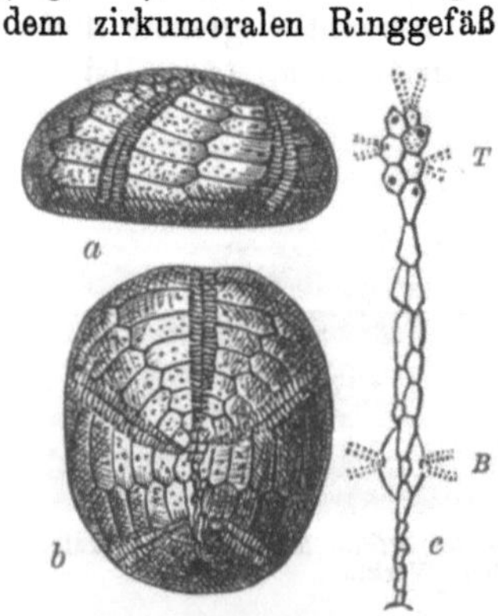

Fig. 227. *Collyrites elliptica Desm.* Dogger. Mamers (Sarthe). *a* Von der Seite, *b* v. oben, etwas verkl. *c* Scheitelschild vergr. *T* Trivium. *B* Bivium.

einen weiten Zwischenraum getrennt, der durch akzessorische Plättchen ausgefüllt wird. Man nennt in solchem Falle das Scheitelschild „zerrissen" (z. B. Collyrites, Fig. 227), die 3 vorderen Ambulakren zusammen das „*Trivium*", die beiden hinteren das „*Bivium*". Die *Mundöffnung* (Peristom) liegt stets auf der Unterseite, entweder zentral oder exzentrisch und dann stets nach vorn gerückt. Bei gewissen Formen vertiefen sich die Ambulacra in der Nähe des Mundes und bilden „*Phyllodien*": zwischen diesen erheben sich lippenförmige Wülste und beide zusammen bilden einen 5 blättrigen Stern „*Floscelle*" um den Mund (Fig. 243). Bei vielen Seeigeln findet sich ein *Kauapparat*. Er besteht aus einem aus zahlreichen Stücken zusammengesetzten Gerüst — dem Kiefergerüst, auch „*Laterne des Aristoteles*" genannt — mit 5 „Zähnen". Zur Insertion der den Kauapparat bewegenden Muskeln dienen am inneren Rand des Peristoms sich befindende, bogenförmige Gebilde, die „*Auriculae*". Die Täfelchen der Seeigel tragen fast immer größere und kleinere Warzen und Körner. Auf diesen stehen bewegliche *Stacheln* (Fig. 228) und Borsten. An den größten Warzen (Figg. 232 u. 233), die gewöhnlich von einer runden, glatten, etwas vertieften Fläche (Höfchen, *Areola*) umgeben sind, unterscheidet man den obersten Teil als *Warzenkopf*, er ruht auf dem *Warzenhals*; trägt ersterer ein zentrales Grübchen, so heißt er „durchbohrt". An dem Warzenköpfchen sind die Stacheln mittels elastischer Bänder, also beweglich befestigt. Sie sind stab-, zylinder-, keulen- oder eichelförmig (Figg. 228, 229 u. 234). Man unterscheidet an ihnen den *Stachelkopf*, *-hals* und *-körper*. Der Stachelkopf ruht mit einer vertieften Gelenkfläche auf der Warze auf. Oben wird er von einem glatten oder gekerbten Ring begrenzt. Es folgt der stets ± eingeschnürte Stachelhals und auf diesen der eigentliche, meist mit Leisten oder Dornen verzierte Stachelkörper. Zuweilen finden sich auf der Schale schmale, glatte, bei lebenden Formen mit feinen Borsten bedeckte Streifen, welche die übrige Skulptur der Oberfläche unterbrechen und Felder von verschiedener Form und Größe umschließen, sog. „*Fasciolen*". Sämtliche Seeigel bewohnen das Meer. Bei kurzer, geologischer Lebensdauer sind die Arten sehr oft gute Leitfossilien. Silur—Jetzt.

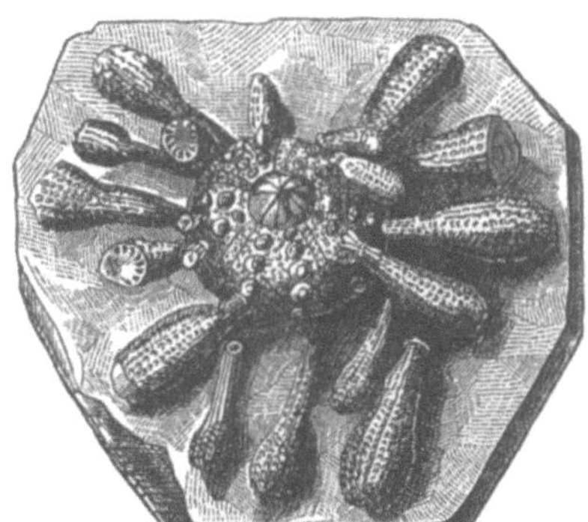

Fig. 228. *Cidaris margaritifera Sow.* Kreide. Kent.

Fig. 229. Stachel von *Rhabdocidaris horrida Mer.* Dogger.

In den Diagnosen der Echinoideengattungen bedeutet:

A = Ambulacra | IA = Interambulacra.

1. Unterklasse. *Palechinoidea* v. Zittel.

Schale meist aus mehr, selten aus weniger als 20 Täfelchenreihen zusammengesetzt. Scheitelschildtäfelchen meist mehrfach durchbohrt.

Palaëchinus Scoul. (Figg. 224 u. 230). Schale kuglig. A schmal mit 2 Reihen, IA breit mit 4—7 Reihen von Täfelchen. Oberfläche mit winzigen körnigen Wärzchen. Ocellartäfelchen des Scheitelschildes mit 2, Genitaltäfelchen mit 3 Poren. Ob. Silur und Karbon.

Melonites Norw. (Fig. 231). Schale groß, ellipsoidisch. A etwas vertieft, mit 6—12 Reihen, IA mit 7—8 Reihen von Täfelchen, gegen den Scheitel zu auf 4—2 reduziert. Stachelwarzen winzig. Kohlenkalk. *M. multipora* Norw. et Ow.

Archaeocidaris M'Coy (Fig. 232). A mit 2 Reihen, IA mit 4—8 Reihen von Täfelchen. Die IA-Täfelchen übergreifend und daher etwas verschiebbar, mit je 1 größeren, von einem Höfchen umgebenen Stachelwarze. Stacheln lang, mit Dornen besetzt. Kohlenkalk.

Täfelung in der Nähe des Scheitelschildes.

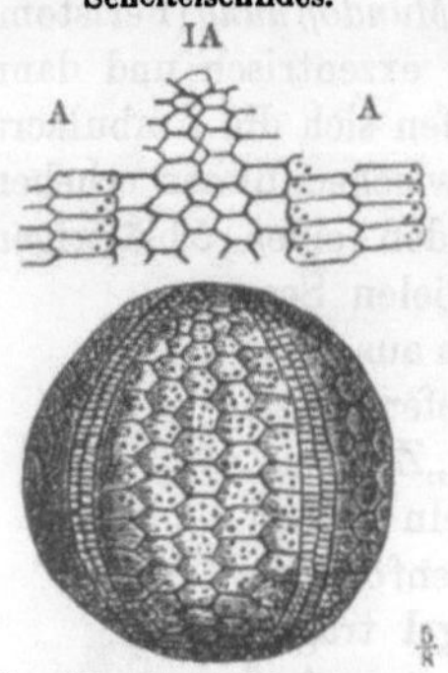

Fig. 230. *Palaëchinus elegans M'Coy.* Kohlenkalk. Irland.

2. Unterklasse. *Euechinoidea* Bronn.

Schale aus 10 ambulakralen u. 10 interambulakralen Täfelchenreihen gebildet.

Ambulakralfeld | Interambulakralfeld

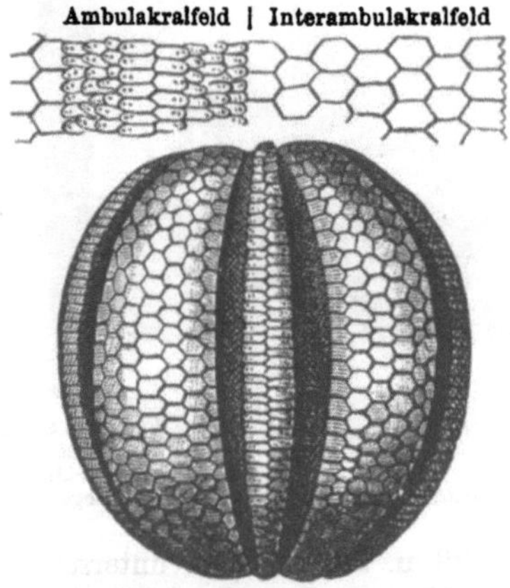

Fig. 231. *Melonites multipora Norw. et Ow.* Kohlenkalk. St. Louis (Missouri).

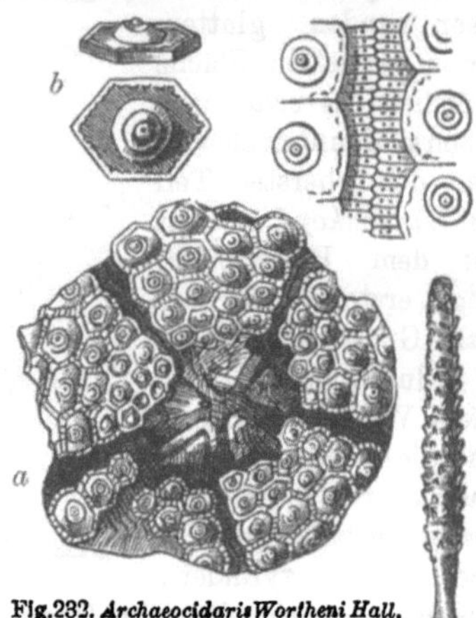

Fig. 232. *Archaeocidaris Wortheni Hall.* Kohlenkalk. St. Louis. *a* Unterseite. Kauapparat sichtbar. *b* Interambulakraltäfelchen. *c* Ambulakralfeld mit angrenzenden Interambulacrum. *d* Stachel.

I. Ordnung. Regulares Desor.

Regulär gebaute Formen von rundem Umriß. Mund zentral auf der Unterseite, mit Kiefergebiß. After innerhalb des Scheitelschildes.

Fam. ***Cidaridae*** Wright. *Cidaris* Klein. (Figg. 228 u. 233). A schmal, wellig gebogen, aus kleinen, niedrigen Täfelchen gebildet. Poren derselben ungejocht. IA breit, mit sehr großen, je eine große Stachelwarze tragenden Täfelchen. Mund rundlich, ohne Einschnitte. Scheitelschild aus 5 Ocellar- und 5 einfach durchbohrten Genitaltäfelchen bestehend. Das rechte vordere Genitaltäfelchen ist zugleich Madreporenplatte. Weitere kleine Täfelchen um die Afteröffnung. Stacheln sehr kräftig, mannigfach gestaltet und verziert, zuweilen im Verein mit Schalenfragmenten einzelne Bänke in Menge erfüllend, z. B. *C. florigemma* Phill. (Fig. 234) im Oxford des mittl.

Europa, *C. glandaria* LANG, mit eichelförmigen Stacheln, im Oxford des Libanon; daher die Bezeichnungen Florigemma- und Glandarienkalk. Cidaris findet sich vom Kohlenkalk — Jetzt, bes. im Jura und Kreide. *C.* (*Eocidaris*) *Keyserlingi* GEIN. Zechstein.

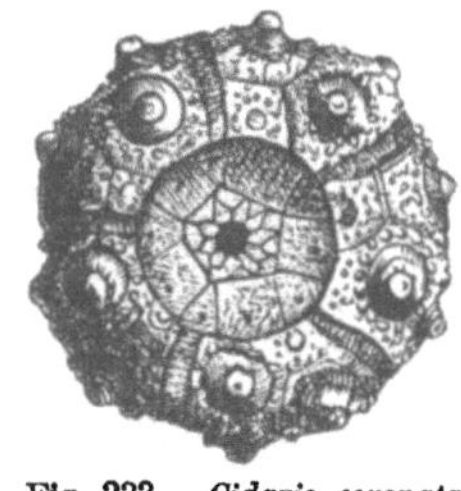

Fig. 233. *Cidaris coronata Goldf.* Malm γ. Hossingen in Württemberg.

Fig. 234. *Cidaris florigemma Phill.* Stachel. Oxford.

Fam. ***Salenidae*** DESOR. *Salenia* GRAY (Figg. 225 u. 235). A sehr schmal; IA breit; Scheitelschild groß, mit einer Zentralplatte, durch welche der After etwas exzentrisch wird. IA-Täfelchen mit je 1 großen Stachelwarze. Mundöffnung mit 10 schwachen Einschnitten. Kreide—Jetzt.

Fam. ***Diadematidae*** WRIGHT. *Hemicidaris* AG. (Fig. 236). Schale hochgewölbt. A viel schmäler als die IA, aus zusammengesetzten Tafeln mit mehreren Porenpaaren bestehend. Auf der Unterseite mit 2 Reihen von Stachelwarzen, die auf der Oberseite in Körnchenwarzen übergehen. IA mit 2 Reihen sehr großer Stachelwarzen. Stacheln sehr groß. Zechstein—Eocän, Hauptentwicklung im Malm.

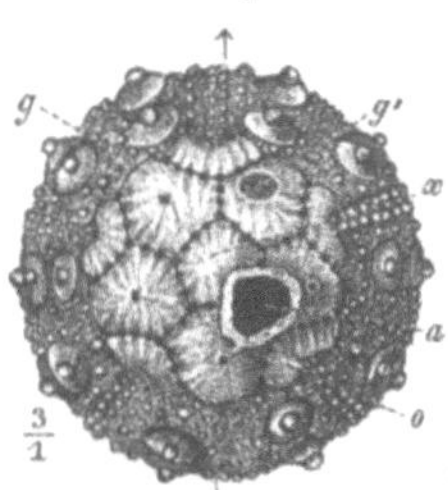

Fig. 235. *Salenia Prestensis Des.* Aptien. Dauphiné. *a* Afterlücke, *x* zentrale Platte, *o* Augentäfelchen, *g* Genitaltäfelchen, *g'* Madreporenplatte. Nach STEINM.

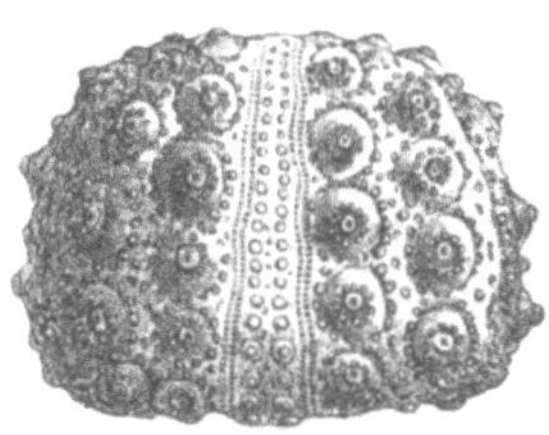

Fig. 236. *Hemicidaris crenularis Lam. sp.* Oxford. Frankreich. Nat. Gr.

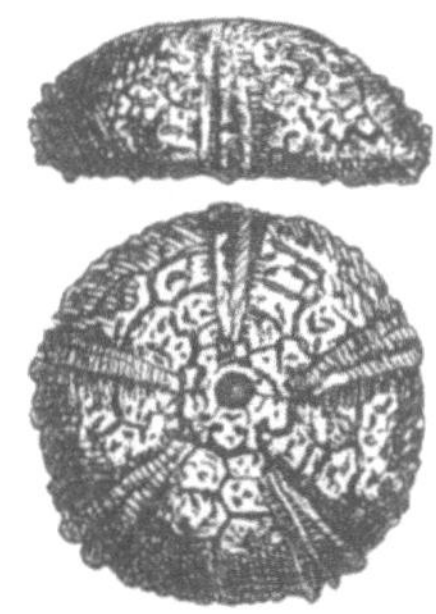

Fig. 237. *Glypticus hieroglyphicus Goldf.* Ob. Oxford. Schweiz. Vergr.

Acrocidaris AG. A-Felder schmäler als die IA-Felder, aus zusammengesetzten Tafeln mit mehreren Porenpaaren bestehend, beide mit 2 Reihen großer Stachelwarzen. Porengänge einfach, wellig gebogen, am Mund verdoppelt. Stacheln kräftig, kantig. Jura—unt. Kreide.

Glypticus AG. (Fig. 237). Meist klein. A schmal mit 2 Reihen von Warzen. IA mit zerrissenen Warzenköpfen, zwischen denen kleine Körner auftreten, so daß eine hieroglyphenartige Skulptur der Schalenoberfläche entsteht. Häufig im Malm.

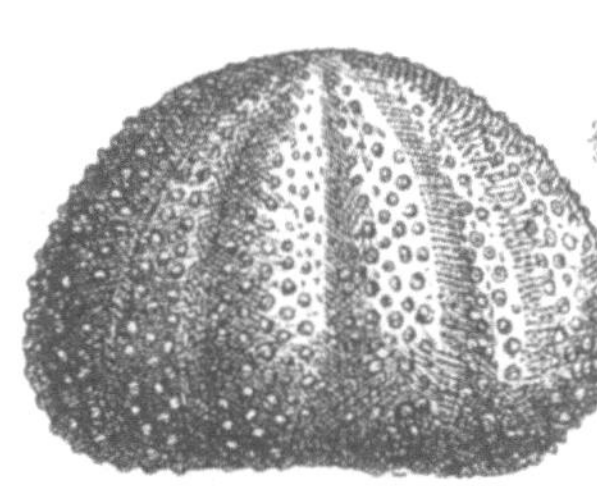

Fig. 238. *Stomechinus lineatus Goldf. sp.* Kimmeridge. Sontheim in Württemberg.

Fam. ***Echinidae*** WRIGHT. *Stomechinus* DES. (Fig. 238). Schale groß, halbkuglig. Mundlücke mit Einschnitten. Porenstreifen der A breit, aus mehreren Reihen von Porenpaaren bestehend. A schmäler als die IA, beide mit zahlreichen Reihen von gleich großen Stachelwarzen bedeckt. Jura—unt. Kreide.

II. Ordnung. Irregulares Desor.

Bilateral-symmetrisch gebaute Formen von rundem, ovalem oder herzförmigem Umriß. After exzentrisch, im hinteren Interradius gelegen. Mund zentral oder ebenfalls exzentrisch und dann vor der Mitte.

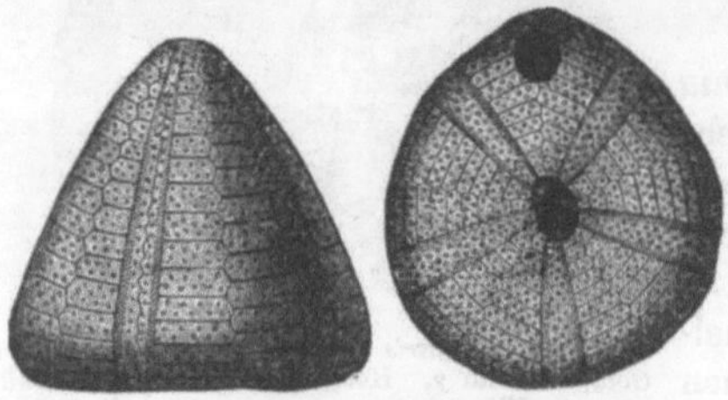

Fig. 239. *Echinoconus albogalerus Klein.* Turon (auch im Senon).

1. Unterordn. *Gnathostomata.* Kiefergebiß vorhanden. Mund u. Scheitelschild zentral.

Fam. ***Echinoconidae*** D'ORB. *Echinoconus* BREYN (= *Galerites* LAM. Fig. 239). Schale hochgewölbt bis kegelförmig, Unterseite flach, Porenstreifen einfach. A schmäler als die IA. After inframarginal. Warzen und Stacheln sehr klein. Sehr häufig in der Kreide. *E. albogalerus* D'ORB. ist sehr bezeichnend für die „Galeritenschichten" des Turon, findet sich jedoch auch im Senon.

Scheitelschild vergr.

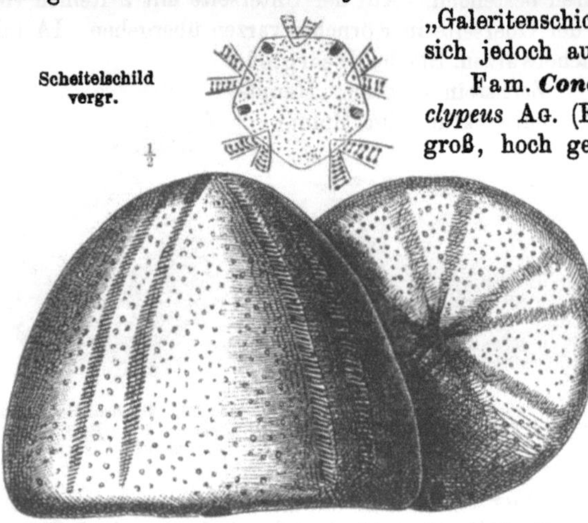

Fig. 240. *Conoclypeus conoideus Goldf.* Eocän. Kressenberg in Ober-Bayern.

Fam. ***Conoclypeidae*** ZITT. *Conoclypeus* AG. (Fig. 240). Schale meist groß, hoch gewölbt. A subpetaloid, Poren auf der Oberseite gejocht. After inframarginal. Warzen und Stacheln klein. Scheitelschild zum größten Teil von der Madreporenplatte gebildet, die übrigen 4 Genitaltäfelchen durchbohrt. Mund 5eckig. Tertiär, bes. im Eocän. *C. conoideus* GOLDF. sp. Eocän.

Fam. ***Clypeastridae*** AG. *Clypeaster* LAM. (Fig. 223). Schale von 5seitigem Umriß, oft sehr groß, Oberseite meist ± gewölbt. A petaloid. Petalodien breit, oft erhaben, von breiten Porenstreifen mit gejochten Poren eingefaßt. Scheitelschild ganz von der Madreporenplatte eingenommen. After inframarginal, Warzen sehr zahlreich, doch sehr klein. Eocän—Jetzt.

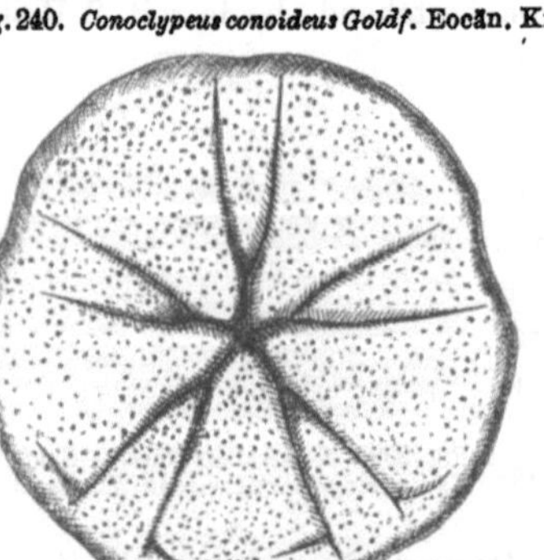

Fig. 241. *Scutella Vindobonensis Laube.* Miocän. Leithakalk. Wiener Becken. St. verkl.

Scutella LAM. (Fig. 241). Schale flach, scheibenförmig, Scheitelschild fast ganz von der Madreporenplatte eingenommen. A petaloid. Warzen sehr klein und zahlreich. After klein, inframarginal. Auf der Unterseite mehrfach gegabelte A-Furchen. Tertiär—Jetzt.

2. Unterordnung. *Atelostomata* Loriol. Kiefergebiß fehlt.

Fam. ***Cassidulidae*** Des. Mund zentral oder etwas nach vorn gerückt, oft mit Floscelle. After zwischen Mund und Scheitel, auf der Ober- oder Unterseite. Warzen und Stacheln klein.

Echinobrissus Breyn. (Fig. 242). Schale oval oder rundlich, hinten abgestutzt. A subpetaloid. Poren gejocht. Mund subzentral, etwas nach vorn gelegen. After auf der Oberseite in einer hinter dem Scheitel beginnenden Furche. Jura—unt. Kreide. *E. scutatus* Lam. Oxford.

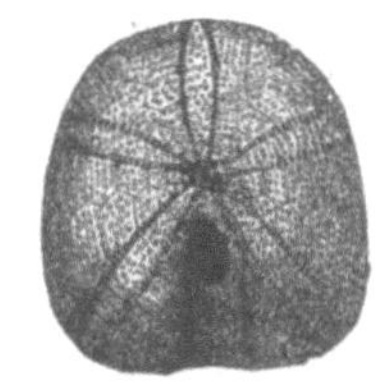

Fig. 242. *Echinobrissus scutatus Lam.* Oxford.

Cassidulus Lam. Kleine ovale Formen, A petaloid, Mund mit Floscelle. After auf der Oberseite. Kreide bis Tertiär. *C. lapis cancri* Lam. Ob. Senon.

Echinolampas Grey. (Fig. 243). A petaloid. Petalodien unten offen. Mund subzentral, 5seitig, mit Floscelle. After queroval, inframarginal. Tertiär—Jetzt.

Fam. ***Holasteridae*** Lor. Schale oval, hochgewölbt. A einfach. Porenstreifen schmal. Scheitelschild ± verlängert. Mund nach vorn gerückt. After inframarginal. Warzen und Stacheln sehr klein.

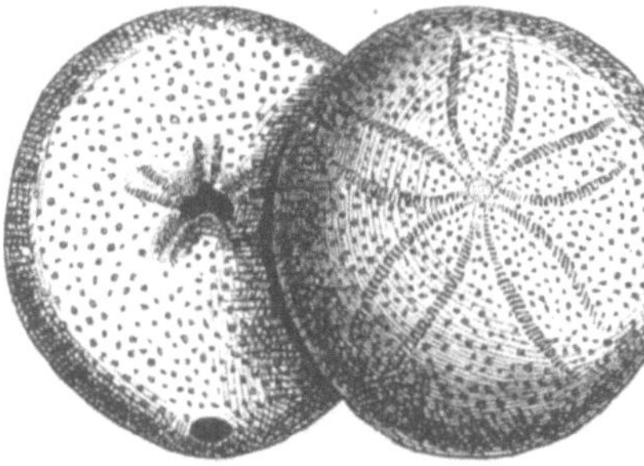

Fig. 243. *Echinolampas Kleini Goldf.* Oligocän. Doberg bei Bünde.

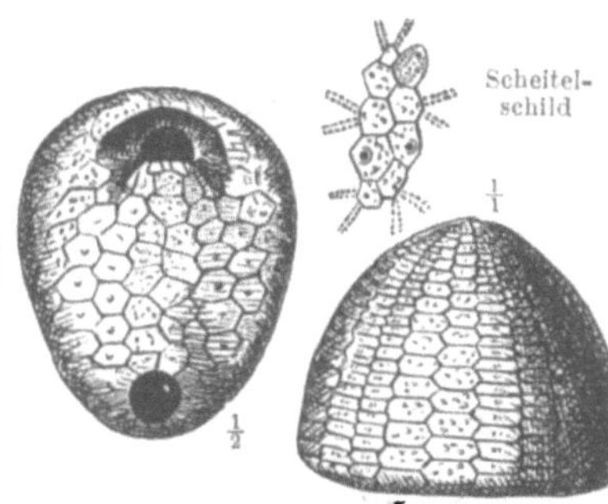

Fig. 244. *Ananchytes ovata Leske sp.* Senon. Rügen.

Collyrites Des. (Fig. 227). Scheitelschild stark verlängert, zerrissen (vgl. ob. S. 90). After oval, auf der Oberseite, nahe dem Hinterrand. Dogger—unt. Kreide. *C. elliptica* Desm. Dogger.

Ananchytes Merc. (Fig. 244). Schale hochgewölbt, oft von ansehnlicher Größe, Umriß eiförmig. Scheitelschild wenig verlängert. Die 4 durchbohrten Genitaltäfelchen durch 2 Ocellartäfelchen getrennt. Porenpaare winzig, Mund weit nach vorn gerückt. After oval, inframarginal. Ob. Kreide.

Holaster Ag. Schale breit-oval bis herzförmig. Vorderes A in seichter Furche. After marginal. Kreide—Tertiär. *H. subglobosus* Ag. Cenoman.

Fam. ***Spatangidae*** Ag. Schale herzförmig, hintere Fläche abgeplattet, in ihr die Afteröffnung. Mund weit nach vorn gerückt, quer 2lippig. A petaloid. Scheitelschild kompakt. Sehr häufig sind Fasciolen.

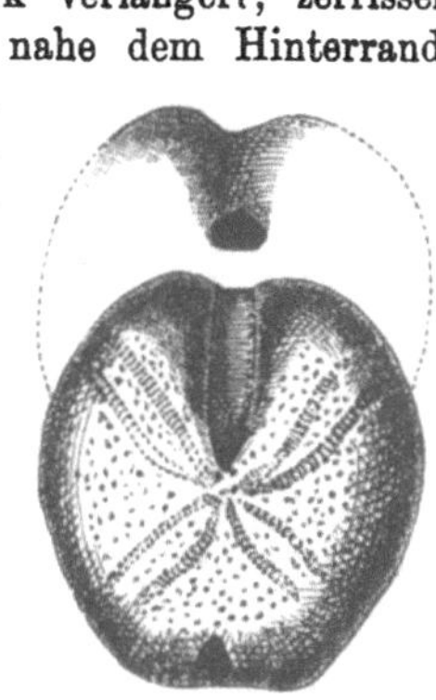

Fig. 245. *Toxaster sp.* Neocom. Savoyen.

Toxaster Ag. (Fig. 245). Vorderes A in einer Furche, Poren gejocht,

Warzen klein. Kreide. *T. complanatus* Ag. Neocom, bes. im „Spatangenkalk“ der Schweiz.

Micraster Ag. (Figg. 246 u. 247). Vorderes unpaares A in seichter Furche, auch die beiden paarigen A vertieft. Die beiden vorderen länger als die hinteren. Poren gejocht. Unter dem After eine einfache Fasciole (*F. subanalis*). Sehr häufig in der ob. Kreide, bes. im Senon (Santonien oder Micrasterkreide mit *Micraster coranguinum* und *M. cortestudinarium* Goldf., letzterer auch im Turon).

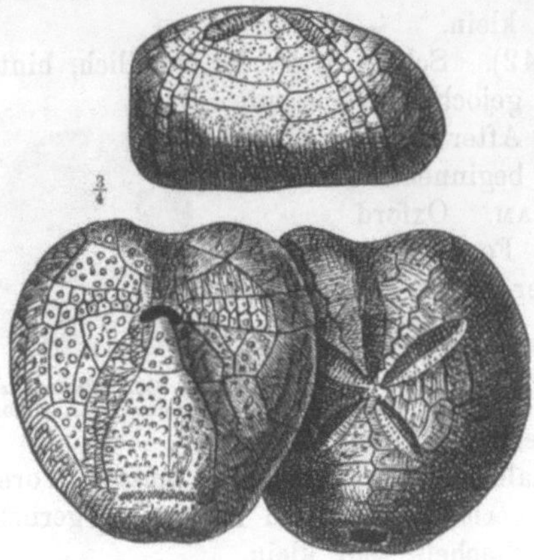

Fig. 246. *Micraster cortestudinarium Goldf.* Unt. Senon.

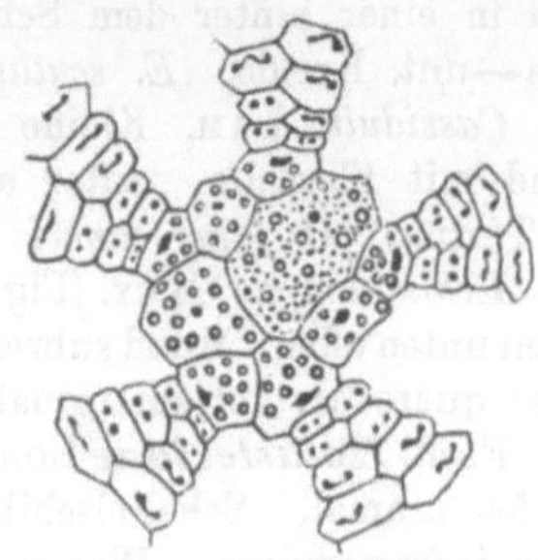

Fig. 247. *Micraster coranguinum Lam.* Senon. Scheitelschild. Vergr.

Hemiaster Des. Ähnlich Micraster, aber mit einer, die Petalodien umziehenden Fasciole (*F. peripetala*). Kreide bis rezent. *H. Griepenkerli* v. Stromb. Cenoman.

Spatangus Klein. Vorderes A undeutlich, in seichter Furche. Die IA mit großen Warzen. *Fasciola subanalis* vorhanden. Tertiär bis rezent.

Fig. 248. *Serpula lumbricalis Schloth.* Dogger δ. Reutlingen.

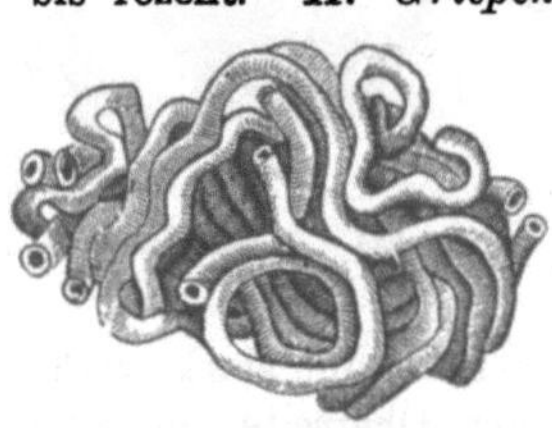

Fig. 249. *Serpula gordialis Schloth.* Turonpläner. Strehlen.

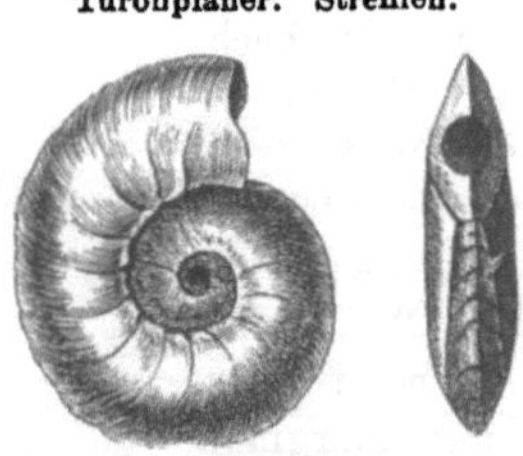

Fig. 250. *Serpula spirulaea Lam.* Vicentinisches Eocän.

Vierter Unterstamm. Holothurioidea. Seegurken.

Sie besitzen in ihrer lederartigen Haut nur isolierte, winzige Kalkkörperchen, die auch fossil (seit Kohlenkalk) zuweilen gefunden worden sind.

Vierter Stamm. Vermes. Würmer.

Lateral-symmetrische Tiere mit ungegliedertem oder gegliedertem (segmentiertem) Körper. Entweder ohne oder mit nicht gegliederten Segmentanhängen. Erhaltungsfähige Hartgebilde besitzen nur wenige Würmer; sie gehören zur Klasse der *Annelides*, Gliederwürmer, die segmentierte Würmer mit Metamerenbildung der inneren Organe umfaßt.

Unter diesen finden wir in der Ordnung der Chaetopoden, Borstenwürmer, die Gruppe der Röhrenbewohner, der *Tubicolae*. Bei der Familie der Serpulidae sind die Röhren meist kalkig, daher zahlreich erhalten. Die fossilen werden zusammengefaßt in die Gattung:

Serpula L. (Figg. 248—250). Die soliden Kalkröhren dieser marinen Gattung sind entweder frei oder festgewachsen und von mannigfacher Gestalt: verschiedenartig gebogen oder knäuelartig verschlungen, ev. spiral gewunden. Oft sind sie in Gruppen vereinigt. Silur—Jetzt, doch erst vom Jura an häufiger. Zuweilen treten sie in solcher Menge auf, daß sie manche Gesteinslagen erfüllen, ja dieselben lokal fast allein zusammensetzen. So bildet *S. coacervata* Blum. den „Serpulit“ im deutschen Purbeck, *S. gordialis* Schl. erfüllt lockere Lagen im cenomanen Quadersandstein von Bannewitz in Sachsen.

Von anderen Anneliden kennt man winzige, kalkige Kiefer, die z. T. unter dem Namen „Conodonten“ zuerst als Fischzähne beschrieben wurden. Sie sind namentlich vom Kambrium—Kohlenkalk bekannt. In günstigen Fällen findet man Abdrücke von Gliederwürmern, z. B. *Eunicites* im lithographischen Kalk (Malm) von Solnhofen. Unter den zahlreich gefundenen, von Seetieren herrührenden Kriechspuren auf den Schichtflächen paläozoischer Gesteine mögen viele von Anneliden herrühren, z. B. die aus Silur und Devon als *Nereites* Mac Leay (Fig. 251) beschriebenen Formen, die in manchen Lagen in solcher Häufigkeit auftreten, daß man z. B. im obersten Unterdevon von Thüringen „Nereitenschiefer“ unterscheidet. Die als *Lumbricaria* Münst. beschriebenen, im lithograph. Kalk von Solnhofen nicht seltenen Gebilde, welche zu wirren Knäueln verschlungenen dünnen Därmen gleichen, dürften nach Zittel als Exkremente von Anneliden zu deuten sein.

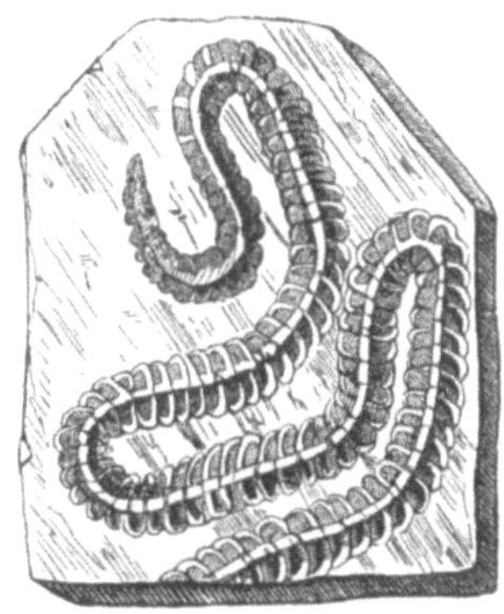

Fig. 251. *Nereites cambrensis* Murch. Unt. Silur. Süd-Wales.

Fünfter Stamm. Molluscoidea.

Sie zerfallen in 2 Klassen: 1. Bryozoa, 2. Brachiopoda.

1. Klasse. Bryozoa. Moostierchen.

Kleine, fast stets zu festsitzenden, mannigfaltig gestalteten Stöckchen (Kolonien) vereinigte Tiere. Das Einzeltier (Zooecium) von einem häutigen oder kalkigen, regelmäßig gestalteten Gehäuse (Zelle) umschlossen (Fig. 252), dessen obere Öffnung das Hervorstrecken des Vorderleibes gestattet. Mund von einem Tentakelkranz umgeben, der zur Respiration und Nahrungszufuhr dient. Speiseröhre, Magen und Darmkanal wohl entwickelt; After neben dem Mund. Zuweilen finden sich dem normalen Zooecium äußerlich ansitzende Eizellen (Ovicellen, Figg. 253 u. 254), die zur Entwicklung der befruchteten Eier dienen. Außerdem finden sich bei marinen Formen häufig eigentümliche, individuelle Gebilde, die den Zooecien in der Nähe ihrer Öffnungen ansitzen und Nahrung herbeischaffen: Avicularia und Vibracula. Die *Avicularia* (Fig. 252 *Av*), nach der Ähnlichkeit ihrer Form mit einem Vogelköpfchen so genannt, sind 2armige Zangen, welche

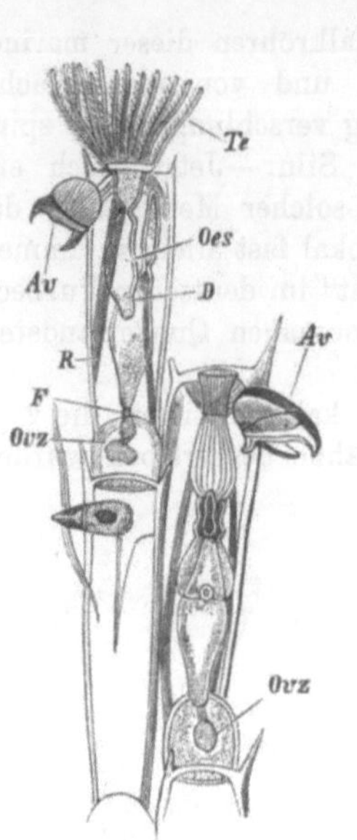

Fig. 252. *Bugula avicularia Lamx.* *Te* = Tentakelkranz. *R* = Retraktor, Muskel, der dem Tier zum Sichzurückziehen in die Zelle dient. *Oes* = Oesophagus. *D* = Darm. *F* = Funiculus, Strang, der den Magendarm an der Leibeswand befestigt. *Av* = Avicularien. *Ovz* = Ovicellen.

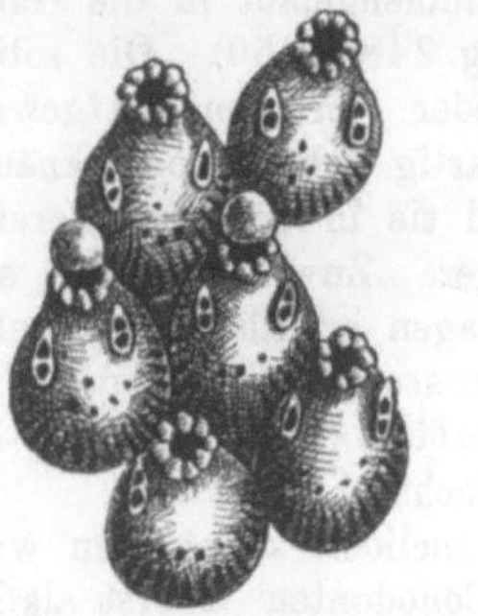

Fig. 253. *Lepralia personata Rss.* Miocän. Mödling bei Wien. Zur Gruppe der Cheilostomata gehörig. Vergr. Zelle mit Avicularien; die beiden mittl. Zellen tragen Ovicellen.

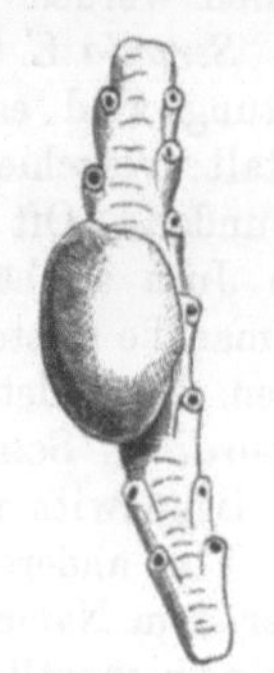

Fig. 254. *Crisia Hoernesi Rss.* Miocän. Wiener Becken. Mit einer Ovicelle. Stark vergrößert.

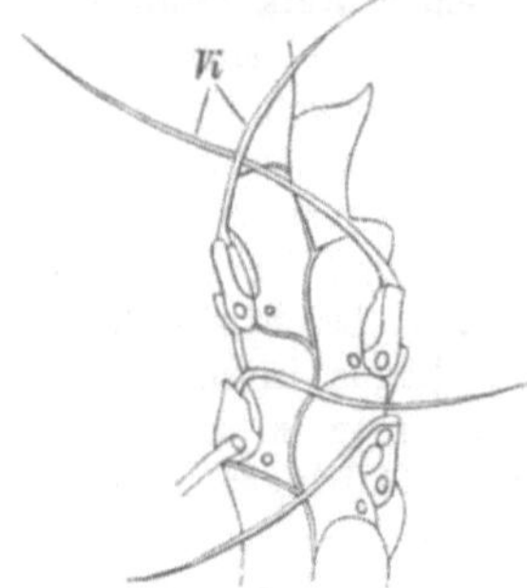

Fig. 255. *Scrupocellaria sp.* Rezent. *Vi* = Vibracularien.

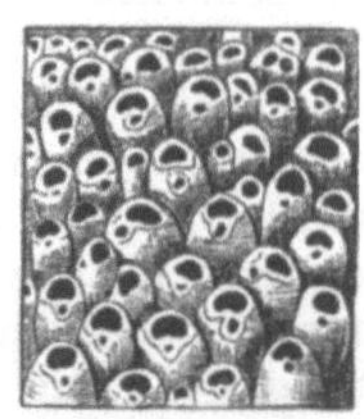

Fig. 256. *Cellepora distoma Rss.* Oligocän. Söllingen. Oberfläche vergrößert. Zellen mit Spezialporen unterhalb der Mündung.

sich öffnen und schließen, und dadurch kleine Organismen festhalten können. Die *Vibracula* (Fig. 255) tragen einen sehr langen beweglichen Faden. Fossil ist keins dieser beiden Organe jemals erhalten, da sie jedoch nach dem Abfallen auf der Oberfläche der Zelle eine „Spezialpore" hinterlassen, so kann ihre ehemalige Existenz auch bei fossilen Formen konstatiert werden (Fig. 256).

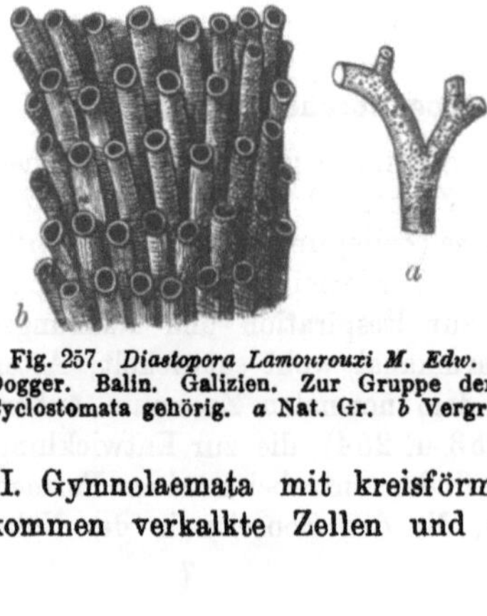

Fig. 257. *Diastopora Lamourouxi M. Edw.* Dogger. Balin. Galizien. Zur Gruppe der Cyclostomata gehörig. *a* Nat. Gr. *b* Vergr.

Je nachdem die Afteröffnung innerhalb oder außerhalb des Tentakelkranzes mündet, zerfallen die Bryozoen in die *Entoprocta* und *Ektoprocta*. Zu den *Entoprocta* gehören nur wenige und nur lebend sich findende Gattungen. Die *Ektoprocta* zerfallen in I. Phylactolaemata mit hufeisenförmigem, und II. Gymnolaemata mit kreisförmigem Tentakelkranz. Nur bei letzteren kommen verkalkte Zellen und folglich fossile Vertreter vor. Sie zerfallen in 3 Gruppen: *Cryptostomata, Cyclostomata* und *Cheilostomata.* Bei den *Cyclostomata* sind die Mündungen der Zellen endständig und weisen den gleichen Durchmesser auf wie die Zellen selbst (Fig. 257). Bei den *Cheilostomata* sind die Mündungen enger und dann gewöhnlich auf die Vorderseite der Zelle gerückt (Fig. 258). Zu diesen kommt noch die Gruppe der *Cryptostomata*: die äußere Mündung ist rundlich wie bei den Cyclostomata, aber sie führt nur in einen ± röhrig verlängerten Vorraum, an dessen Basis sich die eigentliche Mündung der gewöhnlich kurzen Zelle befindet. Bryozoen finden sich vom Silur bis zur Gegenwart, lokal so massenhaft, daß sie manche Schichten ganz erfüllen und bei Lebzeiten förmliche Riffe gebildet haben.

Fig. 258 *Salicornaria farciminoides Johnst.* Miocän. Ungarn. Vergr. Zur Gruppe der Cheilostomata gehörig.

1. Unterordnung. *Cryptostomata.* Nur paläozoisch.

Fenestella Lonsd. (Fig. 259). Stock trichter- oder fächerförmig. Er besteht aus zahlreichen einzelnen, von der Basis ausstrahlenden, sich nach oben wiederholt gabelnden Ästen, welche auf einer Seite 2 Längsreihen runder Zellöffnungen tragen. Zwischen den Ästen zahlreiche zellenlose Verbindungsstäbchen, so daß die ganze Kolonie einen maschigen Bau zeigt. Silur—Perm.

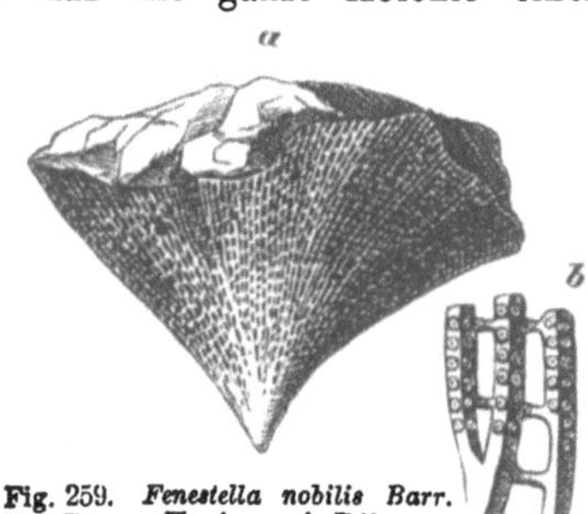

Fig. 259. *Fenestella nobilis Barr.* Unt. Devon. Konjeprus in Böhmen. *a* Nat. Gr. *b* Vergr.

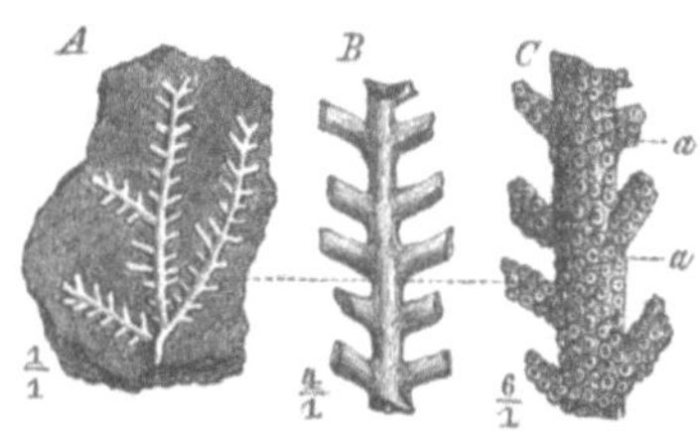

Fig. 260. *Acanthocladia anceps Schl. sp.* Zechstein. Pösneck. Thüringen. *A* Stock von der Rückseite, *B* ein Teil davon vergr. *C* Ein Teil der Vorderseite mit den Zellmündungen *a*.

F. nobilis Barr. Unt. Devon. *F. retiformis* Lonsd. Unt. Zechstein; letztere Art nimmt wesentlichen Anteil an der Bildung der Bryozoenriffe im s.-ö. Thüringen.

Acanthocladia King. (Fig. 260). Stock ästig. Zellen auf einer Seite der Äste. Kohlenkalk—Perm. *A. anceps* Schloth. sp. Unt. Zechstein.

2. Unterordnung. *Cyclostomata.* Silur—Jetzt.

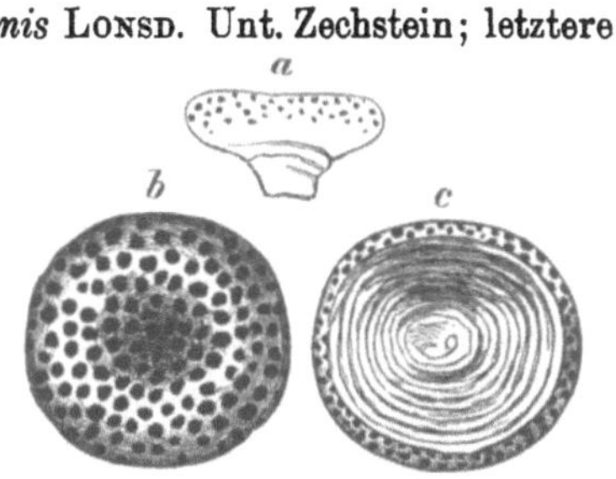

Fig. 261. *Ceriopora spongites Goldf.* Cenoman. Essen. *a* Nat. Gr. von der Seite; *b* vergr. von oben; *c* vergr. von unten.

Ceriopora Goldf. (Fig. 261). Stock mannigfach gestaltet, oft von ansehnlicher Größe; aus dicht gedrängten, miteinander verwachsenen röhrenförmigen Zellen bestehend. Trias bis Kreide. *C. irregularis* Mich. sp. Ob. Turon (Hippuritenkreide).

3. Unterordnung. *Cheilostomata.* Jura—Jetzt.

Die meist mit einem chitinösen, beweglichen Deckel versehene Mündung der Zellen ist enger als die Zelle selbst und gewöhnlich auf deren Vorderseite gerückt. Einige Formen besitzen hornige, nicht erhaltungsfähige Zellen; bei andern bleibt die Vorderwand häutig und der übrige Teil verkalkt. Bei derartigen fossilen Formen erscheint die Vorderseite vollständig offen. Die Mehrzahl besitzt jedoch vollständig verkalkte Zellen.

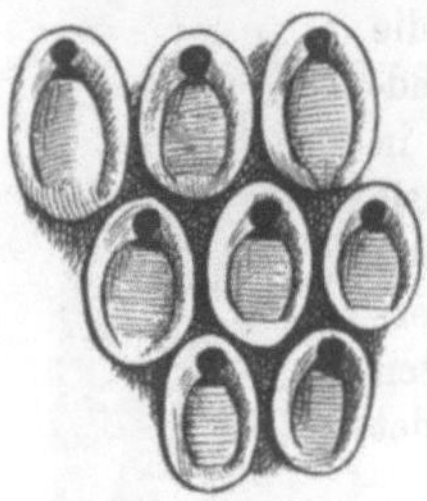

Fig. 262. *Membranipora formosa Rss.* Miocän. Eisenstadt. Vergr.

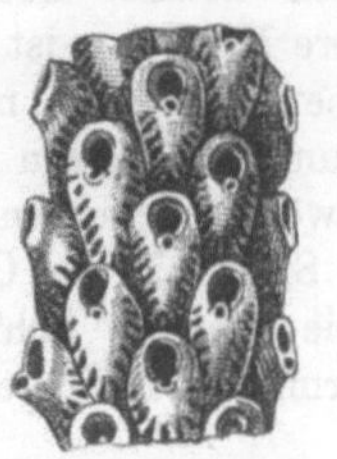

Fig. 263. *Eschara regularis Rss.* Oligocän. Sollingen. Vergr.

Membranipora BLV. (Fig. 262). Stock mit der Rückseite festgewachsen, inkrustierend. Zellentragende Vorderseite nicht oder unvollständig verkalkt. Kreide—Jetzt.

Eschara BUSK. (Fig. 263). Stock aufrecht, blattförmig-ästig, aus 2, mit dem Rücken verwachsenen Zellenschichten bestehend. Zellen krugförmig, meist im Quincunx angeordnet und mit Avicularien versehen. Diese hinterlassen nach dem Abfallen „Spezialporen" oder erscheinen als kleine hie und da eingeschaltete „Zwischenzellen". Dogger—Jetzt, bes. häufig im senon. Kreidetuff von Maastricht.

Cellepora (Fig. 256). Mannigfach gestaltete, oft mehrschichtige Stöcke. Tertiär bis Jetzt. *C. palmata* MICH. Miocän.

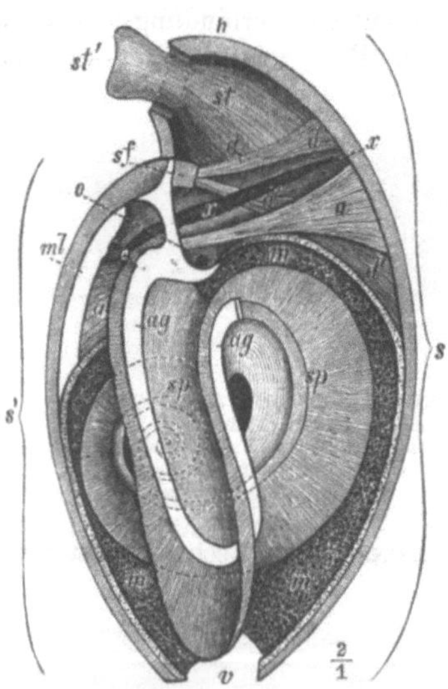

Fig. 264. *Waldheimia flavescens Val.* Rezent. Australien. Längsschnitt, parallel u. etwas vor der Mittelebene. *v* vorn, *h* hinten, *s* größere Ventralschale, *s'* kleinere Dorsalschale. *m* Mantel, *sp* Spiralarme, durch ein schleifenartiges Armgerüst (*ag*—weiß) gestützt. *o* Mund; *x* Darm, *ml* Medianseptum der Dorsalschale (weiß); *sf* Schloßfortsatz; *d d'* Öffnungsmuskeln, *a* Schließmuskeln, *st* Stielmuskel, *st'* Stiel, aus dem Schnabelloch austretend. Nach STEINM.

2. Klasse. Brachiopoda. Armkiemer.

Bilateral-symmetrische Molluscoidea mit (kleinerer) dorsaler und (größerer) ventraler Schalenklappe und 2 spiralig aufgerollten Mundarmen. In der Regel werden die Schalen entweder durch einen hornigen Stiel auf fremder Unterlage befestigt oder die eine ist direkt aufgewachsen.

Die Schalen (Fig. 264) werden von 2 Hautduplikaturen, den *Mantellappen*, abgesondert. Diese umschließen die *Mantelhöhle*. Der hintere unter den Wirbeln gelegene Teil derselben ist durch eine Membran von dem vorderen getrennt und enthält sämtliche Organe des Körpers mit Ausnahme der in dem bei weitem größeren vorderen Abteil der Mantelhöhle gelegenen Mundarme. Letztere entspringen zur Seite der Mundöffnung und sind oft von einem festen Kalkgerüst gestützt, welches für die Systematik von großer Wichtigkeit ist. Sie dienen sowohl zur Herbeistrudelung der Nahrungsstoffe als zur Respiration und sind mit Fransen besetzt. Die median zwischen der Basis der beiden Arme gelegene Mundöffnung führt in eine kurze Speiseröhre, diese in einen von Leberlappen umlagerten Magendarm, auf den der Enddarm folgt. Letzterer mündet entweder in die vordere Abteilung der Mantelhöhle oder endigt blind. Dorsal vom Magen liegt das Herz. Es entsendet u. a. je 1 starken Gefäßstamm in die Mantellappen, der sich dort mehrfach vergabelt. Eindrücke dieser Gefäße sieht man häufig auf der Innenseite der Schalen und bei fossilen Formen auf Steinkernen derselben (Fig. 265). Zum Öffnen und Schließen der Schalen dienen eine Anzahl Muskeln, welche verschieden ausgebildet sind, je nachdem die Schalen ein Schloß (s. u.) besitzen oder nicht. Bei den mit Schloß versehenen „*Articulata*“ (Fig. 266) unterscheidet man „*Öffnungsmuskeln*“ (Divaricatores) und „*Schließmuskeln*“ (Adductores). Die Adductores verlaufen quer von einer Schale zur andern. Die Divaricatores setzen sich einerseits an die größere Ventralschale, andererseits an den Schloßfortsatz der kleinen Dorsalschale. Bei den Formen ohne Schloß „*Inarticulata*“ (Fig. 271) liegen die Divaricatores in der Nähe der Seitenränder und bewirken eine Verschiebung beider Schalen. Sie heißen daher „*Gleitmuskeln*“. Außerdem finden sich bei beiden Gruppen noch Muskeln zur Befestigung des Stieles, die „*Stielmuskeln*“ (Adjustores). Die Anheftungsstellen der Muskeln auf der Innenseite der Schalen sind durch ± deutliche Eindrücke sichtbar.

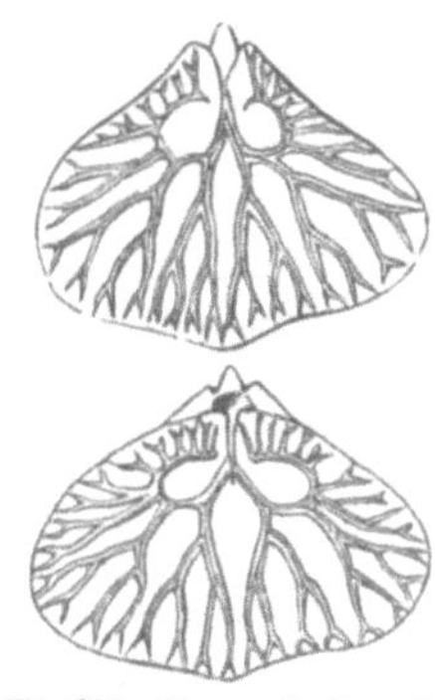

Fig. 265. *Camarophoria multiplicata King.* Zechstein. England. Steinkern mit den Gefäßeindrücken.

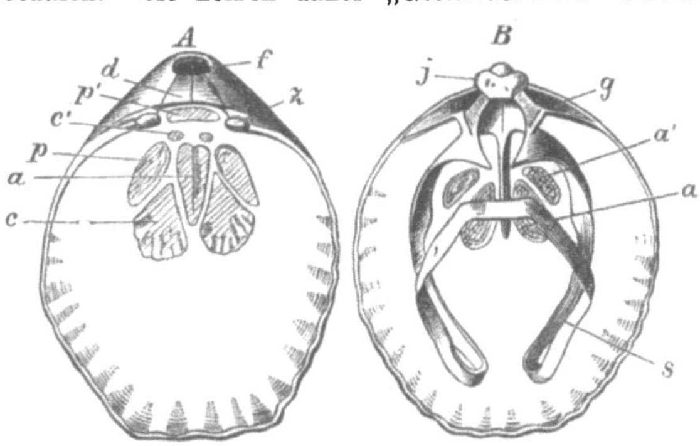

Fig. 266. *Waldheimia flavescens Val.* Rezent. Nach DAVIDSON. *A* Ventralklappe. *f* Schnabelloch (*Foramen*). *d* Deltidium. *z* Schloßzähne. *c* Vordere Öffnungsmuskel (*Divaricatores anteriores*). *c'* Hintere Öffnungsmuskel (*Div. posteriores*). *a* Schließmuskel (*Adductores*). *p* Vordere Stielmuskel (*Adjustores anteriores*). *p'* Hintere Stielmuskel (*Adj. posteriores*). *B* Dorsalklappe. *j* Schloßfortsatz (*processus cardinalis*). *g* Zahngrube. *s* Armschleife. *a* Vordere Schließmuskel (*Adductores anteriores*). *a'* Hintere Schließmuskel (*Add. posteriores*).

Die Schalen der Brachiopoden sind meist von ungleicher Größe und zwar ist die *Ventralschale die größere* und springt meist schnabelartig mit einem ± eingekrümmten Wirbel über die *kleinere Dorsalschale* vor. Sie ist entweder direkt auf der Unterlage aufgewachsen oder mit dem Stiel angeheftet. Dieser tritt entweder durch eine an der Spitze des Schnabels befindliche, diesen daher abstutzende Öffnung, das „*Schnabelloch*“, nach außen oder durch eine von dem spitzbleibenden Schnabel zum Schloßrand herabziehende dreieckige Spalte, der „*Deltidialspalte*“. Zuweilen sind die beiden Schalen gleich oder fast gleich groß; dann tritt der Stiel entweder einfach zwischen den Wirbeln hervor oder durch einen im Wirbel der Ventralschale befindlichen Einschnitt. Ursprünglich ist die Stielöffnung fast stets dreieckig, wird aber allmählich durch 2 *von den Seiten her* sich bildenden Kalkplättchen verengt oder selbst geschlossen. Diese beiden Stücke bilden das „*Deltidium*". Bleiben seine beiden Stücke getrennt, so ist es ein Deltidium *discretum*, stoßen sie unter dem Schnabelloch zusammen, ein *D. sectans* und umfassen sie dasselbe oben und unten, ein *D. amplectans.* Bei Formen mit Deltidialspalte wird diese meist durch ein *von oben her* sich bildendes, meist quergestreiftes Kalkplättchen „*Pseudodeltidium*" ± verschlossen (Fig. 267). Bei vollständiger Schließung der Spalte verschwindet auch der Stiel und das Tier wird entweder frei, oder die Ventralschale verwächst mit der Unterlage. Den Hinterrand, mit welchem sich die beiden Schalen berühren, nennt man „*Schloßrand*", den entgegengesetzten „*Stirnrand*". Oft ist zwischen dem Schloßrand und Wirbel der Ventral- oder auch beider Klappen ein dreieckiges, abgeplattetes Feld vorhanden, die „*Area*" (Figg. 278 u. 282). Seitlich wird sie von 2 schrägen, vom Wirbel nach den Außenecken des Schloßrandes verlaufenden Kanten, den „*Schnabelkanten*", begrenzt. Viele Brachiopoden (die *Articulata*) besitzen einen besonderen Apparat zur festeren Verbindung der beiden Schalen, das „*Schloß*". Es besteht aus 2 zahnartigen Fortsätzen am Schloßrand der Ventralschale, jederseits des Deltidiums, den „*Schloßzähnen*". Ihnen dienen zur Einlenkung an der Dorsalschale 2 *Zahngruben*, zwischen denen sich der „*Schloßfortsatz*" zur Insertion der Divaricatoren erhebt. Nach innen werden die Zahngruben durch die „*Schloßplatten*" begrenzt, und diese ebenso wie die Zähne der Ventralschale häufig durch bis zum Grunde der Schale reichende „*Zahnplatten*" (Zahnstützen) gestützt (Fig. 287). Zuweilen kommen noch andere Leisten und Scheidewände (Septen) im Innern der Schalen vor (z. B. Stringocephalus, Fig. 290). Die

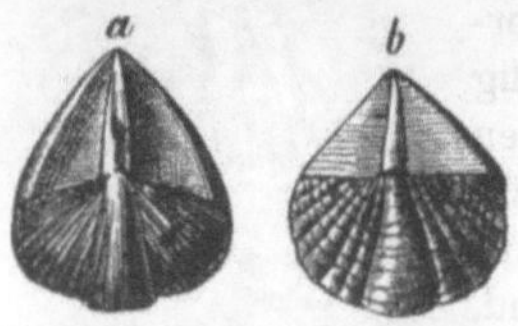

Fig. 267. *a Cyrtia exporrecta Dalm.* Ob. Silur. Gotland. *b Cyrtina heteroclyta Defr. sp.* Devon. Eifel. Beide mit Pseudodeltidium.

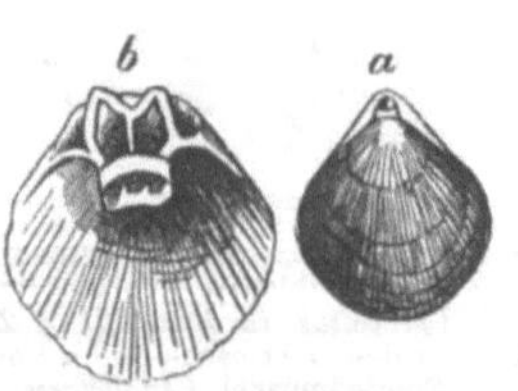

Fig. 268. *Terebratulina substriata Schloth. sp.* Malm. Nattheim. *a* Ansicht von der dorsalen Seite. *b* Dorsalschale von innen, mit dem Armgerüst.

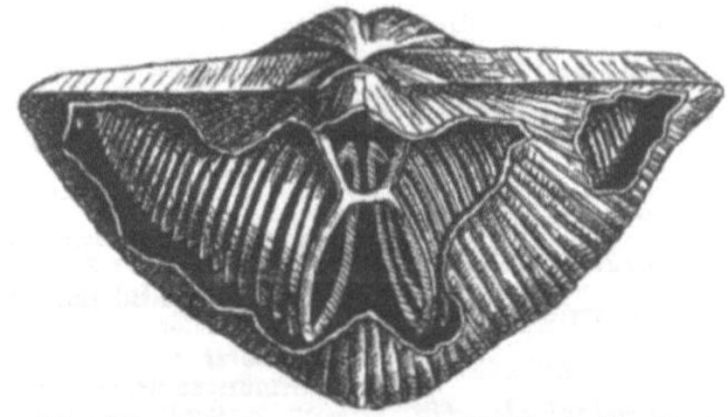

Fig. 269. *Spirifer striatus Sow.* Kohlenkalk. Yorkshire. Die kleine Schale ist z. T. aufgebrochen, um das Armgerüst zu zeigen.

beiden weichen spiraligen Mundarme werden in vielen Fällen durch ein „*Armgerüst*" (Brachialapparat) getragen, welches für die Systematik von größter Wichtigkeit ist. Es ist stets am Schloßrand der kleinen (Dorsal-) Schale befestig und sehr verschieden gebaut. Bald sind es kurze, gebogene Fortsätze („*Crura*", Fig. 288), bald lange Bänder, die z. B. schleifenförmig gebogen (Fig. 266 *B*) oder spiralig zu kegelförmigen Körpern aufgerollt sind (Figg. 269 u. 283). Äußerlich sind die Schalen der Brachiopoden glatt oder verziert, am häufigsten radial gerippt; oder sie sind radial gefaltet und ihre Berührungslinien (Kommissuren) greifen zackig ineinander. Häufig besitzt die eine Schale eine Wulst, der eine Vertiefung (Sinus) der andern Schale entspricht (Fig. 289). Chemisch bestehen sie meist aus kohlensaurem Kalk, seltener aus abwechselnd hornigen und kalkigen Lagen, welch letztere dann vorwiegend aus phosphorsaurem Kalk bestehen. Besitzt der die Schale absondernde Mantel röhrenförmige Fortsätze, so werden die Schalen von feinen Kanälchen durchzogen, deren Öffnungen sich an der Oberfläche als feine, meist nur mit der Lupe wahrnehmbare Punkte bemerkbar machen. Man unterscheidet danach punktierte und nicht punktierte (fasrige) Schalen. Sämtliche Brachiopoden bewohnen das Meer. Ihre Anzahl ist gegenwärtig eine rel. geringe, dagegen entfalteten sie in der Vorwelt einen großen Formenreichtum und stellen vielfach ausgezeichnete Leitfossilien dar.

Je nachdem ein Schloß fehlt oder vorhanden ist, zerfallen sie in Inarticulata (Ecardines) und Articulata (Testicardines).

I. Ordnung. Inarticulata Huxley (Ecardines).

Schalen ohne Schloß, kalkig oder hornig-kalkig. Afteröffnung vorhanden.

Fam. ***Obolidae*** King. *Obolus* Eichw. (*Ungulites* Pand., Fig. 270). Schalen kalkig-hornig, etwas ungleichklappig, mäßig gewölbt, rundlich, glatt. Die Ventralschale besitzt unter dem Wirbel eine Area und eine Furche zum Austritt des Stieles, innen ein schwaches Medianseptum. Kambrium. *O. Apollinis* Eichw. ist ungemein häufig in dem „Ungulitensandstein" (unteres Ober-Kambrium) bei St. Petersburg.

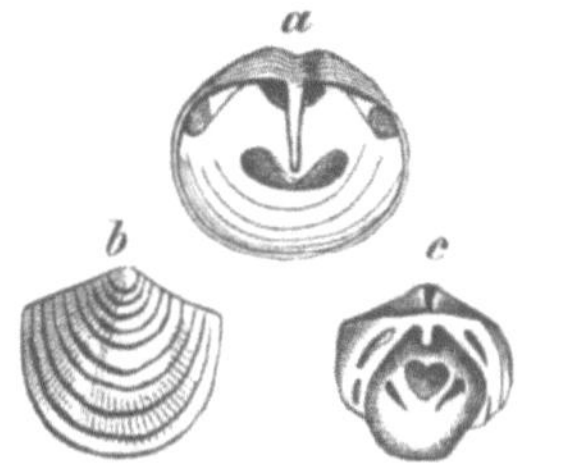

Fig. 270. *Obolus Apollinis Eichw.* Unt. Silur. St. Petersburg. *a* Ventralschale von innen, *b*, *c* Dorsalschale von außen u. innen.

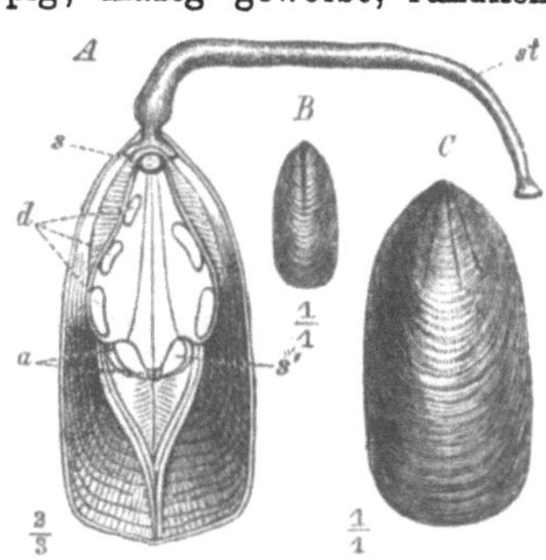

Fig. 271. *A Lingula anatina Brug.* Rezent. Philippinen. Größere Schale von innen. *st* Stiel; *s* unpaarer Öffnungsmuskeleindruck; *s'* paarige Schließmuskeleindrücke; *d* Eindrücke der Gleit- (=Öffnungs-)muskeln; *a* Eindrücke der Stielmuskeln. *B L. tenuissima Br.* Lettenkohle. Württemberg. *C L. Beani Phill.* Mittl. Dogger. Elsaß. Nach Steinm.

Fam. ***Lingulidae*** King. *Lingula* Brug. (Fig. 271). Schalen glatt, hornig-kalkig, fast gleichklappig, länglich, oft 4-seitig, gegen den Hinterrand sich — oft plötzlich — verschmälernd. In der Wirbelgegend zum Durchtritt des Stieles etwas klaffend. Eindruck des unpaaren Schließmuskels median vor dem Wirbel der größeren Schale, der paarigen etwas vor der Schalenmitte, neben diesen jederseits ein Stielmuskeleindruck. Gleitmuskeleindrücke dem Rande genähert. Vom Präkambrium ohne wesentliche Veränderung durch alle Formationen bis in die Jetztzeit durchgehend! *L. Credneri* Gein. Perm. *L. tenuissima* Alb. Trias, bes. im Keuper. *L. Lewisii* Sow. Ob. Silur.

Fam. ***Discinidae*** Gray. *Discina* Lam. (Fig. 272). Schalen hornig-kalkig, ungleichklappig, fast kreisrund, meist konzentrisch gestreift mit lebhaftem Glanz. Wirbel fast zentral, hinter ihm in der Ventralschale eine rundliche oder schlitzförmige Stielöffnung. Präkambrium—Jetzt. Zerfällt in mehrere Untergattungen. *D. nitida* Phil. Kohlenkalk.

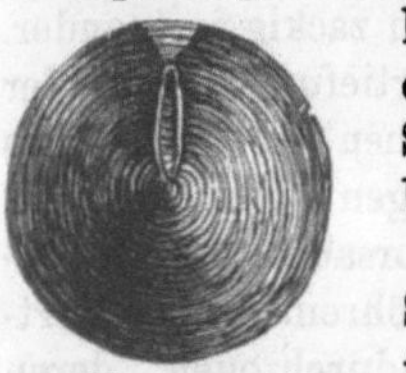

Fig. 272. *Discina* (*Orbiculoidea*) *Forbesii Davids*. Wenlockkalk. Ob. Silur. Malvern-Hills.

Fam. ***Craniidae*** Forbes. *Crania* Retz. (Fig. 273). Schalen kalkig, ungleichklappig, flach oder niedrig-kegelförmig. Dorsale Oberschale größer als die aufgewachsene Ventralschale. Beide Schalen auf der Innenseite mit breitem, oft gekörneltem Rand. Muskelansatzstellen sehr deutlich, bald konvex, bald konkav. In jeder Schale sieht man 4: 2 der Öffnungsmuskeln am Schloßrand, 2 der Schließmuskeln nahe der Schalenmitte; zwischen letzteren in der Unterschale ein dreieckiger, nasenförmiger Vorsprung zur Stütze der nicht verkalkten Spiral-

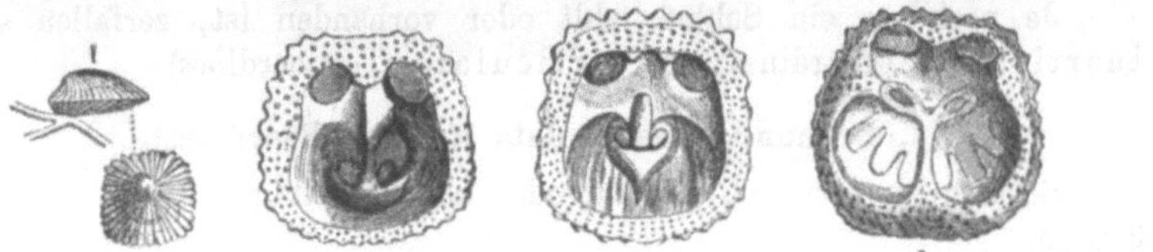

Fig. 273. *Crania Ignabergensis Retz.* Ob. Senon. Ignaberga in Schonen. *a* Von der Seite u. von ob. Nat. Gr. *b* u. *c* Innenseite der Unterschale. *d* Innenseite der Oberschale. Nach Zitt.

arme. Durch diesen Vorsprung im Verein mit den 4 Muskeleindrücken erinnert die Innenansicht der Ventralschale etwas an einen Totenschädel, wonach die Gattung den Namen trägt. Öfters sind auch fingerförmige Gefäßeindrücke zu beobachten. Silur—Jetzt, bes. in der Kreide. U.-G. *Pseudocrania* M'Coy mit freien Schalen. Silur—Devon.

II. Ordnung. Articulata Huxley. (Testicardines).

Beide Schalen durch ein Schloß verbunden, stets kalkig. Afteröffnung fehlt, Darm blind endigend. Kambrium—Jetzt.

A. Formen ohne Armgerüst.

Fam. ***Strophomenidae*** King (*Orthidae*). Schalen ungleichklappig. Schloßrand meist lang, gerade, darüber eine Area. Ventralschale mit Deltidialspalte, doch letztere häufig durch ein Pseudodeltidium geschlossen. Ventralschale mit 2 Schloßzähnen, Dorsalschale mit einem zwischen diese eingreifenden Schloßfortsatz. Kambrium—Lias, bes. im Silur u. Devon.

Fig. 274. *Strophomena expansa Sow. sp.* Unt. Silur. England. Ventralschale von innen.

Strophomena Blv. (Fig. 274). Schalen punktiert, ungleichklappig. Ventralschale etwas konvex, Dorsalschale konkav, daher Innenraum sehr eng. Umriß halbkreisförmig oder 4seitig. Stielspalte im Alter geschlossen. In der Ventralschale werden die divergierenden Schloßzähne durch Zahnplatten gestützt; die Muskeleindrücke durch ein schwaches Medianseptum getrennt. Dorsalschale mit 2teiligem Schloßfortsatz. Häufig strahlig zum Rand verlaufende Gefäßeindrücke zu beobachten. Silur—Karbon.

Leptaena DALM. Ähnlich Strophomena. Dorsalschale mit 3teiligem Schloßfortsatz. Silur—Karbon. Die früher aus Lias angegebenen Arten gehören anderen Gattungen an.

Streptorhynchus KING. (Fig. 275). Entweder beide Schalen flachkonvex oder Ventralschale etwas konkav, mit hoher Area. Dorsalschale konvex, mit 2teiligem Schloßfortsatz. Silur—Perm. *St. umbraculum* SCHL. Mittl. Devon.

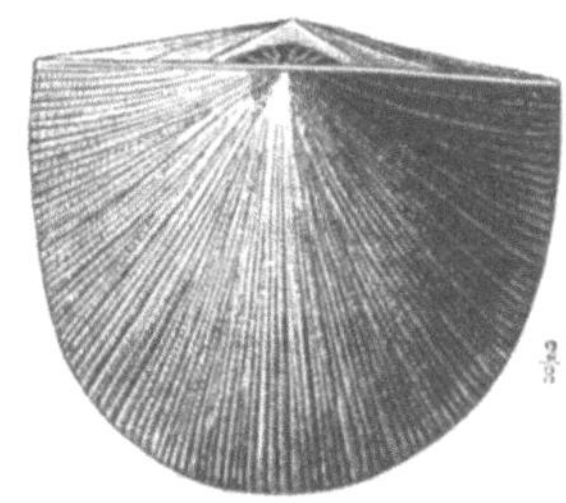

Fig. 275. *Streptorhynchus umbraculum Schloth. sp.* Mittl. Devon. Gerolstein (Eifel).

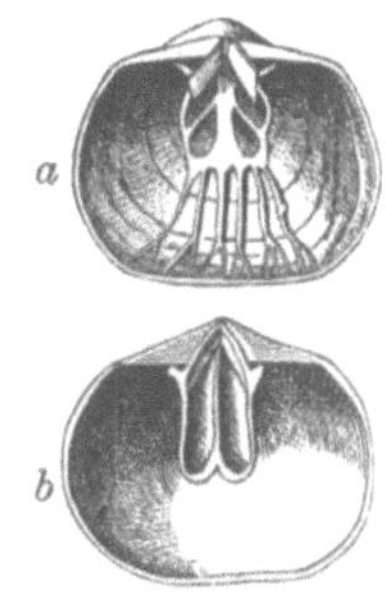

Fig. 276. *Orthis striatula Schloth. sp.* Mittl. Devon. Gerolstein. *a* Dorsalschale. *b* Ventralschale.

Orthis DALM. (Figg. 276 u. 277). Schale punktiert, ± gewölbt, rundlich, meist radial gestreift oder gerippt. Die Dorsalschale zuweilen flach, Schloßrand meist kürzer als die größte Schalenbreite. Area in beiden Klappen mit offener Deltidialspalte, deren seitliche Umgrenzung in der Ventralschale von den die Zähne derselben stützenden Zahnplatten gebildet wird. Zahngruben der Dorsalschale tief, ihre inneren Begrenzungsleisten mit kurzen Fortsätzen zum Ansatz der Arme. Meist in beiden Schalen ein Medianseptum. Häufig Gefäßeindrücke zu beobachten. Silur—Perm. *O. elegantula* DALM. Ob. Silur. *O. striatula* SCHLOTH. Mittl. Devon. Zahlreiche Untergattungen, z. B. *Platystrophia* KING. mit tiefem Mediansinus der Ventralklappe und langem Schloßrand. Silur—Karbon.

Fig. 277. *Orthis biloba L.* Ob. Silur. Gotland.

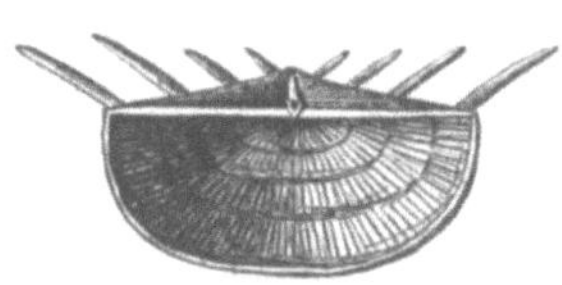

Fig. 278. *Chonetes striatella Dalm. sp.* Ob. Silur. Gotland.

Fig. 279. *Strophalosia Goldfussi Münst. sp.* Zechstein. Gera. Thür.

Fam. **Productidae** D'ORB. Ventralschale gewölbt, Dorsalschale flach oder konkav. Schloßrand gerade, meist lang. Auf der Schalenoberfläche oder der Schalenkante hohle Stacheln. Schloßzähne zuweilen verkümmert. Die unter dem Schloßfortsatz der Dorsalschale gelegenen Schloßmuskeleindrücke sind stark vertieft und durch eine Leiste getrennt; vor ihnen, aber etwas seitlich liegt je ein nierenförmiger, außen von einer Leiste umgebener Eindruck, vielleicht von den Spiralarmen herrührend. Silur—Perm.

Chonetes FISCH. (Fig. 278). Schale quer verlängert. Ventralschale mäßig gewölbt, Dorsalschale etwas konkav. Beide Schalen mit niedriger Area, in deren Mitte ein Pseudodeltidium. Schnabelkanten mit hohlen Stacheln. Silur—Perm. *Ch. striatella* DALM. sp. sehr häufig im nordischen ob. Silur und in Diluvialgeschieben (Chonetenkalk).

Strophalosia KING. (Fig. 279). Mit dem Wirbel der gewölbten Ventralschale aufgewachsen, in dieser 2 Schloßzähne. Oberfläche beider Schalen mit hohlen Stacheln. Schloßrand wenig verlängert. Kohlenkalk—Perm. *Str. Goldfussi* MÜNST. sp. Unt. Zechstein.

Productus Sow. (Figg. 280 u. 281). Schale frei, ± quer verlängert. Ventralschale hoch gewölbt, mit eingekrümmtem Wirbel, Dorsalschale flach oder konkav. Schalenoberfläche mit röhrenförmigen, meist langen

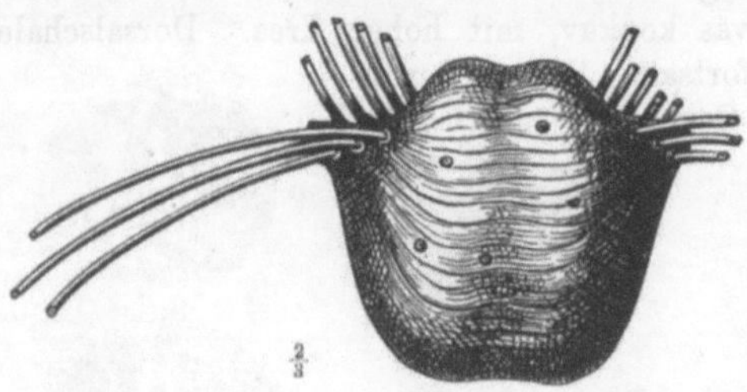

Fig. 280. *Productus horridus* Sow. Unt. Zechstein. Gera.

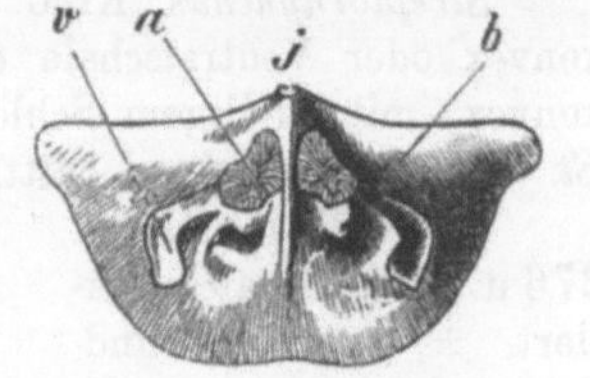

Fig. 281. *Productus giganteus* Sow. Dorsalklappe von innen, verkl. *j* Schloßfortsatz, *a* Eindrücke der Adductores, *v* nierenförmige Eindrücke, *b* Stütze für die fleischigen Arme.

Stacheln. Schloßzähne verkümmert. Kohlenkalk—Perm. *Pr. giganteus* Sow. Kohlenkalk. *Pr. horridus* Sow., Zechstein, bes. für die unteren Lagen desselben charakteristisch.

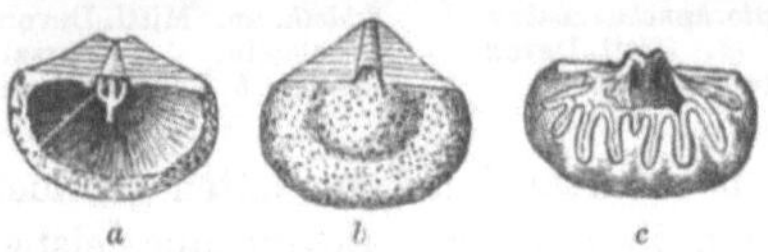

Fig. 282. *Thecidea digitata* Goldf. Cenoman. Essen. *a* Ventralschale von innen. *b* Vollständ. Exemplar. *c* Dorsalschale von innen. Nach Zitt.

Fam. ***Thecideidae*** Gray. *Thecidea* Defr. (Fig. 282). Schalen punktiert, ungleichklappig. Ventralschale meist aufgewachsen, mit dreieckiger Area und Pseudodeltidium. Dorsalschale innen mit breitem Rand, von dem radial nach innen gerichtete Fortsätze ausgehen; diesen folgt der Brachialapparat. Meist kleine Formen. Trias—Jetzt, bes. häufig in der Kreide.

B. Formen mit Armgerüst.

Fam. ***Atrypidae*** Dall. *Atrypa* Dalm. (Fig. 283). Schalen fasrig, beide gewölbt, meist radial gerippt, ohne Area. Armgerüst aus 2 langen Bändern bestehend, die spiral aufgerollt sind und Hohlkegel bilden, deren Spitzen gegen die Mitte der Dorsalschale gerichtet sind. Ventralschale mit kleinem Schnabelloch. Silur bis Devon. *Atr. reticularis* L. sp. Ob. Silur—ob. Devon.

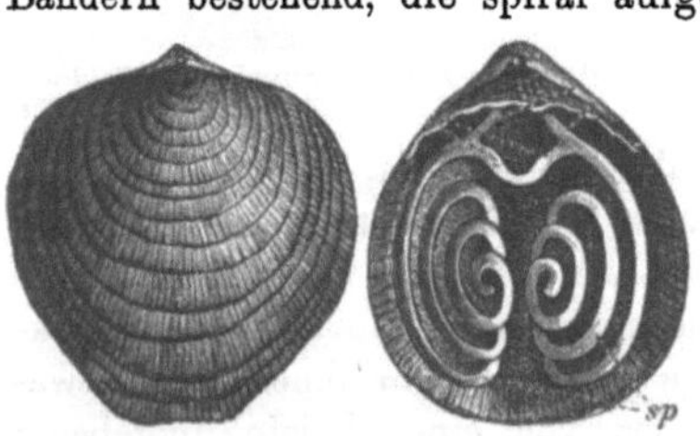

Fig. 283. *Atrypa reticularis* L. Ob. Silur. *sp* Spiralkegel.

Fam. ***Spiriferidae*** d'Orb. Schale fasrig, selten punktiert, oval oder quer verlängert, häufig von 3seitigem Umriß. Beide Schalen gewölbt. Armgerüst 2 hohle Spiralkegel bildend, deren Spitzen nach außen gerichtet sind. Silur—Lias.

Spirifer Sow. (Fig. 269). Schalen fasrig, meist radial gefaltet, die ventrale mit mittlerer Bucht, die dorsale mit Wulst. Ventralschale mit ± hoher Area, deren Deltidialspalte erst im Alter anfängt, von einem Pseudodeltidium verschlossen zu werden. Ihre beiden Schloßzähne von Zahnplatten gestützt; Schloßrand lang, gerade. Dorsalschale mit schmaler Area. Silur—Karbon. Sehr verbreitet und artenreich. In Menge z. B. in dem unterdevon. „Spiriferensandstein" des Harzes (*Sp. paradoxus* Qu. u. a.).

Sp. cultrijugatus F. Röm. Mittl. Devon. *Sp. Verneuili* Murch. Ob. Devon. *Sp. undulatus* Sow. Unt. Zechstein.

Spiriferina d'Orb. (Fig. 284). Schale punktiert, Ventralschale mit hohem Medianseptum. Karbon—Lias. *Sp. fragilis* Schloth. Unt. Muschelkalk.

Cyrtia Dalm. (Fig. 267 *a*). Ähnlich Spirifer, aber Ventralschale mit sehr hoher Area. Pseudodeltidium in der Mitte mit rundem Stielloch. Silur.

Cyrtina Davids. (Fig. 267 *b*). Ähnlich Cyrtia, aber Schale punktiert und die Zahnplatten in der Ventralschale sich zu einem hohen Medianseptum vereinigend. Silur bis Trias.

Uncites Defr. (Fig. 285). Schale fasrig. Wirbelregion der Ventralschale stark verlängert. Deltidium konkav. Devon. *U. gryphus* Schloth. Mittl. Devon.

Retzia King. Schale punktiert, mit radialen Rippen, Ventralschale mit Schnabelloch. Silur—Trias. *R. trigonella* Schloth. sp. Muschelkalk.

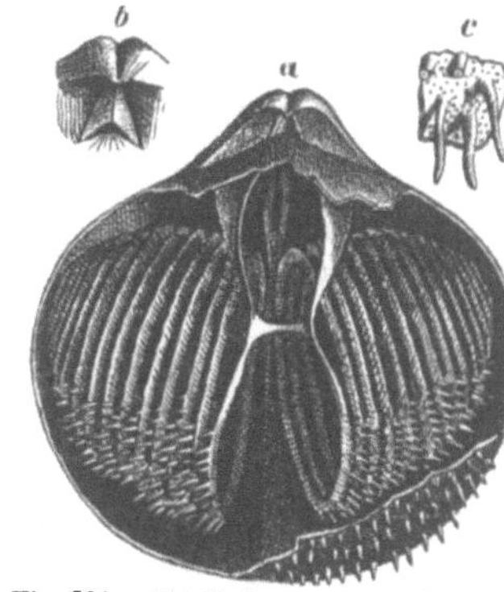

Fig. 284. *Spiriferina rostrata Sow. sp.* Mittl. Lias. Ilminster. *a* Gehäuse mit aufgebrochener Dorsalklappe, *b* Schnabel mit Pseudodeltidium, *c* punktierte Schalenoberfläche mit den röhrigen Stacheln. Vergr.

Spirigera d'Orb. (*Athyris* M'Coy, Fig. 286). Schale rundlich, fasrig, glatt oder konzentrisch gestreift. Area fehlt. Ventralschale mit rundem Schnabelloch. Silur—Trias. *Sp. concentrica* v. Buch. sp. Mittl. Devon.

Fam. ***Pentameridae*** M'Coy. *Pentamerus* Sow. (Fig. 287). Schale fasrig, ungleichklappig, Ventralschale mit ± stark ein- u. abwärts gekrümmtem Wirbel und unter den Zähnen mit 2 kräftigen Zahnplatten, die sich zu einem hohen Medianseptum vereinigen. Unter dem Wirbel eine dreieckige Deltidialspalte. Dorsalklappe unter und vor den Zahngruben mit 2 Cruralplatten, die kurze Haken zum Ansatz der Arme tragen. Silur—Devon. *P. galeatus* Dalm. sp. Devon. *P. Knightii* Sow. Ob. Silur.

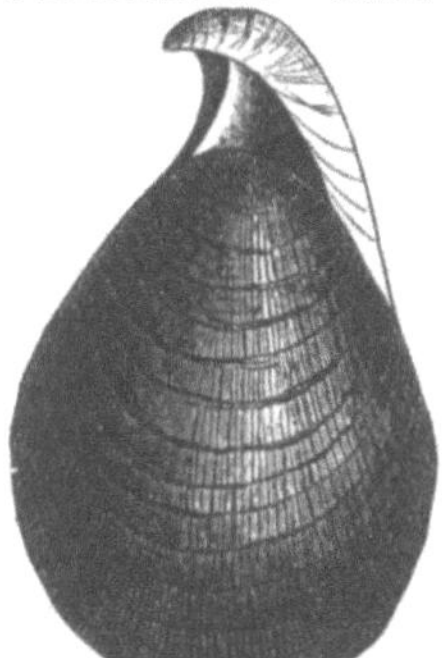

Fig. 285. *Uncites gryphus Defr.* Mittl. Devon. Paffrath bei Köln.

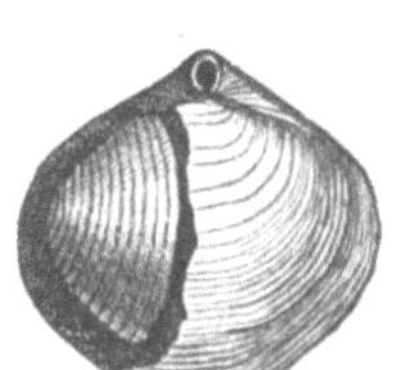

Fig. 286. *Spirigera concentrica v. Buch sp.* Mittl. Devon.

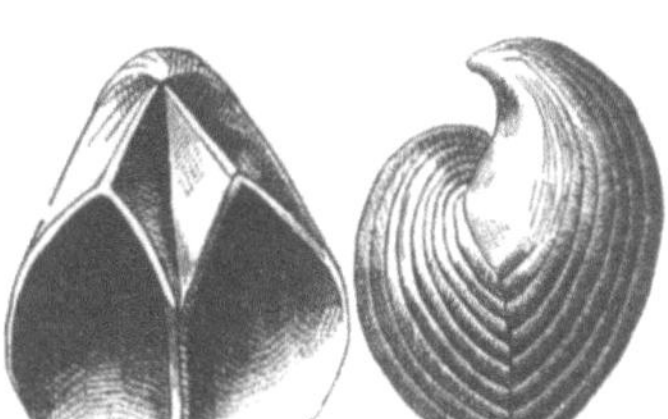

Fig. 287. *Pentamerus conchidium Dalm.* Ob. Silur. Gotland.

Fam. ***Rhynchonellidae*** Gray. *Rhynchonella* Fisch. (Figg. 288 u. 289). Schale fasrig, gewölbt, meist radial gerippt oder gefaltet, Ventralschale meist mit Sinus, Dorsalschale mit entsprechender Wulst. Schnabel der Ventralschale spitz, ± herabgebogen. Schloßzähne von divergierenden Zahnplatten gestützt. Armgerüst aus 2 kurzen Haken (Crura) bestehend, die sich an die Schloßplatten der Dorsalschale anheften. In letzterer häufig ein Medianseptum. Silur—Jetzt. *Rh. cuboides* Sow., bezeichnend für das unt. Oberdevon (Cuboides-Schichten). *Rh. rimosa* v. Buch. Mittl. Lias. *Rh. lacunosa* Schloth. Oxford.

Fam. ***Stringocephalidae*** King. *Stringocephalus* Defr. (Fig. 290). Schale gewölbt, oft sehr groß, glatt, punktiert. Schnabel der Ventralschale stark vorragend, darunter eine Area, in deren Mitte das von einem Deltidium umgebene Stielloch. Dorsalschale mit enorm großem, an seinem Ende gespaltenem und das hohe Medianseptum der Ventralschale umfassendem Schloßfortsatz. Das Armgerüst bildet eine an lange Crura angeheftete Schleife. Auch in der Dorsalschale ein kleines Medianseptum. *Str. Burtini* Defr. sehr bezeichnend für den „Stringocephalenkalk" des mittl. Devon.

Fig. 288. *Rhynchonella lacunosa Schloth. sp.* Innere Ansicht d. Dorsalschale. Malm. Franken. Nach Zitt.

Fam. ***Terebratulidae*** King. Schale punktiert, Schloßrand gebogen. Ventralschale mit rundem Schnabelloch, darunter ein Deltidium sectans. Armgerüst schleifenförmig, ± lang. Silur bis Jetzt.

Terebratula Klein (s. str.) (Fig. 291). Schale glatt, von eiförmigem Umriß, ± gewölbt; die Dorsalschale meist mit einer mittleren, von 2 Falten begrenzten Einsenkung (*biplicat*). Armgerüst kurz, meist einem, sich an die beiden stielförmigen Crura ansetzenden gerundetem W gleichend. Trias—Jetzt. *T. bisuffarcinata* Schloth. Malm. *T. carnea* Sow. Senon. *T. grandis* Blumb. Ob. Oligocän.

Fig. 289. *Rhynchonella sublacunosa Szajnocha.* Dogger. Balin. Galizien.

U.-G. *Dielasma* King. Mit Zahnstützen in der Ventralschale; begreift die ältesten Terebrateln aus Devon—Perm.

U.-G. *Pygope* Link. (Fig. 292). Ventralschale mit Medianwulst, Dorsalschale mit entsprechendem Sinus. Beim Zurückbleiben dieser Mittelregion im Wachstum entstehen schließlich durch die fortwachsenden oder zusammenstoßenden Seitenteile Gehäuse, die von einem Loch durchbohrt sind. *P. diphya* Col. Tithon.

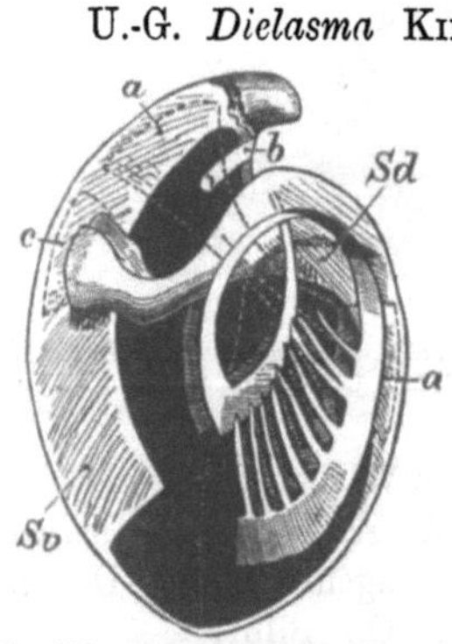

Fig. 290. *Stringocephalus Burtini Defr.* Mittl. Devon. Paffrath bei Köln. *Sv* = Ventralseptum. *Sd* = Dorsalseptum. *a* = Schließmuskel. *c* = Öffnungsmuskel. *b* = Stielmuskel.

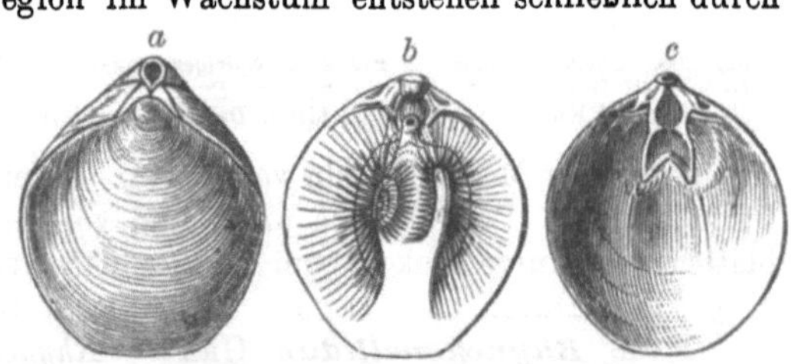

Fig. 291. *Terebratula vitrea L. sp.* Rezent. Mittelmeer. Nat. Gr. *a* Vollst. Ex. *b* Dorsalschale von innen, mit den fleischigen Spiralarmen. *c* Dieselbe ohne die Arme, nur mit dem kurzen Armgerüst. Nach Zitt.

Coenothyris Douv. Ventralschale mit Zahnplatten, Dorsalschale mit Medianseptum. Trias. *C. vulgaris* Schloth. sp. oft in Mengen im Muschelkalk (Terebratelbänke).

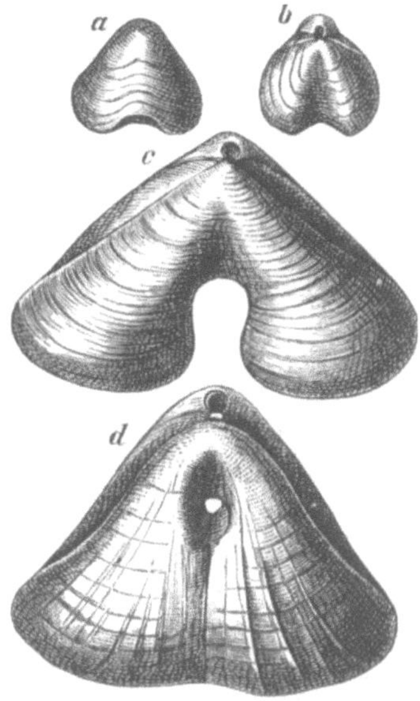

Fig. 292. *a, b Pygope Bouéi Zeuschn.* Kimmeridge. Voirons. *c Pyg. Janitor Pict.* ebendaher. *d Pyg. diphya Col.* Tithon. Grandvillars.

Terebratulina d'Orb. (Fig. 268). Schalen fein gestreift; der sich an die Crura ansetzende Teil des Armgerüstes ringförmig. Jura — Jetzt. *T. gracilis* Schloth. Senon.

Waldheimia King. (Fig. 266). Äußerlich wie Terebratula, aber Dorsalschale mit Medianseptum und langer Armgerüstschleife, die bis in die Nähe des Stirnrandes reicht. Silur—Jetzt.

U.-G. *Zeilleria* Bayle. Beide Schalen mit schwachen Falten, welche am Stirnrand symmetrisch zu demselben zusammenstoßen (korrespondieren). Stirnrand geradlinig. Trias—Kreide, bes. Jura. *Z. nummismalis* Lam. Mittl. Lias (Nummismalenmergel).

Terebratella d'Orb. Schale meist radial gerippt, mit niedriger Area. Dorsalschale mit Medianseptum, an welchem die absteigenden Schenkel der Armgerüstschleife durch je eine Querbrücke verbunden sind. Lias—Jetzt.

Trigonosemus König (Fig. 293). Ähnlich Terebratella, aber Ventralschale mit sehr kleinem Schnabelloch und hoher Area. Kreide.

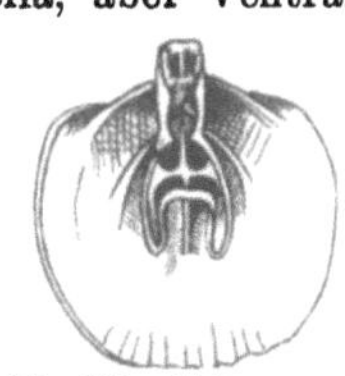

Fig. 293. *Trigonosemus elegans Defr. sp.* Senon. England.

Sechster Stamm. Mollusca. Weichtiere.

Meist bilaterale, symmetrisch gebaute Tiere. Körper weich, ungegliedert, ± vollständig mit einer Hautduplikatur, dem „Mantel" bedeckt, welcher eine einfache oder aus 2 — selten mehr — Stücken bestehende Schale absondert. Zuweilen indes fehlt eine solche. Ein Muskel an der Bauchseite ist zu einem mannigfach geformten Bewegungsorgan, dem „Fuß", ausgebildet. Fortpflanzung geschlechtlich. Vorwiegend Wassertiere; Respiration daher meist durch Kiemen, seltener durch Lungen. Sie zerfallen in 5 Klassen: Lamellibranchiata (Muscheltiere), Scaphopoda, Gastropoda (Schnecken), Pteropoda (Flossenfüßer), Cephalopoda (Kopffüßer).

1. Klasse. Lamellibranchiata. Muscheltiere.

Mollusken ohne gesonderten Kopf, mit paarigen Kiemenblättern, 2 lappigem Mantel und 2 kalkigen Schalen.

Der Mund liegt am vorderen, der After am hinteren Ende des Tieres. Der Körper ist meist seitlich ± komprimiert, von 2 Mantellappen umhüllt, welche 2 Schalen absondern. Danach werden die Muscheln auch

„Conchiferen“ oder „Bivalven“ (Zweischaler), wegen des Mangels eines Kopfes auch „Acephalen“ genannt. Da die Mantellappen mit Ausnahme ihres äußeren Saumes den Schalen fest anliegen, so entsteht auf der Innenseite jeder Schale eine dem Unterrande ungefähr parallel oder konzentrisch verlaufende ± deutliche Linie, die „*Mantellinie*“ (Fig. 294). Am Oberrand sind die Mantellappen miteinander verbunden, an den übrigen Rändern bleiben sie entweder voneinander getrennt, oder sind ebenfalls ± verwachsen; gewisse Öffnungen bleiben indes stets; so 2 am Hinterrand, von denen die untere, die Einströmungsöffnung für das Wasser zu den Kiemen, als Athemöffnung, die obere als Kloakenöffnung fungiert. Ferner bleiben die Mantellappen am Unterrand der Vorderseite mindestens auf eine Strecke unverwachsen, bzw. lassen einen Schlitz offen, durch welchen der Fuß hervortritt, den „*Fußschlitz*“. Häufig verkürzt sich dieser infolge fortschreitender Verwachsung der Mantelränder, so daß auch der gleichzeitig verkümmerte Fuß kaum mehr hervortreten kann. So nähert sich die Mantelbildung einer sackartigen Umhüllung mit 2 nebeneinander freigebliebenen Öffnungen am Hinterrand. Je weiter nach vorn zu sich nun der Mantel schließt, um so mehr verlängert er sich um die Kloaken- und Kiemenöffnung, so daß an dieser Stelle 2 übereinanderliegende, ± retraktile Röhren „*Siphonen*“ entstehen (Fig. 295), die entsprechend die obere als „*Kloaken*“-, die untere als „*Kiemen*“-Sipho bezeichnet werden. Zuweilen erlangen sie einen solchen Umfang, daß sie nicht mehr zwischen die, dann am Hinterrand klaffenden

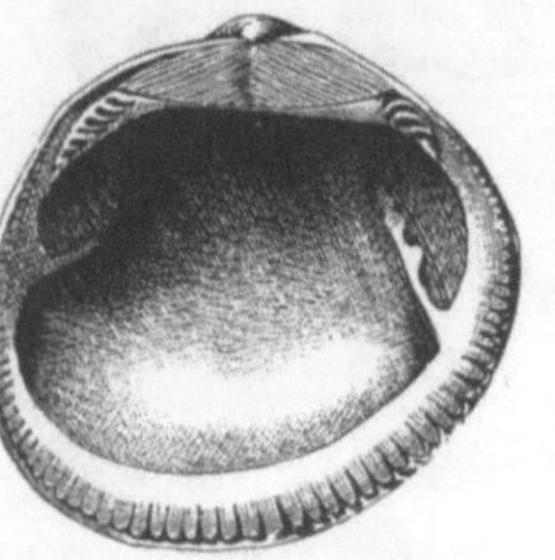

Fig. 294. *Pectunculus heterodon Desh.* Tertiär. Paris. Zeigt die Mantellinie, die ganzrandig ist, rechts und links oben die beiden Muskeleindrücke, die hier gleich groß sind. Unter dem Wirbel eine Bandarea.

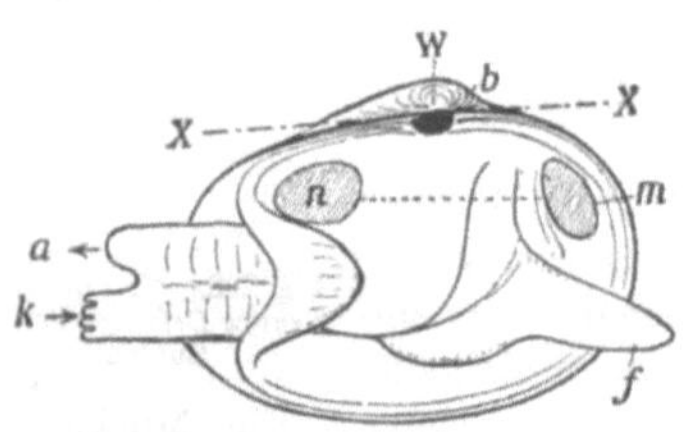

Fig. 295. Muschel aus der Gruppe der *Homomyaria*. *w* Wirbel, *x* Schloßrand, *b* Ligament, *m* vorderer, *n* hinterer Muskeleindruck, *f* Fuß; *a* After- oder Kloakensipho; *k* Kiemensipho.

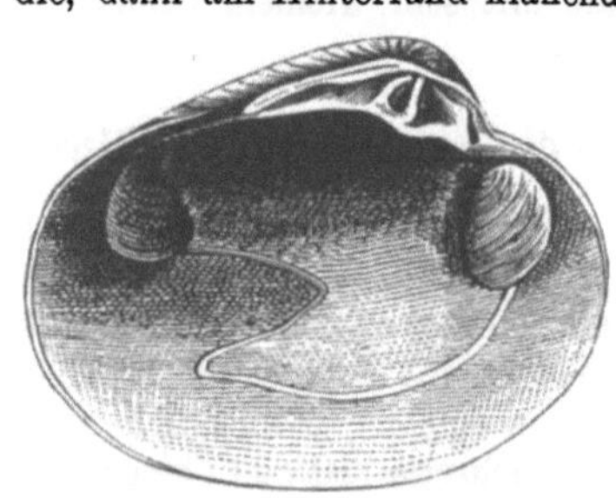

Fig. 296. *Cytherea Pedemontana Ag.* Miocän. Grund bei Wien. Mantellinie mit Mantelbucht.

Schalen zurückgezogen werden können. Wenn die Siphonen bei ansehnlicher Größe ± retraktil sind, erzeugen die Anheftungsstellen der zur Retraktion dienenden Muskeln in der Mantellinie eine ± tiefe Einbuchtung, die „*Mantelbucht*“ (Fig. 296). Bildet dagegen der Manteleindruck eine einfache, ununterbrochene Linie, so sind die Siphonen entweder klein und entbehren der Retraktionsmuskeln, oder sie fehlen vollständig. Man unterscheidet je nach dem Vorhandensein oder dem Fehlen der Mantelbucht die Gruppen der Sinupalliata (Fig. 296) und der Integripalliata (Fig. 294). Außer der Mantellinie beobachtet man an der Innenseite der Schalen noch die Eindrücke der zum Schließen derselben dienenden Muskeln (Adductores), welche sich quer von einer Schale zur andern erstrecken. Sind deren 2 ungefähr gleich große vorhanden (Homomyaria, Isomyaria oder Dimyaria, Figg. 294—296), so liegt der eine nahe dem Vorderrande, der andere nahe dem Hinterrande. Der vordere kann sehr klein werden, der hintere bleibt groß (Heteromyaria), rückt aber häufig nach der Mitte der Schale zu. Zuweilen ist der vordere ganz verkümmert und nur ein einziger, dem hinteren Muskel entsprechender, fast zentral gelegener Eindruck vorhanden (Monomyaria, Fig. 300 *b*). Sind die beiden Schalen von gleicher Form und Größe, so nennt man sie *gleichklappig*, sind sie verschieden, *ungleichklappig* (Fig. 297). Die ± hervorragende Stelle, wo das Wachstum in den Schalen begann, nennt man den „*Wirbel*". Die Krümmung desselben erfolgt fast ausnahmslos nach vorn. Im Verhältnis zum Tier liegen die beiden Schalen nicht wie bei den Brachiopoden dorsal und ventral, sondern stets seitlich und werden daher als *rechte* und *linke* Klappe bezeichnet. Die Verbindung der beiden Klappen erfolgt stets an dem Oberrand durch ein elastisches Band (*Ligament*), welches gleichzeitig bestrebt ist, die Klappen zu öffnen. Es liegt entweder äußerlich oder innerlich, dann in einer besonderen Grube des Schloßrandes, der „*Ligamentgrube*". Nur selten fehlt es. Das äußerliche Ligament liegt stets *hinter* dem Wirbel und ist daher für die Bestimmung des Vorder- und Hinterrandes der Schale sehr wichtig. Oft liegt es in einer seichten Furche oder es ist an hervorragende Leisten „*Bandnymphen*" befestigt. Fossil ist es nur selten erhalten. Zur festeren Verbindung der beiden Schalenhälften dienen meist noch zahnartige Vorsprünge und grubige Vertiefungen auf einer, oft zu einer Schloßplatte verstärkten oder verbreiterten Partie des Oberrandes jeder Schale, welche einander abwechselnd entsprechen. Erstere werden als „*Schloßzähne*", letztere als „*Schloßgruben*" oder „*Zahngruben*", beide zusammen als „*Schloß*" bezeichnet (Fig. 298). In vielen Fällen unterscheidet man die direkt unter dem Wirbel stehenden Zähne als „Haupt"-, „Mittel"- oder „Kardinalzähne" von den in ± Abstand seitlich von ihnen befindlichen „Seitenzähnen". Zuweilen fehlt ein Schloß ganz. Auf der Vorderseite der Schalen, unterhalb des Wirbels, findet sich zuweilen ein durch Furchen begrenztes, vertieftes, oder abweichend verziertes

Fig. 297. *Exogyra columba Lam.* Cenoman. Regensburg. Ungleichklappig, rechte Schale stark gewölbt — hier nur deren ob. Teil, Wirbel u. Rand sichtbar —, linke flach, deckelförmig.

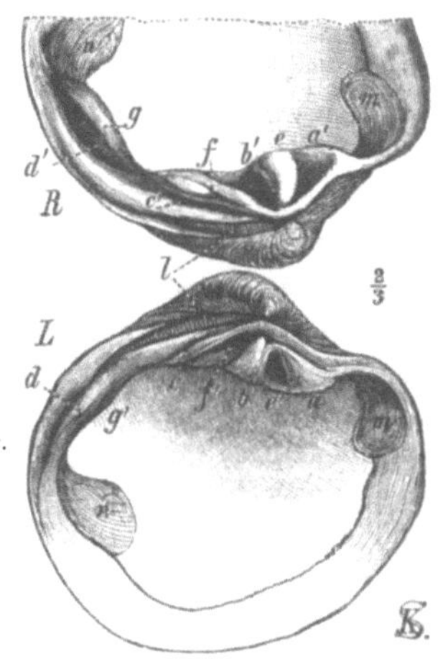

Fig. 298. *L* Linke, *R* Rechte Klappe von *Cyprina tumida Nyst.* Pliocän. Antwerpen. — *a*, *b*, *c* Vord., mittl. u. hint. Hauptzahn der l. Klappe in die Zahngruben *a'*, *b'*, *c'* der r. Klappe greifend; *d* hint. Seitenzahn der l., *d'* diesem entsprechende Zahngrube in der r. Klappe; *e*, *f* vord. u. hint. Hauptzahn der r. Klappe, in die Zahngruben *e' f'* der l. Kl. greifend; *g* hint. Seitenleiste der r. Kl.; *l* Bandfeld; *m* vord., *n* hint. Muskeleindruck. Nach STEINM.

Feldchen, die „Lunula“, in andern Fällen ein ähnliches, längliches Feldchen hinter den Wirbeln, das „Schildchen“ oder die „Area“. Doch wird der Name „Area“ auch für die ebene, gefurchte, dreieckige Fläche gebraucht, welche sich zuweilen direkt unter den Wirbeln befindet und zur Anheftung des Ligaments dient (Arca, Pectunculus, Fig. 294). Es ist daher besser, diese letztere Fläche als „Bandarea“ zu bezeichnen. Flügelförmige, ± scharf von der Schale abgesetzte Fortsätze derselben an einer oder beiden Seiten der Wirbel nennt man „Ohren“ (Fig. 299). Die Oberfläche der Schale ist entweder glatt, oder zeigt mannigfache Verzierungen, wie radiale oder konzentrische Rippen, Blätter, Stacheln usw. Chemisch bestehen die Schalen aus ziemlich reinem kohlensaurem Kalk, histiologisch aus einer äußeren Prismen- und aus einer inneren Perlmutterschicht. Die äußere besteht aus Prismen, welche in der Regel senkrecht zur Oberfläche gerichtet sind und sich physikalisch wie Kalkspat verhalten; die innere Schicht hat blättriges Gefüge und verhält sich wie Aragonit, daher ist sie leichter löslich und an fossilen Exemplaren häufig zerstört, während sich die äußere Schicht noch erhalten hat. — Die meisten Lamellibranchiata bewohnen das Meer, nur ein kleiner Teil süßes oder brackisches Wasser. Erstere leben in verschiedenen Tiefen. Meist sind die in seichterem Wasser lebenden dickschaliger und reicher verziert als die sich in größeren Tiefen findenden Arten. Die meisten Formen haben vermittelst ihres Fußes die Fähigkeit, sich fortzubewegen; manche indes heften sich durch das in Gestalt seidenartiger Fäden hervortretende Sekret (Byssus) der am Fuß gelegenen Byssusdrüse fest (Pinna); andere endlich bohren sich in Holz (Teredo) oder Kalkstein (Pholas) ein und noch andere schließlich sind mit einer ihrer Schalen festgewachsen (Ostrea, Hippurites). Fossil finden sie sich seit Silur. Je nach dem Fehlen oder Vorhandensein von Siphonen zerfallen die Lamellibranchiata in Asiphonida und Siphonida.

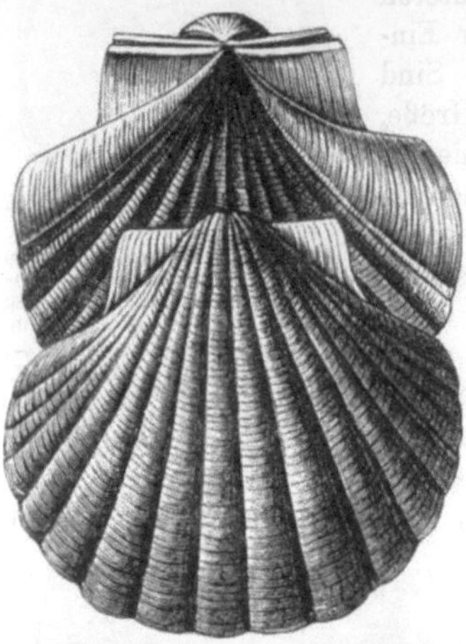

Fig. 299. *Vola adunca Eichw.* Miocän. Neudorf. Wiener Becken.

I. Ordnung. Asiphonida. Woodward.

Siphonen fehlen. Mantellappen getrennt. Mantellinie fast stets einfach, ohne Bucht.

A. Monomyaria.

Nur ein einziger (hinterer) Schließmuskel vorhanden.

Fam. ***Ostreidae*** Lam. Schale ungleichklappig, meist mit der linken größeren Klappe festgewachsen. Ligament in einer dreieckigen Grube unter den Wirbeln. Muskeleindruck subzentral. Schloßzähne fehlen. Kohlenkalk — Jetzt.

Ostrea L. s. str. (Fig. 300). Schalen blättrig, meist flach, sich in ± gerader Linie berührend. Wirbel ± vorgezogen, gerade, darunter eine rel. große quergestreifte Ligamentgrube. Kohlenkalk—Jetzt. *O. bellovacina* LAM. Unt. Eocän. *O. longirostris* LAM. Miocän.

Alectryonia v. WALDH. Beide Schalen mit starken Falten, daher ihre Ränder sich in zickzackförmigen Linien berührend. Trias bis Jetzt. *A. Marshi* Sow. Mittl. Dogger. *A. carinata* LAM. sp. Cenoman („Carinatenpläner und -quader").

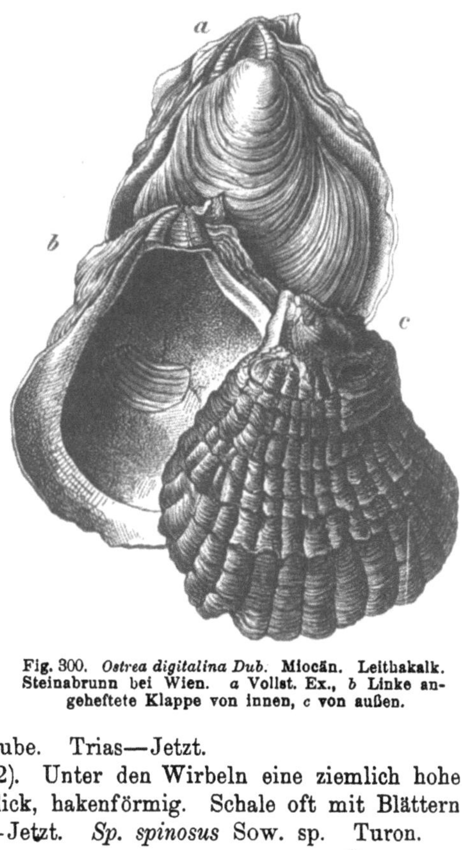

Fig. 300. *Ostrea digitalina Dub.* Miocän. Leithakalk. Steinabrunn bei Wien. *a* Vollst. Ex., *b* Linke angeheftete Klappe von innen, *c* von außen.

Gryphaea LAM. (Fig. 301). Linke Schale hochgewölbt, ihr Wirbel stark einwärts gekrümmt; rechte Schale flach, deckelförmig. Lias — Jetzt, bes. mesozoisch. *Gr. cymbium* LAM. Mittl. Lias. *Gr. vesicularis* LAM. Senon.

Exogyra Sow. (Fig. 297). Linke Schale gewölbt, rechte Schale flach, deckelförmig; beide Schalen mit ± stark spiralförmigem, seitwärts gedrehtem Wirbel. Malm—Kreide. *E. virgula* DEFR. Kimmeridge. *E. columba* DESH. Cenoman.

Fam. ***Spondylidae*** GRAY. Ungleichklappig, rechte Schale größer, mit dem Wirbel festgewachsen. Schloß in jeder Klappe mit 2 Zähnen, dazwischen die innerliche Bandgrube. Trias—Jetzt.

Spondylus LANG. (Fig. 302). Unter den Wirbeln eine ziemlich hohe dreieckige Area. Schloßzähne dick, hakenförmig. Schale oft mit Blättern oder Stacheln verziert. Jura—Jetzt. *Sp. spinosus* Sow. sp. Turon.

Fig. 301. *Gryphaea arcuata Lam.* Unt. Lias. Donaueschingen.

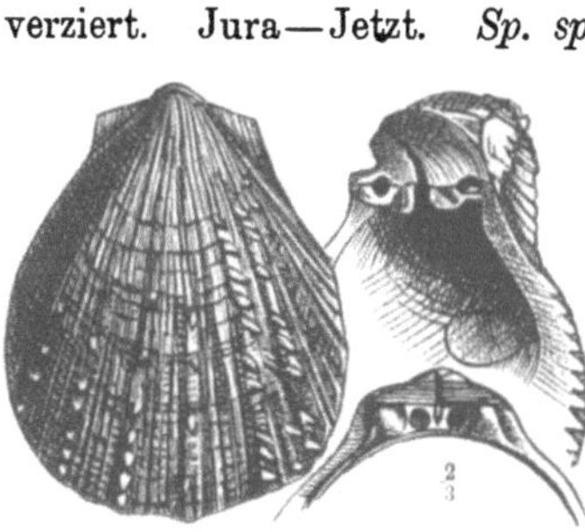

Fig. 302. *Spondylus tenuispina Sandb.* Oligocän. Waldböckelheim. Mainzer Becken.

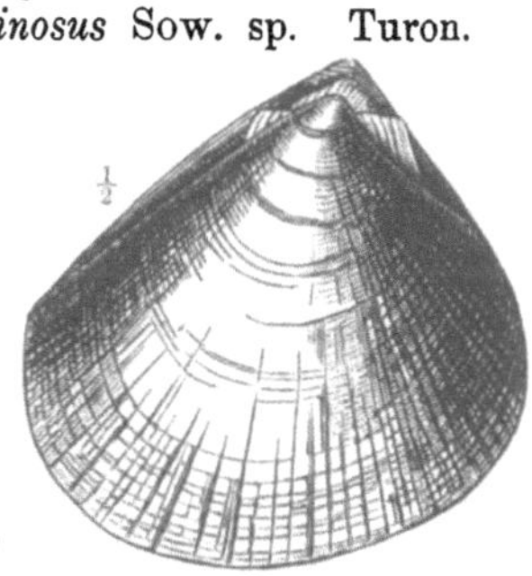

Fig. 303. *Lima (Plagiostoma) gigantea Sow.* Unt. Lias α. Göppingen.

Plicatula LAM. Schale flach, Schloßzähne in Gestalt zweier divergierender Leisten entwickelt. Trias—Jetzt. *Pl. spinosa* Sow. Lias.

Fam. ***Limidae*** D'ORB. *Lima* BRUG (Fig. 303). Schale schief, oval, gleichklappig, Schloßrand zahnlos, jederseits in ein Ohr ausgezogen. Unter den Wirbeln eine halb innerliche, halb äußerliche dreieckige Bandgrube. Karbon—Jetzt. Zahlreiche U.-Gattungen: *Radula*, mit kräftigen Radialrippen, *Plagiostoma* (Fig. 303), glatt od. fein radial gestreift. *L.* (*Radula*) *striata* Schl. Ob. Muschelkalk. *L.* (*Plagiostoma*) *lineata* Schl. Unt. Muschelkalk.

Fam. ***Pectinidae*** Lam. *Pecten* Klein. Schalen frei, glatt oder radial gerippt. Fast gleichseitig, gleich- oder ungleichklappig. Schloßrand zahnlos, jederseits des Wirbels mit einem Ohr. Unter dem vorderen Ohr der rechten Klappe meist ein Ausschnitt für den Byssus. Band innerlich, in einer dreieckigen Grube unter dem Wirbel. Devon—Jetzt. Zahlreiche Untergattungen: *Vola* Klein (Janira). Sehr ungleichklappig, rechte Klappe hochgewölbt, linke flach. Kreide—Jetzt. *V. quadricostata* Br. Ob. Kreide.

B. Heteromyaria.

Vorderer Schließmuskel sehr klein, hinterer groß.

Fam. ***Aviculidae*** Lam. Schale meist ungleichklappig, dann die linke Schale größer und gewölbter. Schloßrand meist lang, gerade, in der Regel mit Ohren oder flügelförmigen Fortsätzen. Das Band ist an seiner ganzen Länge in einer oder mehreren seichten Rinnen befestigt. Silur—Jetzt.

Fig. 304. *Avicula contorta Portl.* Rhät.

Avicula Brug. (Fig. 304). Ungleichklappig. Schloßrand hinten in einen Flügel, vorn in ein kurzes Ohr ausgezogen, unter diesem ein Byssusausschnitt; zahnlos oder mit einem schwachen Zähnchen. Meist nur der hintere Muskel entwickelt. Silur—Jetzt. Mehrere U.-Gattungen. *Av. contorta* Portl. Rhät. (Contortastufe).

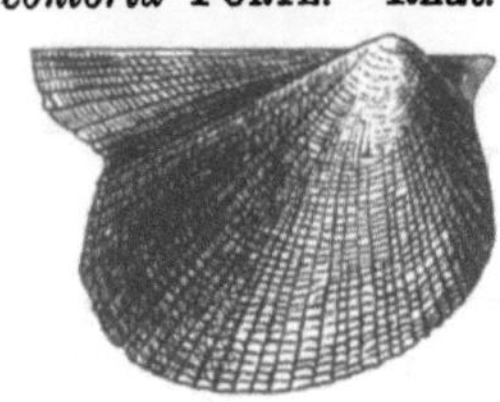

Fig. 305. *Pterinea reticulata His.* Ob. Silur. Gotland.

Pterinea Goldf. (Fig. 305). Wie Avicula, aber unter dem Wirbel auf dem Schloßrand stets einige längliche Kerbzähne, sowie einige schräg nach hinten und unten gerichtete leistenförmige Seitenzähne. Band in mehreren, dem Schloßrand parallel laufenden Furchen. Silur—Karbon, bes. Devon.

Aucella Keys. (Fig. 306). Ungleichklappig, schief-verlängert, konzentrisch verziert, Schloßrand kurz. Linke Schale gewölbt, mit stark eingekrümmtem Wirbel. Bezeichnend für die boreale Provinz des ob. Jura und der unt. Kreide. *Auc. Keyserlingi* Lah. Neocom.

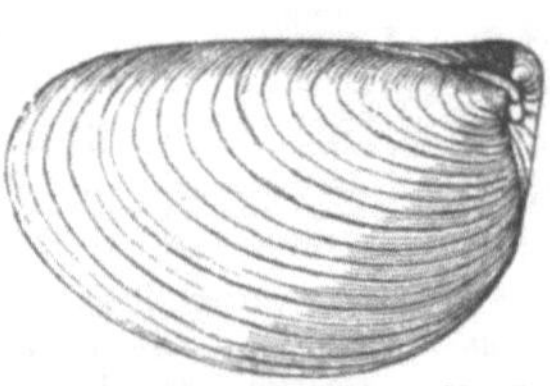

Fig. 306. *Aucella Mosquensis Keys.* Ob. Jura. Moskau.

Fig. 307. *Monotis salinaria Schloth. sp.* Ob. Trias. Berchtesgaden.

Monotis Br. (Fig. 307). Gleichklappig, radial gerippt. Vorderes Ohr abgerundet, undeutlich, hinteres schief abgestutzt. Trias. *M. salinaria* Schloth. sp. Ob. alp. Trias.

Halobia Br. Gleichklappig, flach, radial gestreift. Nur vorn ein sehr niedriges Ohr. Ob. Trias.

Daonella Mojs. (Fig. 308). Wie Halobia, aber Ohren fehlend. Trias. *D. Lommeli* Wissm. sp. Alpiner Keuper.

Posidonomya Br. (Fig. 309). Gleichklappig, komprimiert, konzentrisch gefurcht, Schloßrand gerade, Zähne und Ohren fehlen. Silur — Jura. *Pos. Bronni* Goldf. Ob. Lias.

Fam. ***Pinnidae*** Gray.

Pinna L. (Fig. 310). Gleichklappig, 3seitig, hinten weit klaffend, Wirbel spitz, terminal. Schloßrand lang, gerade, zahnlos. Band lang, linear. Äußere Prismenschicht der Schale stark entwickelt, die innere Perlmutterschicht ganz dünn. Devon—Jetzt, bes. in der Kreide.

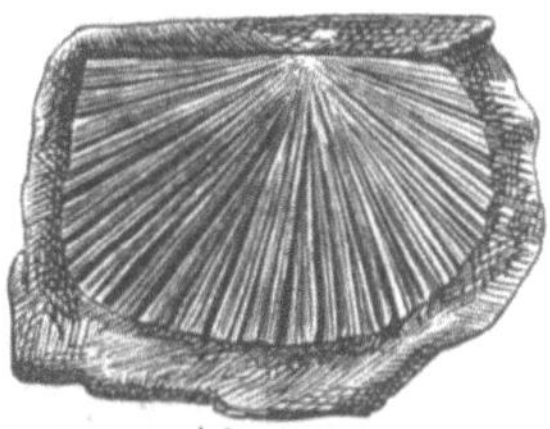

Fig. 308. *Daonella Lommeli Wissm. sp.* Keuper. Wengen (Südtirol).

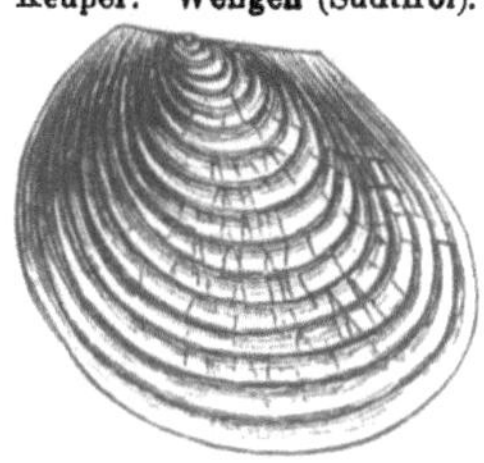

Fig. 309. *Posidonomya Becheri Br.* Kulm. Herborn (Nassau).

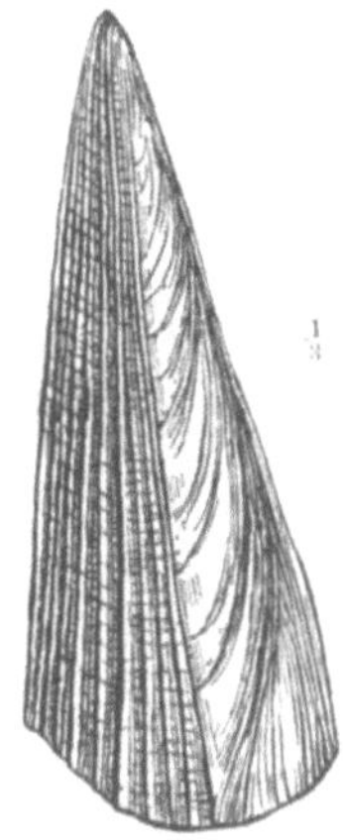

Fig. 310. *Pinna diluviana Schloth.* Turon. Elbsandsteingebirge.

Fam. ***Pernidae*** Zitt. Schloßrand ± verbreitert, mit einer großen Anzahl von Quergruben zur Aufnahme des Bandes. Hinterer Muskeleindruck groß, subzentral, vorderer winzig klein oder fehlend. Perm—Jetzt.

Perna Brug. (Fig. 311). Schale flach, unregelmäßig gerundet oder ± 4seitig. Wirbel spitz, am vorderen Ende des langen, geradlinigen aber schiefgeneigten, breiten Schloßrandes. Dieser mit zahlreichen, senkrecht zu ihm stehenden furchenartigen Bandgruben. Trias—Jetzt.

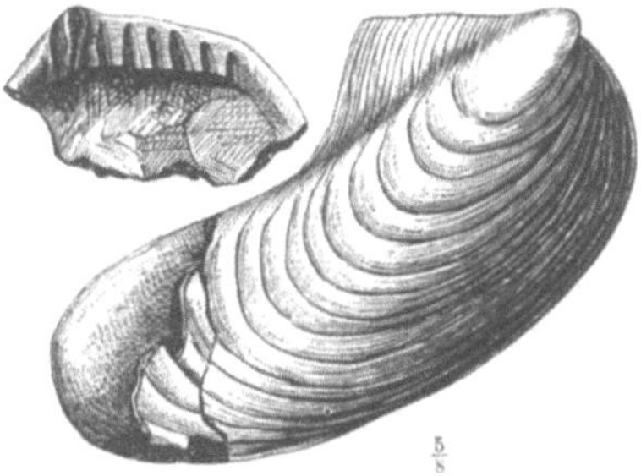

Fig. 311. *Perna falcata Zitt.* Unt. Senon. Gosau (Salzkammergut).

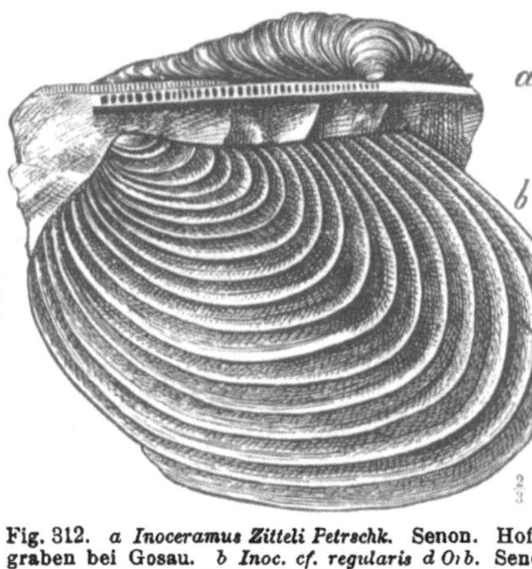

Fig. 312. *a Inoceramus Zitteli Petrschk.* Senon. Hofergraben bei Gosau. *b Inoc. cf. regularis d'Orb.* Senon. Muthmannsdorf bei Wiener-Neustadt.

Inoceramus Sow. (Fig. 312). Wirbel dem Vorderrande des langen, geraden Schloßrandes genähert, dieser hinter den Wirbeln mit sehr zahlreichen kleinen Bandgruben. Schale rundlich oder ± verlängert, konzentrisch verziert, von fasrigem Gefüge, da die äußere Prismenschicht sehr dick ist. Jura und bes. in zahlreichen Arten weit verbreitet in der Kreide. *Inoc. striatus* Mant. Cenoman. *Inoc. labiatus* Schloth. Unt. Turon. *Inoc. Brongniarti* Mant. Mittl. Turon (Brongniarti-Zone).

Gervillia Defr. (Fig. 313). Schale schräg verlängert; Wirbel spitz, terminal. Schloßrand nach hinten mit flügelartiger, doch von der übrigen Schale undeutlich abgesetzter Verlängerung, mit mehreren Bandgruben; darunter einige schräge, leistenförmige Zähne. Trias–Eocän. *G. socialis* Schl. Unt. u. bes. ob. Muschelkalk, in letzterem manche Bänke ganz erfüllend.

Fig. 313. *Gervillia socialis* Qu. Muschelkalk. Thüringen.

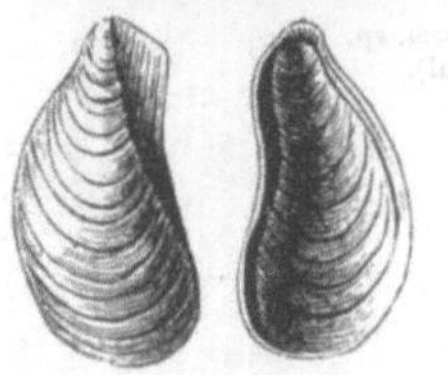

Fig. 314. *Modiola Volhynica* Eichw. Miocän. Sarmatische Stufe. Wiener Becken.

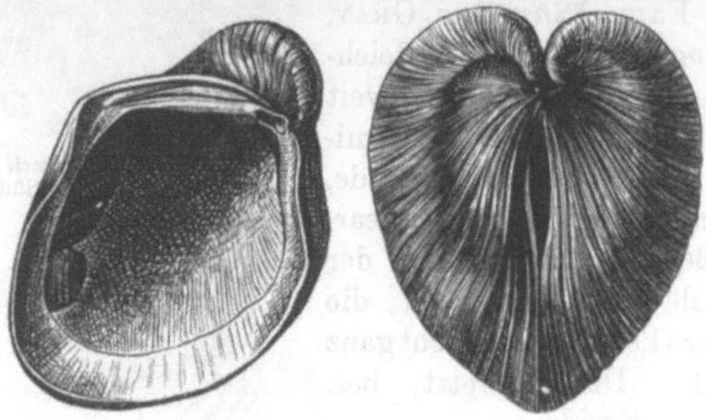

Fig. 315. *Congeria Partschi* Čjžek sp. Congerien-Schichten. Unt. Pliocän. Matzleinsdorf bei Wien.

Fam. ***Mytilidae*** Lam. Schalen gleichklappig, länglich, oft gerundet-3seitig, äußerlich mit starker Epidermis überzogen; Wirbel terminal; der schiefe, in den Hinterrand übergehende Schloßrand zahnlos oder schwach gekerbt, am Vorderrand unter den Wirbeln gewöhnlich eine Byssusspalte. Band linear. Meist marine Formen, doch einzelne im Süßwasser lebend. In der Regel sehr gesellig, daher einzelne Formen (unt. mit * bezeichnet) gewisse Schichten oft ganz erfüllend. Silur—Jetzt.

Mytilus L. Wirbel ± spitz, Schloßrand zahnlos. Trias—Jetzt. Marin. *M. Faujasi* *Brgt. Miocän. *M. edulis* L. Mießmuschel. Rezent.

Modiola Lam. (Fig. 314). Wie Mytilus, aber vorn weniger verschmälert, mehr gerundet. Devon—Jetzt. Marin.

Dreissensia Van Ben. Unter den Wirbeln eine Platte zur Insertion eines kleinen Fußmuskels. Rechte Schale ev. mit einem kleinen Schloßzahn. Siphonen vorragend. Eocän—Jetzt. Brack- u. Süßwasser. *D. Brardi* *Fauj. Miocän.

Congeria Partsch (Fig. 315). Wie Dreissensia, doch oft sehr groß und breit-4seitig und hinter dem vorderen Muskeleindruck ein Vorsprung zur Insertion eines 2. Muskels. Tertiär—Jetzt. Sehr bezeichnend für die unterpliocänen brackischen Congerien-Schichten Österreich-Ungarns. *C. subglobosa* *Partsch sp. Unt. Pliocän.

Lithodomus Cuv. (Lithophagus). Schale länglich-dattelförmig. Das Tier bohrt sich in kalkige Gesteine oder Korallen zylindrische oder keulenförmige Höhlungen. Die Ausfüllungen der letzteren finden sich fossil häufig isoliert. Karbon—Jetzt.

C. Homomyaria.

Beide Schließmuskeln von gleicher oder fast gleicher Größe.

Fam. ***Nuculidae*** Gray. Schalen oval oder hinten ± verlängert, glatt oder konzentrisch gestreift, mit Epidermis überzogen; innen perlmutterglänzend. Schloßrand mit 2 vom Wirbel divergierenden Reihen von kleinen Kerbzähnchen. Silur—Jetzt.

Nucula Lam. Schale glatt oder konzentrisch verziert, gerundet-3seitig oder quer verlängert. Rand innen meist gekerbt. Schloßrand winklig, mit 2 divergierenden Reihen von kleinen Zähnchen. Band innerlich, in einer Grube unter dem Wirbel. Mantellinie einfach. Silur—Jetzt. *N. Hammeri* Defr. Dogger.

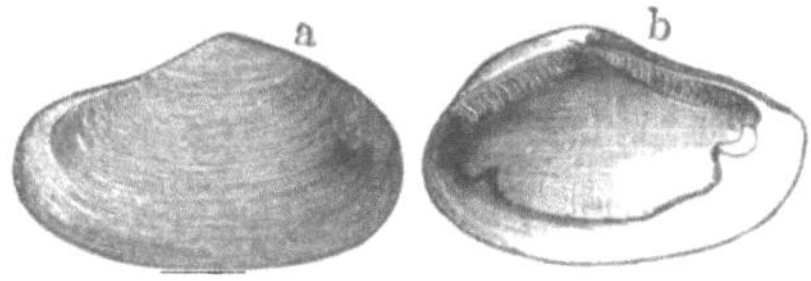

Fig 316. *Leda Deshayesiana Duch.* Marines mittl. Oligocän.

Leda Schum. (Fig. 316). Ähnlich Nucula, aber Schale hinten geschnäbelt, und meist mit einer vom Wirbel zum Hinterrand verlaufenden Kante. Tier mit 2 kurzen Siphonen. Mantellinie mit seichter Bucht. Silur—Jetzt.

Yoldia Moll. (Fig. 317). Wie Nucula, aber Schale hinten etwas klaffend u. Mantellinie mit Bucht. Kreide bis Jetzt. *Y. arctica* Gray in interglazialen „Yoldienthonen".

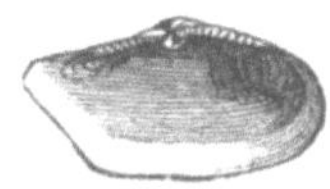

Fig. 317. *Yoldia arctica Gray.* Diluvium. Schweden.

Fam. ***Arcidae*** Lam. Unter den Wirbeln meist eine dreieckige, ebene, winklig gefurchte Bandarea. Schloßrand entweder mit zahlreichen, kurzleistenförmigen Kerbzähnchen oder in der Mitte mit einigen solchen und seitlich mit längeren Leistenzähnen. Mantellinie einfach. Silur—Jetzt.

Arca Lam. (Fig. 318). Schalen ± quer verlängert, meist radial gerippt. Schloßrand gerade, mit sehr zahlreichen, unter sich ziemlich gleichen Kerbzähnchen, welche quer, aber etwas schief zu ihm stehen. Silur—Jetzt. A. glacialis in den postglazialen „Arcathonen" bei Christiania.

Pectunculus Lam. (Fig. 294). Fast kreisrund und oft fast gleichseitig. Innenrand gekerbt. Zahlreiche, kurz-leistenförmige Zähne auf dem breiten Schloßrand in einer gebogenen Reihe, die indes bei hoher Bandarea häufig in der Mitte unterbrochen ist. Kreide—Jetzt. *P. obovatus* Lam. Oligocän.

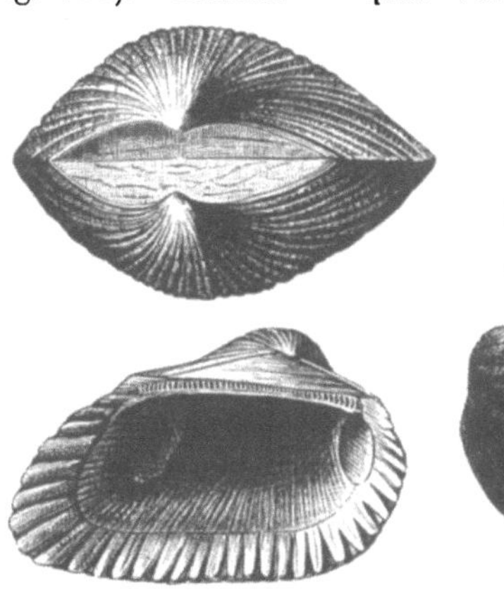

Fig. 318. *Arca turonica Duj.* Miocän. Enzesfeld bei Wien.

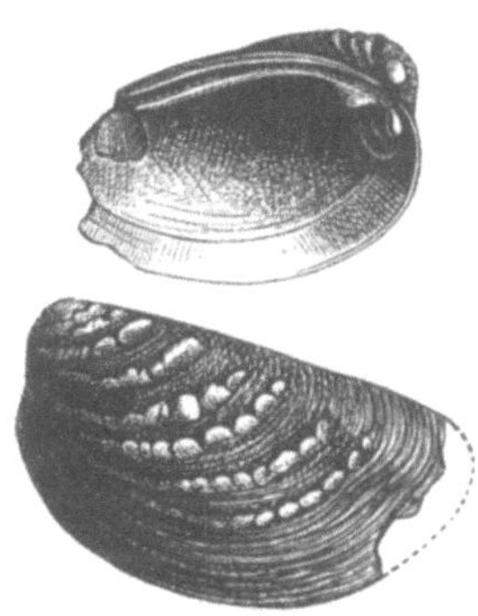

Fig. 319. *Unio Vukotinovici Hoern.* Ob. Miocän. Slavonien.

Fam. ***Unionidae.*** *Unio* Phil. (Fig. 319). Schale vielgestaltig, meist von ovalem Umriß, doch oft ± verlängert. Äußerlich glatt oder rauh verziert. Mit kräftiger Epidermis bedeckt. Die weit nach vorn gelegenen Wirbel sind meist korrodiert. Außer den dicken Schloßzähnen (1—2) zuweilen noch hintere leistenförmige Seitenzähne vorhanden. Hinter dem vorderen Schließmuskeleindruck noch 2 kleine Fußmuskeleindrücke. Perm—Jetzt, doch erst von der ob. Kreide an häufiger und vom Miocän an reich entwickelt. Süßwasserbewohner. Die Gattung *Anodonta* Cuv. unterscheidet sich von Unio durch ihre dünne Schale und das Fehlen von Schloßzähnen. Tertiär—Jetzt.

Fam. ***Trigoniidae*** Lam. Schale meist gerundet-3seitig, Wirbel weit vorn gelegen, aber meist rückwärts gekrümmt. Linke Schale mit einem kräftigen, dreieckigen, häufig gespaltenen Mittelzahn und 2 leistenförmigen Seitenzähnen, rechte Klappe mit 2, einen ∧ bildenden Mittelzähnen. Devon – Jetzt.

Schizodus King. Schale glatt, Zähne seitlich nicht gerieft. Muskeleindrücke ohne Leiste. Perm.

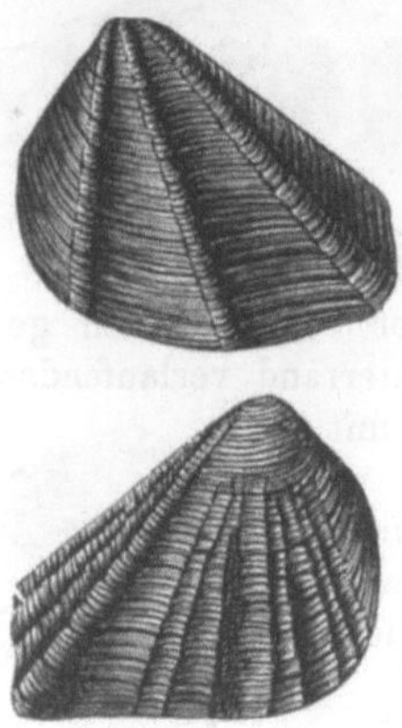

Fig. 320. *Myophoria Kefersteini* Mstr. Obere alpine Trias. Raibl.

Fig. 321. *Trigonia navis* Lam. Unt. Dogger. Elsaß.

Myophoria Br. (Fig. 320). Schale selten glatt, meist mit einer vom Wirbel zum unteren Eck des Hinterrandes verlaufenden Kante; das durch sie begrenzte hintere Feld meist abweichend von dem vorderen Teil verziert. Zähne häufig seitlich gestreift. Vom Schloßrand entspringende Leisten verstärken den vorderen oder auch beide Muskeleindrücke. Trias. *M. costata* Zenk. in den „Myophorienschichten" der ob. Werfener Schichten. *M. orbicularis* Br. u. *vulgaris* Br. im Muschelkalk.

Trigonia Brug. (Fig. 321). Schale mannigfaltig, und zwar das meist von einer Kante begrenzte Hinterfeld abweichend von der übrigen Oberfläche verziert. Wirbel nach hinten gekrümmt. Schloßzähne auf der Seite kräftig gerieft. Muskeleindrücke durch Leisten verstärkt. Sehr häufig in Jura u. Kreide, sehr selten tertiär u. lebend. *Tr. costata* Park. Ob. Dogger. *Tr. clavellata* Park. Oxford. *Tr. scabra* Lam. Turon.

II. Ordnung. Siphonida.

Tier mit kürzeren oder längeren, getrennten oder verwachsenen Siphonen. Mantellappen ± verwachsen. 2 Schließmuskeln.

A. Integripalliata. Siphonen kurz, nicht retraktil. Mantellinie einfach, ohne Bucht.

Fam. ***Astartidae*** Gray. Gleichklappig, Schloßzähne kräftig, (meist 2, seltner 1 bis 3 in jeder Klappe); Band äußerlich. Silur—Jetzt.

Astarte Sow. Rundlich, schwach gewölbt, glatt oder konzentrisch verziert. Unter den Wirbeln eine Lunula, in jeder Schale 2 Zähne. Karbon—Jetzt. *A. Voltzi* Hön. Unt. Dogger.

Cardita Brug. (Fig. 322). Länglich, gerundet-4seitig, radial gerippt, Wirbel weit vorn, darunter meist eine Lunula. Ränder innen gekerbt, Schloßzähne schief, fast leistenförmig. Trias – Jetzt.

Fam. ***Crassatellidae*** Gray. *Crassatella* Lam. (Fig. 323). Schale dick, quer oval, vorn häufig mit Lunula, konzentrisch gestreift; Schloßrand breit, in jeder Klappe mit 2 Zähnen. Unter den Wirbeln eine Grube für das innerliche Band. Kreide—Jetzt.

Fam. ***Megalodontidae*** Zitt. *Megalodon* Sow. (Figg. 324 u. 325). Gleichklappig, gewölbt, oval oder gerundet-3seitig, dickschalig, glatt mit überaus kräftiger Schloßplatte, die in jeder Klappe 2 starke Zähne trägt.

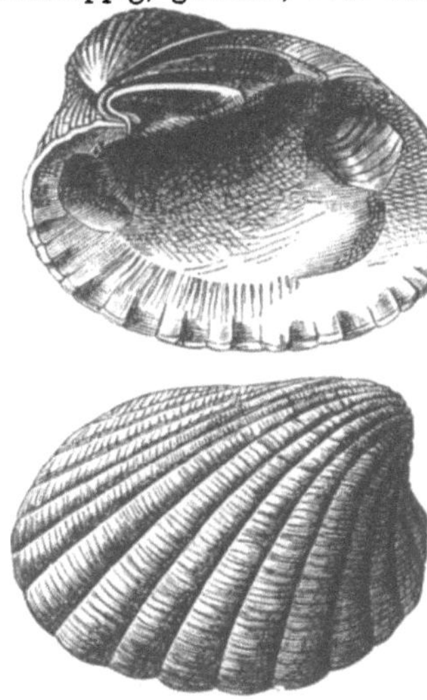

Fig. 322. *Cardita Jouanneti Bast.* Miocän. Wiener Becken.

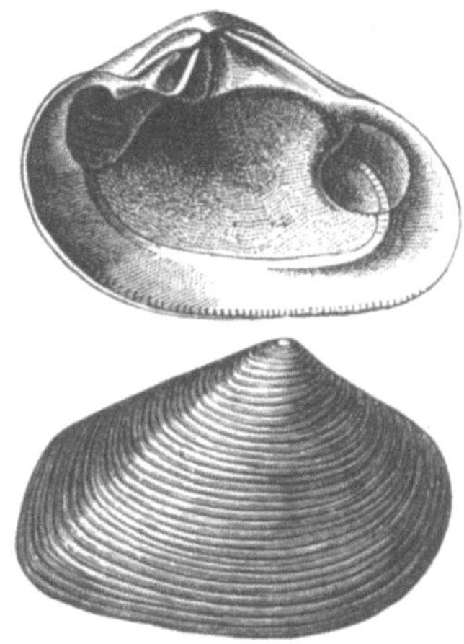

Fig. 323. *Crassatella Hardeggeri Hoern.* Miocän. Mähren.

Wirbel ± stark nach vorn gekrümmt. Band äußerlich durch Nymphen gestützt. Hinterer Muskeleindruck auf einer vorragenden, unter der Schloßplatte beginnenden Leiste. Devon — Rhät. *Meg. cucullatus* Goldf. Mittl. Devon. *Meg. triqueter* Wulf. sp. Trias. Letztere und verwandte Arten erreichen zuweilen bedeutende Größe und erfüllen oft in Menge Kalksteine und Dolomite der oberen Trias und des Rhät in den Alpen, z. B. am Dachstein, und wurden daher früher als „Dachsteinbivalven" zusammen-

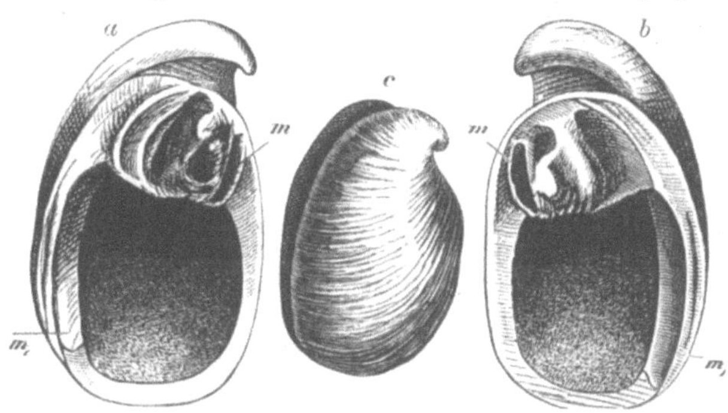

Fig. 324. *Megalodon (Eumegalodon) cucullatus Goldf.* a Linke, b rechte Klappe von innen. Bensberg. m Vorderer, m_1 hinterer Muskeleindruck. c Ganzes Exemplar, verkl. Paffrath bei Koln. Mittl. Devon.

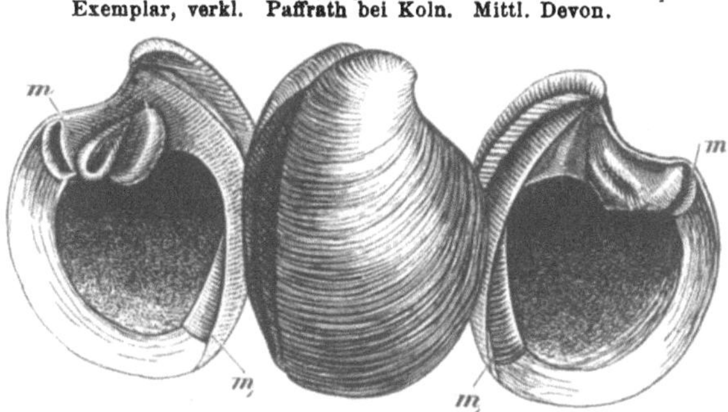

Fig. 325. *Megalodon (Neomegalodon) Gümbeli Stopp.* Rhätische Stufe.

gefaßt. Diese triadischen Formen sind meist durch eine vom Wirbel zur hinteren Partie des Unterrandes verlaufenden Kante ausgezeichnet, auch ist in der rechten Klappe der hintere Schloßzahn meist durch eine Längsfurche zweiteilig. Sie werden daher als „*Neomegalodon*" von den übrigen als „*Eumegalodon*" bezeichneten Formen getrennt.

Fam. ***Chamidae*** LAM. Schale dick, ungleichklappig, meist mit dem Wirbel einer Klappe (bald der rechten, bald der linken) angewachsen. Band hinter den Wirbeln in einer tiefen Furche gelegen, nach vorn gabelt es sich und setzt sich auf jeder Klappe bis zur Wirbelspitze fort. Wirbel ± stark vorragend, nach vorn gedreht. Malm—Jetzt.

Diceras LAM. (Figg. 326 u. 327). Schale ungleichklappig, mit dem Wirbel der größeren, bald rechten, bald linken, aufgewachsen. Wirbel

Fig. 326. *Diceras arietinum Lam.* Malm. Coralrag von St. Mihiel (Frankreich).

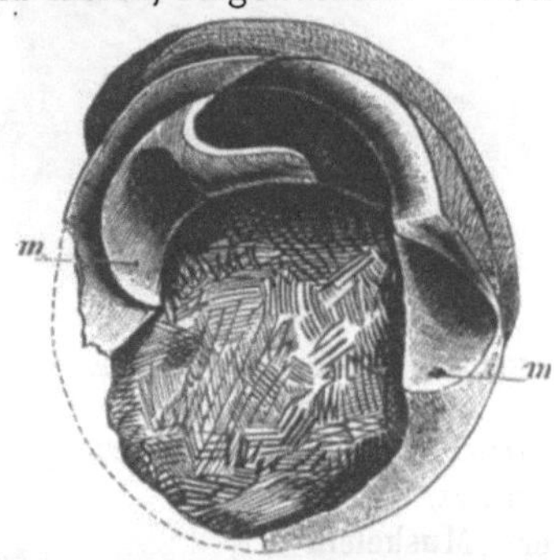

Fig. 327. *Diceras speciosum, var. aequivalvis Mstr. sp.* Malm. Kehlheim. Ansicht der rechten Schale von innen. m = Vorderer, m_1 = hinterer Muskeleindruck.

± stark vorragend, nach vorn und nach außen gedreht. Rechte Klappe mit 2 Zähnen: einem sehr starken, gebogenen hinteren u. einem schwächeren vorderen. Linke Klappe mit einem einzigen sehr großen Zahn; ihr hinterer Muskeleindruck auf einer vorragenden Leiste. Malm. *D. arietinum* LAM. ist sehr häufig in dem „Diceratenkalk" (ob. Oxford) der Schweiz u. Frankreichs.

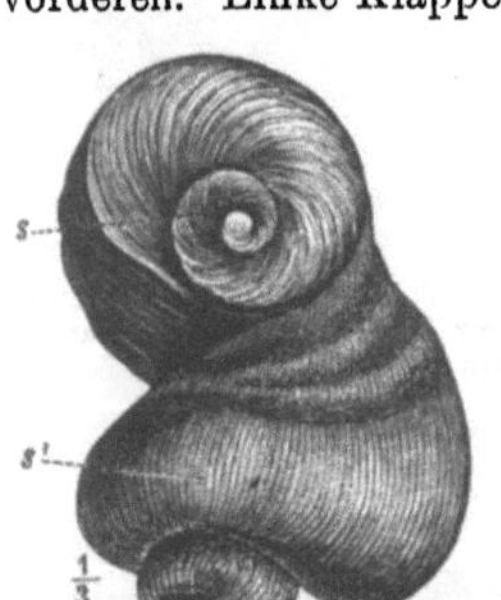

Fig. 328. *Requienia ammonia Goldf. sp.* Urgonien. Süd-Frankreich. *s* Rechte (Deckel-)Klappe, *s'*, linke festgeheftete Klappe.

Requienia MATH. (Fig. 328). Sehr ungleichklappig, mit dem stark verlängerten u. spiral gedrehten Wirbel der linken Klappe aufgewachsen. Rechte Klappe flach, selbst deckelförmig, mit spiralem Wirbel. In der südlichen Fazies der unt. Kreide, bes. Urgonien. *R. ammonia* GOLDF.

Chama L. (Fig. 329). Ungleichklappig, mit dem Wirbel der größeren (meist linken, seltener rechten) Schale angewachsen. Wirbel nach vorn gekrümmt. Oberfläche mit konzentrischen, blättrigen oder stacheligen Lamellen verziert. Beide Schalen mit einem kräftigen, gekerbten Hauptzahn; zuweilen in der Unterschale noch ein leistenförmiger hinterer Zahn. Kreide—Jetzt. *Ch. squamosa* EICHW. Ob. Eocän.

Fam. ***Caprinidae*** FISCH. Schalen dick, ungleichklappig (rechte Klappe aufgewachsen), äußerlich wie bei den Chamiden gestaltet, aber ihre Mittelschicht in einer oder beiden Klappen von zahlreichen, parallelen Kanälen durchzogen oder mit zelligem Gewebe ausgefüllt. Über dieser Mittelschicht liegt eine dünne prismatische Außenschicht, unter ihr eine blättrig struierte oder porzellanartige Innenschicht. Bei raschem Wachstum der Schale bilden sich in letzterer zuweilen Hohlräume, „Zwischen“- oder „Wasserkammern“. Nur in der Kreide, bes. in deren südlicher Fazies.

Caprina D'ORB. Rechte Klappe unregelmäßig kegelförmig, mit ihrer Spitze angewachsen; linke Klappe größer, spiral eingerollt, ihre Mittelschicht von einfachen, parallelen Kanälen durchzogen. Innenschicht der Unterschale häufig mit Zwischenkammern. Cenoman. *C. adversa* D'ORB.

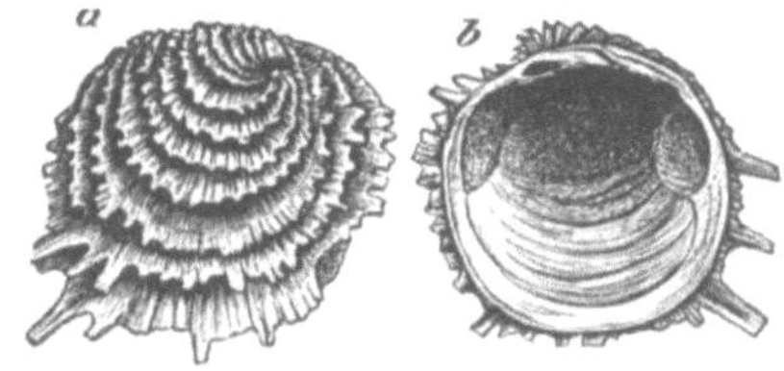

Fig. 329 *Chama distans Desh.* Eocän. Cuise-la-mothe. Frankreich. Rechte Klappe, *a* von außen, *b* von innen.

Plagioptychus MATH. (Fig. 330). Ähnlich Caprina, aber innere Schicht der linken freien Schale mit sehr zahlreichen, in mehreren Zonen angeordneten Kanälen; die der innersten Zone sind die weitesten, die der äußersten die engsten. Cenoman—unt. Senon. *Pl. Aguilloni* D'ORB. Ob. Turon—unteres Senon. — Fam. ***Rudistae*** LAM. Sehr ungleichklappig, dickschalig. Rechte Klappe verlängert kegelförmig, mit der Spitze aufgewachsen; linke Klappe niedrig-kegelförmig oder flach-deckelförmig. Ligament innerlich, häufig fehlend. Die Oberschale greift mit starken, zapfenförmigen Zähnen in die Unterschale ein und ist gegen diese *nur in vertikaler Richtung* beweglich. Die Muskeln inserieren sich in der Oberschale an vorragenden Apophysen. Die Schalen bestehen aus 2 Schichten: einer äußeren Prismenschicht und einer inneren porzellanartigen Schicht. In der Oberschale ist erstere nicht besonders dick, sehr mächtig dagegen in der Unterschale. Die Prismen stehen hier zur Längsrichtung der Schale parallel und sind durch Querlamellen abgeteilt. In der inneren Schicht bilden sich sehr häufig wie bei Caprina Zwischenkammern. Ausschließlich in der Kreideformation, bes. in deren südlicher Fazies. Die Tiere lebten gesellig und bildeten lokal den Korallenriffen ganz analoge Anhäufungen. Manche Gesteinsschichten be-

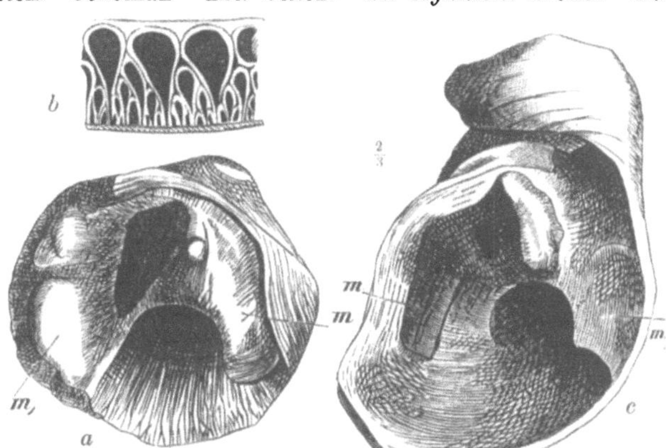

Fig. 330. *Plagioptychus Aguilloni d'Orb.* Ob. Turon. Le Beausset bei Toulon. *m* Vorderer, m_1 hinterer Muskeleindruck. *a* Linke (Ober-) Schale. *b* Querschliff durch dieselbe, die Kanäle in der mittl. Schalenschicht zeigend. *c* Rechte (Unter-) Schale.

stehen fast ausschließlich aus ihren Schalen. Häufig erreichen sie beträchtliche Dimensionen.

Hippurites Lam. (Figg. 331 u. 332). Rechte (Unter-)Schale kreiselförmig oder ± verlängert bis zylindrisch, glatt oder längs-gerippt. Linke (Ober-)Schale deckelförmig, schwach gewölbt oder flach, zuweilen selbst konkav (*Hipp. Oppeli* Douv.). An der Oberfläche zeigt die Unterschale 3 Längsfurchen, die durch Einfaltungen beider Schalenschichten entstehen. Diese 3 Falten springen im Innern ± weit vor. Die vordere, stets dünnere, ist die „*Schloßfalte*", die beiden andern werden als vorderes und hinteres „*Säulchen*" bezeichnet. Vor dem inneren Ende der Schloßfalte, gewöhnlich etwas nach vorn gerückt, befindet sich eine tiefe Grube zur Aufnahme des vorderen (Haupt-)Zahnes der Oberschale. Zwischen der Schloßfalte und dem vorderen Säulchen befinden sich 2 weitere Gruben für die 2 hinteren Zähne der Oberschale.[1] An der Vorderwand der Wohnkammer liegt ein großer, kräftiger Eindruck eines zweiteiligen Muskels. Meist befindet sich unmittelbar längs der Vorderseite der Schloßfalte, von der Grube für den Hauptzahn durch ein Septum getrennt, eine akzessorische Grube von nicht sicher gestellter Bedeutung. Die Schloßfalte ist entweder an ihrem Ende abgestutzt und mit einer kleinen Konkavität versehen, in die sich das rel. kleine Ligament befestigt, oder sie ist dünn, an ihrem Ende gerundet, ohne ein solches. Der eigentliche Wohnraum für das Tier war rel. klein. Die Zähne der Oberschale sind zapfenförmig, der vorderste ist der bei weitem größere; an seiner Basis befinden sich vorn 2 polsterförmige Erhöhungen zum Ansatz des vorderen, geteilten Muskels. In der äußeren Schicht der Oberschale findet sich ein ziemlich kompliziertes Kanalsystem. Von größeren, vom Wirbel radial ausstrahlenden Kanälen gehen feine, kurze Kanälchen nach oben und münden auf der Oberfläche als verschieden gestaltete Poren. Zuweilen ist die Oberschale von 2 ovalen oder länglichen Löchern durchbohrt, oder besitzt 2 randliche Ausbuchtungen, in welche die knöpfchenartig verdickten Enden der beiden „Säulchen" der Unterschale hineinpassen. Die Ränder beider Schalen sind

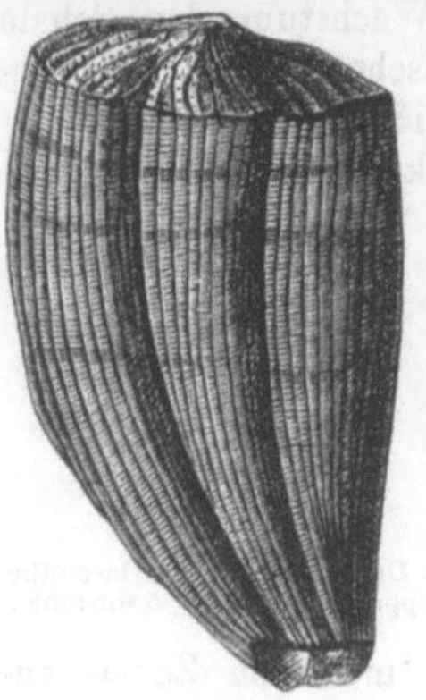

Fig. 331. *Hippurites gosaviensis* Douv. Ob. Turon. Neue Welt bei Wiener-Neustadt.

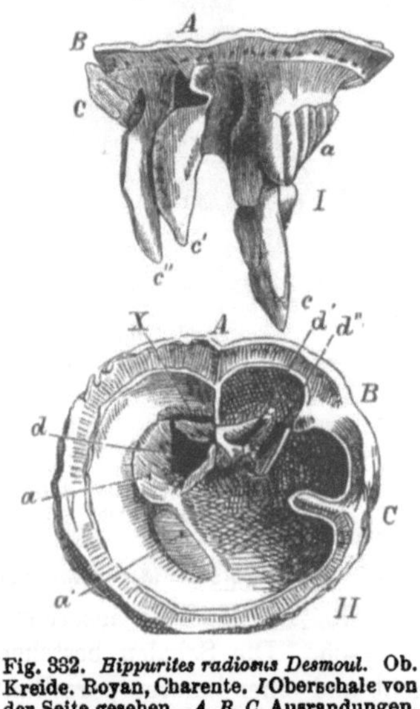

Fig. 332. *Hippurites radiosus Desmoul.* Ob. Kreide. Royan, Charente. *I* Oberschale von der Seite gesehen. *A*, *B*, *C* Ausrandungen, der Schloßfalte und den Säulchen der Unterklappe entsprechend, *c*, *c'*, *c''* Zähne, *a* polsterförm. Muskelapophyse. *II* Unterschale von oben gesehen: *A* Schloßfalte, *B* vorderes, *C* hinteres Säulchen. *d*, *d'*, *d''* Gruben für die Zähne *c*, *c'*, *c''* der Oberklappe. *X* akzessorische Grube, *a*, *a'* zweiteiliger Muskeleindruck.

[1] Nach Douvillé ist der hintere dieser beiden Zähne eine Muskelapophyse.

abgeschrägt, und zwar steigen sie von innen nach oben und außen an. In der Innenschicht der Unterschale bilden sich, namentlich bei zylindrischen Formen, oft Wasserkammern. Die Gattung ist in zahlreichen Arten in der mittl. und ob. Kreide, namentlich in deren südl. Zone verbreitet und tritt oft gesteinsbildend auf, wie z. B. *Hipp. organisans* Montf. in der Provence. Manche Arten werden sehr groß; *H. cornuvaccinum* Goldf. (Ob. Turon) bis gegen 1 m.

Radiolites Lam. (non Bayle; *Syn. Sphaerulites* Delam. [Fig. 333]). Äußere Form wie Hippurites. Beide Schalen mit je einer vorspringenden Schloßfalte. Neben dem inneren Ende derselben in der Oberschale jederseits ein langer längsgeriefter Zahn; diese fügen sich in der Unterschale in 2 freistehende Alveolen ein. Vor jedem Zahn eine starke, längliche, vorspringende Apophyse für einen Muskel; die entsprechenden Muskeleindrücke in der Unterschale liegen seitlich der Zahnalveolen. Außenschicht

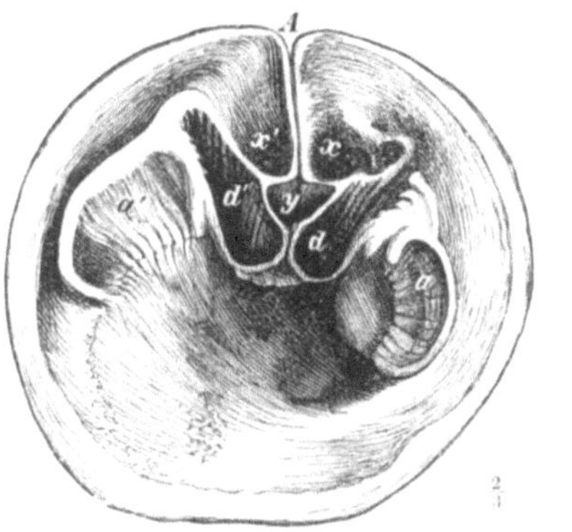

Fig. 333. *Radiolites foliaceus Lam.* Verkieselte Unterschale a. d. ob. Cenoman von Ile d'Aix. Charente. *A* Schloßfalte; *d* vordere, *d'* hintere kannelierte Zahnalveole, *a* vorderer, *a'* hinterer Muskeleindruck; *x*, *x'* u. *y* leere Gruben zu beiden Seiten u. am innern Ende der Schloßfalte.

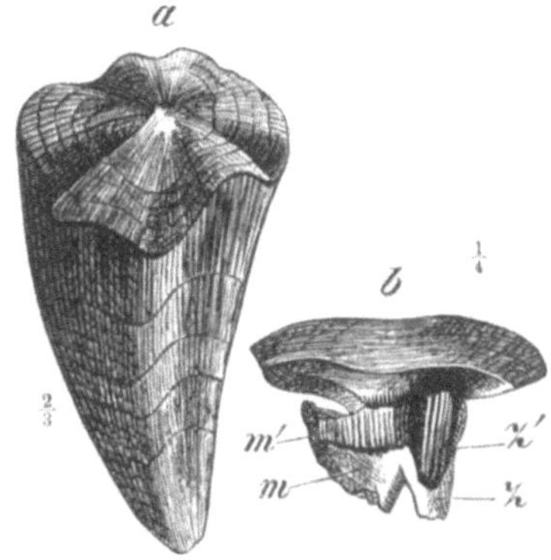

Fig. 334. *a Biradiolites Sturi Hauer.* Obere Kreide. Isonzotal. *b* Deckel von *Bir. Bournoni Desm.* Senon. St. Mamez. Dordogne. *z* vorderer, *z'* hinterer Zahn; *m* vorderer, *m'* hinterer Muskeleindruck.

der Unterschale oft von schuppig-blättrigem Gefüge, aus sehr großen, hohlen Prismen gebildet. Urgonien—Senon.

Biradiolites d'Orb. (= *Radiolites* Bayle [Fig. 334]). Äußere Form wie Radiolites. Unterschale auf der dem Schloßrand gegenüberliegenden Seite häufig mit 2 glatten oder fein gerippten, von der Spitze bis zum Oberrand verlaufenden Streifen. Schalen ohne Falten. Zahnalveolen in der Unterklappe direkt in die Wandung eingesenkt, nach innen und unten offen. Mittl. u. ob. Kreide.

Fam. ***Lucinidae*** Desh. Silur—Jetzt. Marin. *Lucina* Brug. Schalen rundlich, häufig mit Lunula. Schloß veränderlich, im Maximum 2 Schloß- und 2 Seitenzähne in jeder Klappe. Vorderer Muskeleindruck schmal, länglich. Silur—Jetzt. *L. columbella* Lam. Miocän.

Fam. ***Cardiidae*** Lam. Gleichklappig, gewölbt; von der Vorderseite gesehen daher herzförmig. Meist radial verziert. Schalenränder gekerbt. Band äußerlich. Trias—Jetzt, marin oder brackisch.

Cardium L. (Fig. 335). In jeder Schale 2 kräftige, kreuzweise gestellte Schloßzähne und 2 Seitenzähne. Trias—Jetzt. Marin.

U.-G. *Protocardia* Beyr. (Fig. 335 *A*). Hinterseite mit radialen Rippen, im übrigen mit konzentrischen Streifen verziert. Jura—Kreide. *Pr. Hillana* Sow. sp. Cenoman. *Adacna* Eichw. (Fig. 336) umfaßt im Brack- oder selbst Süßwasser lebende Cardiiden, mit ± verkümmertem Schloß und diversen Umgestaltungen ihrer Organisation. Fossil seit Miocän.

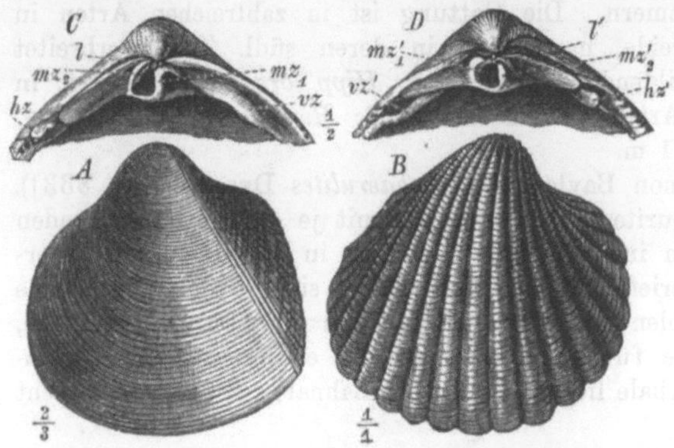

Fig. 335. *A Protocardia Hillana Sow.* Cenoman. Frankreich. Linke Klappe. *B Cardium edule L.* Ob. Miocän. Wiener Becken. Rechte Kl. *C, D Card. cingulatum Goldf.* Ob. Oligocän. Wiener Becken. *C* Schloß der link., *D* der recht. Kl. *l, l'* Bandgrube; mz_1, mz_2 Hauptzähne der l., mz_1', mz_2' der r. Kl.; *vz, vz'* vord., *hz, hz'* hint. Seitenzähne. Nach Steinm.

Fam. ***Cyrenidae*** Adams. Brack- oder Süßwasserbewohner. *Cyrena* Lam. Schale queroval, konzentrisch gestreift. In jeder Schale 3 Schloßzähne und 1—2 leistenförmige Seitenzähne, welche bei der U.-G. *Corbicula* Meg. quergestreift sind. Lias—Jetzt, bes. häufig seit Kreide. *Cyr. ovalis* Dunk. Wealden. *Cyr. semistriata* Desh. im ob. oligocänen „Cyrenenmergel" des Mainzer Beckens, ebenda *Corbicula Faujasi* Desh. sp. im unt. miocänen „Corbiculakalk".

Fig. 336. *Adacna Hungarica Hoern.* Unt. Pliocän. Congerien-Schichten. Arpád (Ungarn).

Fam. ***Cyprinidae*** Lam. Jura—Jetzt. Marin. *Cyprina* Lam. Queroval oder rundlich, gewölbt, konzentrisch gestreift. Wirbelregion vorragend. 3 Schloßzähne jederseits. Band äußerlich, auf starken Bandnymphen. Jura—Jetzt. *C. islandica* L. sp., lebend im nördlichen atlantischen Ozean, fossil in den marinen „Cyprina"-Thonen des Interglazialdiluviums Nordeuropas.

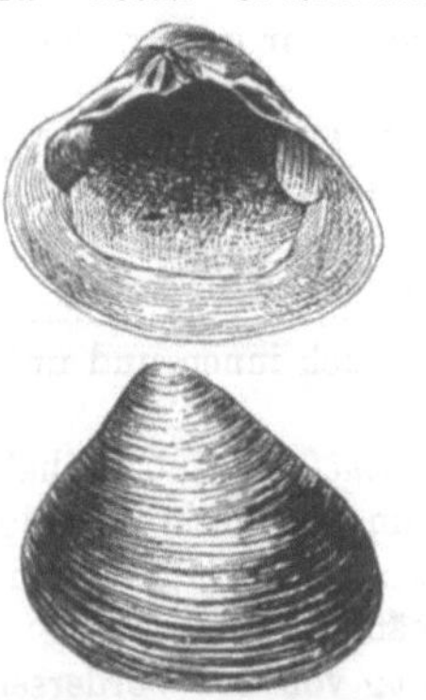

Fig. 337. *Cyrena semistriata Desh.* Oligocän. Alzey.

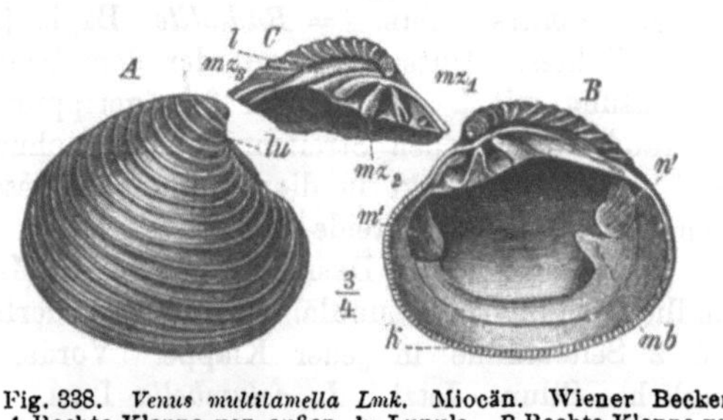

Fig. 338. *Venus multilamella Lmk.* Miocän. Wiener Becken. *A* Rechte Klappe von außen, *lu* Lunula. *B* Rechte Klappe von innen. *C* Schloß der linken Klappe. mz_1—mz_3 Hauptzähne. *l* Bandfeld; *m'* vorderer, *n'* hinterer Muskeleindruck; *mb* Mantelbucht; *k* Kerben des Schalenrandes. Nach Steinm.

B. Sinupalliata. Siphonen lang, ganz oder teilweise retraktil, Mantelbucht ± tief.

Fam. ***Veneridae*** Gray. Schalen rundlich, kräftig, 2—3 Schloßzähne. Band äußerlich, auf starken Nymphen. Jura—Jetzt, seit Tertiär häufiger.

Venus L. (Fig. 338). Jederseits 3 Schloßzähne. Häufig mit Lunula. Mantelbucht kurz, winklig. Jura—Jetzt. *V. umbonaria* Ag. Unt. Miocän.

Cytherea Lam. Wie Venus, aber in der linken Klappe noch ein liegender Zahn unter der Lunula. Jura—Jetzt. *C. incrassata* Sow. sp. Oligocän.

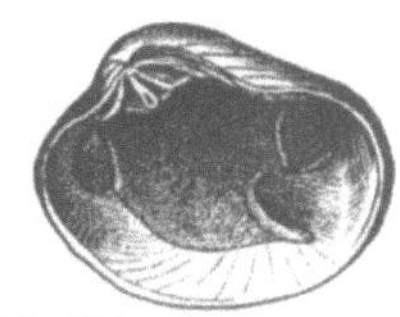

Fig. 339. *Tapes gregaria Partsch.* Oberes Miocän. Wiener Becken.

Tapes Meg. (Fig. 339). Mantelbucht meist tiefer, als bei Venus, aber nicht spitz endigend. Kreide—Jetzt.

Fam. ***Tellinidae*** Lam. Jura—Jetzt. Marin u. brackisch. *Tellina* L. (Fig. 340). Schalen querverlängert, dünn; Hinterseite mit einer vom Wirbel zum Hinterrand verlaufenden Falte. Mantelbucht tief und breit. In jeder Klappe 2 Schloß- und jederseits ein Seitenzahn. Jura—Jetzt.

Fam. ***Panopaeidae*** Zitt. Trias—Jetzt. Marin. *Panopaea* Men. (Fig. 341). Schalen gleichklappig, dünn, querverlängert, vorn schwach, hinten sehr stark klaffend. Glatt oder konzentrisch gestreift. Das kurze äußerliche Band auf kräftigen Nymphen. Mantelbucht tief. Kreide—Jetzt. *P. Menardi* Desh. Miocän.

Fig. 340. *Tellina rostralina Desh.* Eocän. Damery (Frankreich).

Fam. ***Pholadomyidae*** Fisch. Lias—Jetzt. Marin. *Pholadomya* Sow. (Fig. 342). Schalen gleichklappig, dünn, queroval, hochgewölbt, hinten und oft auch vorn etwas klaffend, Vorderseite kurz, Hinterseite ± verlängert. Schloßrand zahnlos. Oberfläche mit radialen Rippen, die von konzentrischen Runzeln gekreuzt werden. Lias—Jetzt. (1 Art noch lebend), bes. mesozoisch. *Ph. acuticostata* Sow. Kimmeridge.

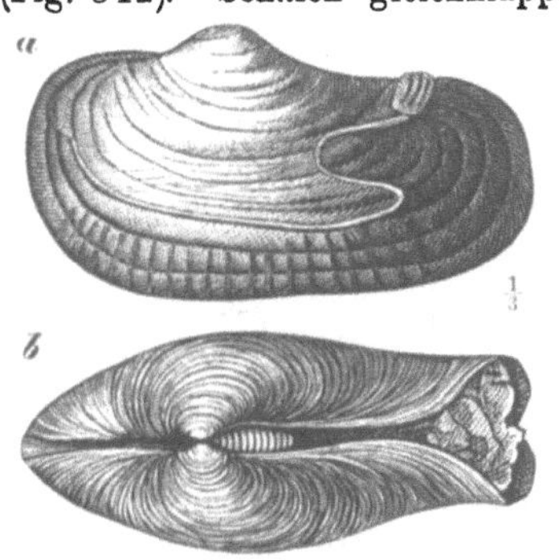

Fig. 341. *Panopaea Menardi Desh.* Miocän. Wiener Becken. *a* Steinkern. Leithakalk Kalksburg. *b* Beschaltes Exemplar, vom Schloßrand aus gesehen. Potzleinsdorf.

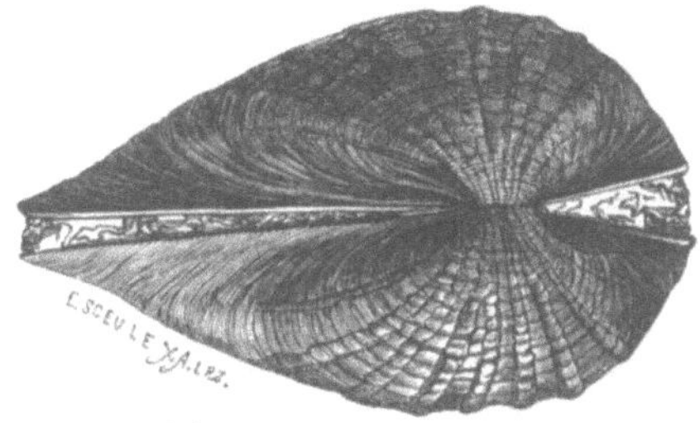

Fig. 342. *Pholadomya Murchisoni Sow.* Ob. Dogger. Piezchnow (Polen).

Fam. ***Myidae*** Desh. Ausgezeichnet durch einen unter dem Wirbel der linken Klappe befindlichen großen, abgeplatteten, löffelartigen Fortsatz, welcher das innerliche Ligament trägt. Trias—Jetzt. Marin oder brackisch.

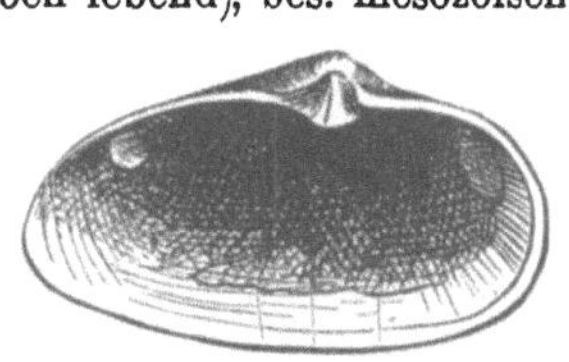

Fig. 343. *Mya arenaria L.* Diluvium. Schweden.

Mya L. (Fig. 343). Fast gleichklappig, Schloßzähne fehlen. Mantelbucht tief. Tertiär und Jetzt. *M. truncata* L. im postglazialen, marinen Diluvium.

Corbula Brug. Sehr ungleichklappig. Rechte Klappe größer, mit einem starken Schloßzahn. Mantelbucht schwach. Trias—Jetzt. Marin und brackisch. *C. gibba* Oliv. Marines Interglazialdiluvium.

Fig. 344. *a* Schale von *Teredo Norvegica Spengl.*, von innen u. außen. Rezent. *b*, *c* Pfeilspitzenartige Anhängsel der Siphonen. *d* Mit Gestein ausgefüllte Röhren von *Teredo Tournali Leym.* Eocän. Kressenberg. Nach Zitt.

Fam. ***Pholadidae*** Leach. Bohrmuscheln, welche sich entweder durch Drehungen ihrer Schale oder des mit Kieselkörnchen besetzten Fußes Höhlungen im Kalkstein, Korallen oder Holz einbohren. Sie können daher zum Nachweis alter Strandlinien für den Geologen sehr wichtig werden.

Pholas L. Schalen querverlängert, vorn und hinten klaffend, rauh skulpturiert. Jura—Jetzt; bohrt mit Vorliebe in Stein und Korallen.

Teredo L. (Fig. 344). Schalen klein, 3lappig. T. bohrt in Holz lange Gänge, die sie mit kalkigen Röhren auskleidet. Jura—Jetzt.

2. Klasse. Scaphopoda.

Mollusken ohne Kopf, Augen und Kiemen; im Mund eine Kauplatte (Radula), hinter ihm fadenförmige, als Fangorgane dienende Tentakeln. Fuß 3lappig, Kalkschale röhrenförmig, an beiden Enden offen. Nur marin. Die Tiere leben mit der vorderen Körperhälfte im Schlamm eingegraben, vermögen aber auch mit dem Fuß langsam umher zu kriechen. Silur—Jetzt.

Dentalium L. (Fig. 345). Schale röhrenförmig, nach hinten sich verengend, daher einem Elefantenstoßzahn en miniature gleichend; glatt oder längs gerippt. Silur bis Jetzt. *D. torquatum* Schloth. häufig in der „Dentalienbank" des unt. Muschelkalkes. *D. elephantinum* L. Pliocän und rezent.

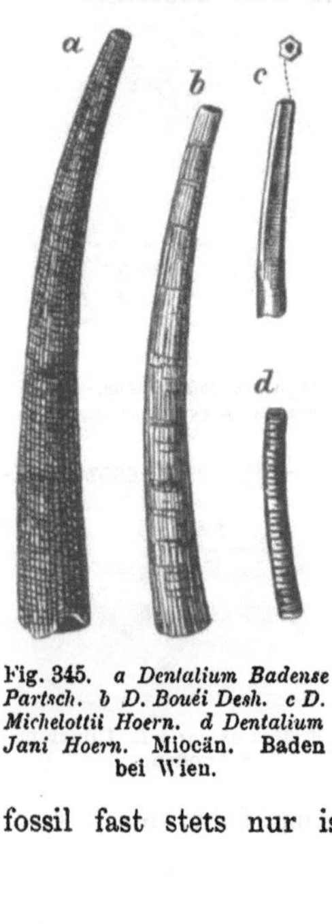

Fig. 345. *a Dentalium Badense Partsch. b D. Bouéi Desh. c D. Michelottii Hoern. d Dentalium Jani Hoern.* Miocän. Baden bei Wien.

Fig. 346. *Chiton priscus Mstr.* Kohlenkalk. Tournai (Belgien).

3. Klasse. Amphineura oder Placophora. Käferschnecken.

Wurmähnliche, bilateral symmetrische Mollusken mit undeutlich gesondertem Kopf, ohne Augen und ohne Tentakeln. Mund mit Kauplatte (Radula). Fuß bauchständig. Gehäuse dorsal, aus mehreren metamerenähnlich hintereinander gelagerten, beweglichen Kalkplatten bestehend. Marin.

Chiton L. (Fig. 346). Länglich oval. Schale aus 8 gewölbten, ev. gekielten Kalkplatten bestehend, welche fossil fast stets nur isoliert gefunden werden. Silur—Jetzt.

4. Klasse. Gastropoda. Bauchfüßer oder Schnecken.

Mollusken mit gesondertem Kopf und ungeteiltem Mantel, welcher ein einfaches, napfförmiges oder spiral gewundenes Gehäuse absondert. Fuß bauchständig, muskulös. Der Kopf trägt 2 bis 4 Fühler und 2 Augen. In der Mundhöhle ein Kauapparat, welcher oben aus hornigen Kiefern,

Fig. 347. *Helix pomatia L.* Tier mit Gehäuse. *O* Augen an der Spitze der langen Fühler. *Pe* Fuß. Nach CLAUS.

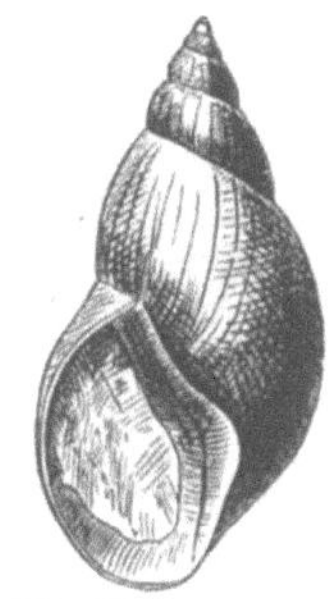

Fig. 348. *Physa gigantea Michaud.* Unt. Eocän. Rilly (Frankreich). Gehäuse linksgewunden.

unten aus der Reibplatte oder Radula besteht. Diese ist eine hornige, die Oberfläche einer im Boden der Mundhöhle gelegenen Wulst, der „Zunge" bildenden Platte, auf der sich höchst charakteristisch gestaltete, in Querreihen angeordnete Haken und Zähne erheben. — Das Gehäuse besteht fast stets aus kohlensaurem Kalk. Es ist entweder symmetrisch oder spiral gewunden. Ersterer Fall ist ziemlich selten; ausnahmsweise kommt es vor, daß die Windungen des Gehäuses ganz unregelmäßig sind (Vermetus, Fig. 375). Bei dem bei weitem größeren Teil der Gastropoden sind die Gehäuse spiralig nach Art einer Schraube und zwar entweder nach rechts oder links gewunden. Um dies zu entscheiden, hält man das Gehäuse mit der Spitze nach oben, der Mündung nach unten gerichtet, dem Beschauer zugewendet. Liegt nun die Mündung rechts, so ist das Gehäuse ein rechts gewundenes (Fig. 352), liegt sie links, ein links gewundenes (Fig. 348). Letzteres ist nur bei einigen Gattungen normalerweise der Fall (Clausilia), vereinzelt kommen indes auch bei rechts windenden Gattungen links gewundene Gehäuse vor und umgekehrt (perverse Exemplare). Die Spitze des Gehäuses, an welcher ihr Wachstum begann, heißt „*Scheitel*" oder „*Apex*" und zeigt ev. eine abweichend gestaltete Embryonalschale (Nucleus). Er stellt die hintere, bzw., da er beim Zeichnen in der Regel nach oben gerichtet wird, obere, die Mündung die vordere, bzw. untere Partie der Schale

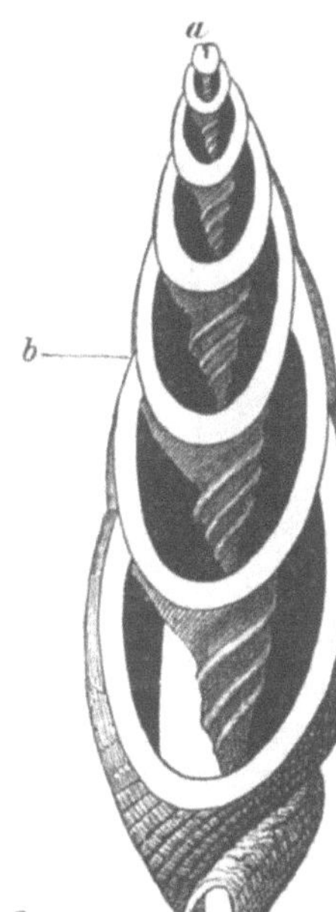

Fig. 349. *Mitra episcopalis L.* Rezent. Aufgeschnitten, um die Spindel zu zeigen. *a* Scheitel (*Apex*). *b* Naht. *c* Ausschnitt der Mündung.

vor. Eine Linie vom Scheitel zum untersten Ende der Mündung gibt die Höhe (od. Länge) des Gehäuses an. Das Gewinde (spira) besteht aus einzelnen Umgängen (Windungen). Häufig nehmen die Umgänge von der Spitze an regelmäßig an Dicke zu. Den Winkel, welchen 2 gegen-

Fig. 350. *Solarium granosum d'Orb.* Gault. Ervy (Aube). Genabeltes Gehäuse.

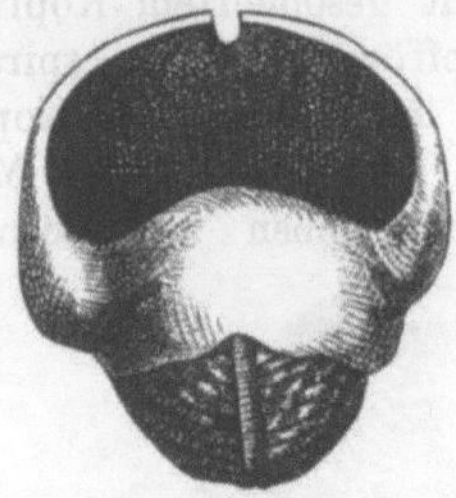

Fig. 351. *Bellerophon striatus d'Orb.* Mittl. Devon. Involute Schale.

Fig. 352. *Scalaria lamellosa Brocch.* Miocän. Baden bei Wien. Mündung ganzrandig.

überliegende, von der Spitze tangierend an die Oberfläche der Windungen gelegte Linien einschließen, nennt man „*Apicalwinkel*". Die ± rasch an Dicke zunehmende Röhre, aus der man sich ein spiraliges Schneckengehäuse hervorgegangen denken kann, windet sich entweder um eine feste, häufig mit Falten versehene Axe oder „*Spindel*", oder nur um eine ideale Axe, indem sich an deren Stelle ein Kanal findet, dessen trichterförmiger Eingang an der Basis der Schale als „*Nabel*" (umbilicus) bezeichnet wird. Derartige Gehäuse nennt man „*genabelt*" (Fig. 350). Bei ihnen berühren sich die Umgänge in der Mitte nicht, während dies bei den mit einer Spindel versehenen Gehäusen der Fall ist. Die äußerliche Berührungslinie zweier Umgänge heißt „*Naht*" (Sutur). Je nach der verschiedenen Art der Einrollung und ± raschen Dickenzunahme der Windungen entstehen sehr verschieden gestaltete Gehäuse: scheiben-, ohr-, kreisel-, turm-, walzen-, eiförmige usw. Verhüllen die jüngeren Umgänge die älteren vollständig, so daß nur der letzte (jüngste) sichtbar bleibt, so ist die Schale „*involut*", z. B. Cypraea, Bellerophon (Fig. 351). Die Öffnung des letzten Umganges heißt „*Mündung*". Sie dient dem Tier zum Austritt. Der sie begrenzende Mundsaum oder -rand ist entweder zusammenhängend, oder in Innen- und Außenrand getrennt. Die Form der Mündung ist sehr verschieden; von einer kreisrunden (Cyclostoma) finden sich alle Übergänge bis zu einer schmal-spaltförmigen (Conus). Man nennt sie „ganz-

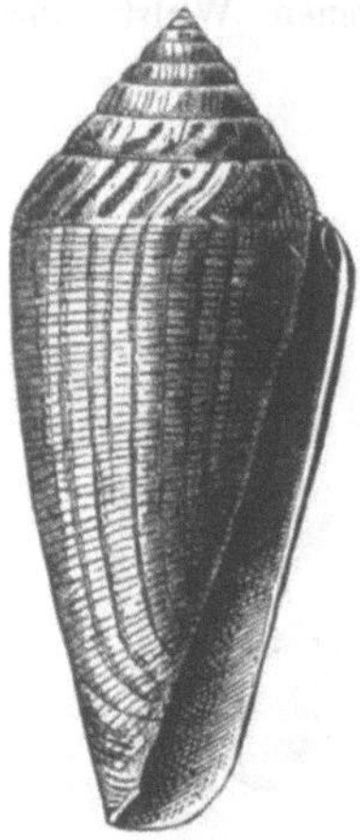

Fig. 353. *Conus Suessi Hoern.* Miocän. Konvolute Schale.

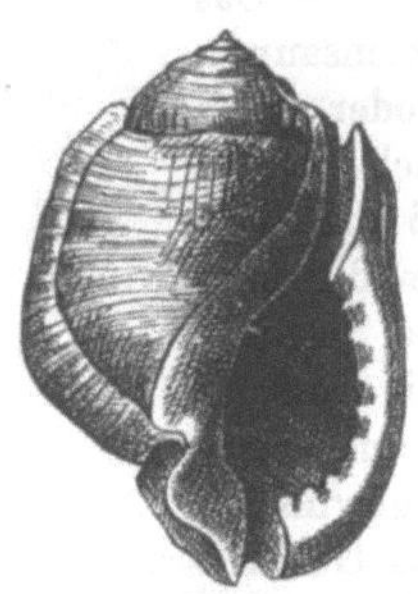

Fig. 354. *Ranella marginata Brocch.* Miocän. Mündung ausgeschnitten u. Außenlippe gezähnt.

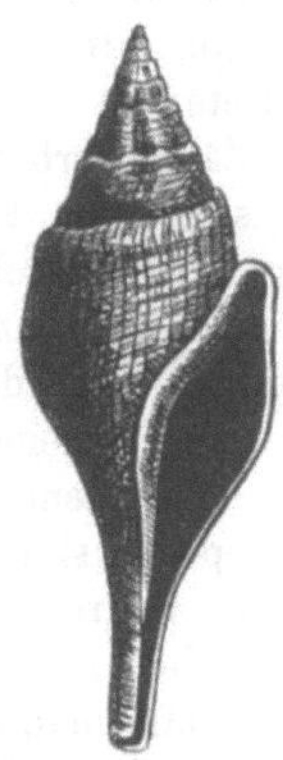

Fig. 355. *Fusus longaevus Lam.* Eocän. Pariser Becken.

randig“ (holostom, Fig. 352), wenn sie vorn (bzw. unten) in einer zusammenhängenden Linie abgerundet ist. Besitzt sie dagegen neben der Spindel eine Ausbuchtung oder eine kurze, rinnenförmige Verlängerung, „*Ausguß*“, so heißt sie „ausgeschnitten“ (Fig. 354). Dieser Ausguß kann sich zu einem ± langen, geraden oder gebogenen „*Kanal*“ verlängern (Fig. 355). Der Außenrand der Mündung oder die „*Außenlippe*“ kann einfach oder umgeschlagen, scharf oder verdickt, glatt oder gekerbt, gefingert (Fig. 356) oder flügelartig ausgebreitet sein. Bei dem Innenrand beschränkt man den Ausdruck „*Innenlippe*“ gern auf den oberen, bzw. hinteren Teil und nennt den unteren, bzw. vorderen den „*Spindelrand*“. Letzterer trägt häufig eine oder mehrere „*Spindelfalten*“ (Actaeonella, Fig. 357), die bis zum Scheitel fortsetzen. Die Oberfläche der Schale ist entweder glatt oder in mannigfaltigster Weise verziert. Gemäß der Vorstellung des Gehäuses als einer aufgewundenen Röhre bezeichnet man alle Verzierungen, die der idealen Längsaxe dieser Röhre und also den Windungsnähten parallel laufen, als „Längsverzierungen“, die senkrecht darauf stehenden, dem äußeren Mundsaum parallelen, als „Querverzierungen“. Oft sind sie kombiniert. — Das Gehäuse der Gastropoden besteht aus kohlensaurem Kalk in Form des Aragonits und zeigt meist eine gleichmäßige, porzellanartige Beschaffenheit; ev. findet sich außerdem noch eine innere Perlmutterschicht. Viele Formen besitzen zum Verschluß der Mündung einen hornigen, seltener kalkigen Deckel (Fig. 358). Der bei weitem größere Teil der Gastropoden bewohnt das Meer, der übrige Teil enthält Brack-, Süßwasser- und Landbewohner. Die ältesten Formen finden sich im Kambrium. Die Gastropoden zerfallen in 4 Ordnungen: Prosobranchia, Heteropoda, Opisthobranchia und Pulmonata.

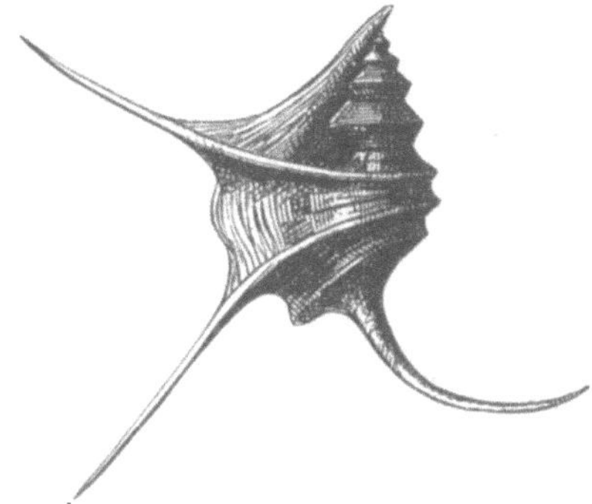

Fig. 356. *Pteroceras Moreausianum d'Orb.* Neocom. Bujard (Meuse). Außenlippe gefingert.

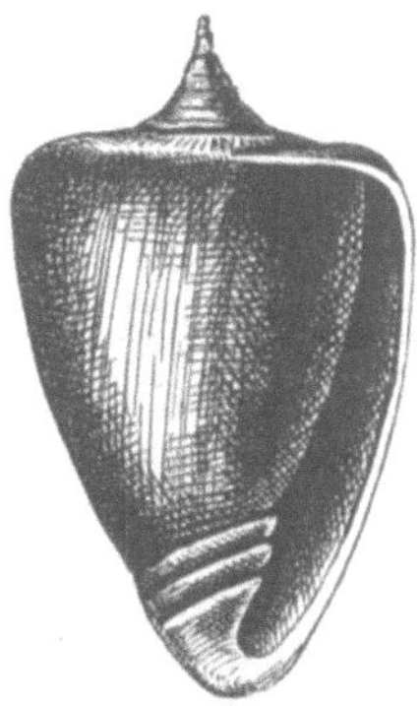

Fig. 357. *Actaeonella Renauxiana d'Orb.* Ob. Turon. Uchaux (Vaucluse).

Anmerkung. Wenn nichts anderes angegeben wird, sind die Formen marin.

I. Ordnung. Prosobranchia. Vorderkiemer.

Beschalte Schnecken, deren Kiemen vor dem Herzen liegen.

1. Unterordnung. *Cyclobranchia.*

Schale flach konisch oder napfförmig. Die Kiemen erheben sich meist in geschlossenem Kreise unter dem Mantelrande um die breite Fußwurzel. *Patella* L. (Fig. 359). Silur—Jetzt.

Fig. 358. *Cyclostoma antiquum Brgt.* Eocän. Fontainebleau. Gehäuse mit Deckel.

2. Unterordnung. ***Aspidobranchia.***

Kiemen fiederartig, nur an der Basis angewachsen. Schale napf- oder ohrförmig, oder spiral gewunden. Mantelrand zuweilen vorn tief gespalten, die Schale daher durchlöchert oder die Außenlippe mit einem Schlitz versehen. Bei fortschreitender Größenzunahme des Gehäuses schließt sich dieser Schlitz von hinten her, doch bleibt der dadurch entstehende Streifen durch das starke Zurückspringen der Zuwachslinien der Schale auf allen Umgängen sichtbar und bildet ein „*Schlitzband*".

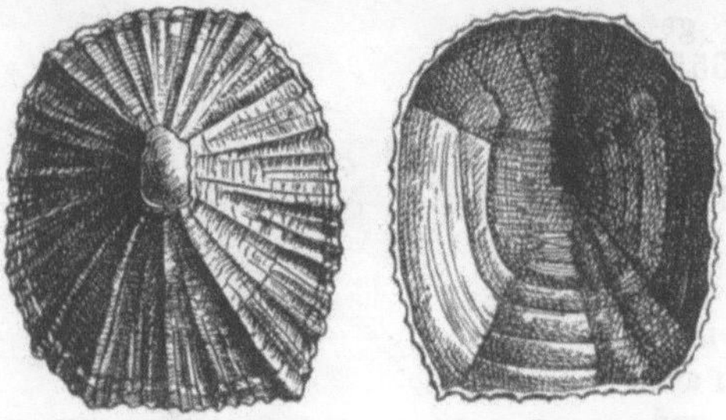

Fig. 359. *Patella (Acmaea) Marceauxi Desh.* Eocän. Jouchery.

Fam. ***Bellerophontidae*** M'Coy. *Bellerophon* Montf. (Figg. 351 u. 360). Schale symmetrisch in einer Ebene spiral aufgerollt, scheibenförmig oder fast kuglig, ± involut. Außenlippe in der Mitte mit einem Schlitz, dem in der Regel ein Schlitzband auf dem Rücken der Umgänge entspricht. Silur—Perm, bes. Kohlenkalk.

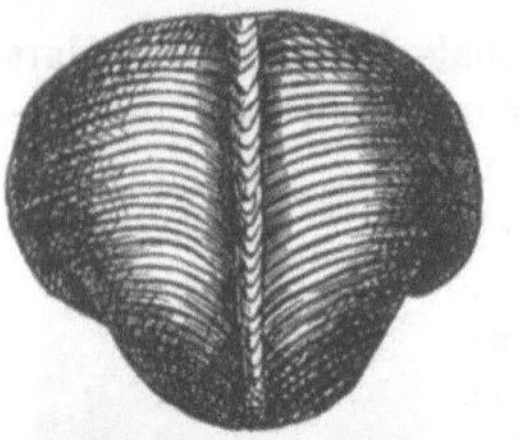

Fig. 360. *Bellerophon hiulcus Sow.* Kohlenkalk. Visé (Belgien).

Fig. 361. *Pleurotomaria delphinuloides Goldf.* Mittl. Devon. Paffrath.

Fam. ***Pleurotomariidae*** d'Orb. *Pleurotomaria* Defr. (Fig. 361). Schale kegelförmig, Außenlippe mit Schlitz, Umgänge mit Schlitzband. Silur—Jetzt. Seit Tertiär sehr selten.

Murchisonia d'Arch. et Vern. (Fig. 362). Wie Pleurotomaria, aber Schale hoch turmförmig. Kambrium—Trias. *M. bilineata* d'Arch. et Vern. Mittl. Devon.

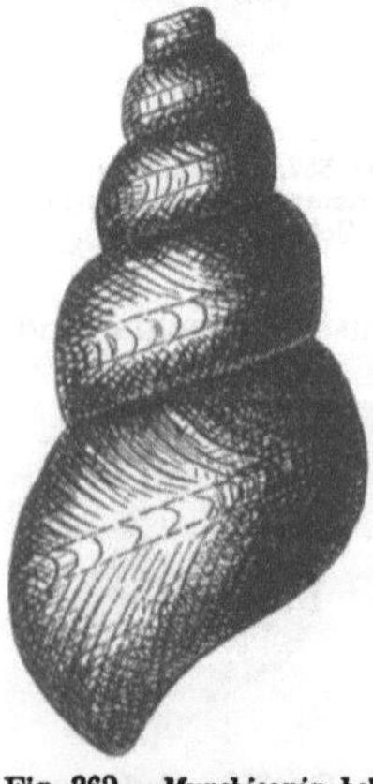

Fig. 362. *Murchisonia bel.. cincta Hall.* Unt. Silur. Estland.

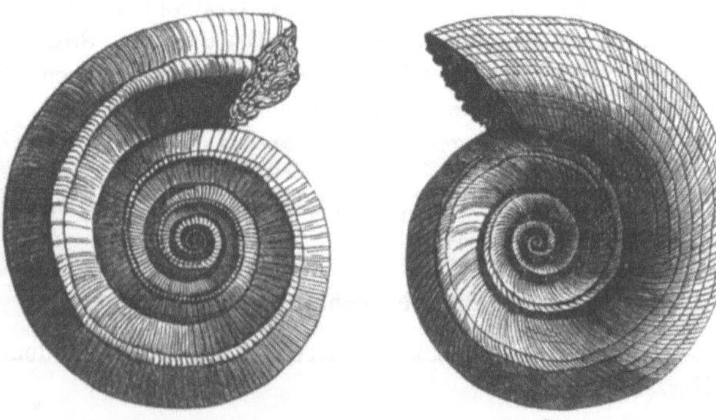

Fig. 363. *Euomphalus catillus Sow.* Kohlenkalk. Irland. *a* von oben, *b* von unten gesehen.

Fam. ***Euomphalidae*** de Kon. *Euomphalus* Sow. (Fig. 363). Schale scheiben- bis niedrig-kegelförmig. Oberseite häufig abgeplattet, zuweilen sogar konkav, Unterseite weitgenabelt. Umgänge kantig, Außenlippe an der oberen Kante mit schwachem Ausschnitt. Silur—Trias, bes. Kohlenkalk.

Fam. ***Turbinidae*** ADAMS. *Turbo* L. Schale kreiselförmig, innen mit starker Perlmutterschicht. Mündung fast kreisrund. Deckel kalkig, sehr dick, innen gewölbt, außen flach. Silur—Jetzt. *T. subduplicatus* D'ORB. Unt. Dogger.

Fig. 364. *Eunema armata Goldf. sp.* Mittl. Devon. Sötenich in der Eifel.

Fig. 365. *Trochus singularis Zitt.* Tithon. Stramberg (Mähren).

Fam. ***Trochonematidae*** ZITT. *Eunema* SALT. (Fig. 364). Pyramiden- oder kreiselförmig, mit ± hohem, spitzem Gewinde, ungenabelt. Umgänge mit zwei oder mehreren spiralen Kielen oder Knotenreihen, welche von kräftigen Quer-

Fig. 366. *Xenophora Deshayesi Michti.* Miocän. Gainfahren.

Fig. 367. *Naticopsis lemniscata M. Hoern.* Obere Trias. Esino (Lombardei).

streifen gekreuzt werden. Mündung oval. Silur—Devon. *Eun. strigillata* SALT. Unt. Silur.

Fam. ***Trochidae*** ADAMS. *Trochus* L. (Fig. 365). Schale kreiselförmig, innen mit Perlmutterschicht. Umgänge schwach gewölbt oder eben, Basis ± abgeplattet. Silur—Jetzt. Viele Untergattungen. *Tr. Lucasanus* BRUYN. Oligocän.

Fam. ***Xenophoridae*** DESH. *Xenophora* FISCH. (Fig. 366). Kreiselförmig, enggenabelt. Umgänge eben, mit angehefteten Fremdkörpern bedeckt. Basis eben oder konkav, am Rand mit scharfem Kiel. Mündung quer-vierseitig. Kreide — Jetzt. *Xen. agglutinans* LAM. Eocän.

Fam. ***Neritopsidae*** FISCH. *Naticopsis* M'COY. (Fig. 367). Gehäuse glatt oder quergestreift, sphäroidisch, ungenabelt. Gewinde kurz, letzter Umgang sehr groß. Mündung breit-oval, zuweilen fast kreisförmig. Innenlippe abgeplattet, etwas schwielig verdickt. Besonders Karbon u. Trias, selten Devon. *Nat. ampliata* PHILL. Kohlenkalk.

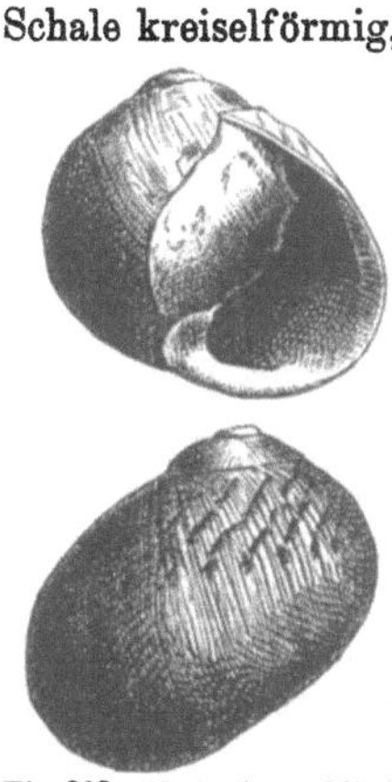

Fig. 368. *Nerita (Oncochilus) chromatica Zitt.* Tithon. Stramberg (Mähren).

Fam. ***Neritidae*** LAM. *Nerita* L. (Fig. 368). Gehäuse dick, halbkuglig, ungenabelt, glatt oder spiral gerippt; Gewinde sehr kurz, letzter

Umgang sehr groß. Mündung halbkreisförmig; Innenlippe abgeplattet, meist schwielig, mit geradem, häufig gezähneltem Innenrand. Deckel kalkig. Trias—Jetzt. U.-G. *Oncochilus* Petho. (Fig. 368). Glatt, Innenlippe gewölbt, am Innenrand mit 2—3 Zähnen oder glatt. Außenlippe scharf. Trias u. Jura.

3. Unterordnung. *Ctenobranchia.*

Linke Kieme rudimentär, rechte Kieme (Nackenkieme) groß, von kammförmiger Gestalt.

Fam. ***Littorinidae*** Gray. *Littorina* Fér. (Fig. 369). Dickschalig,

Fig. 369. *Littorina subangulata Desh.* Eocän. Pariser Becken.

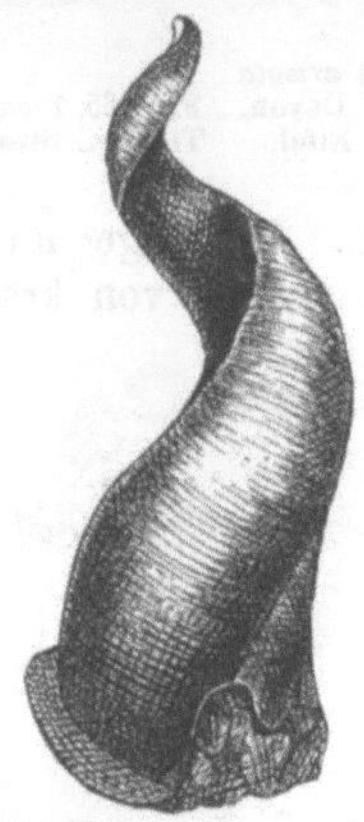

Fig. 370. *Capulus anguis Barr.* Ob. Silur. Lochkow. Böhmen.

Fig. 373. *Hydrobia (Littorinella) acuta Drap.* Miocän.

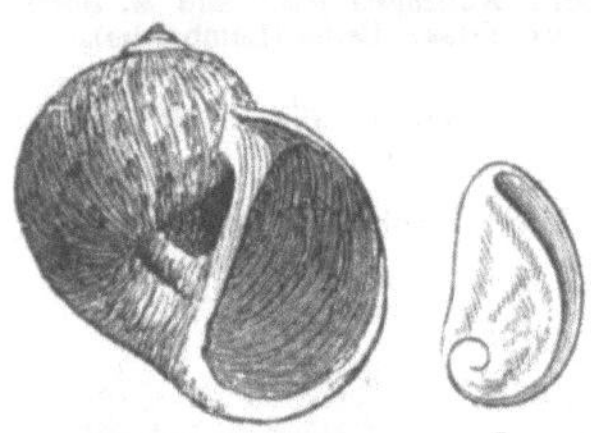

Fig. 371. a *Natica millepunctata Lam.* Pliocän. Monte Mario bei Rom. b Deckel von *Nat. multipunctata Wood.* Crag. Sutton (England).

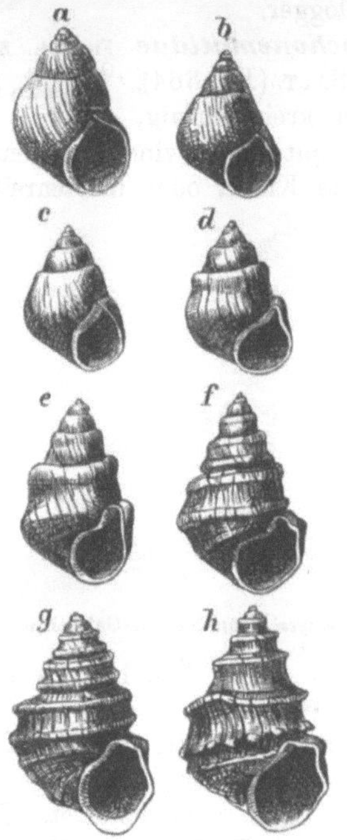

Fig. 372. a *Paludina Neumayri Brus.* b *P. Suessi Neum.*, c *P. pannonica Neum.*, d *P. bifarcinata Bielz*, e *P. stricturata Neum.*, f *P. notha Brus.*, g *P. (Tulotoma) ornata Neum*, h *P. (Tul.) Hoernesi Neum.* a, b, c aus den unt., d, e, f mittl., g, h ob. Paludinenschichten Slavoniens. Pliocän.

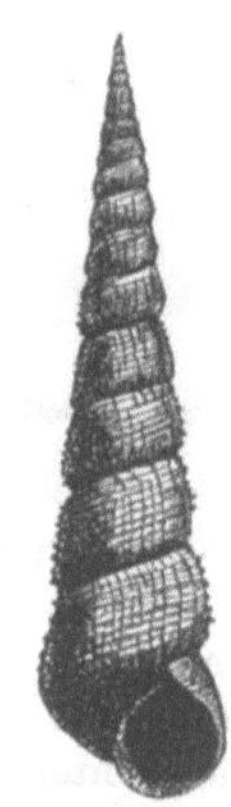

Fig. 374. *Turritella mitis Desh.* Eocän. Grignon bei Paris.

kegelförmig, bis fast kuglig, glatt oder spiral gestreift, ungenabelt. Mündung rundlich. Deckel hornig. Jura—Jetzt. *Litt. litorea* L. sp. rezent und im postglazialen Diluvium (Littorinaschichten).

Fam. ***Capulidae*** Cuv. *Capulus* Montf. (Fig. 370). Kegelförmig, zuweilen verlängert und schwach gewunden, oder nur der Wirbel spiral eingerollt. Mündung sehr weit. Kambrium—Jetzt, bes. paläozoisch.

Fam. ***Naticidae*** Forbes. *Natica* Lam. (Fig. 371). Gewinde meist kurz, letzter Umgang sehr groß, Gehäuse halbkuglig, fast kuglig oder dick, eiförmig. Mündung halbkreisförmig. Nabel offen oder durch eine Schwiele ± ausgefüllt. Deckel hornig oder kalkig. Trias—Jetzt.

Fam. ***Paludinidae*** Gray. *Paludina* Lam. (*Vivipara* Lam. Fig. 372).

Schale spitz-eiförmig bis kegelförmig, Nabel fehlend oder sehr eng. Umgänge glatt und gewölbt oder ± abgeflacht, kantig und ev. mit Längskielen verziert. Deckel hornig. Wealden—Jetzt. Süßwasserbewohner. In Unmenge in den pliocänen „Paludinenschichten" von Südungarn, Slavonien usw. Hier hat NEUMAYR Formenreihen nachgewiesen, deren Stammtypen glatt sind, während die jüngeren knotige Kiele tragen (U.-G. Tulotoma HALD. Fig. 372 *g, h*).

Fam. ***Hydrobiidae*** FISCH. *Hydrobia* HARTM. (*Littorinella* BRUG. Fig. 373). Gehäuse klein, spitz-eiförmig, glatt, Mündung oval, Deckel hornig. Kreide—Jetzt. Brack- oder Süßwasserbewohner. Manche Arten erfüllen ganze Schichten mit ihren Schälchen, z. B. *H. acuta* DRAP. die miocänen Littorinellenkalke des Mainzer Beckens.

Fam. ***Scalariidae*** BROD. *Scalaria* LAM. (Fig. 352). Turmförmig, meist eng genabelt. Mündung rund, Mundränder zusammenhängend. Außenlippe zuweilen verdickt. Umgänge stark gewölbt, mit Querrippen, häufig gleichzeitig auch spiralig gestreift. Trias—Jetzt.

Fam. ***Turritellidae*** GRAY. *Turritella* LAM. (Fig. 374). Hoch-turmförmig, meist spiral gerippt, Mündung ganzrandig, rundlich-oval. Trias—Jetzt bes. Tertiär. *T. imbricataria* LAM. Mittl. Eocän.

Fam. ***Vermetidae*** ADAMS. *Vermetus* AD. (Fig. 375). Gehäuse röhrenförmig, meist festgewachsen, mit Ausnahme der spiraligen ersten Umgänge ganz unregelmäßig gewunden, daher leicht mit einer Serpula zu verwechseln. Inwendig häufig mit gewölbten Scheidewänden. Karbon—Jetzt, bes. häufig im Tertiär.

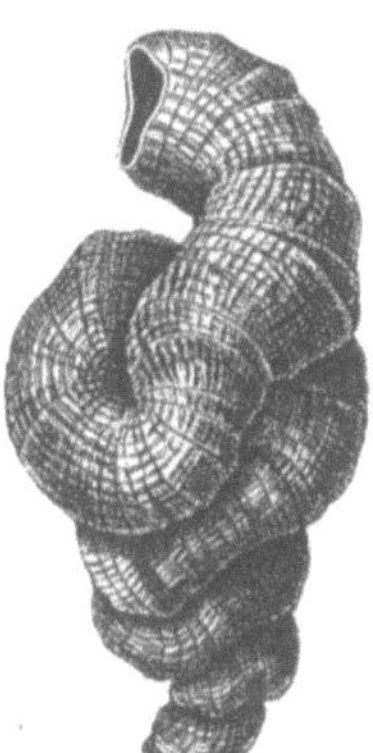

Fig. 375. *Vermetus cancellatus Desh.* Eocän. Antwerpen.

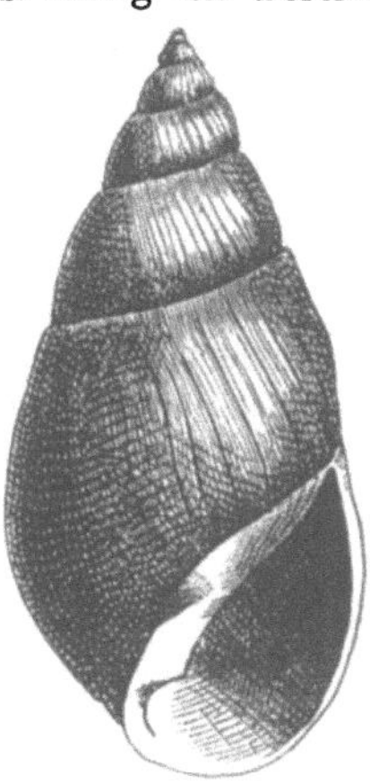

Fig. 376. *Macrocheilus arculatus Schloth. sp.* Mittl. Devon. Paffrath.

Fig. 377. *Melania inquinata Defr.* Eocän. Pariser Becken.

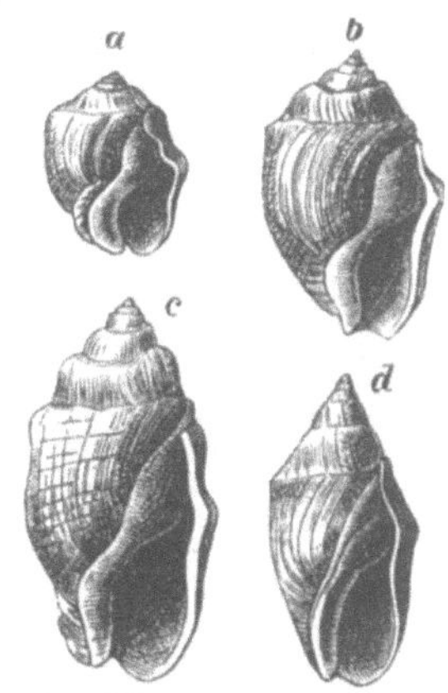

Fig. 378. *a Melanopsis vindobonensis Fuchs.* Brunn. *b, c M. Martiniana Fér.* Ödenburg. *d M. impressa Krauss.* Tscheitsch. Ob. Miocän. (Congerien-Schichten.) Wiener Becken.

Fam. ***Pyramidellidae*** GRAY. *Macrocheilus* PHIL. (Fig. 376). Zugespitzt-eiförmig, ungenabelt, glatt. Mündung hinten winklig, vorn gerundet, zuweilen mit schwachem Ausguß. Innenlippe nahe der Basis mit einer stumpfen Falte. Silur—Trias.

Fam. ***Melaniidae*** GRAY. Gehäuse mit dicker, dunkler Epidermis überzogen. Meist Süß-, selten Brackwasserbewohner. Jura—Jetzt.

Melania LAM. (Fig. 377). Verlängert ei- bis turmförmig, sehr mannigfaltig skulpturiert. Mündung vorn gerundet. Jura—Jetzt. Süßwasserbewohner. *Mel. inquinata* Defr. Eocän.

Pleurocera Raf. Wie Melania, aber Mündung vorn mit kurzem Ausguß. Wealden—Jetzt. Süßwasserbewohner. *Pl. strombiformis* Schloth. sp. Wealden.

Melanopsis Fér. (Fig. 378). Ähnlich Melania, aber Mündung hinten winklig, vorn mit kurzem Ausguß, Innenlippe schwielig verdickt. Ob. Kreide—Jetzt. Brack- u. Süßwasserbewohner. *Mel. Martiniana* Fér. Pliocän des Wiener Beckens.

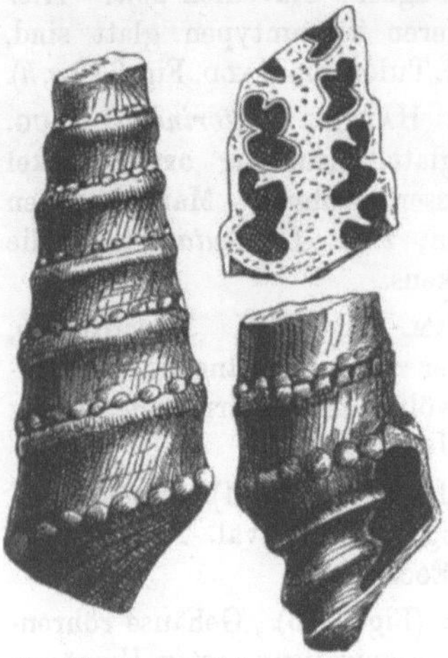

Fig. 379. *Nerinea Defrancei var. posthuma* Zitt. Stramberger Schichten. Tithon.

Fig. 380. *Cerithium plicatum Brug.* Mittl. Oligocän. Frankreich.

Fam. ***Nerineidae*** Zitt.

Nerinea Defr. (Fig. 379). Schale dick, spitz-konisch, zuweilen sehr hoch, subzylindrisch. Spindel und Außenlippe mit kräftigen durch das ganze Gewinde sich fortsetzenden Falten. Mündung vorn mit Ausguß oder einem kurzen Kanal, hinten mit einem Einschnitt, welchem auf den Windungen unter der Naht ein schmales Schlitzband entspricht. Dogger bis ob. Kreide. Bei nicht erhaltener Mündung kann man die Anzahl und Lage der für die Artbestimmung äußerst wichtigen Spindel- und Außenfalten in einem medianen Längsschnitt studieren. Einzelne Arten erfüllen lokal ganze Schichten.

Fam. ***Cerithiidae*** Menke.

Cerithium Ad. (Figg. 380—382). Turmförmig, mannigfaltig skulpturiert; Mündung vorn mit kurzem, rückwärts gebogenen Kanale. Marin oder brackisch. Zahlreiche Untergattungen. Jura—Jetzt, bes. Tertiär. In manchen Schichten in solcher Menge, daß man sie als „Cerithienschichten" bezeichnet, z. B. im Miocän des Wiener Beckens mit *Cer. pictum* Bast. u. a. Ebenso im Oligocän des Mainzer Beckens Cerithienkalk mit *C. plicatum* Brug. u. a. *Cer. giganteum* Lam. bis $^1/_2$ m lang. Eocän bei Paris.

Fig. 381. *Cerithium cornucopiale Sow.* Eocän. Londonton.

Fig. 382. *Cerithium (Potamides) margaritaceum Brocchi sp.* Oligocän. Mainzer Becken.

Fig. 383. *Aporrhais tridactylus A. Br.* Mittl. Oligocän. Kreuznach.

Fam. ***Aporrhaidae*** Phill. *Aporrhais* da Costa (*Chenopus* Phill. Fig. 383). Eigentliches Gewinde kegelförmig, Mündung vorn in einen Kanal verlängert und auch ihr hinteres Eck zu einer am Gewinde emporziehenden Rinne ausgezogen. Außenlippe mit flügelartiger, oft gelappter oder gefingerter Ausbreitung. Jura—Jetzt. *A. speciosa* Schloth. Marines mittl. Oligocän.

Fam. ***Strombidae*** d'Orb. *Pteroceras* Lam. (Fig. 356). Eigentliches Gewinde kurz, kegelförmig. Letzter Umgang sehr groß, Mündung vorn mit ziemlich langem, gebogenem Kanal. Außenlippe flügelförmig ausgebreitet, mit ausgehöhlten, haken- oder fingerförmigen Fortsätzen; unter dem vordersten bei den

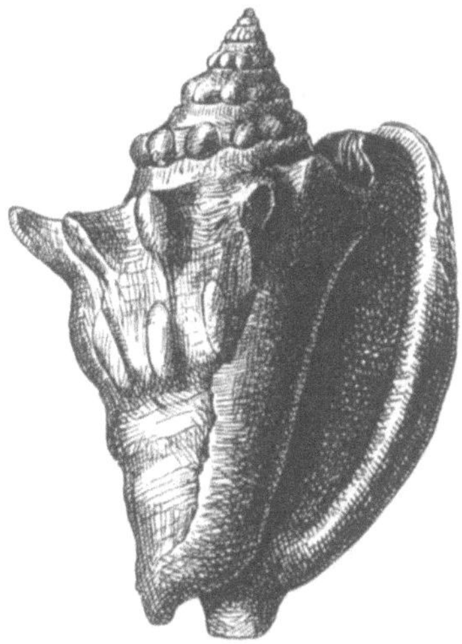

Fig. 384. *Strombus coronatus Defr.* Miocän. Vöslau. Wiener Becken.

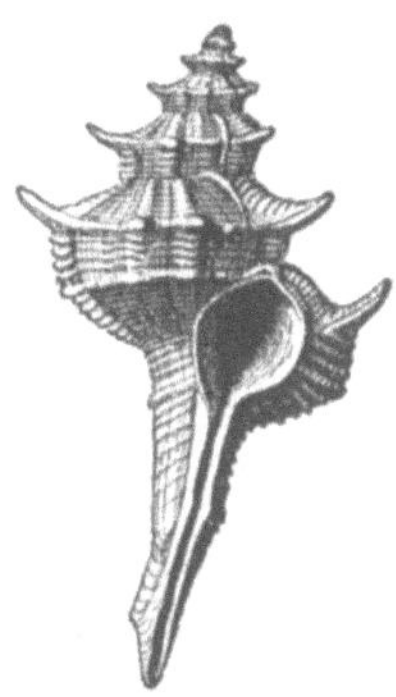

Fig. 385. *Murex spinicosta Br.* Miocän. Baden b. Wien.

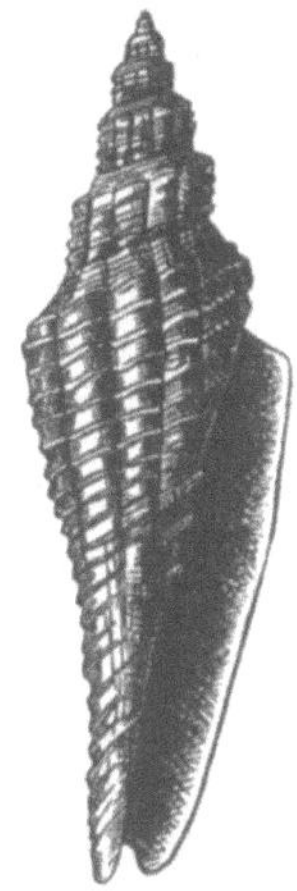

Fig. 386. *Voluta elongata Sow.* Ob. Turon. Uchaux (Vaucluse).

Fig. 387. *Terebra fuscata Brocc.* Miocän. Niederkreuzstätten. Wiener Becken.

lebenden Arten eine tiefe Ausbuchtung. *Pt. Oceani* Brgt. in den „Pterocerasschichten" des ob. Kimmeridge.

Strombus L. (Fig. 384). Gewinde zugespitzt, mäßig hoch. Letzter Umgang groß; Mündung lang, schmal, mit kurzem, gebogenem Kanal. Außenlippe ± flügelartig ausgebreitet, vorn mit Ausbuchtung. Kreide—Jetzt.

Fam. ***Muricidae*** Tryon. *Murex* L. (Fig. 385). Gehäuse bauchig; Gewinde mäßig hoch; Umgänge meist rauh skulpturiert, mit Querwülsten oder Stacheln. Mündung rundlich, vorn mit ± langem Kanale. Kreide—Jetzt.

Fam. ***Fusidae*** Tryon. *Fusus* Lam. (Fig. 355). Gehäuse spindelförmig, Gewinde hoch, Mündung mit langem Kanale. Kreide—Jetzt.

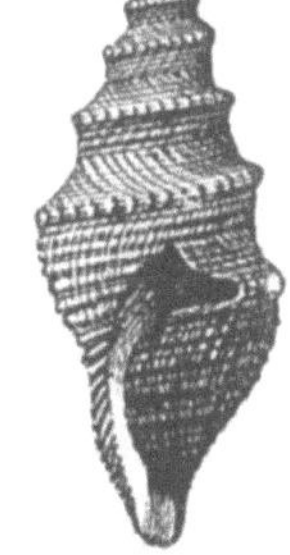

Fig. 388. *Pleurotoma cataphracta Brocchi.* Miocän. Baden bei Wien.

Fig. 389. *Pleurotoma (Clavatula) asperulata Lam.* Miocän. Grund bei Wien.

Fam. ***Volutidae*** Gray. *Voluta* L. (Fig. 386). Gehäuse eiförmig oder verlängert, bis spindelförmig. Letzter Umgang groß, Mündung mit Ausguß. Innenlippe mit mindestens 3 schrägen Spindelfalten. Tertiär—Jetzt.

Fam. ***Terebridae*** Adams. *Terebra* Lam. (Fig. 387). Gehäuse hoch, turmförmig, sehr schlank, zugespitzt, mit zahlreichen Umgängen; etwas unterhalb der Sutur verläuft parallel derselben eine Linie. Mündung mit ganz kurzem gekrümmten Kanal oder Ausguß. Außenlippe scharf, Deckel hornig. Tertiär und Jetztzeit.

Fam. ***Pleurotomidae*** Stol. *Pleurotoma* Lam. (Figg. 388 u. 389). Gehäuse spindelförmig, Mündung vorn mit einem ± langen geraden Kanale, hinten nahe der Naht mit einer ± tiefen Einbuchtung oder Schlitz; diesem entspricht auf den Umgängen ein etwas unterhalb der Naht sich meist auf einem Kiel oder Wulst hinziehendes Schlitzband. Zahlreiche Untergattungen. Kreide—Jetzt.

Fam. ***Conidae*** Adams. *Conus* L. (Fig. 353). Verkehrt-kegelförmig, Umgänge sich stark umhüllend, Gewinde daher meist kurz, letzter Umgang sehr hoch. Mündung lang, schmal, vorn mit kurzem Ausguß. Die Tiere haben die Eigentümlichkeit, die innere Schalenschicht vom vorletzten Umgang an zu resorbieren. Kreide—Jetzt. *C. ponderosus* Brocc. Miocän.

II. Ordnung. Heteropoda. Kielfüßer.

Fuß zu einer vertikalen Flosse umgestaltet. Geologisch unwichtig.

III. Ordnung. Opisthobranchia.

Nackte oder beschalte Schnecken, deren Kiemen hinter dem Herzen liegen.

Fam. ***Actaeonidae*** d'Orb. *Actaeonella* d'Orb. (Fig. 357). Schale sehr dick, bauchig (*A. gigantea* Sow.), verkehrt-kegelförmig (*A. voluta* Goldf.), eichelförmig (*A. glandiformis* Zek.), eiförmig (*A. elliptica* Zek.), sehr selten turmförmig (*A. conica* Zek.). Gewinde meist kurz, zuweilen ± verlängert. Letzter Umgang sehr groß. Mündung lang und schmal, Innenlippe unten mit 3 Spindelfalten. Sehr bezeichnend für die mittl. u. ob. Kreide, bes. mit Hippuriten und Nerineen zusammen in den Alpen; zuweilen ganze Schichten mit ihren Gehäusen erfüllend. Marin. Seichtwasserbewohner.

IV. Ordnung. Pulmonata. Lungenschnecken.

Nackte oder gehäustragende Land- oder Süßwasserschnecken mit Lungen.

Fam. ***Limnaeidae*** Keferst. *Limnaeus* Drap. (Fig. 390). Gehäuse dünn, oval oder ± verlängert, mit mäßig hohem, aber spitzem Gewinde, letzte Windung sehr groß. Purbeck bis Jetzt. Süßwasserbewohner. *L. stagnalis* Müll. lebend und interglazial.

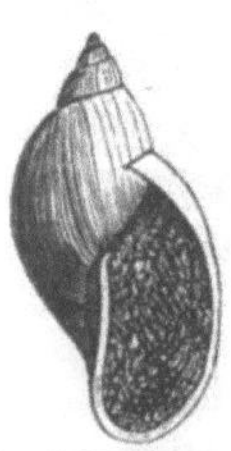

Fig. 390. *Limnaeus pachygaster* Thom. Miocän. Ulm.

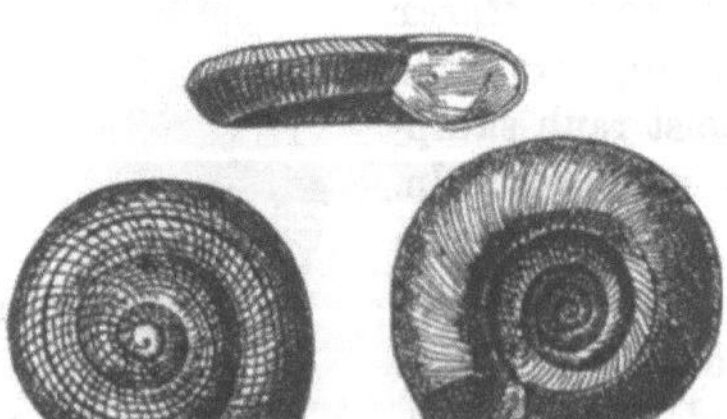

Fig. 391. *Planorbis euomphalus* Sow. Ob. Eocän. Headon Hill (England).

Planorbis Guett. (Fig. 391). Gehäuse scheiben-, ausnahmsweise kreiselförmig. Umgänge zahlreich, langsam anwachsend, sich wenig umhüllend. Lias bis Jetzt. Süßwasserbewohner. Interessant durch große Variabilität ist *Pl. multiformis* Br. sp. aus dem mittl. Miocän von Steinheim in Württemberg.

Fam. **Helicidae** Keferst. *Helix* L. (Fig. 392). Gehäuse sehr mannigfach gestaltet, oft halbkuglig, doch auch scheiben- oder kegelförmig. Umgänge gewölbt, ev. kantig. Mündung rundlich, halbmondförmig oder etwas quer verlängert. Über 100 Untergattungen mit über 2000 Spezies! Tertiär u. Jetzt. Landbewohner.

Clausilia Drap. (Fig. 393). Schale turmförmig, links gewunden. Innenlippe mit 2 stark vorspringenden Falten. Mündung durch ein längliches Kalkstückchen verschließbar. Tertiär u. Jetzt.

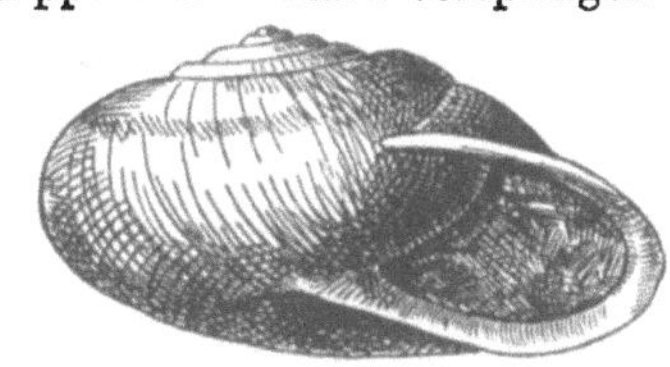

Fig. 392. *Helix Brocchii Ch. May.* Pliocän. Castell-Arquato bei Piacenza.

Fig. 393. *Clausilia Edmondi Boissy.* Eocän. Rilly.

Fig. 394. *Pupa vetusta Daws.* Karbon. Neuschottland.

Pupa Lam. (Fig. 394). Gehäuse klein, ei- oder walzenförmig. Mündung meist durch Zähne verengt, Außenlippe zurückgeschlagen. Tertiär u. Jetzt. *P. muscorum* L. im Löß. In der Steinkohlenformation von Neuschottland eine Pupa ohne Zähne in der Mündung: *Dendropupa vetusta* Daws. (Fig. 382).

5. Klasse. Pteropoda. Flossenfüßer.

Nackte oder schalentragende Mollusken ohne scharf gesonderten Kopf; anstatt des Fußes unterhalb des Mundes 2 große, seitliche, flügelförmige Flossen. Marin. Kambrium—Jetzt.

Der Körper ist bald länglich gestreckt, bald mit seinem hinteren

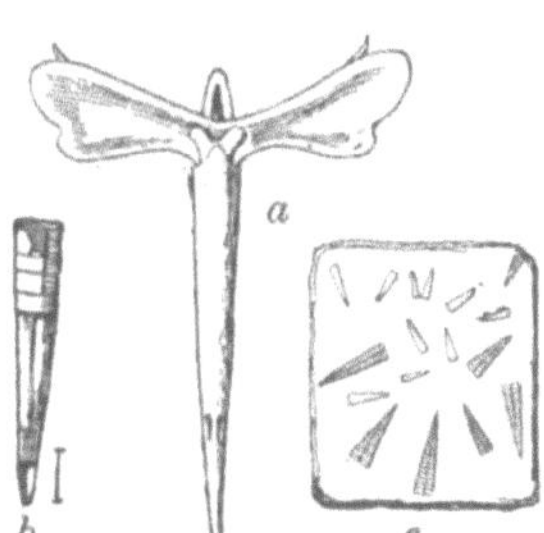

Fig. 395. *Styliola. a St. recta Les.* Rezent. *b St. striatula Nov.* Devon. Böhmen. *c St. clavulus Barr.* Devon. Böhmen.

Fig 396. *Tentaculites acuarius Richt.* Steinkern. Mittl. Devon. Böhmen.

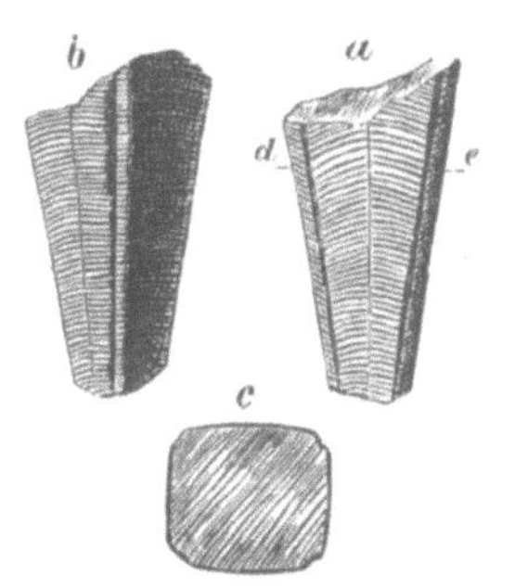

Fig. 397. *Conularia simplex Barr.* Unt. Devon. Böhmen. *a, b* Ansichten eines Exemplares mit abgebrochener Spitze; *c* Querschnitt nach der Linie *d e.*

Teil spiralig eingerollt; er bleibt entweder nackt (Gruppe der Gymnosomata) oder sondert ein dünnes, meist symmetrisches, aber sehr verschieden gestaltetes, horniges, knorpliges oder verkalktes Gehäuse ab (Thecosomata). Von letzterer Gruppe sind nur die Formen mit kalkigem Gehäuse erhaltungsfähig.

Styliola Les. (Fig. 395). Gehäuse konisch-röhrenförmig, hinten zugespitzt. Devon. Kreide—Jetzt.

Tentaculites Schl. (Fig. 396). Schale stark verlängert, konisch-röhrenförmig, Oberfläche meist mit Querringen verziert. Silur—Devon. Manche

Lagen schiefriger Gesteine, die „Tentaculitenschiefer" des unt. u. mittl. Devon in Unmenge erfüllend. *T. ornatus* Sow. Ob. Silur.

Hyolithes Eichw. Schale symmetrisch, lang-dütenförmig, gerade oder gebogen. Mündung mit Deckel. Präkambrium—Perm.

Conularia Mill. (Fig. 397). Gehäuse verlängert (bis 20 cm lang), umgekehrt pyramidal, von 4seitigem, oft quadratischem Querschnitt, hinten zugespitzt. Die Seiten quer gestreift, mit einer medianen Längsfurche. Mündung durch die eingebogenen Randpartien verengt. Silur—Lias; vom Karbon ab selten.

6. Klasse. Cephalopoda. Kopffüßer.

Getrennt geschlechtliche Mollusken mit scharf gesondertem Kopf, und mindestens 8 kreisförmig um den Mund angeordneten Armen oder zahlreichen Tentakeln. Fuß trichterförmig durchbohrt, den „*Trichter*" bildend. Die Arme dienen sowohl zum Kriechen und Schwimmen, als zum Ergreifen der Beute. An ihrer Innenfläche tragen sie Saugnäpfe, zuweilen anstatt dieser krallenförmige Haken. Auf der hinteren, in natürlicher Lage des Tieres, unteren Seite des Leibes befindet sich die Mantelhöhle, welche jederseits je 1 oder je 2 Kiemen einschließt. In ihr beginnt mit breiter Basis der Trichter, welcher im Verein mit der kräftigen Muskulatur des Mantels als Lokomotionsorgan dient. Das in der Mantelhöhle befindliche Wasser wird nämlich durch Kontraktion der Mantel- und Trichtermuskeln aus letzterem stoßweise entleert und das Tier schießt infolge des Rückstoßes nach rückwärts im Wasser fort (Fig. 398). Manche Cephalopoden bleiben vollkommen nackt, andere bergen eine innere Schale, noch andere, unter den fossilen die bei weitem größte Anzahl bildend, besitzen ein äußeres, mannigfach gestaltetes Gehäuse. Je nach dem Besitz von 4 oder 2 Kiemen, zerfallen die Cephalopoden in Tetrabranchiata und Dibranchiata. Alle sind marin und leben im offenen Meer. Die fossilen Formen finden sich daher vorwiegend in Ablagerungen aus tieferem Wasser, in pelagischer Fazies.

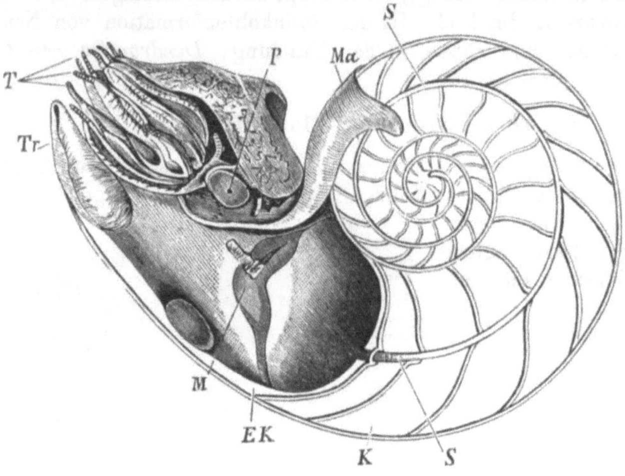

Fig. 398. *Nautilus*, Tier mit in der Medianebene durchschnittener Schale. *T* Tentakel, *P* Auge, *Ma* Dorsallappen des Mantels, *Tr* Trichter, *M* Haftmuskel, *S*. Sipho, *EK* Wohnkammer, *K* Luftkammern.

I. Ordnung. Tetrabranchiata.

Cephalopoden mit 4 Kiemen und einer äußeren gekammerten Schale. An Stelle der Arme zahlreiche Tentakel. Diese in der Fauna der Vorwelt ungemein reich entwickelte Ordnung hat heute nur noch *eine* Gattung, Nautilus (Fig. 398), als lebenden Vertreter. In der Mundhöhle kräftige, vorn verkalkte Kiefer, die sich bei der Gattung Nautilus auch fossil gefunden haben (s. u. S. 144). Die Schale ist stets durch Scheidewände (Septa) in *Kammern* geteilt; die vorderste ist die größte und dient dem Tier als *Wohnkammer*. In ihr ist es durch 2 Haftmuskeln und ein Verwachsungsband (Annulus) des Mantels befestigt. Die übrigen sind leer, und heißen „*Luftkammern*"; die innerste derselben ist die Anfangs- oder *Embryonalkammer*. Ihre Gestaltung ist für die Systematik von Wichtigkeit. Bei den spiralig eingerollten Schalen pflegte man früher die äußere konvexe Seite als Rückenfläche aufzufassen; bei dem lebenden Nautilus liegt jedoch das Tier in der Wohnkammer derartig, daß Mantelhöhle und Trichter dieser äußeren Seite anliegen, diese also als Bauchseite aufzufassen ist. Ob dies bei allen fossilen Formen mit spiral gewundener Schale ebenso war, ist indes nicht sicher und es ist daher zweckmäßiger, nicht von dorsaler und ventraler, sondern nur von Extern- u. Internseite zu sprechen. Die Schale der Tetrabranchiata ist sehr mannigfaltig gestaltet: stabförmig

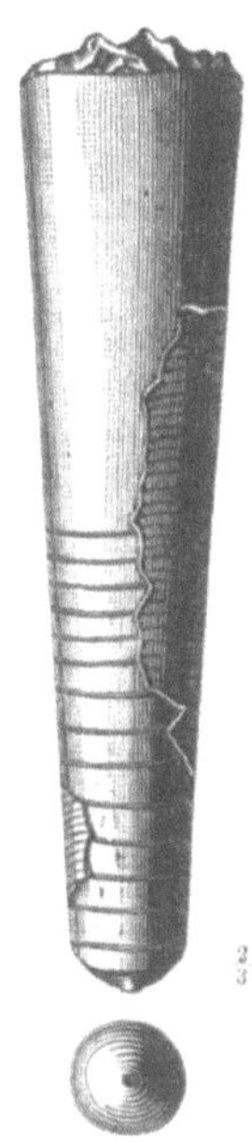

Fig. 399. *Orthoceras timidum Barr.* Ob. Silur. Lochkow. Böhmen. Mit stabförmigem Gehäuse.

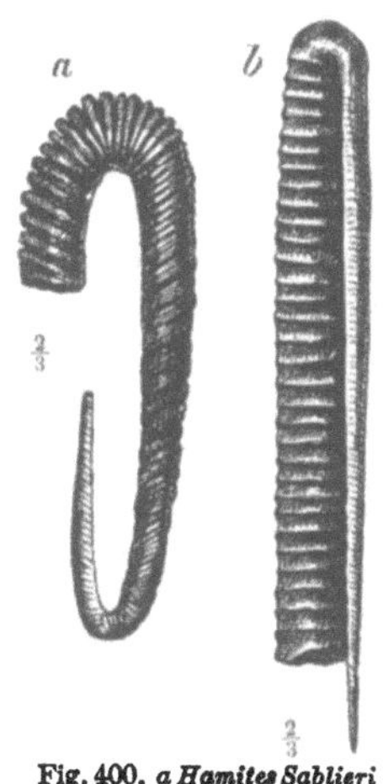

Fig. 400. *a Hamites Sablieri d'Orb.* Gault. Escragnolle. *b H. (Ptychoceras) Emerici d'Orb.* Neocom, Leous. Mit hakenförmig gebogenen Gehäusen.

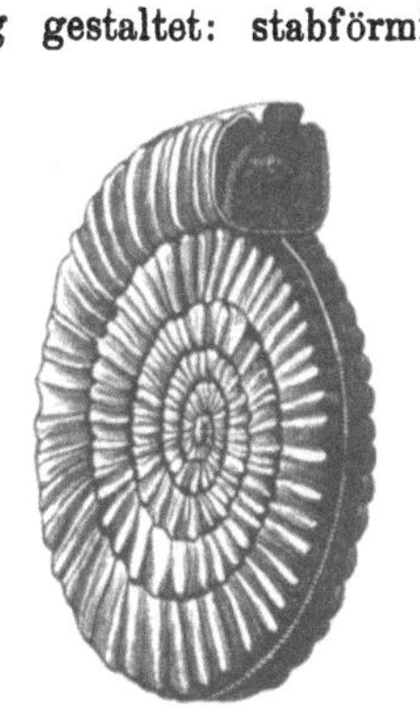

Fig. 401. *Arietites spiratissimus Qu. sp.* Unt. Lias, Schwaben. Mit spiral eingerolltem, scheibenförmigem und weitgenabeltem Gehäuse.

(Fig. 399), gerade, hornförmig oder spiralig eingerollt (Fig. 401), dann oft scheibenförmig, sehr selten turmförmig gewunden (Fig. 402). Zuweilen biegt sie sich 1 oder 2 mal hakenförmig um (Fig. 400), oder sie bildet anfangs eine Spirale, wächst dann gerade fort, um schließlich wieder hakenförmig umzubiegen (Fig. 403). Bei den spiral gewundenen Gehäusen berühren sich zuweilen die Windungen nicht, man nennt ein solches Gehäuse „*evolut*" (Fig. 403). In den Fällen, wo sie sich berühren, können sie einander ± umhüllen. Verhüllt der letzte Umgang die vorhergehenden völlig, so entsteht ein „*involutes*“ Gehäuse (Fig. 404). Umhüllt dagegen ein Umgang die vorhergehenden nicht ganz, so entsteht eine mittlere Einsenkung — *Nabel* —, in welchem Teile der Umgänge sichtbar bleiben. Nehmen die Windungen rasch an Dicke zu und bedecken sich stark, so wird derselbe tief, trichterförmig. Im umgekehrten Fall bleibt er flach und weit. Man unterscheidet daher eng- und weitgenabelte Gehäuse. Ihre Oberfläche ist entweder glatt, oder in mannigfaltiger Weise verziert.

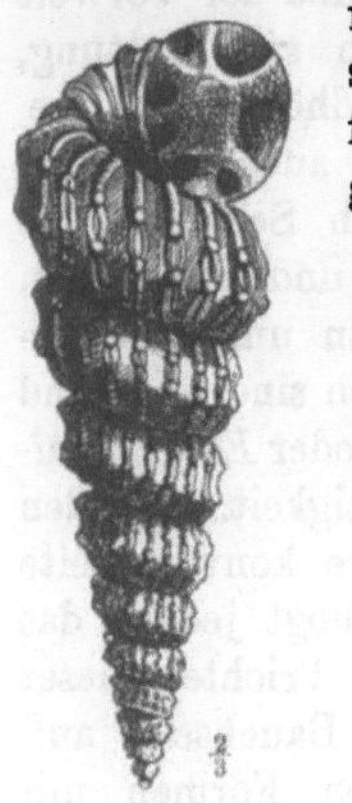

Fig. 402. *Turrilites catenatus d'Orb.* Gault. Escragnolles (Var.). Mit schneckenförmig gewundenem Gehäuse.

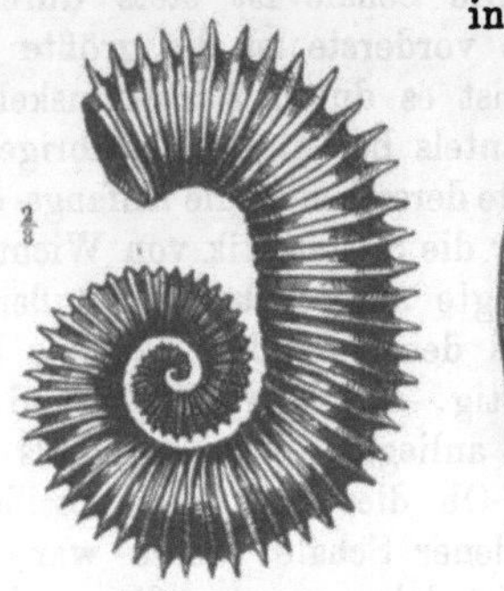

Fig. 403. *Crioceras (Ancyloceras) breve d'Orb.* Neocom. Cassis. Frankreich. Mit evolutem Gehäuse.

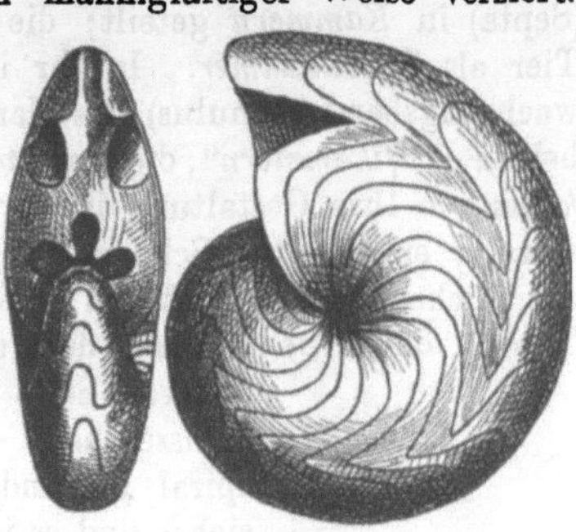

Fig. 404. *Goniatites (Brancoceras) rotatorius de Kon.* Kohlenkalk. Belgien. Mit involutem Gehäuse.

Der äußere Rand der Wohnkammer heißt „*Mundsaum*“. Zuweilen hat er jederseits einen schmalen, sich nach vorn wieder verbreiternden Fortsatz, ein sog. „*Ohr*“ (Fig. 405). Auch der Externrand kann einen unpaaren Fortsatz bilden (Fig. 406). Unmittelbar hinter dem Mundsaum findet sich häufig eine Einschnürung. Zuweilen biegen sich Fortsätze des Mundsaums nach innen um, so daß ± verengte, verschieden gestaltete Mündungen entstehen (Fig. 407). Die

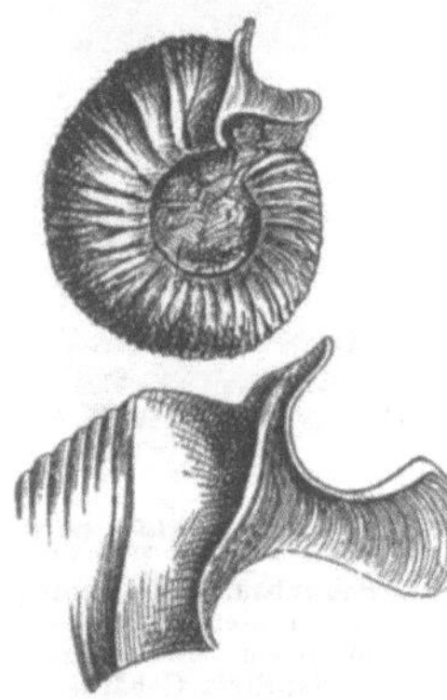

Fig. 405. *Perisphinctes parabolis Qu. sp.* Malm γ. Mundsaum mit Ohren.

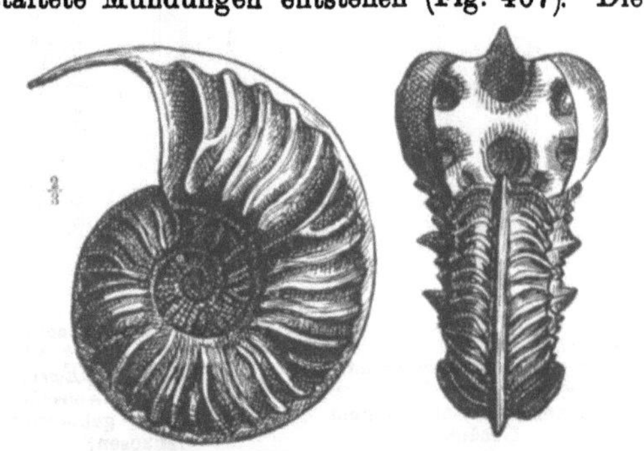

Fig. 406. *Schloenbachia cristata Deluc.* Gault. Frankreich. Mundsaum mit stielförmigem Fortsatz.

Schale besteht aus einer äußeren porzellanartigen, und einer inneren, perlmutterartigen Schicht. Die Linie, in der sich die Scheidewände des Gehäuses an dessen Innenfläche ansetzen, nennt man „*Sutur*“ oder „*Lobenlinie*“. Bei beschalten Exemplaren wird sie erst nach Wegsprengung der Schale sichtbar, am besten ist sie an Steinkernen zu beobachten. Zuweilen ist sie einfach, häufig zeigt sie eine ± komplizierte Form, indem sie aus einer Anzahl nach vorn gerichteter Erhebungen — „*Sättel*“ — und nach hinten gerichteter Ausbiegungen — „*Loben*“ — besteht (Figg. 408 bis 410). Die Konturen beider können einfach, gezähnt oder ± zerschlitzt sein. Sättel und Loben sind auf beiden Seiten der Schale symmetrisch entwickelt; ein Medianschnitt durch die letztere in der Richtung der Höhe der Mündung teilt daher die Schale in zwei genau gleiche Hälften. In dieser Medianebene liegen an der Extern- und Internseite je ein unpaarer Lobus, die entsprechend als *Extern*-(Ventral-) und *Intern*-(Dorsal-)*Lobus* bezeichnet werden. Alle andern Sättel und Loben sind paarig entwickelt. Der neben dem Externlobus gelegene Sattel heißt *Externsattel*, die beiden folgenden: *1.* und *2. Lateralsattel*, ev. noch weiter folgende heißen bis zur

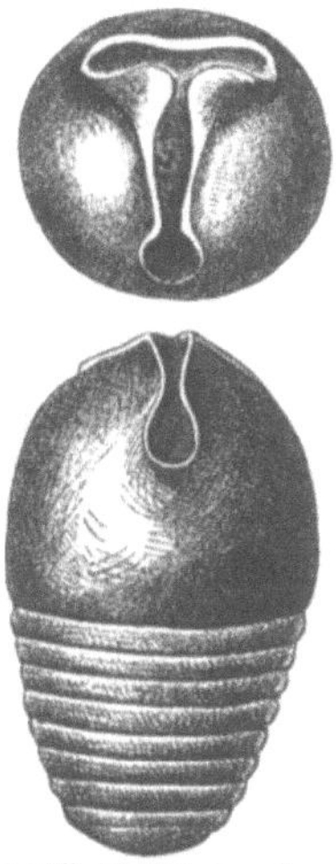

Fig. 407. *Gomphoceras bohemicum Barr.* Ob. Silur. Dvoretz. Mit verengter Mündung.

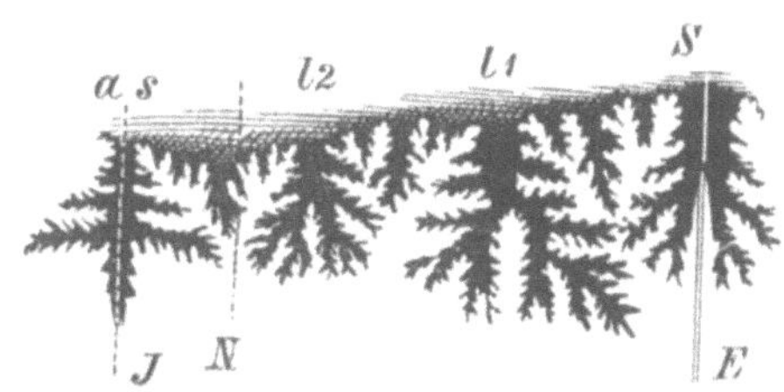

Fig. 408. *Lytoceras sutile Opp.* Stramberg. Abgewickelte Lobenlinie. *S* Siphonal- oder Externlobus, l_1 1. Laterallobus, l_2 2. Laterallobus, *as* Internlobus, *E* Externseite, *J* Internseite, *N* Nahtlinie.

Nahtlinie, in welcher die Windungen sich berühren, äußere *Hilfs*- oder *Auxiliarsättel*; von der Naht an bis zum Internlobus: *innere Hilfssättel.* Analog heißen die auf den Externlobus folgenden beiden Loben: *1.* und *2. Laterallobus*, die ev. darauf folgenden *äußere* bzw. *innere Hilfs*- oder *Auxiliarloben.* Bilden die äußeren Hilfssättel und -loben eine stark zurückspringende Linie, so faßt man sie unter der Bezeichnung *Naht*- oder *Suspensivlobus* zusammen. Der Externlobus wird durch einen medianen sekundären Sattel in der Regel in 2 Hälften geteilt, er wird 2spitzig. Der Internlobus bleibt häufig einspitzig. Ist der Externsattel sehr breit, so wird er durch sekundäre Einschnitte in eine Anzahl sog. „*Adventiv*“-*Sättel* und -*Loben* zerlegt

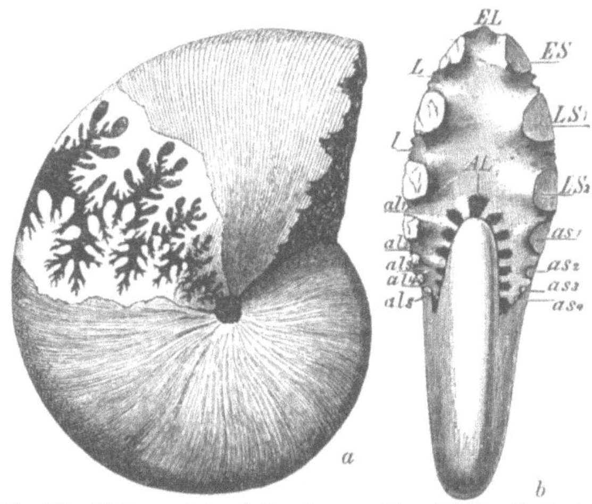

Fig. 409. *Phylloceras heterophyllum Sow. sp.* Lias. Whitby, England. *a* Die gestreifte Schale z. T. weggesprengt, um die zerschlitzte Lobenlinie zu zeigen, *b* die Schale von vorn gesehen, um die Einbiegungen der Scheidewand zu zeigen, *EL* Externlobus, *L* 1. Laterallobus, *l* 2. Laterallobus, al_{1-4} u. *als* Hilfsloben, *ES* Externsattel, LS_1 1. Lateralsattel, LS_2 2. Lateralsattel, as_{1-4} Hilfssättel.

(Fig. 410). Sämtliche Kammerwände eines Tetrabranchiatengehäuses werden in der Medianebene von dem *Sipho* durchbrochen. Dieser ist eine Röhre mit häutiger oder verkalkter Wandung, welche durch eine hintere Ausstülpung des Tierkörpers entsteht. Er enthält ein Blutgefäß, bleibt im übrigen hohl. Seine Lage schwankt von der Internbis zur Externseite. An der Stelle, wo der Sipho die Scheidewände durchsetzt, bilden diese kürzere oder längere Ausstülpungen, die „*Siphonalduten*“ (Figg. 411 u. 412). Die Tetrabranchiata zerfallen in 2 Unterordnungen: ***Nautiloidea*** und ***Ammonoidea,*** deren hauptsächlichste Unterschiede in folgenden Punkten bestehen:

Fig. 410. *Pinacoceras subparma Mojs.* Alpine Trias. Norische Stufe. Hallstatt. Lobenlinie mit zahlreichen Adventivsätteln und Adventivloben zwischen dem Externlobus und dem ersten Laterallobus.

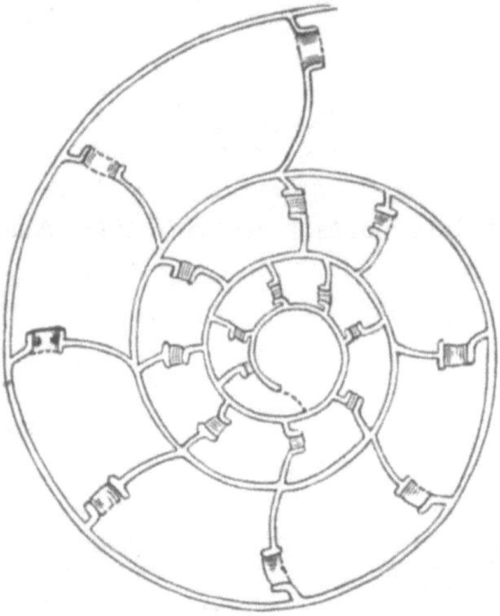

Fig. 411. *Tropites aff. Phoebus Dittm. sp.* Trias. Sandling. Durchschnitt durch das Gehäuse, um die Siphonalduten zu zeigen, welche in den älteren Kammern nach hinten gerichtet sind, während sie sich in den jüngeren Kammern allmählich nach vorn richten.

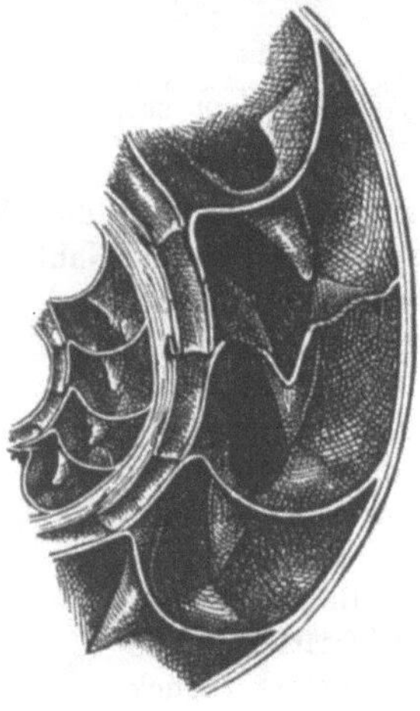

Fig. 412. *Aturia Aturi Bast.* Miocän. Durchschnitt durch einen Teil des Gehäuses, um die trichterförmig ausgezogenen Siphonalduten zu zeigen.

1. *Nautiloidea.* Scheidewände in der Medianebene nach vorn konkav, Siphonalduten fast stets nach hinten gerichtet (Fig. 412). Suturen meist einfach, zuweilen wellig gebogen, selten zackig. Kambrium—Jetzt.

2. *Ammonoidea.* Scheidewände in der Medianebene nach vorn konvex, Siphonalduten meist nach vorn gerichtet (Fig. 411). Suturen meist kompliziert, mit zerteilten Loben und Sätteln, seltener wellig oder zackig. Devon—Kreide.

1. Unterordnung. *Nautiloidea.*

Schale mannigfaltig gestaltet. Die Scheidewände sind in der Medianebene nach vorn konkav, der Sipho hat sehr wechselnde Lage und ist oft sehr dick. Zuweilen schwillt er, nachdem er eine Scheidewand passiert hat, eiförmig oder selbst kuglig an, wird „Perlschnur"-förmig. Ist er sehr dick, so bilden sich in ihm häufig Kalkablagerungen. Sie treten auf in Form von radialen Blättern oder mit der Spitze nach hinten gerichteten, ineinander steckenden Düten (Fig. 414), oder sie bilden an den Stellen, wo der Sipho die Scheidewände durchbricht, ringförmige Wülste: „Obstruktionsringe" (Fig. 413). Die Siphonalduten sind stets nach hinten gerichtet; sie bleiben kurz oder sind ± verlängert. Zuweilen sind sie dütenförmig (Fig. 412) und erstrecken sich bis zur nächsten Scheidewand, oder selbst darüber hinaus und stecken dann wie Trichter ineinander. Die Nautiloideen beginnen im Kambrium und haben noch einen einzigen lebenden Vertreter in der Gattung Nautilus. Die überwiegende Menge findet sich im Paläozoikum. Im Silur erreicht die Gruppe den Höhepunkt ihrer Entwicklung. Abgesehen von der vom Silur an durch alle Formationen hindurchgehenden Gattung Nautilus, geht nur *eine* Gattung — Orthoceras — aus dem Paläozoikum in die Trias hinüber. Im Tertiär findet sich neben Nautilus noch die verwandte Gattung Aturia.

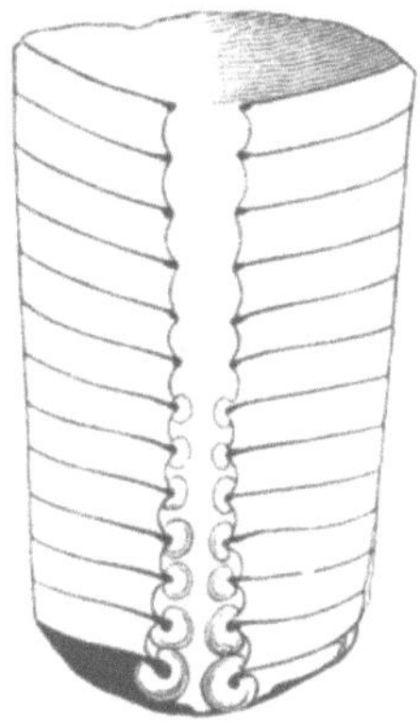

Fig. 413. *Actinoceras docens Barr.* Ob. Silur. Dvoretz. Böhmen. Perlschnurförmiger Sipho m. Obstruktionsringen.

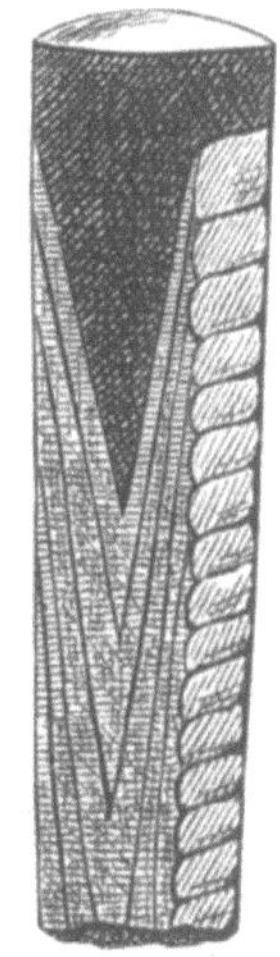

Fig. 414. *Endoceras proteiforme Hall.* Unt. Silur. New York. Längsschnitt, um die trichterförmigen Ablagerungen im Sipho zu zeigen.

Orthoceras Breyn (Fig. 399). Schale gerade, langgestreckt-kegelförmig, von rundem Querschnitt, glatt oder mit Quer- oder Längsverzierungen versehen. Sipho zentral oder exzentrisch. Kambrium—Trias. *O. annulatum* Sow. Ob. Silur.

Actinoceras Bronn (*Ormoceras* Stokes., Fig. 413). Ähnlich Orthoceras, aber Sipho perlschnurartig, mit Obstruktionsringen. Kambrium—Karbon, bes. Silur. *Act. vertebratum* Hall. Ob. Silur. Nahe verwandt ist die Gattung *Huronia* Stokes, Silur.

Endoceras Hall. (Fig. 414). Schale wie Orthoceras, aber Sipho randständig, ungewöhnlich groß, mit dütenförmigen Kalkabscheidungen. Siphonalduten sehr lang. Nur im unt. Silur. *E. vaginatum* Schloth. sp. erreicht eine Länge von gegen 2 m. *E. duplex* Wahlbrg.

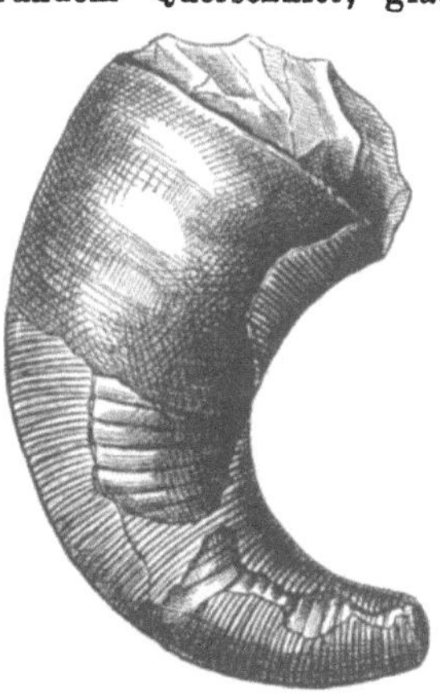

Fig. 415. *Cyrtoceras Murchisoni Barr.* Ob. Silur. Lochkow (Böhmen).

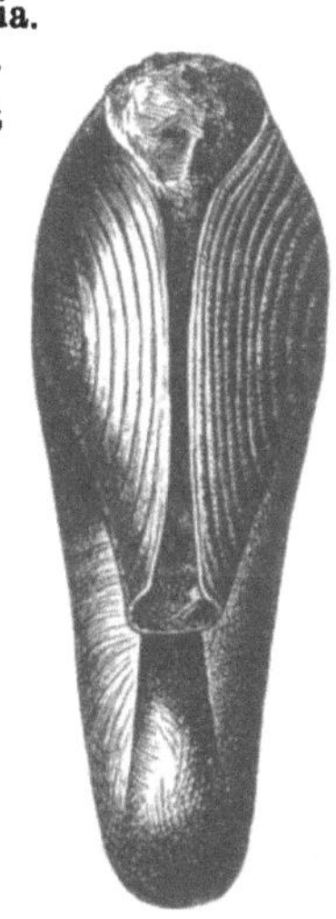

Fig. 416. *Phragmoceras Broderipi Barr.* Ob. Silur. Lochkow (Böhmen).

Cyrtoceras Goldf. (Fig. 415). Schale hornförmig gebogen. Kambrium—Perm, bes. Silur. *C. Murchisoni* Barr. Ob. Silur.

Gomphoceras Sow. (Fig. 407). Schale birnförmig oder verlängert-eiförmig. Mündung T-förmig verengt. Silur—Karbon. *G. bohemicum* Barr. Ob. Silur.

Phragmoceras Brod. (Fig. 416). Schale stark gebogen, rasch an Größe zunehmend, seitlich etwas komprimiert. Mündung am Außen- und Innenrand erweitert, in der Mitte stark verengt, spaltförmig. Silur. *Phr. Panderi* Barr.

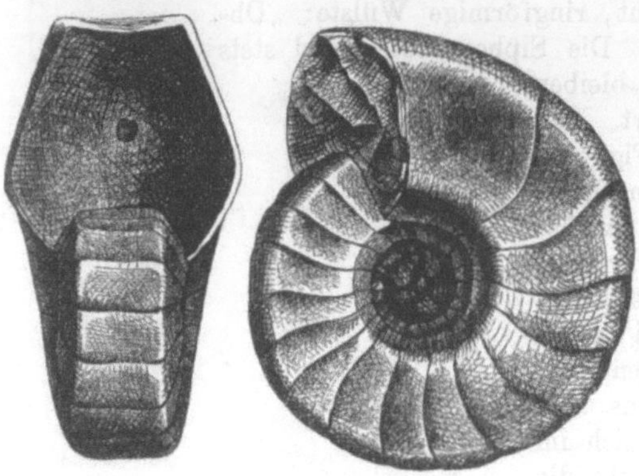

Fig. 417. *Nautilus bidorsatus Schloth.* Ob. Muschelkalk. Thüringen.

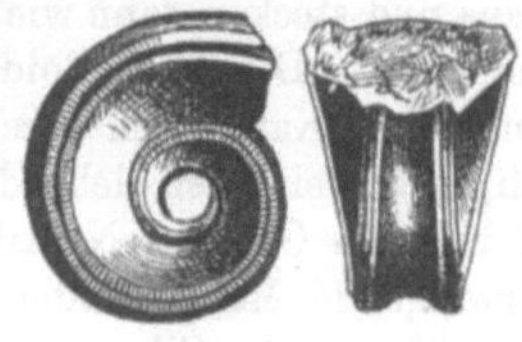

Fig. 418. *Nautilus Konincki d'Orb.* Kohlenkalk. Tournai.

Nautilus Breyn. (Figg. 398 u. 417—419). Schale spiral in einer Ebene eingerollt; Windungen sich ± umfassend, Nabel daher sehr eng bis weit, Mündung an der Externseite mit Ausschnitt. Sutur einfach oder mit schwachem Extern- und Internlobus, ev. auch mit einigen seitlichen Loben und Sätteln. Lage des Sipho wechselnd. Schalen meist glatt, seltener verziert; bei manchen Arten ist ihr Zentrum durchbohrt (Fig. 418). Silur—Jetzt, zusammen über 300 Arten, davon 6 lebende. Viele U.-Gattungen. *N. bidorsatus* Schloth. im ob. Muschelkalk; *N. danicus* Schloth. Danien. Von manchen fossilen Arten kennt man auch die Kiefer (Fig. 419), deren Spitzen stark verkalkt waren. Die Oberkiefer von *N. bidorsatus* wurden als *Rhyncholithes hirundo* F. Big., die Unterkiefer als *Conchorhynchus avirostris* Blv. beschrieben.

Aturia Br. (Fig. 412 u. 420). Wie ein involuter

Fig. 419. *a*, *b* Oberkiefer von *Nautilus lineatus Sow.* Dogger. *c Rhyncholithes hirundo F.-Big.* Muschelkalk.

Fig. 420. *Aturia ziczac Sow.* Mittl. Eocän. England.

Fig. 421. *Lituites lituus Montf.* Unt. Silur. Geschiebe aus norddeutschem Diluvium.

Nautilus, aber Sutur mit sehr tiefem Laterallobus. Siphonalduten sehr lang, trichterförmig, von einer Scheidewand zur andern reichend. Tertiär. *A. lingulata* v. Buch. Eocän.

Gyroceras v. MEY. Schale in freier Spirale gewunden. Silur—Karbon. *G. alatum* BARR. Unt. Devon.

Lituites BREYN. (Fig. 421). Schale anfangs in einer geschlossenen Spirale eingerollt, letzter Umgang aber sich ablösend und gerade fortwachsend. Silur. Mehrere Unt.-Gattungen *Lit.* (*Ophidioceras*) *simplex* BARR. Ob. Silur. *Lit. perfectus* WAHLBRG. Unt. Silur.

Trochoceras BARR. Schale schneckenförmig in einer lockeren Spirale, aber nicht in einer Ebene aufgerollt. Silur—Devon. *Tr. optatum* BARR. Ob. Silur.

2. Unterordnung. *Ammonoidea.*

Schale meist in geschlossener Spirale eingerollt; mannigfaltig anders gestaltete Schalen kommen auch vor, aber weniger häufig als bei den Nautiloideen. Sehr häufig sind sie in verschiedenster Weise verziert. Die Scheidewände sind in der Medianebene nach vorn konvex. Der meist dünne Sipho liegt fast stets (mit einziger Ausnahme der Familie der Clymeniidae) an der Externseite; die Siphonalduten sind in der Regel nach vorn gerichtet. Sutur häufig mit stark zerteilten Loben und Sätteln, seltener nur wellig oder zackig. Devon—Kreide.

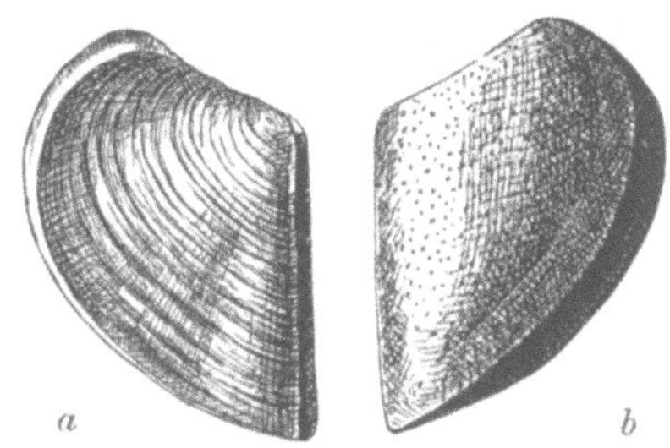

Fig. 422. *Aptychus latus Park.* Malm. Voirons. *a* von innen, *b* von außen.

In der Wohnkammer der Ammonoideen findet sich nicht selten ein aus 2 kalkigen, symmetrischen, außen schwach gewölbten, innen konkaven Schalen bestehendes muschelähnliches Gebilde: „*Aptychus*" (Figg. 422 u. 423). Die Schalen desselben sind meist dick, äußerlich glatt oder konzentrisch verziert, seltener dünn, ehemals ± hornig. Sie sind von gerundet 3 seitiger Form und haben stets einen langen, geraden, zahnlosen Rand, mit welchem sie aneinander anlagen. Bez. der Deutung dieser Gebilde dürfte diejenige Annahme die meiste Wahrscheinlichkeit für sich haben, nach welcher sie als *Deckel* zu betrachten sind, mit denen das Tier, nachdem es sich in die Wohnkammer zurückgezogen hatte, die Mündung schließen konnte. Zuweilen, wie in den mittel- und oberjurassischen „Aptychenschichten" der Alpen finden sich diese Aptychen in großer Menge isoliert ohne die zugehörigen Gehäuse. Man erklärt dies Vorkommen dadurch, daß sie sich nach dem Tode des Tieres leicht von diesem ablösten und zu Boden

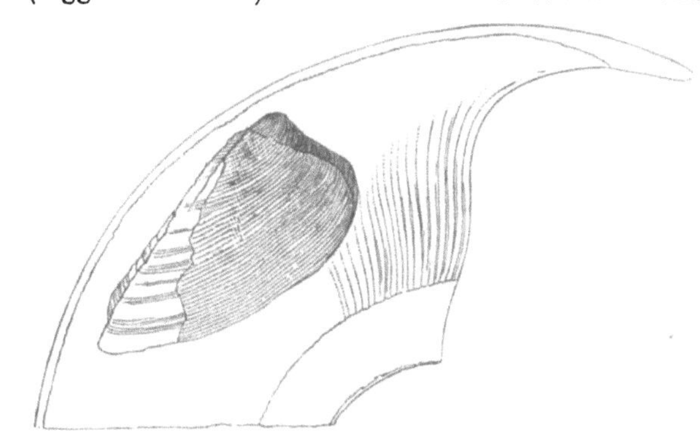

Fig. 423. *Harpoceras Lythense Sow. sp.* Ob. Lias. Boll (Württemberg). Wohnkammer mit Aptychus.

sanken, während die Schalen, vermöge ihrer Luftkammern schwimmend, fortgetrieben wurden. Bestehen diese Gebilde nur aus 1 Stück, so werden sie als „*Anaptychus*" bezeichnet (Fig. 424). Diese sind stets dünn, hornig-kalkig. — Je nachdem der Sipho an der Intern- oder Externseite des Gehäuses liegt, unterscheidet man unter den Ammonoidea Intrasiphonata u. Extrasiphonata.

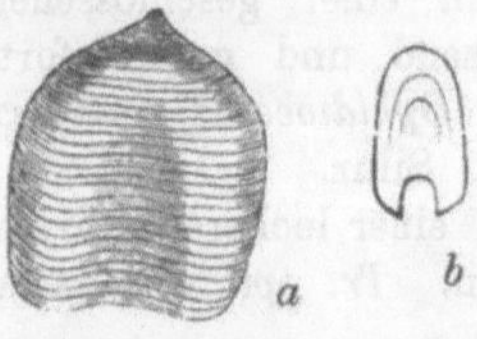

Fig. 424. *Anaptychus.* *a* Von *Amaltheus spinatus Brug.* Lias. *b* Von *Goniatites Uchtensis Keys* Ob. Devon.

A. Intrasiphonata Zitt.

Sipho auf der Internseite.

Einzige Fam. ***Clymeniidae*** v. Münst. *Clymenia* v. Münst (Fig. 425 u. 426). Gehäuse flach scheibenförmig, weit genabelt, glatt oder fein gestreift, selten mit Rippen. Siphonalduten (wie bei den Nautileen!) nach hinten gerichtet. Sutur mit 1, seltener mehreren Lateralloben, 1 Internlobus u. 1 Externsattel. Der Externlobus kann fehlen. Loben u. Sättel stets einfach bleibend (nie zerteilt). Nur im Oberdevon u. zwar bes. in dessen ob. Abteilung (Cl.-Schichten, Cl.-Kalke).

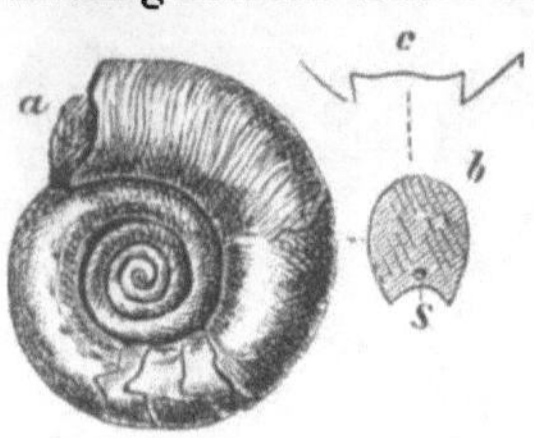

Fig. 425. *Clymenia undulata Mstr.* Ob. Devon. Ebersdorf in Schlesien. *a* Kleines Exemplar. *b* Ein Septum. (*s* Sipho.) *c* Lobenlinie.

B. Extrasiphonata Zitt.

Sipho auf der Externseite.

Fam. ***Goniatitidae*** v. Buch. Schale meist spiral eingerollt, scheibenförmig oder ± gewölbt, eng oder weit genabelt. Mündung am Externrand mit Ausbuchtung. Suturlinie mit stets einfachen Loben und Sätteln; Zahl und Ausbildung derselben indes sehr wechselnd. Sipho (im Gegensatz zu den Clymenien!) extern. Siphonalduten (wie bei Clymenia und den Nautiloideen!) nach hinten gerichtet, kurz. Wohnkammer lang, 1—1$^1/_2$ Umgang einnehmend. Die Goniatiten sind die ältesten und durch ihre einfache Sutur primitivsten Vertreter der Ammonoidea. Sie beginnen im ob. Silur und erlöschen im Perm, ihre Hauptverbreitung fällt in das Devon und den Kohlenkalk.

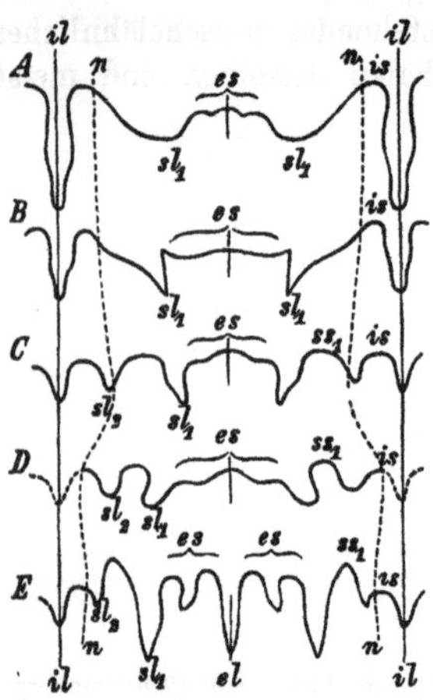

Fig. 426. Lobenlinien verschiedener Clymenien. *A Cl. laevigata Mstr.* *B Cl. undulata Mstr.* *C Cl. striata Mstr.* *D Cl. bilobata Mstr.* *E Cl. speciosa Mstr.* Ob. Devon. Fichtelgebirge. *es* Externsattel. *el* Externlobus *il* Internlobus. sl_1, sl_2 1. u. 2. Seitenlobus. ss_1 Seitensattel *is* Innensattel *n* Naht. Nach Steinm.

Goniatites de Haan. (Figg. 404 u. 427 — 429). Schale spiralig eingerollt. Diese artenreiche (ca. 300) Gattung ist jetzt nach der Entwicklung der Lobenlinie in eine große Anzahl von U.-Gattungen zerteilt. Silur—Perm, bes. häufig in der unt. Abteilung des ob.Devon, den „Goniatitenkalken". U.-G. *Anarcestes* Mojs. (Figg. 427 u. 428 *A*). Schale ziemlich weit genabelt. Nur 1 flacher Seitenlobus vorhanden. Unt. und mittl. Devon. *Gon. plebejus* Barr.

U.-G. *Tornoceras* Hyatt (Fig. 429 u. 428 *B*). Schale sehr eng oder ungenabelt. Externlobus ungeteilt, nur 1 Laterallobus, dieser tief, Lateralsattel breit. Ob. Devon. *Gon. simplex* v. Buch.

U.-G. *Gephyroceras* Hyatt. Schale ± eng genabelt. Externlobus durch einen sekundären Mediansattel geteilt, Externsattel breit, 1 tiefer Laterallobus. Devon. *Gon. intumescens* Beyr.

U.-G. *Brancoceras* Hyatt. (Fig. 404). Schale eng genabelt, involut. Externlobus ungeteilt, Externsattel schmal, Laterallobus tief, meist zugespitzt, Lateralsattel breit. Ob. Devon und Karbon. *Gon. rotatorius* de Kon. Kohlenkalk.

Fig. 427. *Anarcestes subnautilinus Schloth.* Mittl. Devon. Nassau. *sl* Seitenlobus.

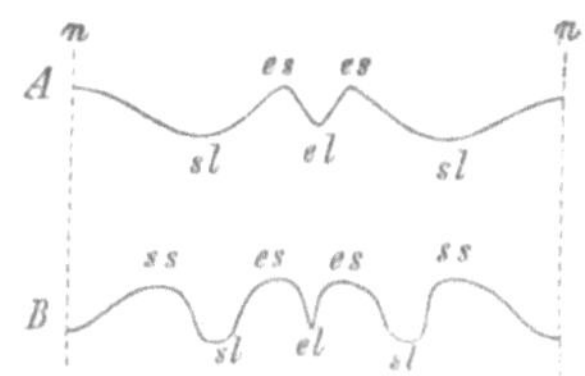

Fig. 428. *A Anarcestes subnautilinus Schl.* Lobenlinie. *B* Dieselbe von *Tornoceras simplex v. Buch.* *n* Naht. *el* Externlobus *es* Externsattel. *sl* Laterallobus. *ss* Lateralsattel.

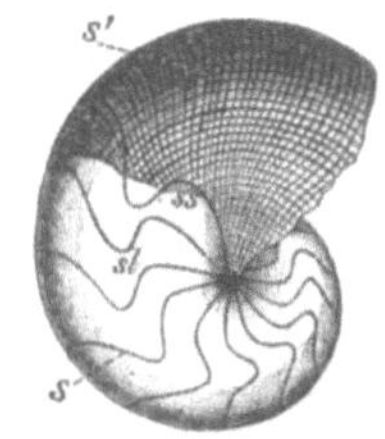

Fig. 429. *Tornoceras simplex v.Buch.* Ob Devon. Büdesheim Eifel. *s'* Schale. *s* Scheidewände. *sl* Laterallobus *ss* Lateralsattel.

Bactrites Sow. Schale stab- oder lang-kegelförmig, gerade. Devon. *B. elegans* Sow. Ob. Devon.

Fam. ***Ceratitidae*** v. Buch. *Ceratites* de Haan. (Fig. 430). Gehäuse spiral eingerollt, scheibenförmig, weit genabelt, Externteil häufig abgeplattet. Seiten meist mit radialen Rippen, die außen oft zu einem Knoten anschwellen. Sättel ganzrandig, Loben gezähnelt. Trias, bes. im Muschelkalk. *C. nodosus* de Haan ist sehr bezeichnend für den „Nodosenkalk“ im ob. Muschelkalk.

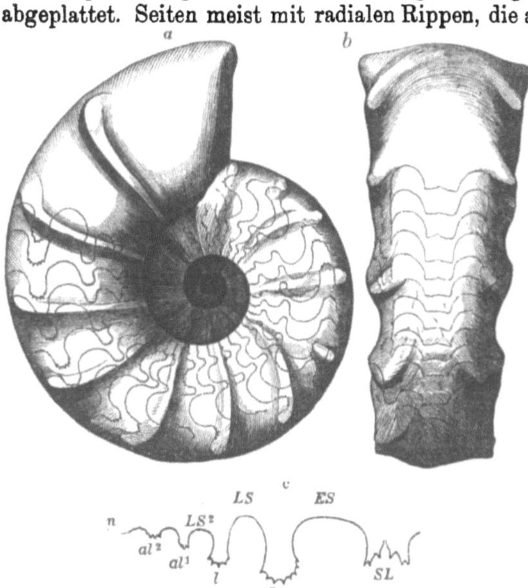

Fig. 430. *Ceratites nodosus de Haan* Muschelkalk. Würzburg. *a* von der Breitseite. *b* von der Externseite. *c* Lobenlinie bis zur Naht.

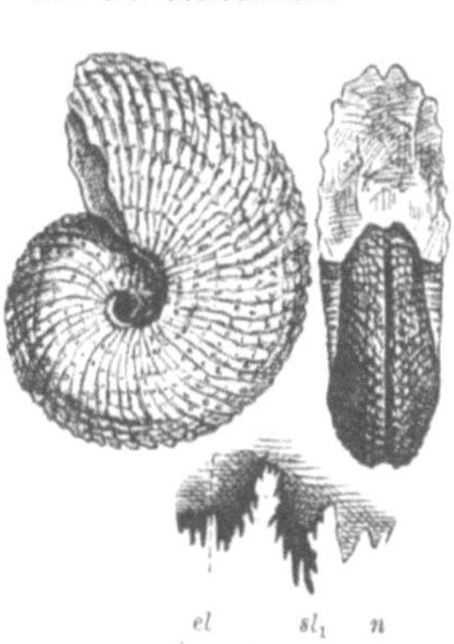

Fig. 431. *Trachyceras Aon. Mstr.* Ob. alp. Trias. St. Cassian. Unten die Lobenlinie. *el* Externlobus. sl_1 1. Laterallobus. *n* Naht.

Fam. ***Pinacoceratidae*** Mojs. *Pinacoceras* Mojs. (Fig. 410). Gehäuse flach scheibenförmig, eng genabelt, meist glatt; Externseite scharf. Die Sutur ist unter allen Ammoniten die komplizierteste und am feinsten zerschlitzt und zeigt eine große Anzahl von Auxiliar-Loben und -Sätteln. Auch der Externsattel ist in zahlreiche Adventivsättel zerteilt. Mittl. u. ob. alpine Tris. *P Metternichi* v. HAUER. wird 1—1$^1/_2$ m groß. Ob. Hallstätter Kalk der ob. alp. Trias. *P. floridus* WULF. Raibler Schichten.

Fam. ***Tropitidae*** MOJS. *Trachyceras* LAUBE (Fig. 431). Gehäuse meist eng genabelt. Seiten mit Querrippen, welche auf dem Externteil durch eine Furche unterbrochen werden und Knoten und Dornen tragen, die Spiralreihen bilden. Die Wohnkammer nimmt $^2/_3$ des

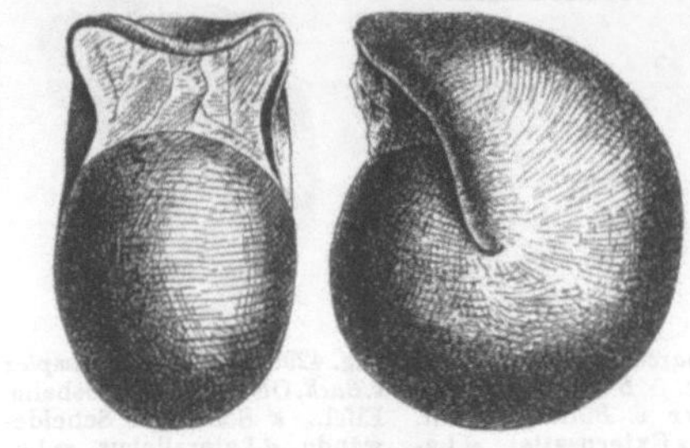

Fig. 432 *a*. *Arcestes didymus Mojs.* Hallstätter Kalk. Ob. alp. Trias.

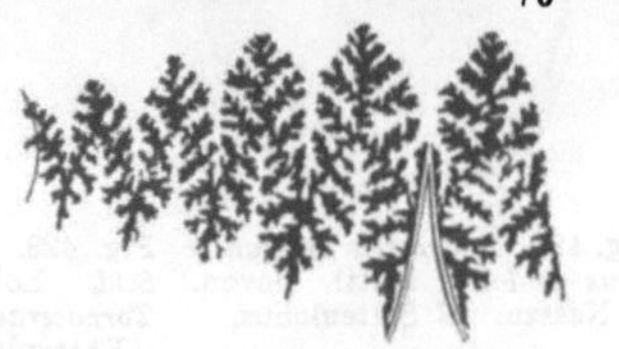

Fig. 432 *b*. *Arcestes gigantogaleatus v. Mojs.* Lobenlinie. Hallstätter Kalk. Ob. alp. Trias.

letzten Umganges ein. Trias. *Tr. Aon* MSTR. in den Cassianer Schichten (Karnische Stufe) der ob. alp. Trias. *Tr. aonoides* MOJS. in den Raibler Schichten.

Fam. ***Arcestidae*** MOJS. *Arcestes* SUESS. (Fig. 432). Das Gehäuse ist bauchig, eng- oder ungenabelt, außen gerundet; die Mündung ist häufig durch Einbiegung oder innere Verdickung der Mundränder etwas verengt, daher zeigen die Steinkerne mehrere radiale Furchen: die Eindrücke ehemaliger Mundränder. Wohnkammer lang, 1$^1/_2$ Umgang einnehmend. Loben und Sättel fein zerschlitzt (Fig. 432 b). Alp. Trias. *Arc. gigantogaleatus* MOJS. Ob. Hallstätter Kalk (Juvavische oder norische Stufe der ob. alp. Trias).

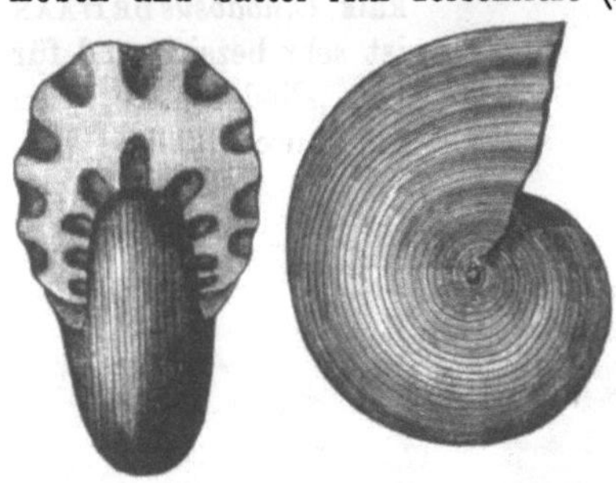

Fig. 433. *Cladiscites tornatus Br. sp.* Hallstätter Kalk. Ob. alp. Trias.

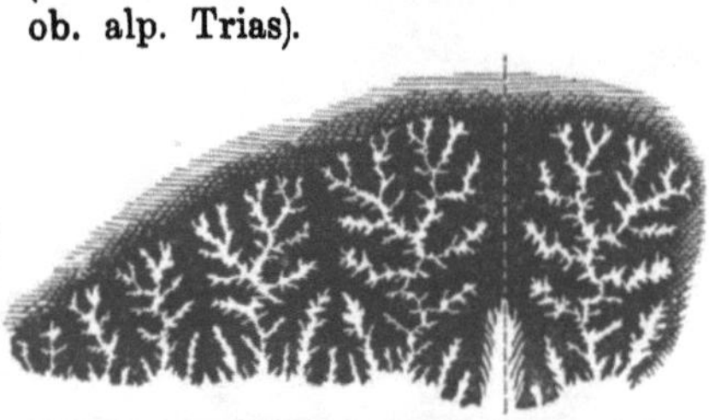

Fig. 434. Lobenlinie von *Cladiscites multilobatus Br. sp.* Roßmoos. Hallstätter Kalk. Ob. alp. Trias.

Fam. ***Cladiscitidae*** MOJS. *Cladiscites* MOJS. (Fig. 433 u. 434). Gehäuse seitlich abgeplattet, ungenabelt, meist spiral gestreift. Loben tief, Sättel hoch, dünn, beide sehr fein zerschlitzt. Ob. alp. Trias. *Cl. multilobatus* BR. sp.

Fam. ***Phylloceratidae*** ZITT. Gehäuse glatt oder mit Querstreifen, außen gerundet. Loben und Sättel zahlreich, tief zerschlitzt, letztere mit *blattförmigen* Lappen endend. Trias—unt. Kreide.

Phylloceras SUESS. (Fig. 409). Eng- oder ungenabelt. Häufig mit queren Einschnürungen. Lias—unt. Kreide. *Ph. heterophyllum* SOW. sp. Ob. Lias. *Ph. ptychoicum* QU. sp. Tithon.

Rhacophyllites Zitt. Sättel ebenfalls blattförmig zerteilt, aber Gehäuse scheibenförmig, weit genabelt. Ob. Trias—Jura. *Rh. neojurensis* Qu. sp. Hallstätter Kalk. Ob. alp. Trias.

Fam. ***Lytoceratidae*** Neum. Schale spiral gerollt, weit genabelt, mit wenig umfassenden, gerundeten Umgängen, oder mannigfach gestaltet: stab-, haken-, turmförmig. Außer dem Extern- und Internlobus meist nur 2 Lateralloben und 1 Auxiliarlobus vorhanden. Die Loben und Sättel sind in der Regel ± deutlich paarig geteilt, bzw. aus 2 ± symmetrischen Hälften gebildet. Jura—Kreide.

Lytoceras Suess. (Fig. 435). Gehäuse spiral, scheibenförmig, weit genabelt. Oberfläche mit meist etwas wellig gebogenen Querstreifen, zuweilen mit Einschnürungen. Lias—unt. Kreide. *L. fimbriatum* Sow. sp. Mittl. Lias. *L. torulosum* Ziet. sp. Unt. Dogger.

Macroscaphites Meek. Anfangs wie Lytoceras, aber letzter Umgang sich ablösend, erst gerade fortwachsend, dann sich hakenförmig umbiegend. Unt. Kreide. *M. Yvanii* d'Orb. sp. Ob. Neocom.

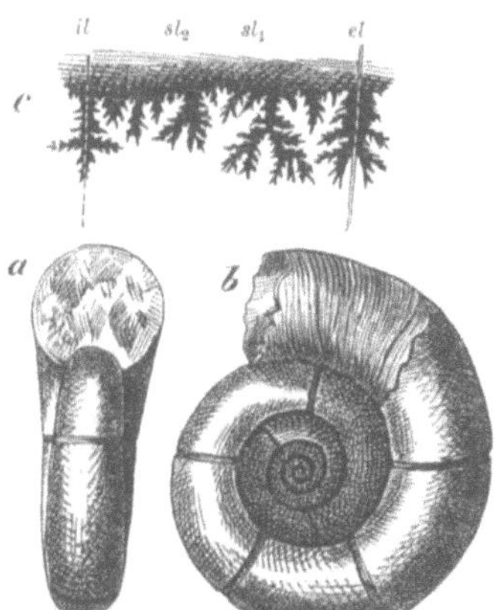

Fig. 435. *Lytoceras municipale* Opp. *a, b* Kleines Exemplar, *c* Lobenlinie eines größeren Individuums. *el* Externlobus, sl_1 1. Laterallobus, sl_2 2. Laterallobus, *il* Internlobus. Tithon. Stramberg.

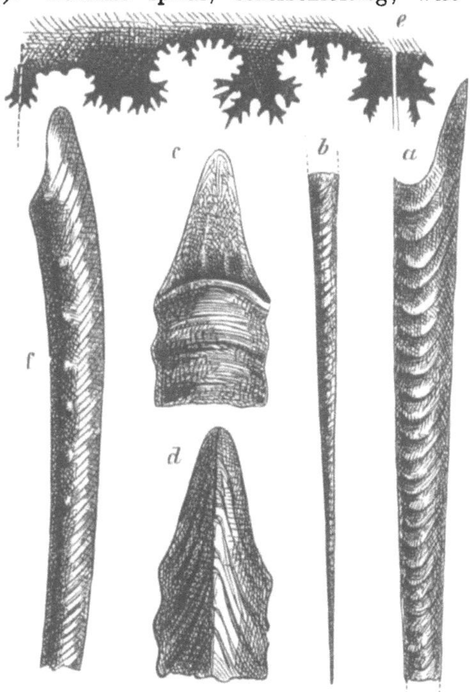

Fig. 436. *a—e Baculites anceps* Lam. (Die Spitze *b* vervollständigt das Gehäuse *a*), *c* Mündung von der Innenseite, *d* von der Außenseite, *e* Lobenlinie. Baculitenkalk (Senon) von Valogne (Manche), *f Bac. incurvatus* Duj. Senon. Touraine.

Hamites Park. (Fig. 400*a*). Schale hakenförmig, aus parallelen, sich nicht berührenden Schenkeln bestehend, sich 1 oder 2 mal umbiegend. Unt. Kreide. *H. rotundus* Sow. Gault.

U.-G. *Ptychoceras* d'Orb. (Fig. 400 *b*). Die das Gehäuse bildende Röhre ist nur einmal scharf umgebogen und besteht aus zwei geraden Schenkeln, die dicht aneinander anliegen und sich berühren. Neocom—Gault. *Pt. Puzosianum* d'Orb. Neocom.

Turrilites Lam. (Fig. 402). Die Schale gleicht einem spiral-turmförmig, links gewundenen Schneckengehäuse; quer gerippt. Löst sich der letzte

Umgang ab und wird frei, so entsteht die Gattung *Heteroceras* D'ORB., sind sämtliche Umgänge frei: *Helicoceras* D'ORB. Sämtlich in der Kreide: *Turr. catenatus* D'ORB. Gault. *Heteroc. polyplocum* RÖM. sp. Senon. *Helicoc. spiniger* SCHLÜT. Cenoman.

Baculites LAM. (Fig. 436). Stabförmig, Mündung mit vorspringendem Ventrallappen. Kreide. *Bac. neocomiensis* D'ORB. Neocom. *Bac. baculoides* D'ORB. Cenoman.

Fam. ***Aegoceratidae*** NEUM. Gehäuse stets scheibenförmig, weit genabelt, Umgänge meist mit geraden, doch außen oft nach vorn gebogenen Querrippen. Loben und Sättel in geringer Anzahl, fein gezackt. Lias—Dogger.

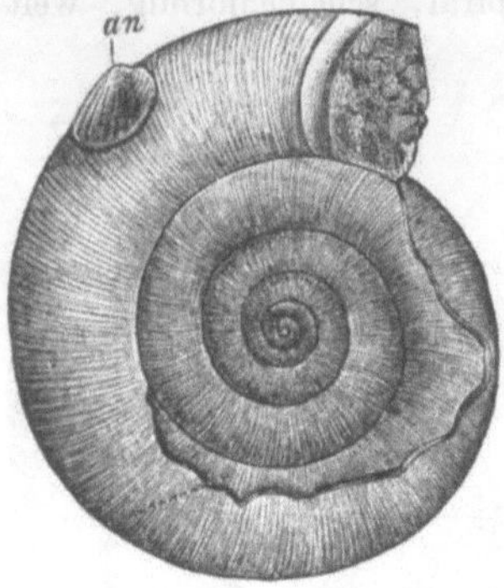

Fig. 437. *Psiloceras planorbis Sow. sp.* Unt. Lias. *an* Anaptychus.

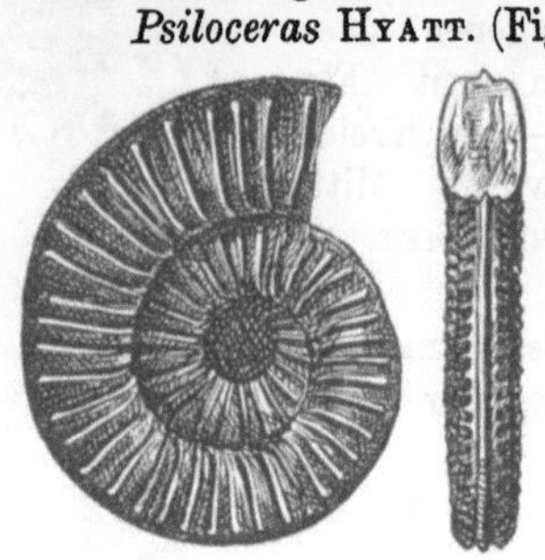

Fig. 438. *Arietites ceras Gieb.* Lias. Adneth.

Psiloceras HYATT. (Fig. 437). Scheibenförmig. Umgänge glatt oder mit feinen Querrippen, welche sich nicht über den gerundeten Externteil fortsetzen. Mit Anaptychus (s. ob. p. 146). Unterster Lias (α QU.). Die „Psilonoten"- oder „Planorbisschichten" im sw. Deutschland sind sehr reich an *Ps. planorbis* Sow. sp. (= *Ammon. psilonotus* QU.).

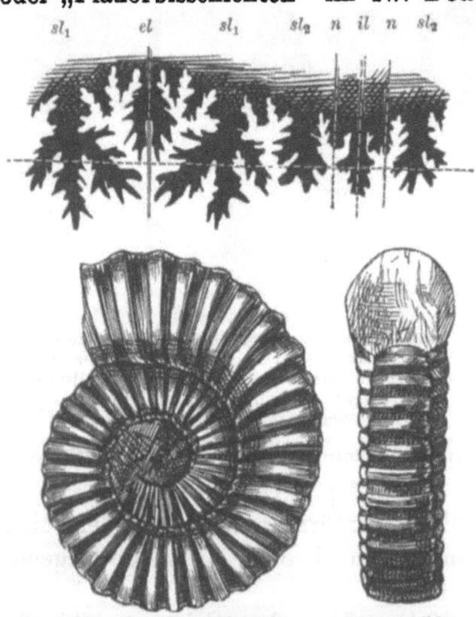

Fig. 439. *Aegoceras adnethicum v. Hauer.* Lias. Adneth. Oben die Lobenlinie: *el* Externlobus, sl_1, sl_2 1. und 2. Laterallobus, *il* Internlobus, *n* Naht.

Arietites WAAG. (Figg. 401 u. 438). Scheibenförmig, mit kräftigen Querrippen. Auf der Externseite ein von 2 Furchen begrenzter, glatter Kiel. Oft sehr groß (bis 1 m), Wohnkammer 1—1$^1/_4$ Umgang einnehmend. Nur im unt. Lias, aber stets über den Planorbisschichten (s. ob. Psiloceras). *Ar. Bucklandi* Sow. in den „Arieten"- oder „Bucklandi"-Schichten des Lias. *Ar. spiratissimus* QU. Ebenda.

Aegoceras WAAG. (Fig. 439). Scheibenförmig, mit kräftigen Querrippen, welche ununterbrochen über den breitgerundeten, ungekielten Externteil fortsetzen. Zuweilen spalten oder verbreitern sie sich dabei. Loben stark zerschlitzt, erster Laterallobus länger als der Externlobus und beträchtlich größer als der zweite Laterallobus; die Auxiliarloben bilden einen tiefen Suspensivlobus. Lias. *Aeg. capricornus* SCHLOTH. *Aeg. Davoei* Sow. mittl. Lias.

Schlotheimia Bayle. (Fig. 440). Scheibenförmig, mit anfangs einfachen, später oft dichotomen Rippen, die sich außen nach vorn biegen und auf dem Externteil winklig gegeneinander kehren, oft jedoch durch eine seichte Medianfurche unterbrochen werden. Unt. Lias, bes. in den „Angulatenschichten" (zwischen Psilonoten- und Arietenschichten). *Schloth. angulata* Schloth. sp.

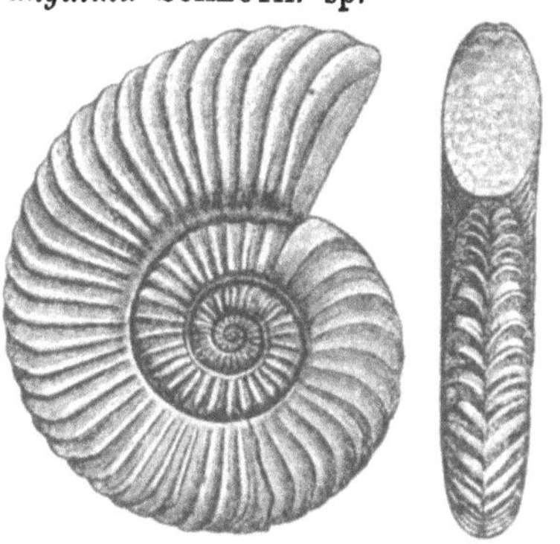

Fig. 440. *Schlotheimia angulata Schl. sp.* Unt. Lias. Göppingen.

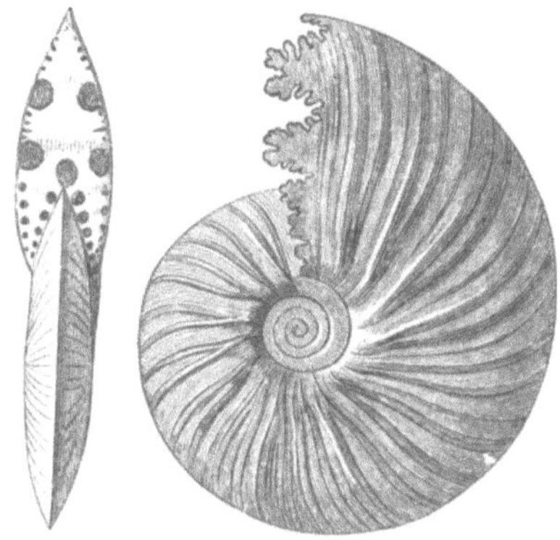

Fig. 441. *Oxynoticeras oxynotum Qu. sp.* Unt. Lias. Württemberg.

Fam. ***Amaltheidae*** Fisch. Schale eng genabelt, ± komprimiert. Mündung hoch; Externseite zugeschärft, von einem glatten oder gekerbten Kiel gebildet. Lias—Dogger.

Oxynoticeras Hyatt. (Fig. 441). Flach, mit scharfem, meist hohlem Kiele. Dieser entsteht dadurch, daß er nur von der äußeren Schalenschichte gebildet wird, die innere Perlmutterschicht schließt den eigentlichen Schalenraum ab und so bleibt zwischen beiden ein enger, komprimiert-röhrenförmiger Raum frei. Einschnitte der Lobenlinie wenig tief. Lias—Dogger. *O. oxynotum* Qu. sp. Unt. Lias *β*. *O. discus* Sow. Dogger.

Amaltheus Montf. (Fig. 442). Meist eng genabelt, Seiten glatt oder verschieden verziert. Kiel der Externseite gekerbt. Suturlinie fein zerschlitzt. 2 Lateral- und mehrere Auxiliarloben vorhanden. Jura. *A. margaritatus* Montf. sp. und *spinatus* Brug. in den „Amaltheenthonen" des mittl. Lias.

Fig. 442. *Amaltheus margaritatus Montf.* (*var. gibbosus Qu.*). Lias *δ*.

Beiläufig mag hier erwähnt werden die früher an die Amaltheiden angeschlossene, jedoch eine Sonderstellung einnehmende Gattung: *Schloenbachia* Neum. (Fig. 406). Gehäuse ± weit genabelt. Seiten berippt. Externseite ziemlich breit, mit glattem Kiel, der am Mundsaum zuweilen eine stielförmige, gerade oder hornförmig nach oben gebogene Verlängerung bildet. Außer den 4 Hauptloben nur 1 Auxiliarlobus. Kreide. *Schl. inflata* Sow. Gault. *Schl. varians* Sow. Cenoman.

Fam. ***Harpoceratidae*** Neum. Meist scheibenförmig, weit oder eng genabelt. Seiten mit sichelförmig gebogenen Zuwachslinien oder Rippen. Externseite mit glattem, selten gezacktem oder gekörneltem Kiel. Mündung häufig mit Seitenohren und einem stielförmigen oder gerundeten Externfortsatz. Sutur ± zerschlitzt. Lias—unt. Kreide.

Harpoceras Waag. (Fig. 443). Weit oder eng genabelt. Kiel glatt, von 2 Furchen begrenzt, am Mundsaum verlängert. Lias und Dogger. *H. Murchisonae* Sow. Unt. Dogger: „Murchisonaestufe". Zahlreiche U.-Gattungen: z. B. *Hildoceras* Hyatt. Weit genabelt, Externteil breit, Kiel von 2 Furchen begrenzt. Seiten mit nahezu medianer, seichter Furche, welche die hier stark nach vorn gezogenen Rippen unterbricht. *H. bifrons* Brug. sp. Ob. Lias. U.-G. *Leioceras* Hyatt. (Fig. 444). Eng genabelt. Seiten fein sichelförmig gestreift, Kiel glatt, zugeschärft. Ob. Lias—unt. Dogger. *Harp (Leioceras) opalinum* Rein. sp. ist sehr bezeichnend für die „Opalinusstufe" des unt. Dogger.

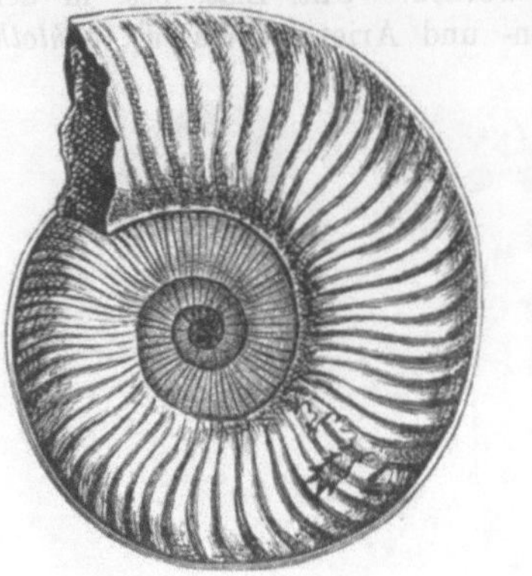

Fig. 443. *Harpoceras pseudoradiosum Branco.* Unt. Dogger. Boevingen. Lothringen.

Fig. 444. *Leioceras opalinum Rein. sp.* Unt. Dogger. Elsaß.

Oppelia Waag. (Fig. 445). Eng genabelt. Kiel gekörnt oder gezackt, auf der Wohnkammer verschwindend. Mundsaum sichelförmig oder mit Seitenohren. Innerer Teil der Sichelrippen häufig verwischt, am äußeren Ende oft ein Knötchen. Sutur stark zerschlitzt. Dogger—unt. Kreide, bes. Malm. *O. flexuosa* v. Buch. sp. Unt. Malm (β Qu.). *O. tenuilobata* Opp. sp. sehr bezeichnend für die „Tenuilobaten"-Zone des mittl. Malm.

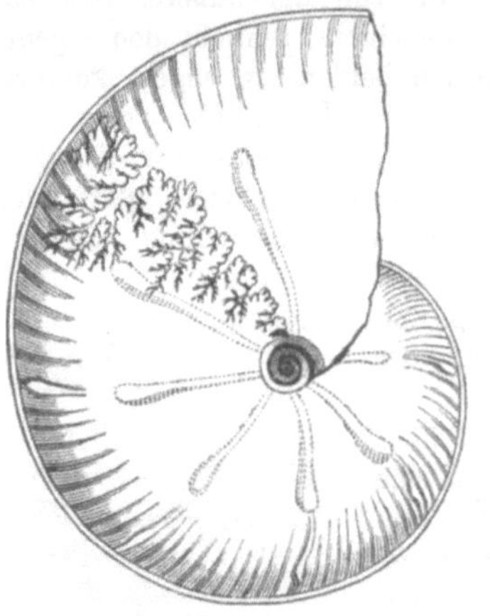

Fig. 445. *Oppelia tenuilobata Opp. sp.* Kimmeridge. Pappenheim (Bayern).

Fam. ***Haploceratidae*** Zitt. Unterscheiden sich von den Harpoceratidae besonders durch den Mangel eines Kieles. Dogger—unt. Kreide.

Haploceras Zitt. Weit oder eng genabelt. Seiten glatt, Externteil gerundet, Mündung mit Seitenohren. Sutur fein zerschlitzt, 2—4 Auxiliarloben vorhanden. Dogger—unt. Kreide. *H. nimbatum* Opp. Malm. *H. lingulatum* Qu. Malm. *H. Grasianum* d'Orb. Neocom.

Fam. ***Stephanoceratidae*** Neum. Weit oder eng genabelt, scheibenförmig oder ± bauchig bis fast kuglig. Seiten mit Rippen, diese sich nach außen spaltend und über den gerundeten Externteil fortsetzend. Hinter dem Mundsaum und auf den Umgängen häufig Einschnürungen. Sutur stark zerschlitzt: 2 Seitenloben und einige Hilfsloben, die häufig einen zurückspringenden Nahtlobus bilden. Lias—unt. Kreide.

Stephanoceras Waag. (Fig. 446). Sehr dick-scheibenförmig, da die Umgänge breiter als hoch sind. Mäßig weit genabelt. Seiten mit geraden Rippen, die sich meist ungefähr in der Mitte des Umganges in 2—3 Äste gabeln und sich über den breiten, gewölbten Externteil fortsetzen. Die Gabelungsstellen sind meist zu Knoten verdickt oder liegen auf einer Kante, von welcher aus die Umgänge schräg nach innen abfallen. Mündung einfach oder mit Ohren. Dogger—Oxford. *St. Humphriesi* Sow. Mittl. Dogger.

Sphaeroceras Bayle. Eng genabelt, Umgänge sehr viel breiter als hoch, Schale daher sehr aufgebläht, fast kuglig. Dogger. *Sph. bullatum* d'Orb. Callovien.

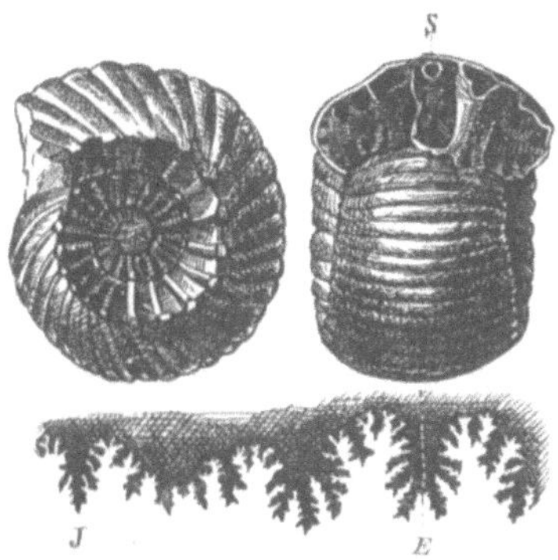

Fig 446. *Stephanoceras coronatum Brug.* Ob. Dogger. Ornaten-Thon. Tschulkowo. *S* = Siphonaldute, *J* = Internlobus. *E* = Externlobus.

Fig. 447. *Macrocephalites macrocephalus Schl sp.* Kleines Ex. Ob. Dogger. Württemberg.

Macrocephalites Suttn. (Fig. 447). Eng genabelt, Seiten mit Rippen, die sich bereits im inneren Drittel ihrer Breite, oft in der Nähe des Nabels ohne Knotenbildung spalten und dann über den gerundeten Externteil fortsetzen. Dogger—Oxford. *M. macrocephalus* Schloth. sp. sehr bezeichnend für die „Macrocephalenschichten" des ob. Dogger.

Holcostephanus Neum. (Fig. 448). Mäßig weit genabelt, sehr dick-scheibenförmig, da die Umgänge breiter als hoch sind. Die Rippen entstehen bündelweise am Nabelrand und setzen dann, zuweilen sich weiter außen nochmals spaltend, ununterbrochen über den breiten, gerundeten Externteil fort. Zuweilen Einschnürungen vorhanden. Malm—unt. Kreide. *H. stephanoides* Opp. Malm. *H. Jeannoti* d'Orb. Neocom.

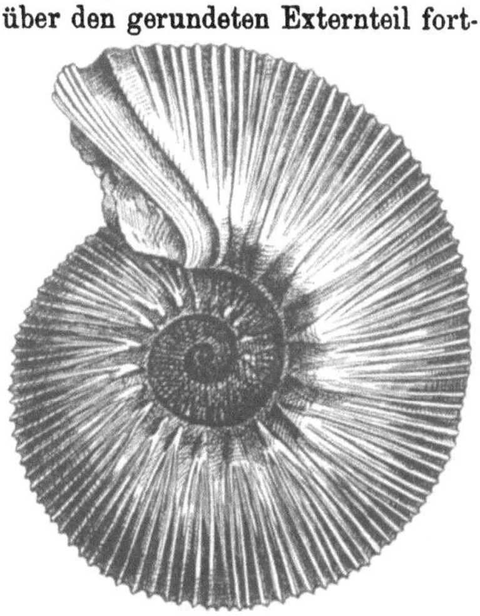

Fig. 448. *Holcostephanus Astierianus d'Orb.* Neocom. Escragnolles (Dept. Var).

Perisphinctes Waag. (Figg. 405, 449 u. 450). Scheibenförmig, meist weit genabelt. Die ziemlich geraden Rippen in der äußeren Hälfte der Umgänge zwei- oder mehrfach gegabelt und sich über die gerundete

Externseite fortsetzend. Mundsaum mit Seitenohren, dahinter eine Einschnürung. Letztere finden sich auch auf den älteren Umgängen. Sutur fein zerschlitzt, Auxiliarloben einen tiefen zurückspringenden Nahtlobus bildend. Dogger—unterste Kreide, bes. im Malm. *P. transitorius* Opp. Ob. Tithon.

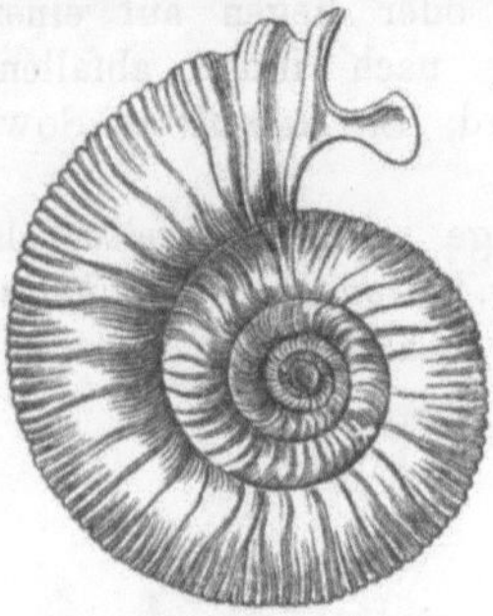

Fam. ***Aspidoceratidae*** Zitt. Nur die inneren Umgänge mit Rippen, die späteren mit Reihen von Knoten oder Stacheln. Sutur meist mäßig zerschlitzt. Dogger u. Malm.

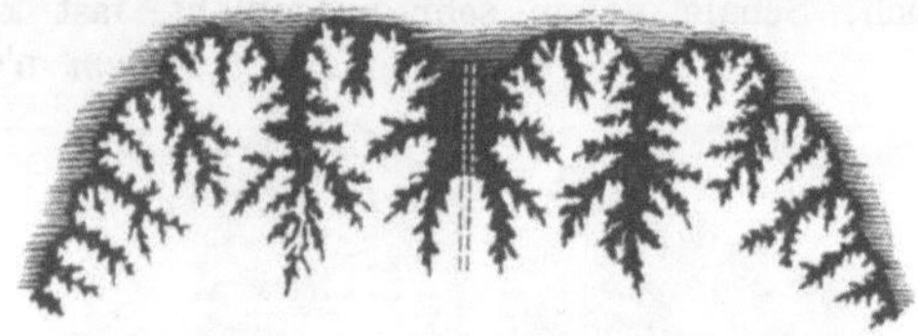

Fig. 449. *Perisphinctes polyplocus. Rein. sp.* Kimmeridge. Pappenheim (Bayern).

Fig. 450. *Perisphinctes senex Opp.* Lobenlinie. Tithon. *EL* Externlobus. Stramberg in Mähren.

Peltoceras Waag. (Fig. 451). Weit genabelt, Seiten mit geraden, kräftigen Rippen, die mit Ausnahme der innersten Windungen sowohl am Nabel- als am Externrand Knoten bilden, an letzterem sich in der Regel spalten und über den meist etwas abgeplatteten Externteil fortsetzen. Dogger—unt. Malm. *P. transversarium* Qu. Unt. Oxford. *P. bimammatum* Opp. Ob. Oxford.

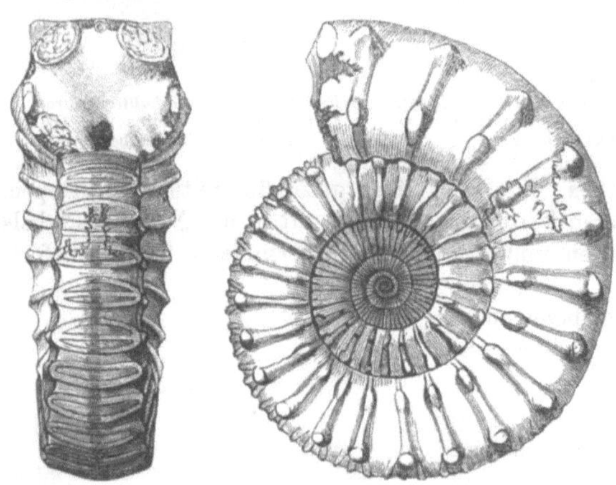

Fig. 451. *Peltoceras athleta Phill. sp.* Ob. Callovien. Normandie.

Aspidoceras Zitt. (Fig. 452). Weit oder eng genabelt. Auf den ersten Umgängen Rippen, später statt deren 1—2 Reihen Knoten oder Stacheln. Externteil breit. Dogger—unterste Kreide, bes. Malm. *A cyclotum* Opp. Unt. Tithon.

Fam. ***Cosmoceratidae*** Zitt. Schalen durch Spaltrippen oder durch Knotenreihen verziert. Rippen auf dem Externteil meist durch eine Furche unterbrochen oder abgeflacht, selten verdickt. Sutur tief zerschlitzt. Dogger—Kreide.

Cosmoceras Waag. (Fig. 453). Schale reich verziert durch knotentragende, sich gabelnde Rippen. Mundsaum mit langen Seitenohren. Dogger—Neocom. *C. ornatum* Schl. sp. in den „Ornatenthonen" des ob. Dogger. *C. Jason* Rein. Ob. Dogger.

Parkinsonia Bayle (Fig. 454). Scheibenförmig, weit genabelt. Rippen sich in der Nähe des Externteiles gabelnd; auf diesem durch eine

Furche unterbrochen oder abgeschwächt. Dogger. *P. Parkinsoni* Sow. Ob. Dogger.

Hoplites Neum. (Figg. 455 u. 456). Eng oder weit genabelt. Seiten mit leicht geschwungenen Spaltrippen, welche in der Nähe des Nabels oder gegen die Mitte der Seiten zu aus einer einfachen Rippe oder einem Knoten entspringen. Auf dem meist abgeplatteten und zuweilen mit einer Furche versehenen (Fig. 456) Externteil sind die Rippen in der Regel unterbrochen. Tithon u. unt. Kreide. *H. noricus* Schloth. Neocom. *H. radiatus* Brug. Neocom.

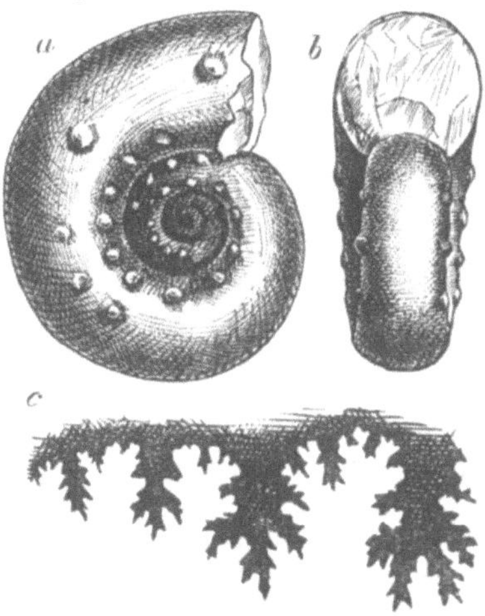

Fig. 452. *a, b Aspidoceras acanthicum Opp.* Kimmeridge. Franken. *c* Lobenlinie von *Asp. longispinum Sow. sp.* Kimmeridge. Siebenbürgen.

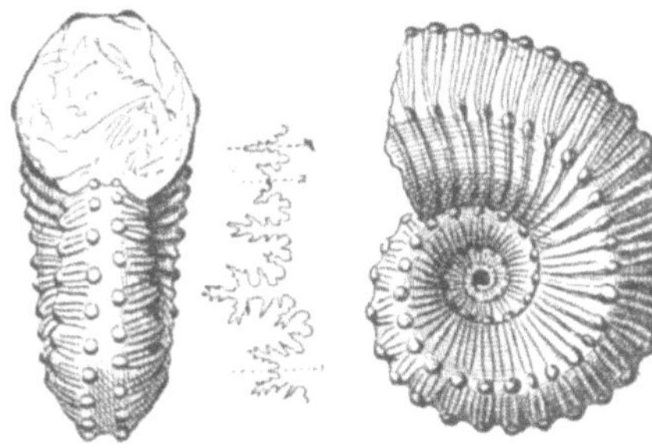

Fig. 453. *Cosmoceras ornatum Schl. sp.* Ob. Dogger. (Ornatenthon.) Gammelshausen (Württemberg).

Acanthoceras Neum. (Fig. 457). Meist weit genabelt, Umgänge breit, nicht besonders hoch; Seiten mit geraden, von innen nach außen an Stärke zunehmenden, häufig Knoten tragenden Rippen, welche sich über den breiten Externteil entweder ununter-

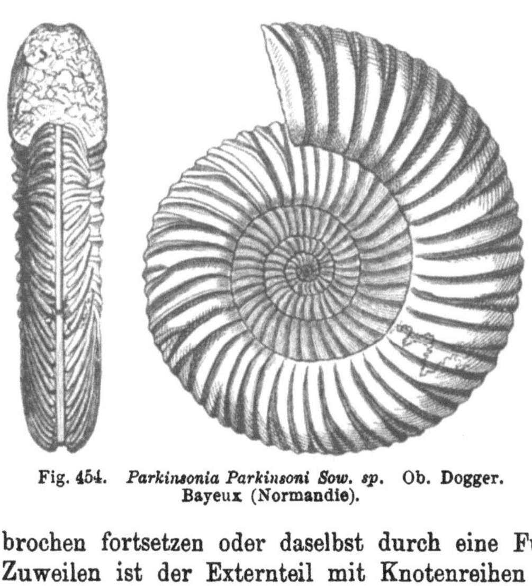

Fig. 454. *Parkinsonia Parkinsoni Sow. sp.* Ob. Dogger. Bayeux (Normandie).

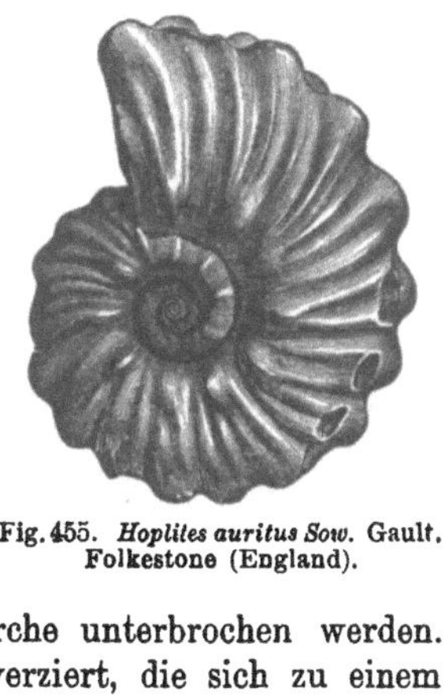

Fig. 455. *Hoplites auritus Sow.* Gault. Folkestone (England).

brochen fortsetzen oder daselbst durch eine Furche unterbrochen werden. Zuweilen ist der Externteil mit Knotenreihen verziert, die sich zu einem Kiel vereinigen können. Die ziemlich einfache Sutur mit breiten Loben und Sätteln. Kreide. *A. Lyelli* d'Orb. Gault. *A. Mantelli* Sow. Cenoman.

Es schließen sich hier eine Anzahl sog. ammonitischer Nebenformen an, die sich zwar in einer Ebene, aber nicht in geschlossener Spirale aufwinden. Ob. Dogger—Kreide. Ihre

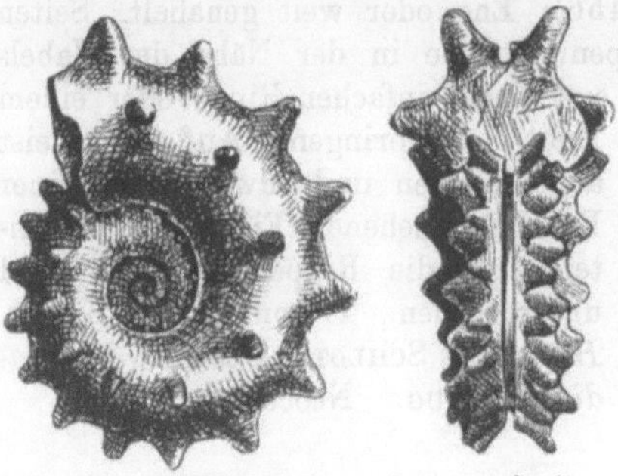

Fig. 456. *Hoplites tuberculatus Sow. sp.* Gault. Boulogne.

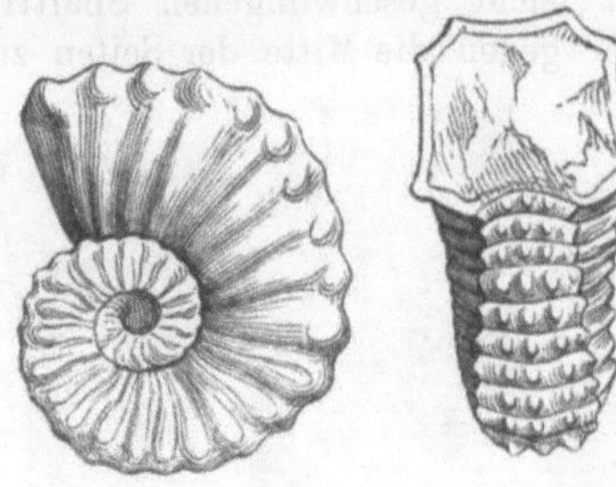

Fig 457. *Acanthoceras Rhotomagensis Brgt.* Cenoman.

größte Entwicklung erreichen sie in der unteren Kreide.

Toxoceras d'Orb. (Fig. 458). Schale bogen- oder hornförmig. Unt. Kreide. *T. elegans* d'Orb. Neocom.

Crioceras Lev. Das aus wenigen Umgängen bestehende Gehäuse bildet eine offene Spirale. Oberfläche mit häufig Knoten oder Stacheln tragenden Rippen. Unt. Kreide. *Cr. Duvali* Lév. Neocom. Äußerlich gleich gestaltete Gehäuse finden sich bereits im ob. Dogger. Sie unterscheiden sich aber von den Neocomformen durch ihre Lobenlinie und wurden daher von Quenstedt als *Spiroceras* von jenen abgetrennt (z. B. *Spir. bifurcatum* Qu. Ob. Dogger. Württemberg).

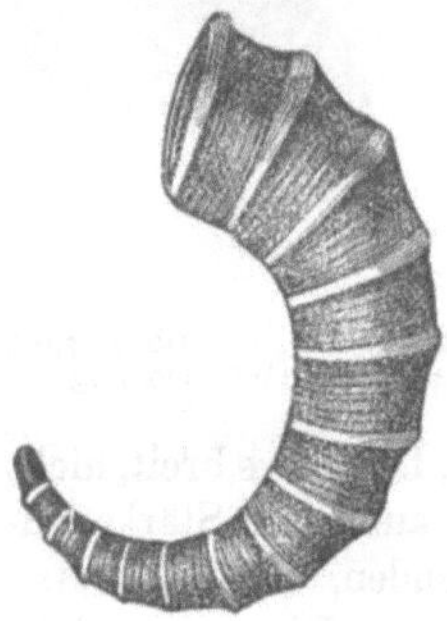

Fig. 458. *Toxoceras bituberculatum d Orb.* Neocom. Basses-Alpes.

Fig. 459. *Scaphites aequalis Sowerby.* Cenoman.

Ancyloceras d'Orb. (Fig. 403). Schale erst eine freie Spirale bildend, dann geradeaus wachsend und zuletzt sich hakenförmig umbiegend. Unt. Kreide. *Anc. Matheroni* d'Orb. Neocom.

Scaphites Park. (Figg. 459 u. 460). Die Schale bildet zunächst ein spiralig eingerolltes, ungenabeltes Gehäuse, von dem sich der letzte Umgang ablöst, etwas verlängert, und alsdann umbiegt. Oberfläche berippt, zuweilen mit Knoten. Sutur mit mehreren Auxiliarloben. Ob. Kreide. *Sc. Geinitzi* d'Orb. Turon. *Sc. spiniger* Schlüt. Senon.

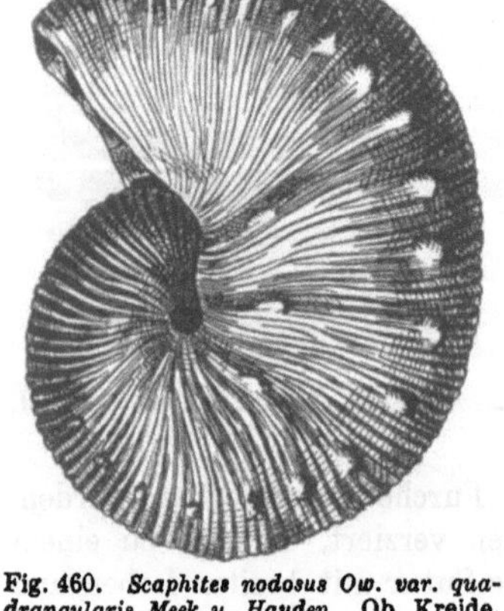

Fig. 460. *Scaphites nodosus Ow. var. quadrangularis Meek u. Hayden.* Ob. Kreide. Montana (Nord-Amerika).

II. Ordnung. Dibranchiata.

Cephalopoden mit 2 Kiemen in der Mantelhöhle, meist mit innerlicher Schale. Mund von 8 oder 10 Armen umgeben. Trias—Jetzt.

Der Körper (Fig. 461) ist sackförmig und durch eine Einschnürung deutlich in Kopf und Rumpf gesondert. In der Umgebung des genau terminal am Kopf gelegenen Mundes stehen 8 oder 10, mit Saugnäpfen oder Häkchen bewaffnete Arme, welche dem Tiere sowohl zum Kriechen und Schwimmen als zum Fangen und Festhalten der Beute dienen. Sind 10 Arme vorhanden, so sind diese entweder gleichlang oder 8 sind kürzer und 2 sehr lang, tentakelartig. Der Trichter ist ringsum geschlossen. In der Regel ist ein Tintenbeutel vorhanden, der ein schwarzbraunes Sekret liefert. Meist besitzen die Tiere eine innerliche, vom Mantel bedeckte, aber sehr verschieden ausgebildete Schale.

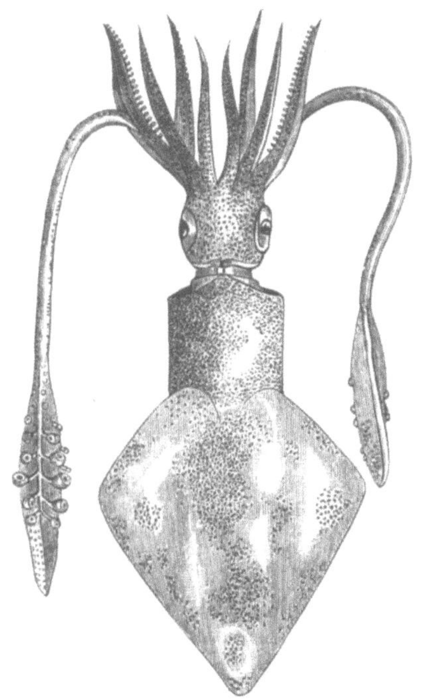

Fig. 461. *Loligo vulgaris* L. Ein rezenter Decapide mit 8 gleichen u. 2 längeren Armen.

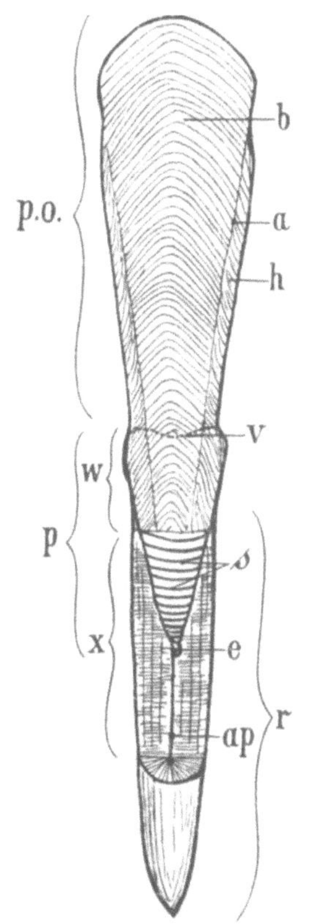

Fig. 462. Rekonstruierte Schale von *Belemnites*, von der Dorsalseite gesehen. Strecke *x* des unt. Teiles bis zur Mitte aufgeschnitten. *r* Rostrum, *ap* Apicallinie desselben, *p* Phragmocon, *s* Scheidewände, *e* Embryonalblase desselben, *w* Wohnkammer, *v* deren Ventralrand, *po* Proostracum, *b* dessen bogenförmige Zuwachslinien, *a* sog. Asymptotenlinie, *h* Hyperbelstreifung auf den Seiten.

Nach Anzahl der Arme — 8 oder 10 — zerfallen sie in Octopida und Decapida. Nur die letzteren sind durch geologisch wichtige Formen vertreten. Sie werden in Belemnoidea und Sepioidea eingeteilt.

Fam. ***Belemnoidea.*** Trias—Eocän. *Belemnites* List. (Figg. 462 bis 467). Tier mit 10 gleichlangen, mit Häkchen besetzten Armen und einem Tintenbeutel. Schale unter allen Dibranchiaten am vollständigsten ausgebildet (Fig. 462). Sie besteht aus 3 Teilen: Phragmocon, Scheide (= Rostrum) und Proostracum. Die *Scheide* ist ein solider, kalkiger Körper von ± verlängert konischer oder fast zylindrischer Form, welcher an einem, dem hinteren, Ende zugespitzt ist, an dem anderen, vorderen, eine tiefe, kegelförmige Alveole trägt, in welche der Phragmocon sich einsenkt. Sie besteht aus spitz dütenförmigen, im Querschliff konzentrische Ringe bildenden Längsschichten, und ist dabei radial fasrig struiert. Diese Kalkfasern strahlen von einer Linie aus, die von dem hinteren Ende der Alveole bis zum Ende der Scheide verläuft und „*Axe*, *Apical-* oder *Scheitellinie*" heißt. Auf der Oberfläche der Scheide beobachtet man häufig Eindrücke von Gefäßen, welche beweisen, daß sie vom Mantel umhüllt war. Häufig verläuft eine ± tiefe Furche auf der Ventralseite der Scheide vom vorderen Rand der Alveole ± weit nach dem hinteren Ende derselben zu. Häufig sind auch 2 symmetrische, von der Spitze der Scheide etwas divergierend nach vorn verlaufende Furchen, die sich jedoch bald zu kaum vertieften Streifen verflachen. Sie bezeichnen die Dorsalseite der Scheide und heißen „*Dorsolateralfurchen*". Der *Phragmocon* ist kegelförmig, durch nach vorn konkave Scheidewände gekammert, und

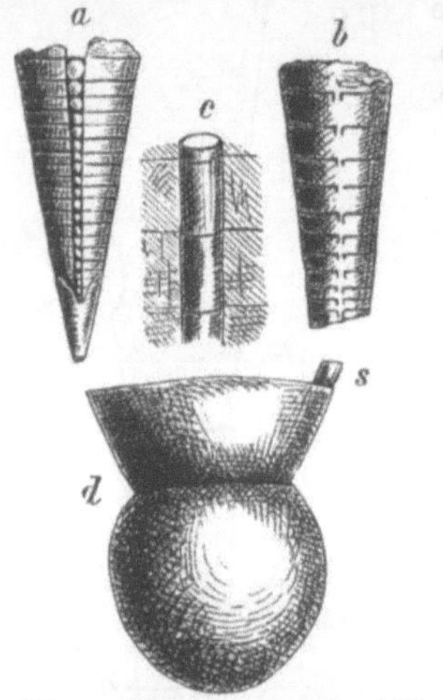

Fig. 463. *a Belemnites giganteus Schl.* Dogger. Phragmocon mit perlschnurartigem Sipho. *b B. conophorus Opp.* Tithon. Stramberg. Angeschliffene Siphonalduten. *c Belemnitella mucronata Schl. sp.* Senon. Röhrenformiger Sipho des Phragmocon. *d Belemnites Württembergicus Opp.* Ob. Dogger. Ehingen. Die 2 ersten Kammern des Phragmocon stark vergroßert. *s* Sipho.

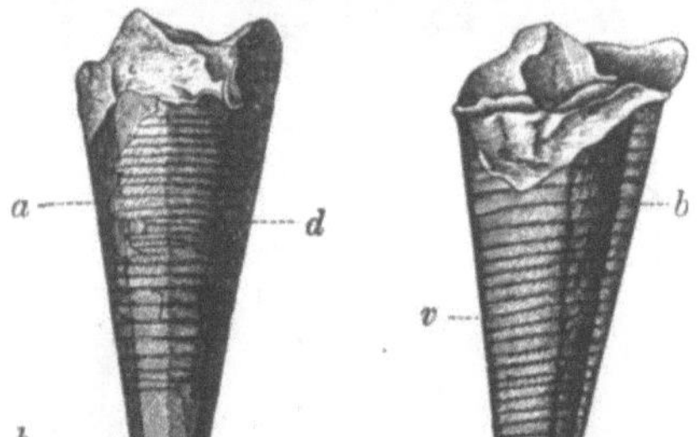

Fig. 464. *Belemnites compressus Voltz.* Unt. Dogger. Gundershofen (Elsaß). Phragmocon mit erhaltener Conothek. *a* Asymptotenlinien. *b* Hyperbolarregion. *d* Dorsalregion. *v* Ventralregion.

an der Ventralseite von einem randständigen Sipho durchzogen (Fig. 463). Er besitzt eine eigene Schale (Conothek) und gleicht somit einem sehr kurz kegelförmigen Orthoceras. Nach seiner hinteren Spitze zu ist er ganz schwach gebogen, so daß letztere etwas exzentrisch liegt (Fig. 462 *e*). Die Außenschicht der Conothek zeigt eine eigentümliche Verzierung durch die Zuwachslinien. Auf der Ventralseite laufen diese fast horizontal, auf der Dorsalseite dagegen bogenförmig, nach vorn stark konvex. Seitlich der letzteren Region senken sich die Linien plötzlich nach abwärts und bilden hier die sog. „*Hyperbolarregion*". Die Grenzlinien zwischen dieser und der Dorsalregion werden als die „*Asymptotenlinien*" bezeichnet. Da der Phragmocon an Stärke zunimmt, verlaufen sie von seiner Spitze nach vorn divergierend. Auf der Dorsalseite verlängert sich die Wandung des Phragmocon in ein dünnes, langgestrecktes, vorn gerundetes Blatt, das „*Proostracum*", welches daher die gleichen für die Conothek beschriebenen Linienverzierungen zeigt. Es entspricht dem Schulp der lebenden Tintenfische.

Die Belemnitentiere erreichten eine Länge bis zu 2,5 m. Lias—Kreide. Sie gehören neben den Ammoniten zu den wichtigsten Leitfossilien in der Jura- und Kreideformation (Fig. 465). *Bel. paxillosus* SCHL. Ob. Lias. *Bel. giganteus* SCHL. Mittl. Dogger. *Bel. canaliculatus* SCHL. Ob. Dogger. *Bel. hastatus* BLV. Oxford. *Bel. Brunsvicensis* STROMB. u. *Bel minimus* LIST. Gault.

U.-G. *Actinocamax* MILL. (Fig. 466). Scheide zylindrisch, hinten zugespitzt, mit

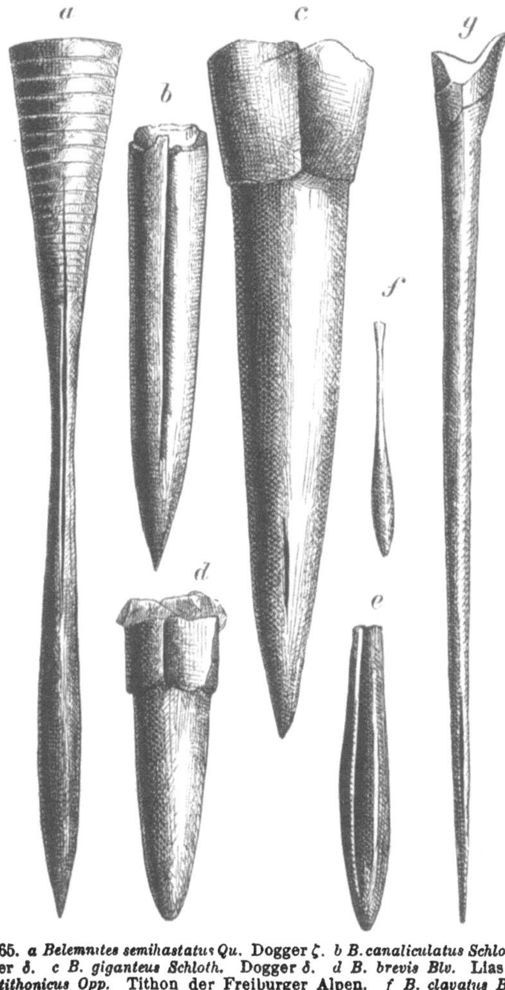

Fig. 465. *a Belemnites semihastatus Qu.* Dogger ζ. *b B. canaliculatus Schloth.* Dogger δ. *c B. giganteus Schloth.* Dogger δ. *d B. brevis Blv.* Lias α. *e B. tithonicus Opp.* Tithon der Freiburger Alpen. *f B. clavatus Blv.* Lias γ. *g B. acuarius-tubularis Qu.* Lias ε. Ohmden.

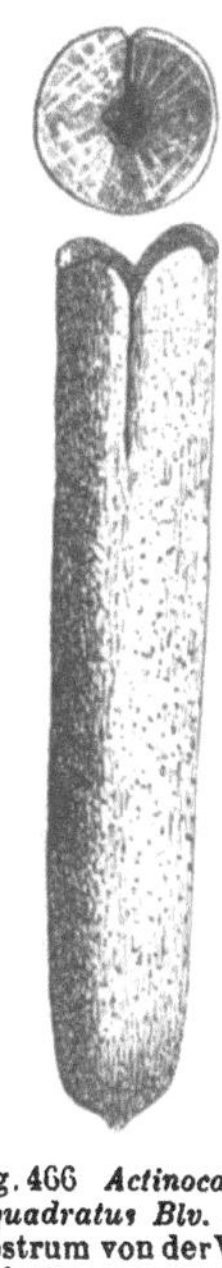

Fig. 466 *Actinocamax quadratus Blv. sp.* Rostrum von der Ventralseite u. von oben. Senon Westfalen.

einer kurzen, tiefen Ventralfurche. Nur ein sehr kleiner Teil des Phragmocon von der Scheide umschlossen, und auch dieser meist durch einen Zwischenraum von derselben getrennt. Mittl. u. ob. Kreide. *Act. planus* BLV. Unterstes Turon. *Act. quadratus* BLV. in der „Quadratenkreide" des mittl. Senon.

U.-G. *Belemnitella* D'ORB. (Fig. 467). Scheide zylindrisch, hinten mit einem kurzen, spitzen Stachel, vorn mit kurzer, tiefer, schlitzartiger Ventralfurche. Gefäßeindrücke und Dorsolaterallinien sind meist sehr deutlich. Ob. Kreide. *Bel. mucronata* SCHL. in der „Mucronatenkreide" des ob. Senon.

Fam. ***Sepioidea.*** Tintenfische (Figg. 461, 468 u. 469). Schale nur aus einem länglich-ovalen oder langen, schmalen Schulp — Proostracum bestehend. Rostrum und Phragmocon rudimentär. Jura — Jetzt. An die lebende Gattung Sepia (Fig. 468) schließen sich eine Anzahl fossiler Formen an, von denen hier

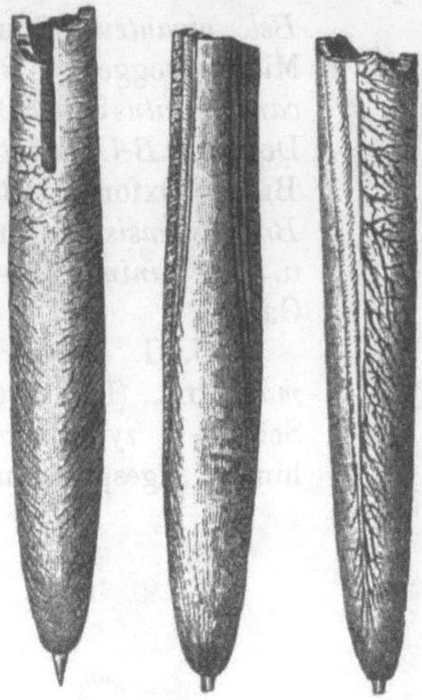

Fig. 467. *Belemnitella mucronata Schl. sp.* Senon. Westfalen. *a* ventrale, *b* dorsale, *c* laterale Ansicht des Rostrums.

Fig. 468. *Sepia officinalis L.* Rezent. Schulp von d. konkaven Innenseite gesehen. Die hohle Spitze am hinteren Ende entspricht dem Rostrum und der Alveole des Phragmocons der Belemniten.

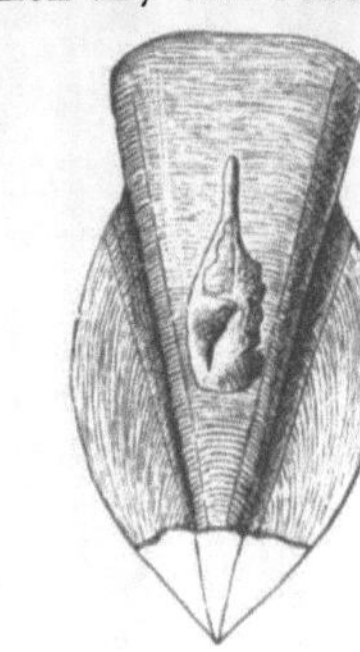

Fig. 469. *Geoteuthis lata d'Orb.* Mit Tintenbeutel. Lias. Württemberg.

die Gattungen: Geoteuthis (Fig. 469) und Beloteuthis, beide aus dem ob. Lias, mit oft prächtig erhaltenem Tintenbeutel, erwähnt sein mögen. Der Inhalt der letzteren ist häufig in eine gagatartige Masse umgewandelt.

Siebenter Stamm. Arthropoda. Gliedertiere.

Seitlich symmetrische Tiere mit einem aus ungleichartigen Segmenten zusammengesetzten Körper und gegliederten Segmentanhängen. Mit Gehirn und ventraler Ganglienkette. Meist unterscheidet man 3 Leibesregionen als Kopf, Brust oder Mittelleib (Torax) und Hinterleib (Abdomen). Ist der Kopf mit dem Thorax verschmolzen, so spricht man von einem Cephalothorax. Die Gliedmaßen der einzelnen Abschnitte zeigen behufs verschiedener Verwendung verschiedene Gestaltung. Die Gliedmaßen des Kopfes sind zu Antennen und Mundwerkzeugen, seltener zu Ruder- oder Klammerorganen umgestaltet. Der Thorax trägt die Gliedmaßen zur Bewegung, und diejenigen des Abdomen sind teils Hilfsorgane der Bewegung (Abdominalfüße), teils dienen sie zur Respiration, zum Tragen der Eiersäckchen usw. Die Haut besteht aus 2 verschiedenen Schichten, einer äußeren festen Chitinhaut und einer inneren weicheren Lage, der Hypodermis. Die erstere kann durch Aufnahme von Kalksalzen zu einem festen Hautskelett oder Hautpanzer werden. Die Arthropoda zerfallen in 4 Klassen: Crustacea, Myriapoda, Arachnoidea und Insecta.

1. Klasse. Crustacea. Krebstiere.

Fast ausschließlich Wasser bewohnende, durch Kiemen atmende Arthropoden mit 2 Fühlerpaaren, mit zahlreichen z. T. zu Kieferfüßen umgestalteten Beinpaaren am Thorax und häufig mit Füßen auch am Abdomen. Meist verschmilzt der Kopf mit dem Thorax ganz oder teilweise zu einem Cephalothorax. Die Zahl der, diesen zusammensetzenden Segmente ist eine wechselnde. Kein Segment trägt mehr als ein Fußpaar. Diese sind sehr verschieden ausgebildet, je nachdem sie als Sinnesorgane (Antennen), zum Greifen (Scheren), zum Zerkleinern der Nahrung (Kiefer), zur Fortbewegung (Schwimm- oder Schreitfüße) dienen, oder auch bei der Respiration und Begattung mithelfen. Der Kopf trägt mindestens 5 Fußpaare. Die 2 vorderen sind als Antennen ausgebildet, die hinteren als Kauwerkzeuge (Mandibulae und Maxillae). Die Haut ist chitinös oder verkalkt (daher der Name Crustacea = Krustentiere). Zuweilen sind die Tiere von einem aus kalkigen Platten gebildeten Gehäuse umgeben (Balanidae), oder werden durch 2 muschelähnliche Horn- oder Kalkschalen bedeckt (Ostracoda).

A. Unterklasse. *Entomostraca* Fr. Müller.

Meist kleine, einfacher organisierte Kruster von sehr variierender Körperform und überaus wechselnder Zahl und Gestaltung der Gliedmaßen.

I. Ordnung. Cirripedia Lam. Rankenfüßer (Figg. 470 u. 471).

Festsitzende Kruster, deren häutiger Mantel mit Kalkplatten bedeckt ist (bei der Gattung Lepas z. B. [Fig. 470] finden sich jederseits drei: Scutum, Tergum, Carina). Meist mit 6 Paaren von Rankenfüßen, zum Herbeistrudeln des die Nahrungsstoffe enthaltenden und zur Respiration dienenden Wassers. Nur marin. Silur—Jetzt.

Balanus List. (Fig. 471). Kalkplatten zu einem festen, kegelförmigen, mit breiter Basis aufgewachsenen, oben abgestutzten Gehäuse verbunden. Außerdem 2 Paar freie Platten (Terga und Scuta), die als Deckel die obere Öffnung verschließen. Tertiär—Jetzt.

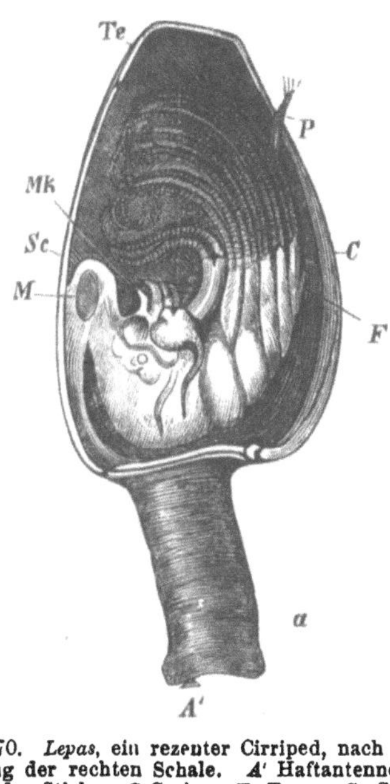

Fig. 470. *Lepas*, ein rezenter Cirriped, nach Entfernung der rechten Schale. *A'* Haftantenne am Ende des Stieles, *C* Carina, *Te* Terga, *Sc* Scuta, *Mk* Mundkegel, *F* Furca (letztes Abdominalsegment), *P* Cirrus oder Penis, *M* Muskel.

Fig. 471. *Balanus concavus Br.* Pliocän. England. *a* Ganze Schale, *b* Scutum, *c* Tergum.

II. Ordnung. Ostracoda Latr. Muschelkrebse (Figg. 472—474).

Kleine, meist seitlich komprimierte Entomostraken mit 2klappiger, chitinöser oder kalkiger, den nur undeutlich gegliederten Leib vollständig umschließender Schale. Die beiden Klappen derselben hängen an der Dorsalseite (= Schloßrand) durch eine als elastisches Ligament fungierende Membran zusammen, und öffnen sich an der gegenüberliegenden Ventral-

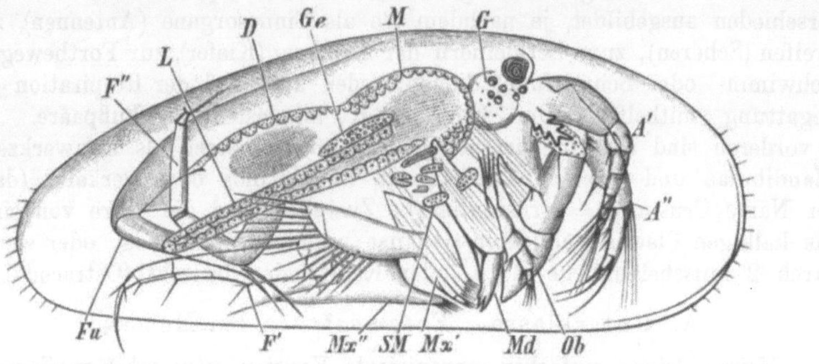

Fig. 472. *Cypris*, Weibchen vor der Geschlechtsreife, nach Entfernung der rechten Schalenklappe. *A'*, *A''* = Antennen des 1. und 2. Paares, *Ob* = Oberlippe, *Md* = Mandibel mit beinartigem Taster, *G* = Gehirnganglien mit dem unpaaren Auge, *SM* = Schalenmuskel, *Mx'*, *Mx''* = Maxillen des 1. und 2. Paares, *F'* = Kriechfuß, *F''* = Putzfuß, *Fu* = Furca (gegabeltes letztes Abdominalsegment), *M* = Magen, *D* = Darm, *L* = Leberschlauch, *Ge* = Genitalanlage.

seite. Zum Schließen dient ein Muskel. Schalenoberfläche glatt oder höckrig, niemals konzentrisch gestreift. Die Lage der Augen ist auf der Schale häufig durch einen „Augenfleck" oder „Augenhöcker" angedeutet. Die meisten Formen leben im Meer, einige im Süßwasser. Kambrium—Jetzt.

Leperditia Rouault (Fig. 473 *b*). Schale glatt, bohnenförmig, 2—22 mm groß. Auf der vorderen Hälfte mit kleinem Augenhöcker und oft im Zentrum mit einer dem innerlichen Muskeleindruck entsprechenden Anschwellung. Kambrium—Karbon. Verwandt ist *Aristozoë* Barr. (Fig. 473 *a*). Silur—Devon.

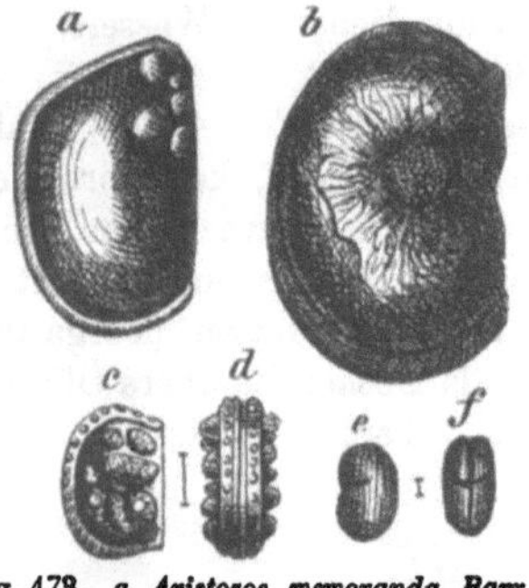

Fig. 473. *a Aristozoe memoranda Barr.* Unt. Devon F_2. Konieprus (Böhmen). *b Leperditia* (U.-G. *Isochilina*) *gigantea Roem.* Silur. Geschiebe aus Ostpreußen. *c, d Beyrichia tuberculata Boll.* Ob. Silur. Geschiebe. Berlin. *e, f Entomis serratostriata Sandb. sp.* Ob. Devon. Nassau. *a* u. *b* $^2/_3$ der nat. Gr. *c—f* Vergr.

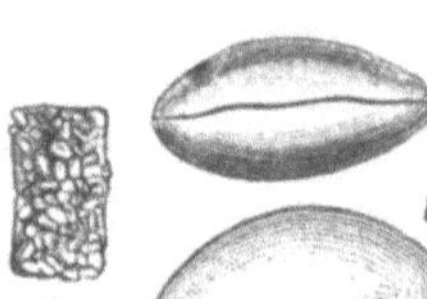

Fig. 474. *Cypris faba Desm.* *a* Süßwasserkalkstein mit Schälchen derselben erfüllt. Nat. Gr. Nördlingen im Rieß. *b* Einzelne Schälchen. Oeningen. Vergr. 15.

Beyrichia M'Coy. (Fig. 473 *c*, *d*). Schale halbkreisförmig, mit Höckern u. Furchen. Kambrium—Karbon.

Entomis Jones. (Fig. 473 *e*, *f*). Schale klein, jederseits mit tiefer, vom Schloß- zum Ventralrand verlaufender Querfurche. Silur—Karbon. *E. serratostriata* Sandb. bedeckt in Unmengen die Schichtflächen gewisser oberdevonischer Schiefer. Da die Art früher zu der nahe verwandten Gattung Cypridina gerechnet wurde, hat sich für jene Schichten die Bezeichnung „Cypridinenschiefer" eingebürgert.

Cypris Müll. (Fig. 474). Schälchen sehr klein, oval oder nierenförmig. Perm, Tertiär—Jetzt. Süßwasserbewohner. Manche Arten erfüllen zuweilen kalkige Schichten von ansehnlicher Mächtigkeit, so z. B. *C. faba* Desm. im Miocän („Cypriskalk").

III. Ordnung. Phyllopoda Latr. Blattfüßer (Fig. 475).

Entomostraken mit ± deutlich gegliedertem Körper und mindestens 4 Paaren von blattförmigen, gelappten Schwimmfüßen. Bei den geologische Wichtigkeit besitzenden Formen ist der Körper seitlich komprimiert und vollständig von einer zweiklappigen Schale bedeckt. Brack- oder Süßwasser-, seltener Meeresbewohner. Kambrium — Jetzt.

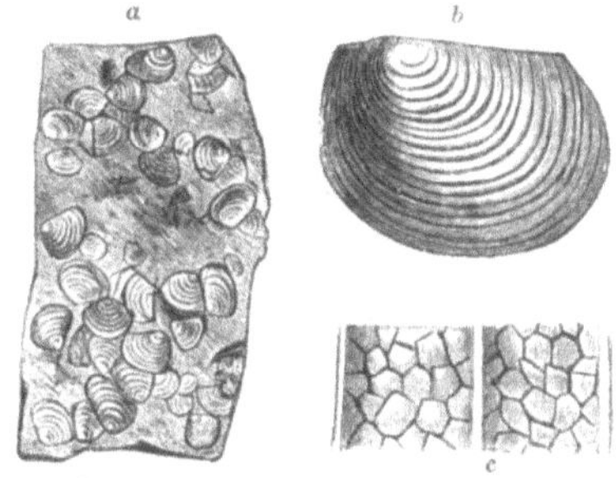

Fig. 475. *Estheria minuta Alb.* Keuper (Lettenkohlendolomit). Sinsheim (Baden). *a* Nat. Gr. *b* Vergr. 6. *c* Schalenoberfläche. Vergr. 50.

Estheria Rüpp. (Fig. 475). Schalenklappen gerundet, Schloßrand gerade. Oberfläche meist konzentrisch gestreift. Im Brack- oder Süßwasser. Devon—Jetzt. *E. minuta* Alb. bedeckt zuweilen in Unmenge die Schichtflächen mancher Mergelschiefer im oberen Keuper („Estherienschichten"), doch findet sich die gleiche Art schon im Buntsandstein. *E. tenella* Jord. sp. Perm.

IV. Ordnung. Trilobitae Walch.. Trilobiten.

Die Trilobiten sind marine, paläozoische Krebse, deren Körper von einem wohlentwickelten, gegliederten, in 3 Abschnitte zerfallenden Rückenpanzer bedeckt wird. An diesem (Fig. 476) unterscheidet man vorn das ***Kopfschild,*** sodann eine wechselnde Anzahl von ***Rumpfschildern*** und schließlich das *Schwanzschild: Pygidium.* Jeder dieser Abschnitte zerfällt durch 2 fast parallele Längsfurchen abermals in 3 Teile, eine mittlere, stärker gewölbte *Axe* (auch *Rhachis* oder *Spindel* genannt) und 2 flachere *Seitenteile.*

Das Kopfschild (Fig. 476) ist meist halbkreisförmig, die beiden Hinterecken jedoch oft zu ± langen Hörnern ausgezogen. Dem ziemlich geraden, an den Rumpf anstoßenden Hinterrand entlang verläuft in der Regel eine Furche *„Occipital- oder Nackenfurche"*, welche den *„Occipitalring"* abschnürt. Der Außenrand des Kopfschildes ist stets nach unten umgebogen und dieser umgebogene Teil bildet ein dem Oberrand paralleles, aber durch einen Zwischenraum getrenntes Blatt, den *„Umschlag"*. An dessen vorderen Teil setzt sich an der Unterseite des Kopfschildes ein weiteres Schalenstück an, das *„Hypostoma"* (Fig. 477*b*); dieses artikuliert nur mit seinem Vorderrand mit dem Umschlag, seine übrigen Ränder bleiben frei. An oder über seinem Hinterrand liegt der Mund. Durch die erwähnten Längsfurchen zerfällt auch das Kopfschild in einen mittleren, meist stärker gewölbten Teil, den *„Kopfbuckel = Glabella"* und 2 seitliche, die *„Wangen = Genae"*. Vor der Occipitalfurche zeigt die Glabella noch 1—4 kurze, paarig entwickelte Querfurchen. Den vor der vordersten derselben gelegenen Teil der Glabella nennt man die *„Stirn"*. Das Kopfschild besteht aus einigen innig verbundenen Stücken, deren Grenzen die als feine Linien sichtbaren *„Nähte"* oder Suturen darstellen. Die am seltensten fehlende derselben ist die „*Gesichtsnaht*“ oder Sutura facialis auf den Wangen. Die beiden Zweige derselben beginnen jederseits am Hinterrande oder in den Hinterecken oder am Außenrand, verlaufen von da nach den Augen, umziehen die Augenhügel (s. u.) auf der Innenseite und wenden sich dann nach vorn, um sich entweder, die Glabella umziehend, nahe am Stirnrande miteinander zu vereinigen oder getrennt in gleichem Abstand von der Mitte den Stirnrand zu überschreiten. Im letzteren Fall werden die beiden Zweige auf dem Umschlag meist durch eine dem Rand parallel laufende Quernaht, die „*Schnauzennaht*“ (Sutura rostralis) verbunden. Durch die Gesichtsnaht zerfällt das Kopfschild in ein Mittelschild und 2 Randschilder. Die meisten Trilobiten besaßen

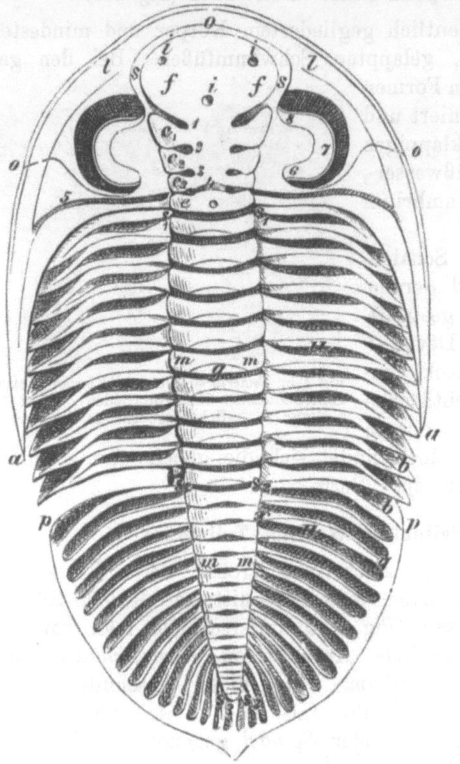

Fig. 476. *Dalmania Hausmanni Brgt. sp.* Unt. Devon. (Etage G_1 Barr.). Hostin in Böhmen.

Kopfschild, über der Linie $a s_1$ $s_1 a$ gelegen. Rumpf (Thorax) zwischen $s_1 s_1 s_2 s_2$ gelegen, Schwanzschild (Pygidium) unter der Linie $s_2 s_2$ gelegen. Die dorsalen Längsfurchen, längs der Linie s, $s_1 s_2 s_3$ gelegen, scheiden auf dem Kopfschild die Glabella von den Wangen, auf dem Rumpf und dem Schwanzschild die Axe (Spindel, Rhachis) von den Pleuren.

Teile des Kopfschildes.

l Randsaum (Limbus), 1, 2, 3 vordere, mittlere, hintere Seitenfurche der Glabella, 4—5 Nackenfurche, *f* Stirn, c_1, c_2, c_3 vorderer, mittlerer, hinterer Lobus, *i i* Eindrücke der Glabella, *e* Occipitalring, *o o o* Gesichtsnaht, *a* Wangenstachel, 6, 7 u. 8 Augenhügel mit der daran angebrachten facettierten Sehfläche (letztere schwarz schraffiert).

Teile des Thorax.

$s_1 s_1$—$s_2 s_2$ Axe, *m m* Spindelring, *g* Stück der Gleitfläche des Spindelringes, *u* Furche eines Pleurenstückes, *b* Ende eines solchen mit der Zuschärfungsfläche.

Teile des Pygidium.

$s_2 s_2$—$s_3 s_3$ Axe, *m m* Spindelring, *b* Zuschärfungsfläche des obersten Pleurenstückes, *u* Furche eines solchen, *x*—*y* feine Grenzlinien der verschmolzenen Segmente.

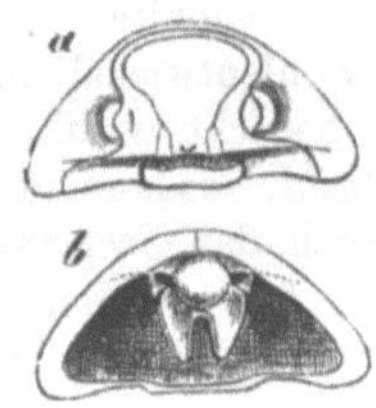

Fig. 477. *Asaphus expansus Dalm.* Unt. Silur. Ostgotland. *a* Kopfschild von der Oberseite, *b* von der Unterseite mit erhaltenem Hypostoma.

Augen, einige Gattungen waren blind. Die Augen stehen stets auf den Wangen und zwar unmittelbar an der sie nach innen begrenzenden Gesichtsnaht. Von der Wangenfläche aus steigt die Sehfläche der Augen meist schroff empor und bildet den „*Augenhügel*“. Dadurch wird auch der angrenzende, dem Mittelschild angehörige Teil der Wangen emporgezogen und es entsteht der außen von der Gesichtsnaht begrenzte „*Palpebralflügel*“. Meist bilden die Augen mit diesem zusammen eine abgestutzt-konische Erhebung, an deren konvexer Außenseite die Sehfläche liegt. In anderen Fällen sind sie ring- oder eiförmig gestaltet, zuweilen auch nicht gewölbt, sondern flach in der

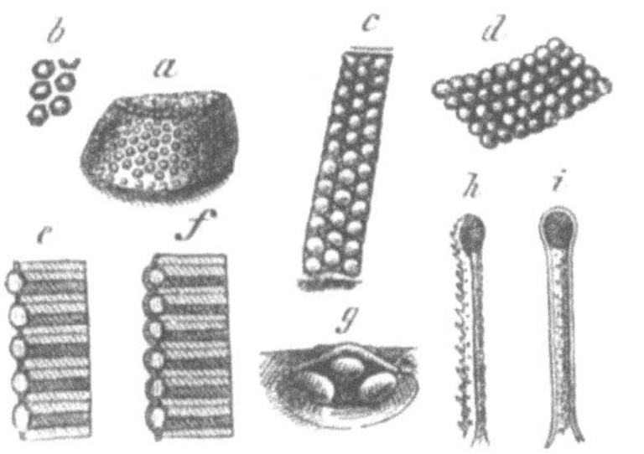

Fig. 478. *a* Auge von *Phacops fecundus Barr.* *b* einige Linsen desselben, *c* Stück der Augenoberfläche von *Dalmania Hausmanni Brgt. sp.*, *d* desgl. von *Bronteus Brongniarti Barr.*, *e* Vertikalschnitt durch einige Linsen des Auges von *Phacops*, *f* desgl. von *Asaphus*, *g* Auge von *Harpes ungula Sternb. sp.*, *h* Auge von *Acidaspis mira Barr.* von der Seite, *i* von unten. Sämtliche Figuren vergr.

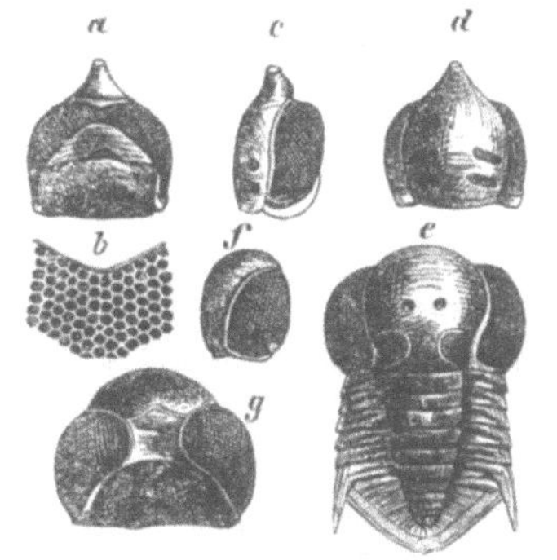

Fig. 479. *a* Kopfschild von *Aeglina armata Barr* Unt. Silur. Lejskow (Bohmen), von unten, *b* Vereinigungsstelle der beiden Augen vergr., *c* Kopf von der Seite, *d* von oben, *e Aeglina prisca Barr.* Unt. Silur. Scta. Benigna (Bohmen), *f* Kopfschild von der Seite, *g* von unten.

Wangenfläche gelegen oder schließlich am Ende von langen, hornförmigen Stielen angebracht (Fig. 478*h*, *i*). Bei einer Gattung (Harpes Fig. 478*g*) bilden die Augen 2—3 einfache Höcker, bei allen andern erscheinen sie durch zahlreiche, sphäroidische Linsen facettiert (Fig. 478*a*—*f*). Größe und Zahl dieser Linsen variieren sehr: Phacops Volborthi hat nur **14** Linsen auf der Sehfläche, Dalmania Hausmanni **600**, Bronteus palifer **4000** und Remopleurides radians soll deren **15000** besitzen.

Der **Rumpf** oder *Thorax* besteht aus 2—29 gegeneinander beweglichen Segmenten. Bei vielen Arten ist die Zahl in der Jugend kleiner und steigt mit dem Alter. Durch die erwähnten Längsfurchen des Körpers zerfällt jedes Segment in ein Mittelstück, den „*Spindelring*" oder „*Annulus*", und 2 Seitenteile, die „*Pleuren*". Letztere besitzen auf ihrer Oberfläche entweder eine etwas schräge Furche oder eine Wulst, bzw. Leiste, selten sind sie eben. Das **Schwanzschild** oder *Pygidium* ist am häufigsten von halbkreisförmiger oder halbelliptischer, zuweilen auch von 3 seitiger Gestalt; sein Rand bisweilen gelappt oder mit stachelartigen Fortsätzen. Es ist aus 2—28 verschmolzenen Segmenten

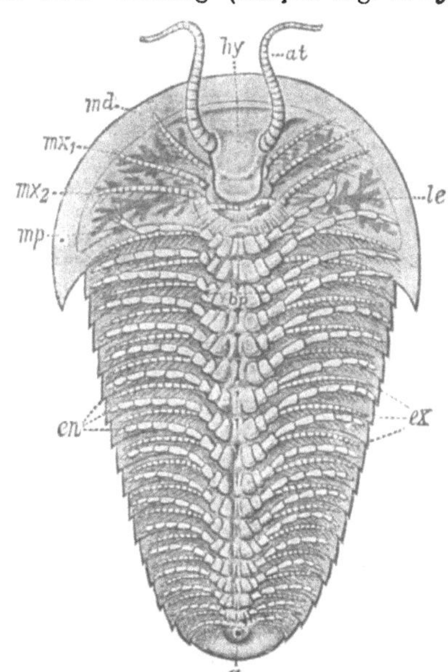

Fig. 480. Rekonstruktion der Unterseite eines Trilobiten nach Jaekel. *hy* Hypostoma, *at* Antennen und Mandibularexopodit, mx_1 1., mx_2 2. Maxillarexopodit, *mp* Maxillipedenfuß, *le* Leberschläuche, *ex* Exopodit, *en* Endopodit, *bp* Bauchhaut, *a* After.

entstanden und die Segmentierung ± deutlich erhalten. Durch die Längsfurchen zerfällt es in einen mittleren Teil, „*Axe*“ und 2 Seitenteile, die „*Seitenlappen*“. Die Axe erstreckt sich bald bis zum hinteren Ende des Pygidium oder sie ist ± verkürzt. Selten fehlt sie (Nileus).

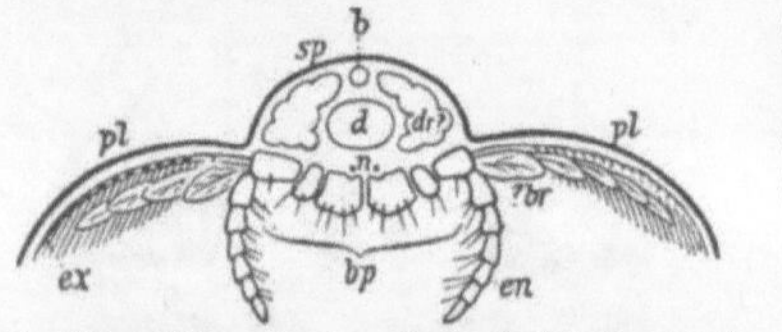

Fig. 481. Schematischer Querschnitt durch ein Rumpfsegment eines Trilobiten. *bp* Bauchhaut, *en* Endopodit, *ex* Exopodit, *br* Kiemen, *d* Darm, *dr* Drüsen, *n* Nervenstämme, *b* Blutgefäß, *sp* Spindel, *pl* Pleuren.

An der Unterseite der Trilobiten ist außer dem bereits erwähnten Hypostoma, selbst bei sorgfältigster Präparation, fast nie etwas zu sehen und unsere Kenntnisse derselben (Fig. 480) beruhen fast nur auf besonders günstig erhaltenen Exemplaren einiger amerikanischer Fundorte und von jenen gefertigter Schliffe. Unter dem Kopfschild befanden sich 4 Fußpaare, welche als Kaufüße gedeutet werden, unter jedem Rumpfsegment ein Paar Spaltfüße, d. h. aus 2 gegliederten Ästen bestehende Füße, und zwar bezeichnet man den nach innen gelegenen Ast als Entopodit, den äußeren als Exopodit. Zwischen

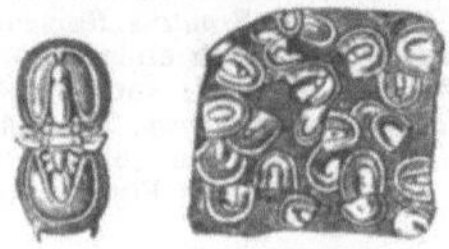

Fig. 483. *Agnostus pisiformis L.* Ob. Kambrium. Andrarum (Schweden).

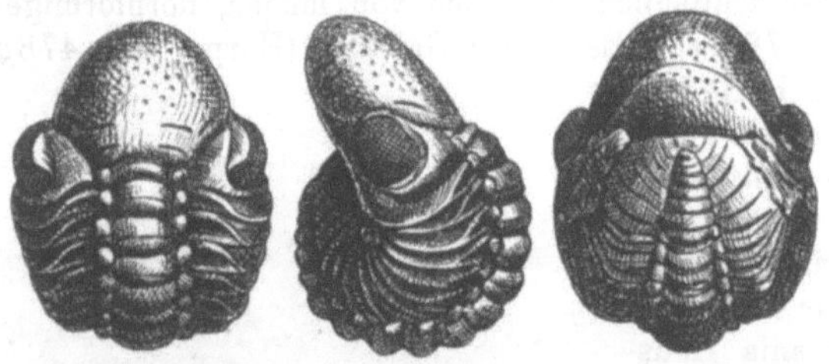

Fig. 482. *Phacops cephalotes Corda.* Devon: Böhmen. (Et. G Barr.) Eingerolltes Exemplar von oben, von der Seite und von unten.

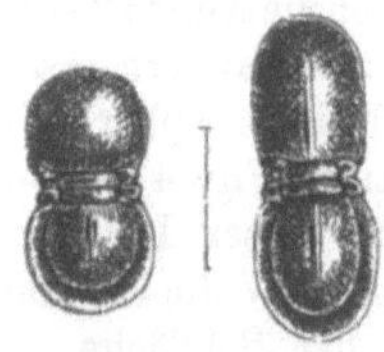

Fig. 484. *Agnostus nudus Beyr.* Kambrium. Skrey (Böhmen).

den Spaltfüßen und den Pleuren saßen die Kiemen in Gestalt von einfachen oder spiralen, in 2 Äste gegabelten Bändern. Auch unter dem Pygidium befanden sich Fußpaare. Bei einer Gattung (Triarthrus) wurden auch lange, gegliederte, über das Kopfschild vorragende Antennen beobachtet. Von der Mundöffnung an verlief unter der Rhachis durch den ganzen Körper der Intestinalkanal. Die meisten Trilobiten hatten die Fähigkeit, sich zu ihrem Schutze einzurollen. Der Rand des Pygidiums legte sich dabei dicht an den Kopfumschlag (Fig. 482). Zur Erleichterung des Einrollens besitzen die äußeren Pleurenteile eine vordere, schräg abgestutzte, glatte Zuschärfungsfläche, und die Spindelringe vorn einen als Gleit- oder Artikulationsfläche dienenden Fortsatz, der indes nur bei eingerollten Exemplaren sichtbar wird. — Die Trilobiten waren sämtlich Meeresbewohner und lebten teils in tiefem, teils seichterem Wasser, manche auf Korallenriffen.

Fig. 485. *Trinucleus Goldfussi Barr.* Unt. Silur. Böhmen. (Et. D.)

Fam. ***Agnostidae*** Dalm. *Agnostus* Brgt. (Fig. 483 u. 484). Kleine Formen. Kopfschild u. Pygidium fast gleich groß u. ähnlich gestaltet. Augen fehlen. Rumpf mit nur 2 Segmenten. Spindel des Pygidiums meist mit segmentartig gruppierten Höckern. Kambrium u. Untersilur. *Agn. laevigatus* Dalm. Oberes Mittelkambrium. *Agn. pisiformis* L. Unteres Oberkambrium.

Fam. ***Trinucleidae*** Salt. *Trinucleus* Llwyd. (Fig. 485). Kopfschild größer als Rumpf und Pygidium, von einem breiten, flachen, siebartig durchlöcherten Saum umgeben, der an den Hinterecken in lange Stacheln ausgezogen ist. Glabella und Wangen glatt, wulstig erhöht. Augen fehlen meist. 6 Rumpfsegmente. Pygidium sehr klein, dreieckig. Unt. Silur. *Tr. ornatus* Burm. *Tr. Goldfussi* Barr.

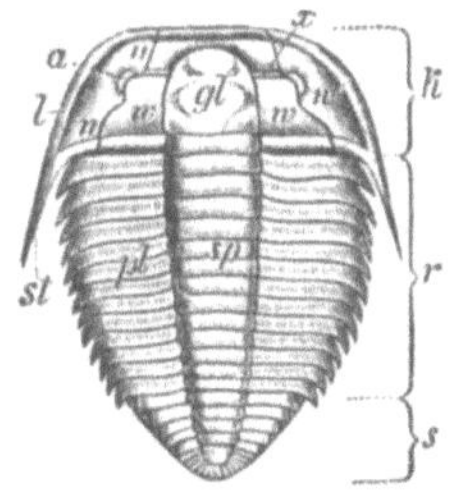

Fig. 486. *Olenus truncatus Brünn.* Ob. Kambrium. Andrarum (Schweden). *k* Kopfschild, *r* Rumpf, *s* Pygidium, *gl* Glabella, *ww'* Wangen, *n* Gesichtsnaht, *a* Augen, *x* Augenleiste, *st* Stacheln der Wangen, *sp* Spindel, *pl* Pleuren, *l* Randsaum.

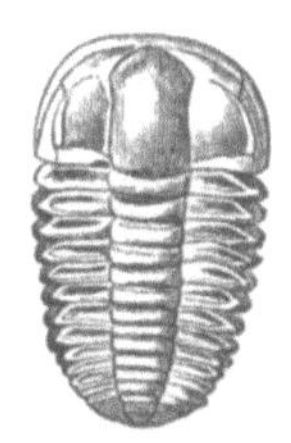

Fig. 487. *Ellipsocephalus Hoffii Schl. sp.* Mittl. Kambrium. (Et. C Barr.). Ginetz (Böhmen).

Fam. ***Olenidae*** Salt. Kopfschild und Rumpf größer als das Pygidium. Augen meist schmal, mondsichelförmig. Glabella mit 2 bis 4 Seitenfurchen. Pleuren gefurcht. Tier ohne Einrollungsvermögen.

Olenus Dalm. (Fig. 486). Kopfschild halbkreisförmig, vorn meist abgeplattet. Hinterecken in mäßig lange Stacheln ausgezogen. Augen klein, mit der Glabella durch eine Querleiste verbunden. Pygidium klein. — Sehr bezeichnend für die „Olenusstufe" des ob. Kambrium. *Ol. truncatus* Brünn.

Ellipsocephalus Zenk. (Fig. 487). Kopfschild halbkreisförmig, vorn gerundet. Glabella

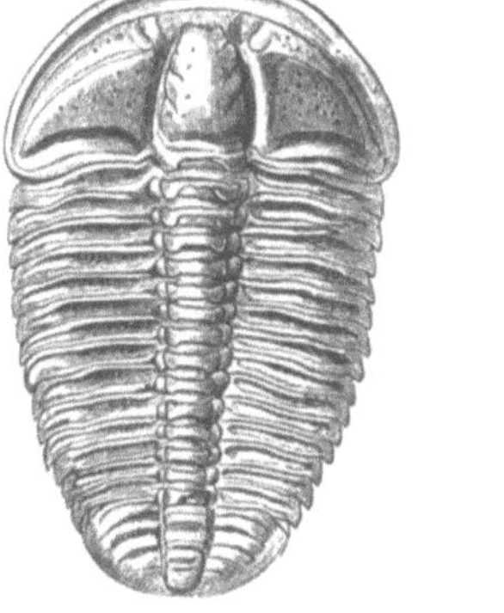

Fig. 488. *Conocoryphe Sulzeri Barr.* Mittl. Kambrium. Ginetz (Bohmen).

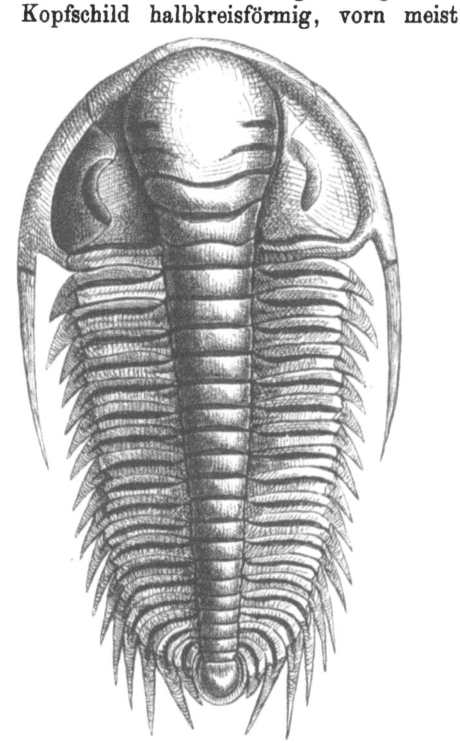

Fig. 489. *Paradoxides spinosus Boeck. sp.* Mittl. Kambrium (Et. C Barr.). Böhmen.

vorn stumpfwinklig zugespitzt. Augen schmal. Pygidium sehr klein. Kambrium.

Peltura M. Edw. Pygidium mit gezacktem Rand. Kambrium.

Conocoryphe Corda. (= *Conocephalites* Barr. p. p.[1], Fig. 488). Kopfschild halbkreisförmig, Hinterecken in Stacheln ausgezogen, bewegliche Wangen schmal, Augen fehlend. Axe auf dem kleinen Pygidium bis zum Hinterrand reichend, gegliedert. Kambrium.

Paradoxides Brgt. (Fig. 489). Körper langgestreckt, Kopfschild halbkreisförmig, Hinterecken in lange Stacheln ausgezogen. Augen groß, Pleuren gefurcht, in Spitzen auslaufend. Pygidium klein, mit deutlich segmentierter

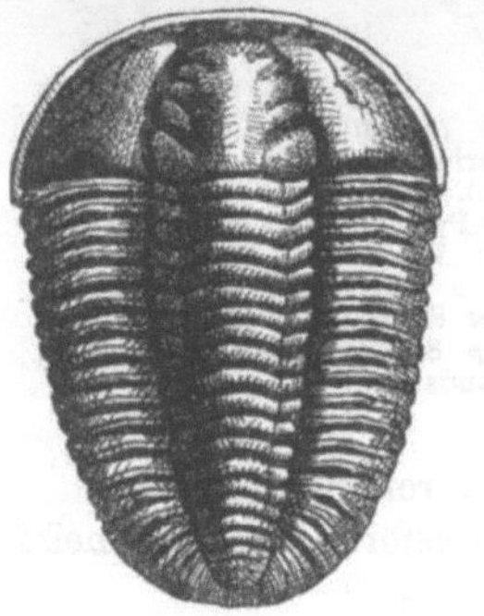

Fig. 490. *Calymene incerta Barr.* Unt. Silur (Et. D_4). Böhmen.

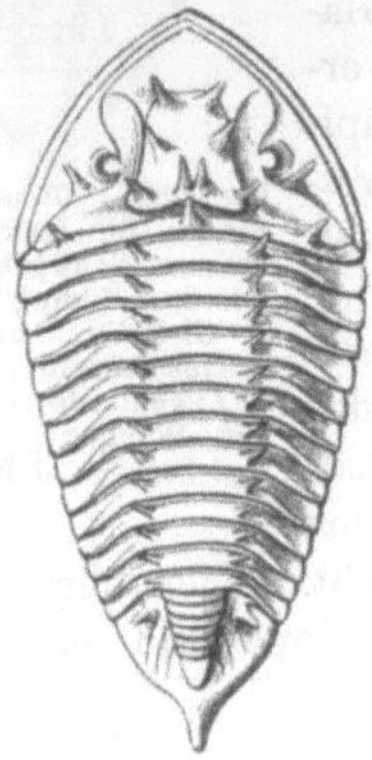

Fig. 491. *Homalonotus armatus Burm.* Devon.

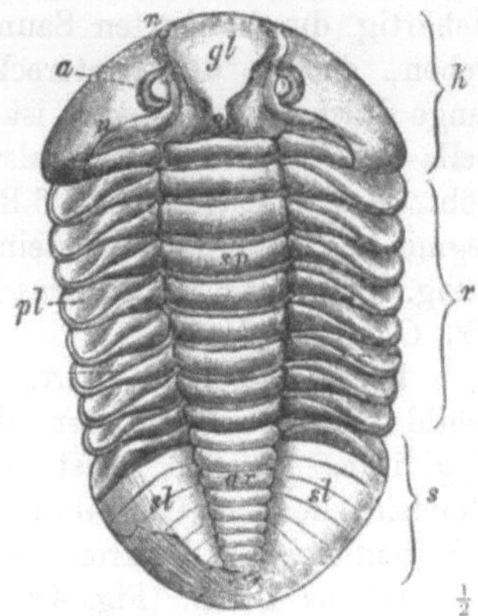

Fig. 492. *Asaphus expansus L. sp.* Unt. Silur. Christiania *k* Kopfschild, *r* Rumpf, *s* Pygidium, *gl* Glabella, *a* Augen, *n* Gesichtsnaht, *sp* Spindel, *pl* Pleuren, *ax* Axe, *sl* Seitenlappen.

Axe. Mittl. Kambrium (Paradoxides-Schichten). *Par. Tessini* Brgt.

Olenellus Bill. Ähnlich Paradoxides, aber Pygidium klein, mit kaum entwickelter Axe. Unt. Kambrium. *Ol. Kjerulfi* Lin.

Fam. ***Calymenidae*** Brgt. Unter dem Stirnrand eine Schnauzennaht.

Calymene Brgt. (Fig. 490). Körper oval, Längsfurchen tief. Kopfschild vorn gerundet, Glabella gewölbt, mit 3—4 Paar kurzen, tiefen Seitenfurchen. Silur. *C. Blumenbachi* Brgt. Ob. Silur.

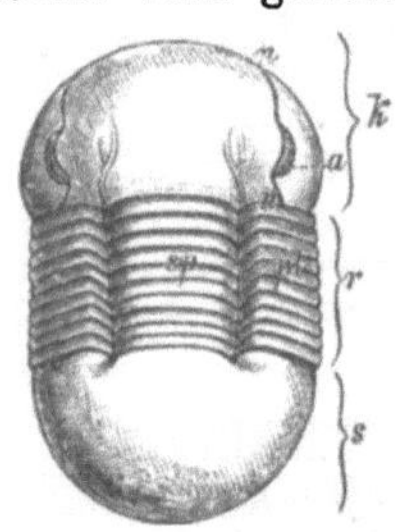

Fig. 493. *Illaenus angustifrons Holm.* Unt. Silur. Geschiebe. Sadewitz (Schles.). (Buchstabenerklärung siehe Fig. 492.)

Homalonotus Koen. (Fig. 491). Körper länglich, Spindel nicht scharf von den Seiten getrennt. Augen klein, Pygidium mit langer, segmentierter Axe. Silur—Devon. Mehrere Untergattungen: *H. (Burmeisteria) armatus* Burm. Devon.

Fam. ***Asaphidae*** Salt. Meist stattliche Formen. Augen groß. Ob. Kambrium—unt. Silur.

Asaphus Brgt. (Fig. 492). Kopfschild und Pygidium halbkreisförmig, fast gleich groß. Glabella meist ohne Querfurchen. 8 Rumpfsegmente, Pleuren gefurcht. Pygidium entweder mit ziemlich langer Axe, von der Rippen oder Furchen fiederartig zum Rand gehen, oder die Axe ist kurz, undeutlich segmentiert und die Seitenteile glatt. Artenreiche Gattung mit vielen Untergattungen. Unt. Silur. Einzelne Arten bis 40 cm groß (die größten Trilobiten!). *As. (Megalaspis) planilimbata* Ang. Nordisches unt. Silur (unt. roter Orthoceren-Kalk).

[1] Fassung der Gattung nach Zittel, Grundzüge d. Palaeontol. 1. T. 2. Aufl. S. 505. Anders ist die Fassung bei Steinmann u. Credner (= Ptychoparia bei Zittel).

As. (Cryptonymus) expansus L. u. *raniceps* Dalm. Nord. unt. Silur. *As. (Isotelus) gigas* Dekay. Unt. Silur N.-Amerika.

Illaenus Dalm. (Fig. 493). Körper länglich-oval, sehr häufig eingerollt. Kopfschild und Pygidium groß, halbkreisförmig, ersteres mit undeutlich begrenzter Glabella, letzteres mit kurzer, schwach ausgebildeter oder ganz rudimentärer Axe. Pleuren meist glatt. Unt. Silur. *Ill. crassicauda* Whlbrg. Oberer grauer Orthocerenkalk.

Aeglina Barr. (Fig. 479). Mit riesigen Augen. Unt. Silur.

Fam. ***Bronteidae*** Barr. Einzige, aber artenreiche Gattung: *Bronteus* Goldf. (Fig. 494). Kopfschild halbmondförmig, Glabella nach vorn stark verbreitert, mit 2—3 seichten Seitenfurchen. Augen sichelförmig, nahe dem Hinterrand gelegen. 10 Rumpfsegmente. Pygidium sehr groß, mit ganz kurzer Axe, von welcher zahlreiche Furchen radial ausstrahlen. Ob. Silur—unt. Devon. *Br. palifer.* Beyr. Unt. Devon.

Fam. ***Phacopidae*** Salt. Längsfurchen tief. Augen groß, mit rel. großen Facetten. 11 Rumpfsegmente. Pleuren gefurcht. Pygidium mit langer, gegliederter Axe. Silur—Devon.

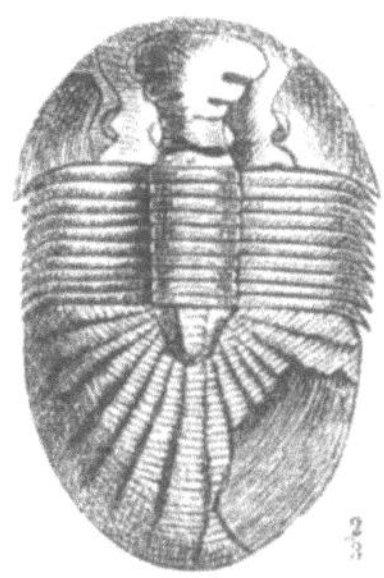

Fig 494. *Bronteus planus* Corda. Ob. Silur. Böhmen.

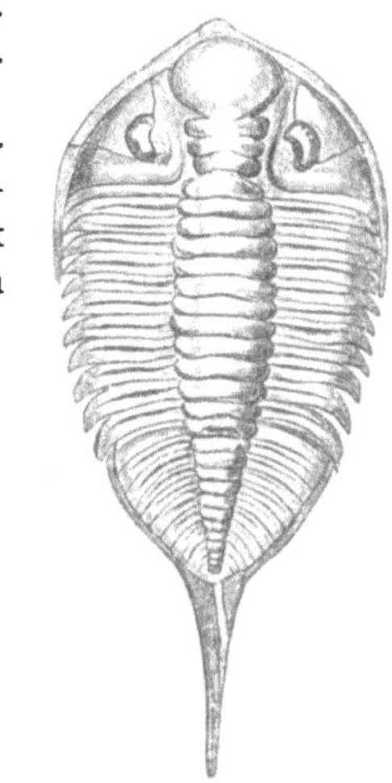

Fig. 495. *Dalmania caudata* Emmr. Ob. Silur. New York.

Phacops Emmr. (Fig. 482). Sehr häufig eingerollt. Glabella vorn verbreitert, nur hinten mit 2 Paar ± deutlichen Seitenfurchen. Pygidium hinten gerundet. Ob. Silur—ob. Devon. *Ph. latifrons* Br. Mittl. Devon.

U.-G. *Chasmops* M'Coy. Hinterecken des Kopfschildes meist zu Hörnern verlängert. Vorderer Seitenlobus der Glabella meist sehr groß, 3seitig, die hinteren Seitenloben ± verkümmert. Unt. Silur. *Ch. macrura* Sjögr. (Macrura-Kalk).

Dalmania Emmr. (Figg. 476 u. 495). Hinterecken des Kopfschildes in Stacheln ausgezogen. Glabella mit meist 3 Paar sehr deutlicher Seitenfurchen. Pygidium hinten zugespitzt, zuweilen stachelförmig verlängert. Silur. *D. socialis* Barr. Unt. Silur (Et. D). *D. Hausmanni* Brgt. Unt. Devon (Et. G_1).

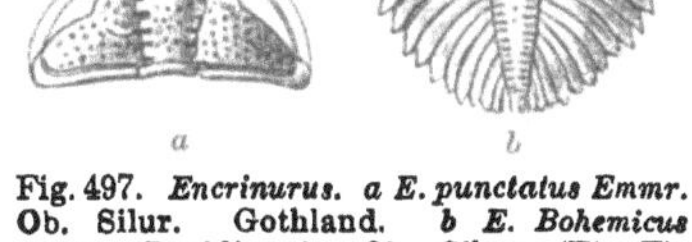

Fig. 497. *Encrinurus. a E. punctatus* Emmr. Ob. Silur. Gothland. *b E. Bohemicus* Barr. (Pygidium.) Ob. Silur (Et. E). Lochkow (Bohmen).

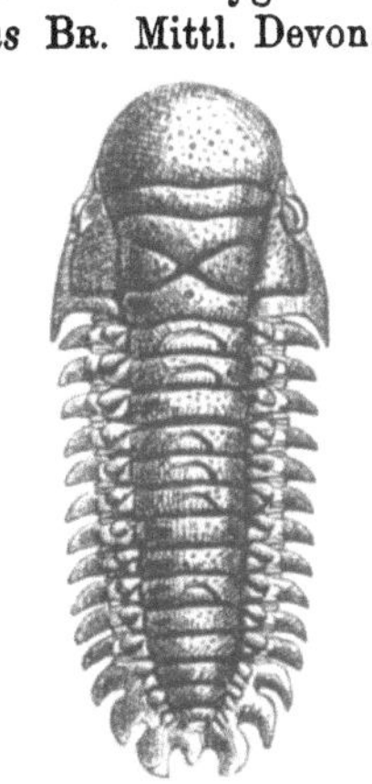

Fig. 496. *Cheirurus gibbus* Beyr. Bohmen. Devon (Et G).

Fam. ***Cheiruridae*** Salt. *Cheirurus* Beyr. (Fig. 496). Die hinterste Seitenfurche der Glabella nach rückwärts gerichtet, sich mit der Occipitalfurche vereinigend. Ob. Kambrium—Devon. *Ch. insignis* Beyr. Ob. Silur.

Fam. ***Encrinuridae*** LINN. *Encrinurus* EMMR. (Fig. 497). Kopfschild tuberkuliert, Axe des Pygidium lang, aus sehr zahlreichen niedrigen Segmenten bestehend. Silur. *E. multisegmentatus* SCHM. Unt. Silur.

Fam. ***Acidaspidae*** BARR. *Acidaspis* MURCH. (Figg. 498 u. 499). Kopfschild und Pygidium am Rande stachlig. Pleuren in lange Stacheln auslaufend. Silur—Devon.

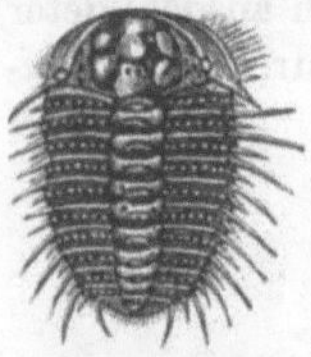

Fig. 498. *Acidaspis mira Barr.* Ob. Silur. Lodenitz (Böhmen).

Fam. ***Lichadae*** BARR. *Lichas* DALM. Sehr breit-oval. Kopfschild quer-verlängert, niedrig. Glabella mit 2 fast *längs* verlaufenden Furchen. Augen zuweilen hinten auf der Glabella sitzend. Pygidium mit gezacktem Rand. Silur. *L. palmata* BARR. Ob. Silur (Et. E). *L. planifrons* ANG. Unt. Silur.

Fam. ***Proetidae*** BARR. Diese Familie enthält Formen vom Silur bis zum Perm und damit die jüngsten Trilobiten.

Proetus STEIN. (Fig. 500). Kopfschild mit deutlichem Randwulst, Seitenfurchen der Glabella häufig verwischt. Augen groß, Pleuren gefurcht. Pygidium mit segmentierter Axe und berippten Seitenteilen. Silur—Karbon.

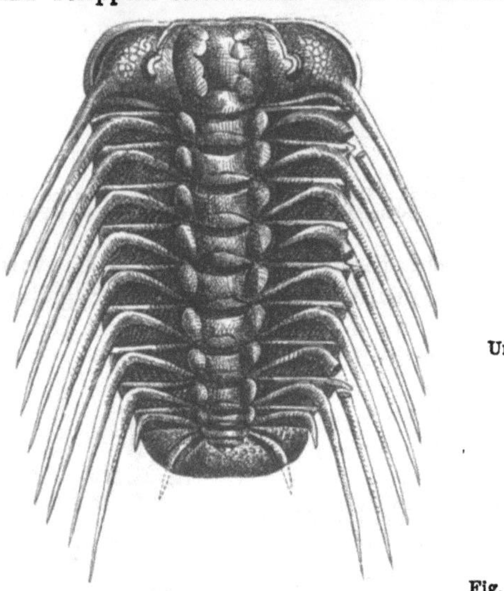

Fig. 499. *Acidaspis Buchi Barr.* Unt. Silur. Drabovin (Böhmen). (Et. D_2.)

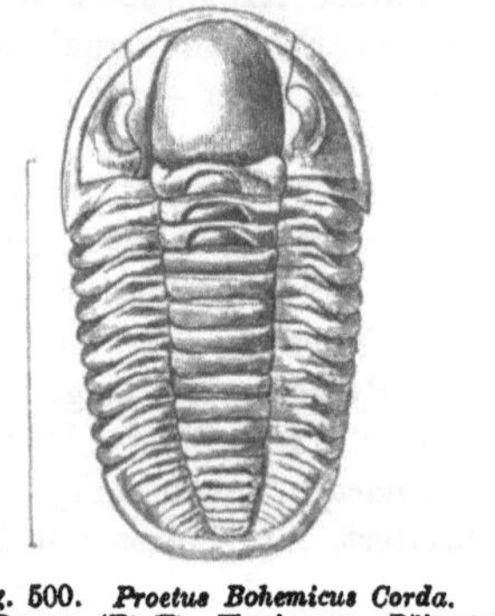

Fig. 500. *Proetus Bohemicus Corda.* Unt. Devon (Et. F). Konieprus. Böhmen.

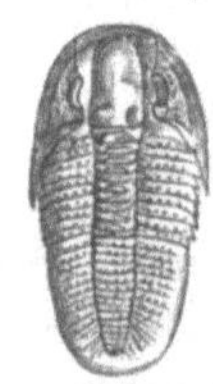

Fig. 501. *Phillipsia gemmulifera Phill. sp.* Kohlenkalk. Irland.

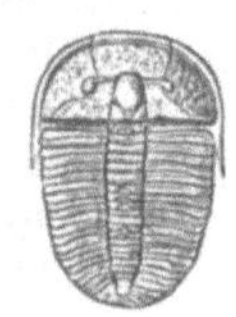

Fig. 502. *Arethusina Konincki Barr.* Unt. Silur (Et. D). Prag.

Phillipsia PORTL. (Fig. 501). Ähnlich Proetus, aber das hintere Paar Seitenfurchen der Glabella nach rückwärts gekrümmt, einen rundlichen Seitenlappen umschließend. Devon und bes. Kohlenkalk, einige Formen noch im Perm. *Ph.* (U.-G. *Dechenella*) *Verneuili* BARR. Devon.

Arethusina BARR. (Fig. 502). Hinterecken des Kopfschildes in kurze Spitzen verlängert. Glabella sehr kurz; ihr vorderster Teil mit den kleinen Augen durch eine Leiste verbunden. An dem sehr kurzen Pygidium sowohl Axe als Seitenteile segmentiert. Die jüngsten Exemplare haben nur 8, die ältesten 22 Rumpfsegmente. Silur—Devon.

Fam. ***Harpedidae*** BARR. *Harpes* GOLDF. (Figg. 478 *g* u. 503)

Kopfschild sehr groß, von einem breiten, punktiert-perforierten Saum umgeben, der sich nach hinten in 2 große Hörner verlängert. Augenhöcker aus einer kleinen Anzahl Einzelaugen (ohne Facetten) bestehend. Pygidium sehr klein. Silur—Devon. *H. primus* BARR. Unt. Silur (Et. D). *H. macrocephalus* GOLDF. Devon.

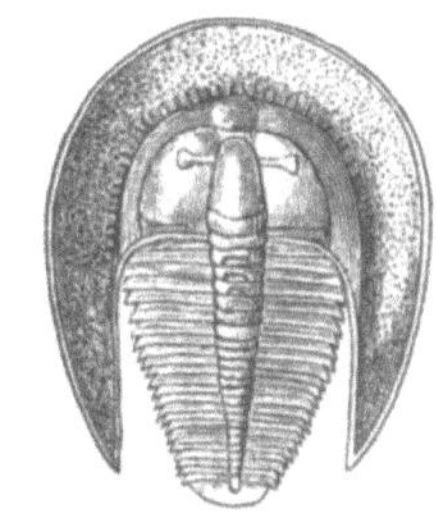

Fig. 503. *Harpes ungula Sternb. sp.* Ob. Silur. Prag.

B. Unterklasse. *Malacostraca* LATR.

Zahl der Segmente, bzw. Gliedmaßenpaare konstant: Kopf und Thorax aus 13, der Hinterleib (Abdomen) aus 6 Segmenten (nur bei den Leptostraca aus 8) und einer terminalen Schwanzplatte (Telson) zusammengesetzt. Die Gesamtzahl der Segmente beträgt daher stets 20, von denen 7 dem Abdomen angehören. Die Malacostraca zerfallen in 3 Gruppen, die Leptostraca, Arthrostraca und Thoracostraca. Bei den *Leptostraca* bedeckt eine zweiklappige Rückenfalte, welche eine dünne, häutige, chitinöse oder verkalkte Schale absondert, den Thorax und den Anfang des Abdomen. Der Kopf besteht aus 5, der Thorax aus 8 Segmenten; letztere bleiben frei, gesondert und tragen breite, lamellöse Füße. Das Abdomen besteht aus 8 Segmenten, von denen nur die 4 ersten Spaltfüße tragen. Vor dem Kopf ein sich beweglich einlenkendes Schnauzenschild (= Rostrum). Bei den *Arthrostraca* verschmelzen die ersten 6 Segmente des Körpers zu dem kleinen Kopfabschnitt, die hinteren 7 (Thorax-)Segmente bleiben selbständig und verleihen dem Körper ein auffallend deutlich geringeltes Aussehen. Ihre beiden zusammengesetzten Augen liegen in gleichem Niveau mit der Umgebung. Bei den *Thoracostraca* ist ein Cephalothorax vorhanden, indem entweder sämtliche Brustsegmente oder doch der größere Teil derselben mit dem Kopf zu einem unbeweglichen, fest gepanzerten Stück verbunden sind. Ihre zusammengesetzten Augen werden von langen Stielen getragen, welche beweglich mit dem Kopf verbunden sind.

1. Gruppe. Leptostraca Claus.

Einzige Ordnung: **Phyllocarida** PACKARD. Körper länglich; Rücken mit einer dünnen, häutigen, chitinösen oder verkalkten, meist zweiklappigen Schale bedeckt. Das Abdomen endigt entweder mit borstenartigen Gebilden oder in einer drei- oder mehrstacheligen Schwanzflosse (Telson). Paläozoisch und 1 Gattung noch lebend (*Nebalia* LEACH.).

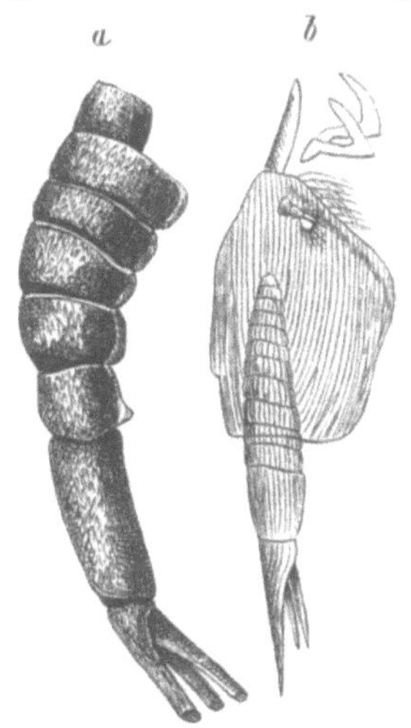

Fig. 504. *Ceratiocaris. a Cer. Scharyi Barr.* Silur. Wohrada in Böhmen. *b Cer. papilio Salt.* Ob. Silur. Lanarkshire (Schottland).

Ceratiocaris M'COY. (Fig. 504). Rückenschale zweiklappig; die beiden Klappen sind von ovalem oder fast vierseitigem Umriß und durch einen geraden Rand verbunden. Das letzte Abdominalglied ist verlängert und endigt in einen kräftigen, langen Schwanzstachel, neben dem sich zwei kürzere Nebenstacheln befinden. Silur—Karbon.

2. Gruppe. Arthrostraca Burm. Ringelkrebse.

Sie zerfällt in die beiden Ordnungen der Isopoda und Amphipoda.

I. Ordnung. Isopoda Latreille. Asseln.

Körper dorso-ventral abgeplattet, breit und flach. Kopf mit 2 Paar Antennen. Die 7 freien Segmente des Thorax tragen Schreit- oder Ruderbeine; Abdomen aus 6 Segmenten bestehend; die 4 vorderen Beinpaare desselben sind zu Kiemen, das letzte Paar zu einem Schreit- oder Ruderfuß modifiziert. Das letzte Abdominalsegment bleibt extremitätenlos. Land-, Süß- oder Meerwasserbewohner. Devon — Jetztzeit.

Palaega Woodw. (Fig. 505). Körper gestreckt, bis 13 cm lang. Augen groß; Hinterrand des Telson gezähnt. Kreide — Tertiär.

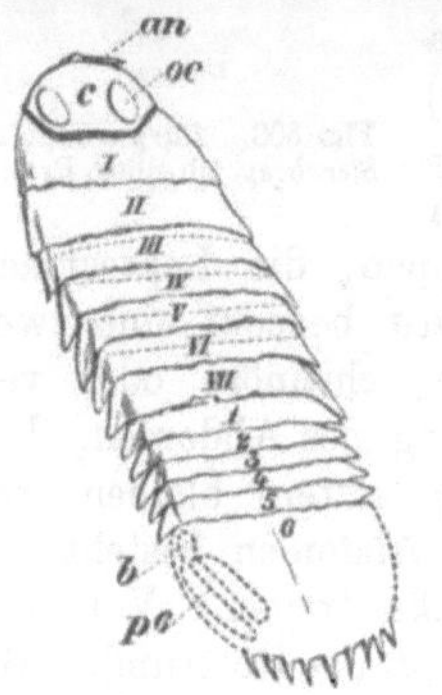

Fig. 505. *Palaega scrobiculata v. Ammon.* Unt. Oligocän. Häring in Tirol. Verkl. *c* Kopf, *oc* Augen, *an* Antennen, I—VII Segmente des Thorax, 1—6 Segmente des Abdomens, 6 Schwanzschild (Telson), p^6 letztes Spaltbeinpaar mit dem Basalglied *b*, zu einem Ruderorgan umgewandelt.

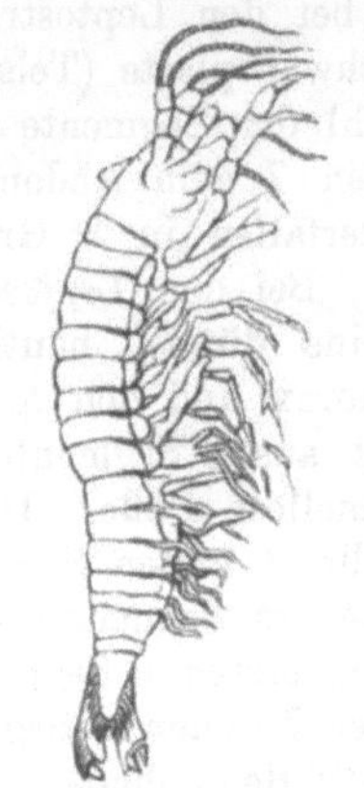

Fig. 506. *Gampsonyx fimbriatus Jord.* Rotliegendes. Lebach bei Saarbrücken. Vergr.

II. Ordnung. Amphipoda Latr. Flohkrebse.

Körper lang-gestreckt, seitlich komprimiert. Die 7 Beinpaare des Thorax tragen an ihren Basalgliedern lamellöse Kiemen. Die 3 vorderen Abdominalfüße sind Ruderfüße, die 3 hinteren Springbeine. Süß- oder Meerwasserbewohner. Fossil seit dem Paläozoikum.

Gampsonyx Jord. (Fig. 506). Körper gestreckt, 20—25 mm lang. Telson dreieckig, nach hinten verschmälert, jederseits mit 2 blattförmigen, schmalen Flossenansätzen, welche das Mittelstück überragen. Perm, bes. in den Sphärosideritnieren des unt. Rotliegenden von Lebach bei Saarbrücken.

3. Gruppe. Thoracostraca Burm. Panzerkrebse.

Sie zerfallen in die 3 Ordnungen der Schizopoda, Stomatopoda und Decapoda, von denen indes nur die letztere für den Geologen von Wichtigkeit ist.

Decapoda Latr. Zehnfüßer. Kopf und Brust sind vollständig von einem großen Rückenschild (Cephalothorax) überdeckt. Sein vorderster stachelartiger oder verbreiterter Teil springt als „Rostrum" ± weit vor. Die beiden vordersten Paare von Segmentanhängen sind als Antennen ausgebildet. Die nächsten 3, die Mundöffnung umgebenden Paare, fungieren als Kauorgane. Das vorderste derselben sind die Oberkiefer (Mandibulae), die beiden hinteren die Unterkiefer (vordere und hintere Maxillae). Es folgen 3 Paare von Kieferfüßen, die auch beim Ergreifen der Nahrung dienen und auf diese 5 Paare z. T. mit Scheren bewaffneter Gehfüße. Die Kiemen sind als feder- oder büschelförmige Anhänge der Kieferfüße und Beine ausgebildet. Der Hinterleib ist verlängert (Macrura) oder kurz und dann unter dem Cephalothorax eingeschlagen (Brachyura).

1. Unterordnung.
Macrura LATREILLE.
Langschwänzige Decapoden.

Abdomen gewöhnlich länger als der Cephalothorax, meist mit 5 Paaren von Füßen und mit einer breiten Schwanzflosse (Telson) endigend. Nur Wasserbewohner, der größere Teil im Meer, der kleinere im Süßwasser lebend. Trias bis Jetzt.

Pemphix v. MEY. (Fig. 507). Cephalothorax zylindrisch, auf der Oberfläche gekörnt, und durch Furchen in einzelne Felder geteilt. Trias. *P. Albertii* MEY. Unt. Muschelkalk.

Penaeus FABR. (Fig. 508). Körper etwas lateral komprimiert. Schale glatt. Abdomen lang. Lias—Jetzt. *P. speciosus* MÜNST. sp. Malm.

Eryon DESM. Cephalothorax breiter als lang, flach, in der hinteren Hälfte mit Mediankiel. Lias—Neocom. *C. propinquus* SCHLOTH. sp. Malm.

Calianassa LEACH. (Fig. 509). Cephalothorax kurz, Abdomen stark verlängert. Die 2 vorderen und der hinterste Fuß jederseits sind mit kräftigen, ungleich großen Scheren versehen. Ob. Jura—Jetzt, bes. in der Kreide. *C. Faujasi* DESM. Danien.

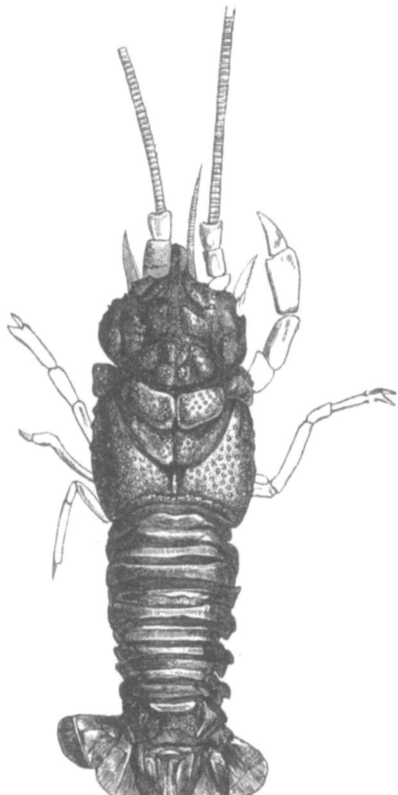

Fig. 507. *Pemphix Sueurii Desm.* Ob. Muschelkalk. Crailsheim. Etwas restauriert.

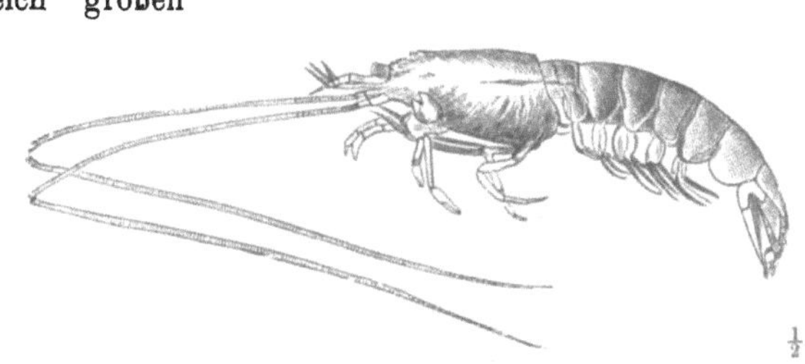

Fig. 508. *Penaeus Meyeri Opp.* Malm. Solnhofen.

2. Unterordnung.
Brachyura LATR.
Kurzschwänzige Decapoden oder Krabben.

Der Hinterleib ist kurz, unter dem Cephalothorax eingeschlagen. Letzterer sehr oft breiter als lang. Devon—Jetzt, aber erst seit dem Malm etwas häufiger u. seit dem Eocän zahlreich. Sie leben zum größten Teil im Meer, nur wenige im Süßwasser oder terrestrisch.

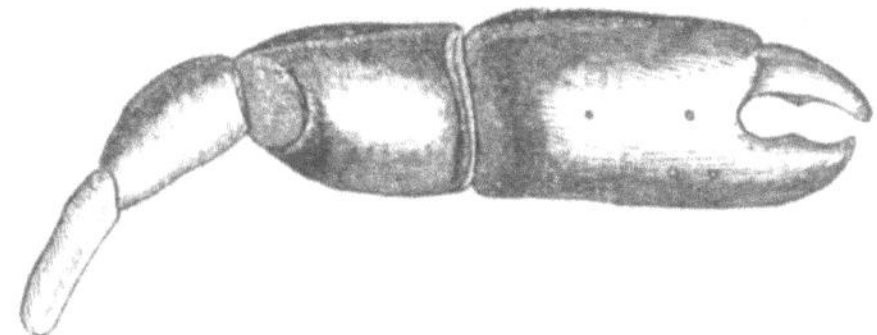

Fig. 509. *Calianassa antiqua Otto.* Rechter Scherenfuß. Turon. Turnau (Bohmen).

Dromiopsis Rss. (Fig. 510). Cephalothorax rundlich, auf der Oberfläche gekörnelt, durch Furchen in einzelne Regionen zerfallend. Scherenfüße sehr groß. Oberste Kreide.

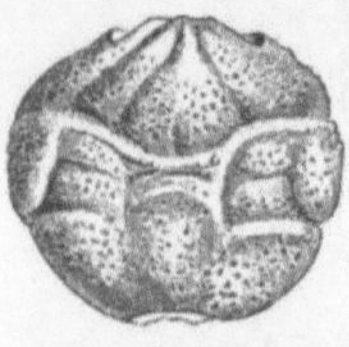

Fig. 510. *Dromiopsis rugosa Schl. sp.* Danien. Faxoe (Dänemark).

Lobocarcinus Rss. Cephalothorax stark verbreitert. Seitenränder mit zackigen Lappen verziert. Die einzige Art *L. Paulino-Württembergicus* v. Mey. findet sich sehr häufig im Nummulitenkalk bei Kairo.

C. Unterklasse. *Merostomata* Woodw.

Meist große Formen, deren Körper in Kopf, Rumpf (Thorax) und Hinterleib (Abdomen) gegliedert ist. Das vorderste Paar der Segmentanhänge ist im Gegensatz zu den übrigen Krebsen nicht als ein Antennen- sondern als ein kleines Scherenpaar entwickelt. Im ganzen sind an der Unterseite des Kopfschildes nur 6 Paar von Segmentanhängen vorhanden, welche als Kau- und Bewegungsorgane dienen. Unter dem Rumpf befinden sich weitere 5 bis 6 Paare lamellöser Anhänge (Blattfüße), die sowohl zum Schwimmen dienen, als die Kiemenblätter tragen.

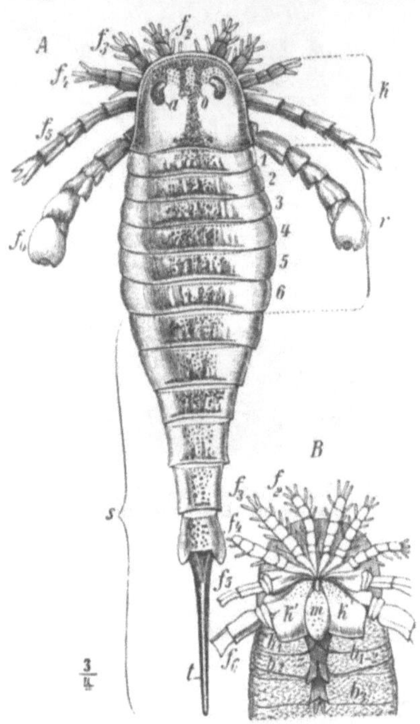

Fig. 511. *Eurypterus Fischeri Eichw.* Ob. Silur. Oesel. *A* von oben, *B* Kopf von unten. (NB. Das 1. sehr kleine, scherentragende Anhangspaar (f_1) ist nicht gezeichnet!) *k* Kopfschild, *r* Rumpf, *s* Schwanz, *a* Augen, *o* Nebenaugen, f_2—f_6 Anhänge des Kopfschildes, 1—6 Brustglieder, *t* Telson, *k'* Kauplatte des 6. Fußpaares, *m* Metastom, b_{1-2} 1. deckelartig verbreiterter Blattfuß der Unterseite, *z* Zwischenplatten. (Nach Steinm.)

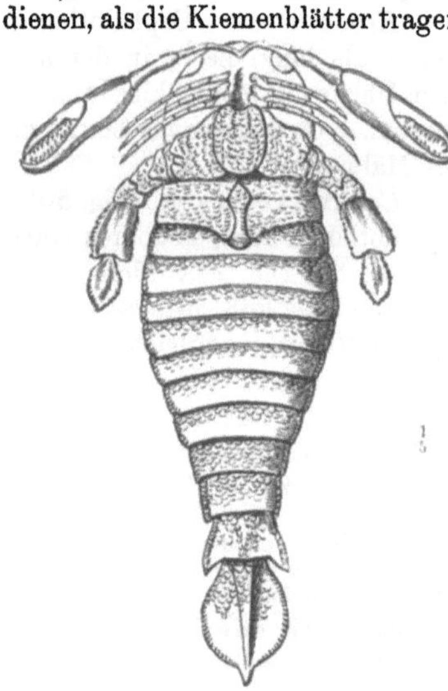

Fig. 512. *Pterygotus Anglicus Ag.* Devon. Old red sandstone. Schottland. Unterseite restauriert. Das 2. Fußpaar fehlt.

Mit Ausnahme einer Gattung (Limulus) sind sämtliche Merostomata ausgestorben. Sie zerfallen in 2 Ordnungen: Gigantostraca und Xiphosura.

I. Ordnung. Gigantostraca Haeckel.

Körper gestreckt, oft sehr groß (bis 2 m). Kopf mit 2 großen Seitenaugen und 2 medianen Punktaugen. Von den 6 Paaren auf der

Unterseite des Kopfes befindlichen Segmentanhängen ist das vorderste (präorale) als ein dünnes Scherenpaar, das hinterste als ein Ruderorgan entwickelt; die Endglieder des letzteren sind stark verbreitert, die innersten Glieder zu breiten Platten umgestaltet, welche eine, die Mundöffnung hinten begrenzende Platte, das „*Metastoma*" umschließen. Unter dem dorsal aus 6 beweglichen Segmenten bestehenden Rumpf 5 Paare von kiementragenden Blattfüßen, durch Ventralplatten bedeckt. Das Abdomen besteht aus 7 Segmenten, das letzte ist flossen- oder stachelförmig. Der Hautpanzer des ganzen Körpers ist dünn, chitinös, schuppig verziert. Die Gigantostraken enthalten die größten Arthropoden. Sie finden sich im Silur mit echt marinen Resten zusammen, im Devon (old red sandstone) mit Panzerfischen, im Karbon und Perm mit Landpflanzen, Skorpionen und Süßwasserformen. Sie dürften daher zuerst marin, dann brackisch und schließlich im Süßwasser gelebt haben.

Eurypterus Dekay. (Fig. 511). Der Körper bis 40 cm groß; Augen zwischen Rand und Mittellinie des Kopfes. Das letzte Abdominalglied ist ein langer, schmaler Endstachel (Telson). Silur—Perm.

Pterygotus Ag. (Fig. 512). Körper bis 2 m groß. Augen unmittelbar am Rand des Kopfes. Das Abdominalendglied flossenartig verbreitert. Ob. Silur—Devon.

II. Ordnung. Xiphosura Latreille. Schwertschwänze.

Der Körper zeigt der Länge nach eine deutliche 3-Gliederung. Kopfschild sehr groß und breit. Unter ihm 6 Paar Gliedmaßen, deren Basalglieder zu Kiefern umgewandelt sind. Die Rumpfsegmente entweder zu einem Stück verschmolzen oder frei. Unter ihnen 5 Paar kiementragender Füße. Abdomen von einem langen, dolchförmigen, beweglich eingelenkten Schwanzstachel gebildet, vor welchem ev. noch 3 fußlose Segmente liegen. Silur—Jetzt.

Limulus Müll. (Fig. 513). Der Molukkenkrebs ist die einzige noch lebende Gattung der Xiphosura. Thorax von einem, aus Verschmelzung seiner Segmente hervorgegangenem einfachem Schild bedeckt. Abdomen nur durch einen langen Stachel gebildet. In einem Entwicklungsstadium als sog. „Trilobitenlarve" zeigt die Gattung eine gewisse Ähnlichkeit mit einem Trilobiten: Durch 2 Längsfurchen zerfällt das Kopfschild in eine Glabella und 2 Seitenstücke (Fig. 513 *c*). Die Rumpfsegmente sind noch frei. Wiederum mit dieser Trilobitenlarve des Limulus zeigen einige paläozoische Gattungen eine große Ähnlichkeit (z. B. Hemiaspis s. u.), die daher als Embryonaltypen

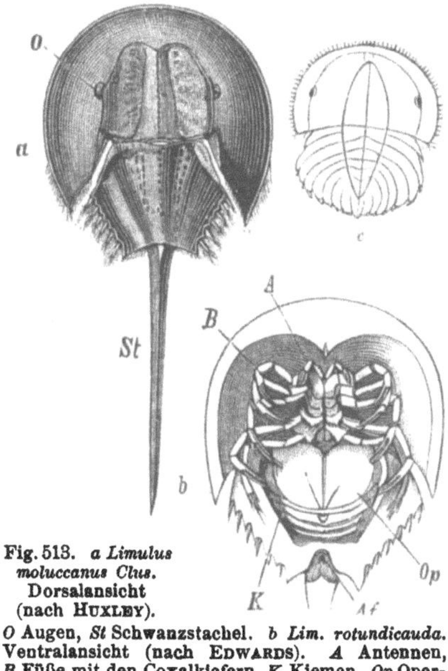

Fig. 513. *a Limulus moluccanus Clus.* Dorsalansicht (nach Huxley). *O* Augen, *St* Schwanzstachel. *b Lim. rotundicauda.* Ventralansicht (nach Edwards). *A* Antennen, *B* Füße mit den Coxalkiefern, *K* Kiemen, *Op* Operculum. *c Lim. polyphemus L.* Larve im Trilobitenstadium.

betrachtet werden können. Die ältesten Limulusarten finden sich in der Trias, besonders schöne Exemplare in den Solnhofener Kalken (Tithon).

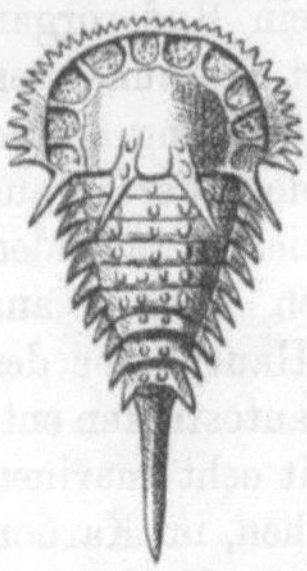

Fig. 514. *Hemiaspis limuloides W. Wood.* Ob. Silur. Shropshire (England).

Hemiaspis Woodw. (Fig. 514). Körper der Quere und Länge nach deutlich dreiteilig, oval, nach hinten verschmälert, einrollbar. Kopfschild halbkreisförmig, am Rande gezackt und die Hinterecken in je 1 Stachel auslaufend. Der mittlere Teil, wie die Glabella der Trilobiten, erhaben; der peripherische Teil bildet einen breiten, mit Radialfalten verzierten Saum. Thorax aus 6 Segmenten zusammengesetzt, sich nach hinten verschmälernd. Mittelstück der Segmente (Spindel) breit, Pleuren kurz, zugespitzt. Abdomen aus 3 Gliedern und einem langen Schwanzstachel gebildet. Ob. Silur.

Bei den übrigen 3 Klassen der Arthropoden, den Myriapoda, Arachnoidea und Insecta erfolgt die Atmung durch innere, mit Luft erfüllte, verästelte Röhren, die „*Tracheen*". Sie werden von steifen Chitinwandungen stets klaffend erhalten und münden auf der Körperoberfläche durch Öffnungen: „*Stigmata*". Die genannten 3 Klassen werden daher auch als „Tracheata" zusammengefaßt, während die kiemenatmenden „Branchiata" nur durch die Klasse der Crustacea repräsentiert werden.

Fig. 515. *Euphoberia armigera Meek et Worth.* Karbon. Illinois (Nordamerika).

2. Klasse. Myriapoda. Tausendfüßer.

Körper langgestreckt, zylindrisch oder abgeflacht, mit gesondertem Kopf und zahlreichen, ziemlich gleichartigen Leibessegmenten, deren jedes 1—2 Fußpaare besitzt. Fossile Formen sind seit dem Devon bekannt, doch ohne geologische Bedeutung. Als Beispiel sei die karbonische Gattung *Euphoberia* Meek u. Worth (Fig. 515) genannt.

Fig. 516. *Cyclophthalmus senior Corda.* Bohm. Karbon.

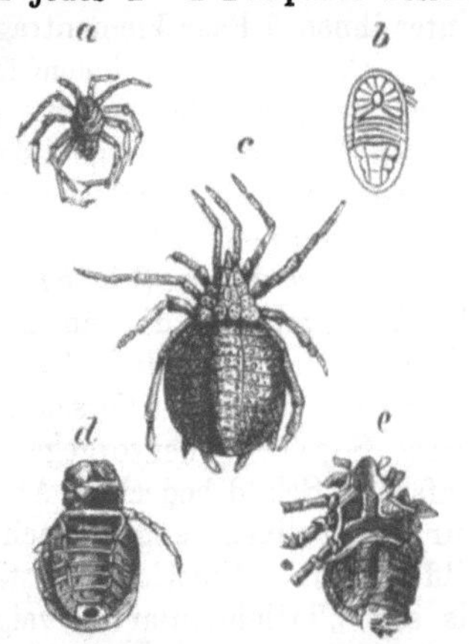

Fig. 517. *a Protolycosa anthracophila Roem.* Karbon. Myslowitz (Oberschlesien). *b Architarbus subovalis Woodw.* Karbon. Lancashire. England. *c Eophrynus Prestwichii Buckl. sp.* Karbon. England. *d, e Anthracomartus Völkelianus Karsch.* Karbon. Neurode in Schlesien. *d* Ventralseite, *e* Dorsalseite.

3. Klasse. Arachnoidea. Spinnen und Skorpione.

Kopf und Rumpf zu einem Cephalothorax verschmolzen. Dieser mit 4 Beinpaaren, Abdomen ohne Gliedmaßen. Bei den Skorpionen ist der Hinterleib sehr lang, sein letztes Segment bildet einen hohlen Giftstachel. Fossile Skorpione (Fig. 516) sind bereits seit dem Obersilur bekannt (*Palaeophonus* TORELL.), fossile Spinnen seit dem Karbon. Die meisten Reste der letzteren sind uns im Bernstein und in den weichen Schieferthonen der Steinkohlenformation überliefert. Beispiele sind die in Fig. 517 dargestellten Formen aus dem Karbon.

4. Klasse. Insecta. Insekten.

Körper in Kopf, Brust und Abdomen gegliedert. Haut chitinös. Am Kopf ein Antennenpaar und 3 Paar zu Mundteilen umgestalteter Anhänge. An der aus 3 Segmenten bestehenden Brust 3 Beinpaare und meist 2 Flügelpaare. Abdomen 9—10gliedrig, ± reduziert.

Das älteste Insekt (*Palaeoblattina* BRGT.) stammt aus dem Silur. Ein großer Teil der fossilen Formen sind als Einschlüsse im Bernstein überliefert. Nur wenige besitzen geolog. Bedeutung u. mag daher die Anführung einiger Beispiele genügen.

Von den ***Orthoptera,*** zu denen die lebenden *Blattidae* (Schaben) und *Phasmidae* (Gespenstheuschrecken) gehören, finden sich zahlreiche Formen namentlich im Karbon, z. B. *Etoblattina* SCUDD. und *Protophasma* BRGT. (Fig. 518). Die ***Pseudoneuroptera*** sind durch zahlreiche, im lithographischen Kalkstein von Solnhofen oft prachtvoll erhaltene Libellen (*Petalia*) vertreten. Zu den ***Neuroptera*** gehören die *Phryganidae* (Frühlingsfliegen). Ihre Larven leben im Wasser und zwar in röhrenförmigen Gehäusen (Indusien), in deren Wandung sie Sandkörnchen, Pflanzenteile und leere Schneckenhäuschen aufnehmen. Diese Gehäuse bilden im Tertiär lokal Kalkschichten von zuweilen 2—3 m Mächtigkeit „Indusienkalk“, so in der Auvergne; schwächere dergleichen Lagen finden sich z. B. im Mainzer Becken. Von den zu den ***Rhynchoten*** (Schnabelkerfen) gehörenden *Hemiptera* sind die Wasserwanzen, *Nepidae*, durch mehrere Formen, z. B. *Nepa primordialis* GERM., im lithographischen Kalkstein von Solnhofen vertreten. Sehr zahlreich sind bei der hornigen Beschaffenheit ihrer Vorderflügel die Reste der ***Coleoptera*** (Käfer), doch auch von den ***Lepidoptera*** (Schmetterlingen) sind viele Formen bekannt geworden. Bei einem Exemplar von *Sphinx Snelleni* WEYENB. von Solnhofen hat sich sogar der spirale Saugrüssel wohl erhalten.

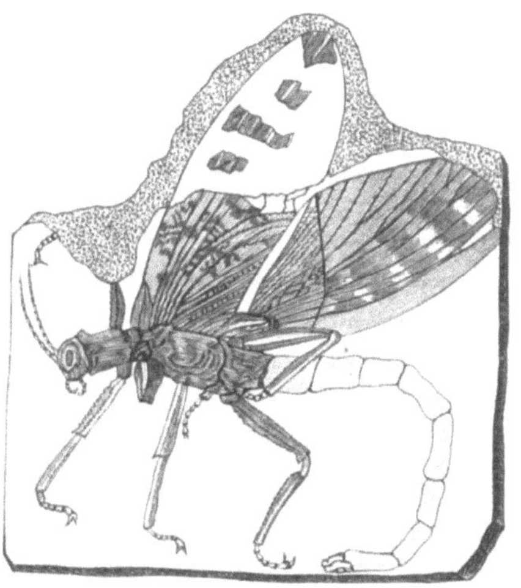

Fig. 518. *Protophasma Dumasii Brgt.* Karbon. Commentry (Allier).

II. Abteilung. Vertebrata. Wirbeltiere.

Tiere von bilateral-symmetrischem Bau und mit einem inneren knorpligen oder knöchernen, gegliederten Axenskelett (Wirbelsäule). Dorsal derselben liegt der Hauptnervenstrang (Gehirn u. Rückenmark), ventral eine

Höhle, welche die vegetativen Organe umschließt. Es sind höchstens 2 Extremitätenpaare vorhanden.

Die erste Anlage des Axenskeletts tritt uns in den Embryonalstadien der Wirbeltiere als ein ungegliederter, gallertartiger Strang, die Rückensaite oder „*Chorda dorsalis*" entgegen. Nur bei den niedersten Fischen (Amphioxus) persistiert sie in dieser Form; bei den übrigen Fischen und sämtlichen höheren Wirbeltieren wandelt sich ihre äußere „skelettogene" Schicht zunächst in Knorpel um, ein Vorgang, mit welchem gleichzeitig eine Segmentierung verbunden ist. In diesem Stadium bleiben ebenfalls nur eine Anzahl Fische. Meist verkalkt der Knorpel oder es tritt — ebenfalls unter Aufnahme von Kalksalzen — eine Verknöcherung ein, wobei die ursprünglichen Knorpelzellen verschwinden und durch Resorption der Interzellularsubstanz blutgefäßführende Kanäle („*Haversische Kanäle*") und kleine mit einer Knochenzelle erfüllte Hohlräume („*Knochenkörperchen*") entstehen, in deren Umkreis sich phosphorsaurer Kalk absetzt. Die einzelnen Segmente des fest gewordenen Axenskeletts (Fig. 519) heißen „*Wirbel*". Ein solcher Wirbel besteht aus dem „*Wirbelkörper*", auch „*Centrum*" genannt und gewöhnlich einigen mit diesem locker oder fest verbundenen Bogenstücken, den „*Apophysen*". Am seltensten fehlend sind unter letzteren 2 obere, das Rückenmark umgebende Bogenstücke, die „*Neurapophysen*", welche sich dorsalwärts zu dem unpaaren, stachel- oder plattenförmigen „*Dornfortsatz*" oder der „*Spina neuralis*" vereinigen. Ähnliche Bogenstücke können die Wirbelkörper auch an ihrer Ventralseite tragen. Diese umschließen dort ein Blutgefäß und heißen daher „*Hämapophysen*". Außerdem finden sich häufig seitwärts abgehende Fortsätze. Entspringen dieselben am Wirbelkörper selbst, werden sie als „*Parapophysen*" bezeichnet, nehmen sie dagegen ihren Ursprung von der unteren Partie der Neurapophysen, nennt man sie „*Diapophysen*". Nach vorn und hinten gerichtete Fortsätze, die zur festeren Verbindung der Wirbel untereinander dienen, heißen „*Zygapophysen*". Häufig zerfallen die unteren Bögen in 2 Stücke, in ein oberes, die eigentliche Apophyse und ein unteres, bewegliches Stück, die Rippe oder „*Costa*". Mit ihren unteren Enden endigen die Rippen entweder frei, wie z. B. bei den Fischen oder sie hängen — zum Teil wenigstens — ventral durch ein besonderes Verbindungsstück, das Brustbein oder „*Sternum*" zusammen. Die Zahl der Rippenpaare ist sehr wechselnd. Während sie bei den Säugetieren auf die Brustregion beschränkt sind, können bei den Reptilien mit Ausnahme der letzten Schwanzwirbel sämtliche Wirbel Rippen tragen. Zuweilen besitzen die Rippen eine doppelte Artikulationsfläche. So artikulieren sie z. B. bei den Säugetieren mit ihrem eigentlichen proximalen Ende, dem „*Capitulum*" an dem Wirbelkörper, mit dem „*Tuberculum*" an der Unterseite der zugehörigen Diapophyse. Sind die vorderen und hinteren Flächen der Wirbelkörper ausgehöhlt, nennt man letztere „*bikonkav*" (Fig. 519) oder „*amphicöl*", sind die vorderen konkav, die hinteren konvex, heißen

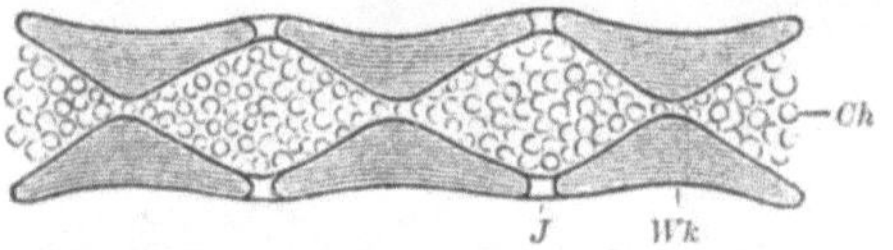

Fig. 519. Medianer Längsschnitt durch einen Teil der Wirbelsäule (ohne die Apophysen) eines Fisches. *Wk* Wirbelkörper, tief bikonkav, zum Durchtritt der persistierenden Chorda – *Ch* – in der Mitte durchbohrt. Chorda *intervertebral* stark erweitert. *J* Häutig bleibender Abschnitt der äußeren Chordaschicht.

sie *„procöl“* (Fig. 520), im umgekehrten Falle *„opisthocöl“*. Die Wirbel haben gruppenweise gewisse Merkmale gemeinsam, die Wirbelsäule zerfällt daher in Regionen. Da auch der Schädel als eigentümlich modifizierter vorderster Teil des Axenskeletts aufzufassen ist, so sind mindestens 3 Regionen vorhanden: Kopf, Rumpf, Schwanz. Häufig steigt deren Zahl aber auf 6, indem außer dem Kopf sich noch folgende Regionen ausbilden: Hals-(Cervikal-), Brust-(Thorakal-), Lenden-(Lumbal-), Becken-(Sakral-) und Schwanz-(Kaudal-)Region.

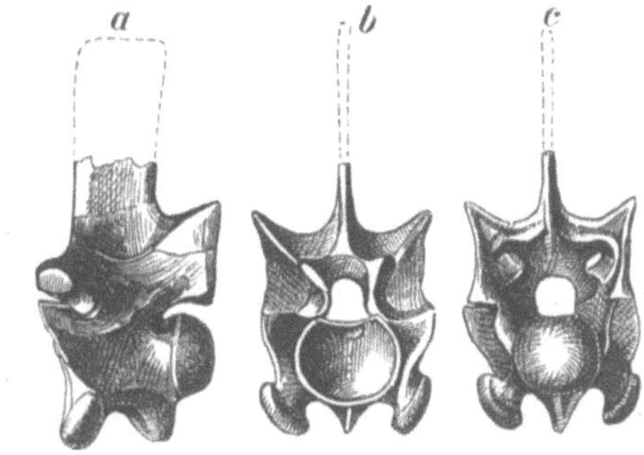

Fig. 520. *Palaeophis typhaeus Ow.* Procoele Wirbel aus der Mitte des Körpers. $^2/_3$. Bracklesham in Sussex. Eocän. Londonton. *a* von links, *b* von vorn, *c* von hinten.

Der Schädel wird zunächst als knorpliges Primordialcranium angelegt, welches sich bei niederen Fischen (Haien, Stören) dauernd als solches erhalten kann. Meist jedoch tritt ± vollständige Verknöcherung desselben ein. Zu diesen dadurch entstandenen Knochen gesellen sich als 2. Bestandteil des Schädels solche, die nicht knorplig präformiert sind, sondern Verknöcherungen der Haut darstellen. Sie gehören also genetisch nicht zum Axen-, sondern zum Hautskelett und werden als Deck- oder Belegknochen bezeichnet. Sie treten mit den ersteren in innige Verbindung und bilden mit ihnen den stets sehr kompliziert gebauten knöchernen Schädel. An diesem kann man 2 Teile unterscheiden, einen hinteren, dessen Knochen die Gehirnhöhle umgeben und einen vorderen, den Gesichtsteil, der die Mundhöhle umschließt. Von den Sinnesorganen ist das Geruchsorgan stets in den vorderen, das Gehörorgan in den hinteren eingesenkt, das Auge liegt dazwischen. Die Anordnung und die Zahl der einzelnen Schädelknochen wechselt bei den einzelnen Klassen der Wirbeltiere ziemlich beträchtlich, doch kehren von den Knochenfischen an aufwärts im großen und ganzen die gleichen Knochenstücke in den verschiedenen Wirbeltierklassen wieder.

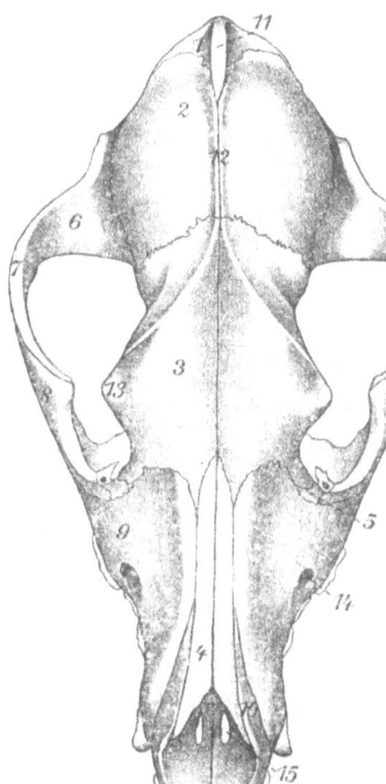
Fig. 521. Schädel vom Hund (*Canis familiaris*) von oben. *1* Os supraoccipitale. *2* Parietale. *3* Frontale. *4* Nasale. *5* Lacrymale. *6* Squamosum. *7* Processus zygomaticus ossis squamosi. *8* Jugale. *9* Maxilla. *10* Praemaxilla (Intermaxillare). *11* Interparietale. *12* Crista sagittalis. *13* Processus postorbitalis. *14* Foramen infraorbitale. *15* Incisura palatina.

Am geringsten ist die Zahl der den Schädel zusammensetzenden Knochen bei den Säugetieren, am größten bei den Fischen. Eine Verminderung der Knochenzahl kann entweder daher kommen, daß manche Knochen nicht zur Ausbildung kommen (wie bei den lebenden Amphibien), oder, daß sie mit anderen zu größeren Knochenstücken verschmelzen (wie bei den Säugetieren). Die wichtigsten Schädelknochen (vgl. Fig. 521—523) sind etwa die folgenden: Im unteren Teil der Hinterfläche eines Schädels bemerkt man eine große Öffnung, das „*Foramen magnum*“ oder Hinterhauptsloch, durch welches das Rückenmark eintritt. In der Regel ist ersteres von 4 Knochen umgeben, 2 seitlichen, den „*Exoccipitalia*“, einem unpaaren, ventral von ihm gelegenen, dem „*Basioccipitale*“ und einem dorsal gelegenen, dem „*Supraoccipitale*“. Gelenkt das Hinterhaupt mit 2 Gelenkköpfen (Amphibia, Mammalia) an den ersten Halswirbel, so werden dieselben von den Exoccipitale getragen; gelenkt es dagegen mit nur einem Gelenkkopf (Reptilien, Vögel), so gehört dieser entweder dem Basioccipitale allein an, oder es nehmen auch die Exoccipitalia an seiner Bildung teil. Die Schädel**basis** wird an ihrem Hinterende von dem Basioccipitale gebildet, da sich dieses ± weit nach vorn erstreckt. Vor ihm liegt das hintere Keilbein oder „*Basisphenoid*“, vor diesem das vordere Keilbein oder „*Praesphenoid*“, und schließlich zuvorderst das Pflugscharbein oder der „*Vomer*“. Die untere Partie der Seitenwand der Gehirnhöhle wird über dem Basisphenoid von dem „*Alisphenoid*“, über dem Praesphenoid von dem „*Orbitosphenoid*“ gebildet, die obere Partie von seitlichen Ausbreitungen derjenigen beiden Knochen, die das Dach der Gehirnhöhle bilden, nämlich der an die Supraoccipitalia anstoßenden Scheitelbeine oder „*Parietalia*“ und der vor ihnen liegenden Stirnbeine oder „*Frontalia*“. Vervollständigt wird die seitliche Umgrenzung der Gehirnhöhle durch das Schuppenbein oder „*Os squamosum*“ und durch eine das Gehörorgan einschließende Knochenkapsel. Das Squamosum liegt meist zwischen Alisphenoid, Parietale und Supraoccipitale. Seine obere Partie ist schuppenförmig verbreitert, seine untere verbindet sich durch einen knöchernen, nach außen ± weit vorspringenden Bogen mit dem hinteren unteren Ende des Oberkiefers der „*Maxilla*“. Bei den Reptilien liegt vor dem Squamosum das „*Quadratojugale*“ und vor diesem das sich an die Maxilla ansetzende Jochbein oder „*Os jugale*“. Bei den Säugetieren findet sich statt des selbständigen Quadratojugale nur ein kräftiger, von der Basis des Squamosum erst nach außen, dann nach vorn gerichteter

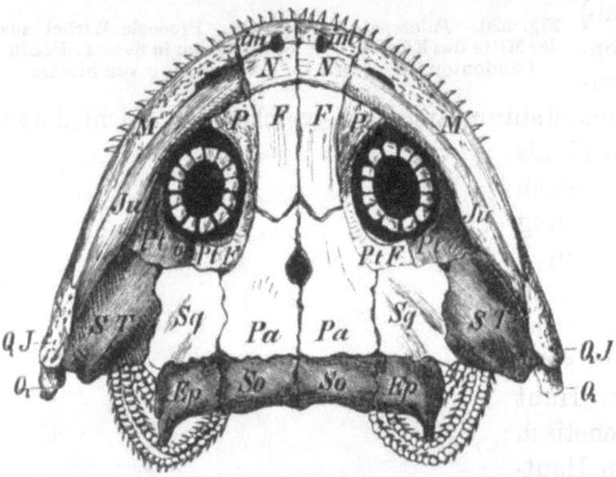

Fig. 522. ***Branchiosaurus salamandroides* Fritsch.** **Gaskohle. Perm. Nyřan (Böhmen). Schädel von oben. *im*=Praemaxilla, *M* = Maxilla, *N* = Nasale, *P* = Praefrontale, *F* = Frontale, *PtF*=Postfrontale, *Pto*=Postorbitale, *Ju*=Jugale, *Pa*=Parietale, *Sq* = Squamosum, *Ep* = Epioticum, *ST* = Supratemporale, *QJ* = Quadratojugale, *Q* = Quadratum, *SO* = Supraoccipitale. (Die dunkel schraffierten Knochen fehlen den lebenden Amphibien.)**

Fortsatz, der „*Processus zygomaticus*". Hinten auf seiner Unterseite trägt letzterer zur Einlenkung des Unterkiefers eine konkave Gelenkfläche, die „*Fossa glenoidalis*". Der Hinterrand derselben ragt häufig als ein Fortsatz — „*Processus postglenoidalis*" — vor, um ein Zurückgleiten des Unterkiefers zu verhindern. Bei allen übrigen Wirbeltieren dient dagegen zur Einlenkung des Unterkiefers ein eigener Knochen, das Quadratbein oder „*Os quadratum*". Um das Gehörorgan liegen — abgesehen von den Säugetieren — gewöhnlich 3 Knochen: das „*Prooticum*", „*Opisthoticum*" und „*Epioticum*". Bei den Säugetieren verschmelzen diese frühzeitig zu einem einzigen Knochen von meist sehr dichter Struktur, dem „*Perioticum*". An dieses schließt sich das Paukenbein oder „*Tympanicum*", welches entweder einfach ringförmig bleibt, oder sich nach außen röhrenförmig verlängert, und den äußeren Gehörgang umschließt. Die Unterseite des letztgenannten Knochens bildet häufig eine blasig aufgetriebene Anschwellung, die „*Bulla tympanica*".

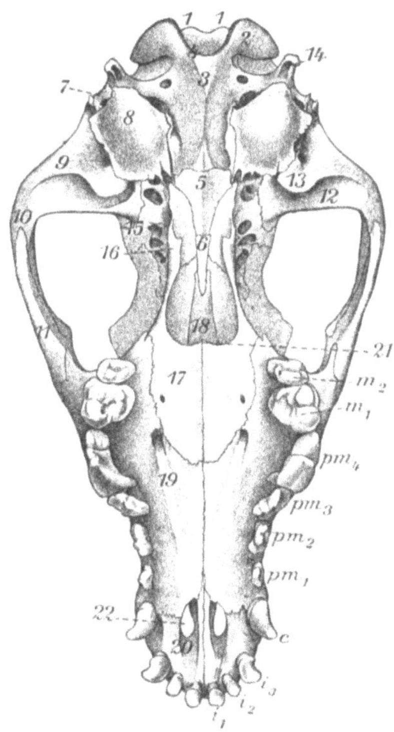

Fig. 523. Schädel vom Hund (*Canis familiaris*) von der Basalfläche *1* Supraoccipitale. *2* Exoccipitale mit dem Processus condyloideus oder Condylus occipitalis. *3* Basioccipitale. *4* Foramen magnum. *5* Basiphenoid *6* Praesphenoid. *7* Perioticum. *8* Tympanicum mit der Bulla tympanica. *9* Squamosum. *10* Processus zygomaticus ossis squamosi. *11* Jugale. *12* Fossa glenoidalis (Fossa articularis). *13* Processus postglenoidalis. *14* Processus paroccipitalis. *15* Alisphenoid. *16* Pterygoideum. *17* Palatinum. *18* Vomer. *19* Maxilla. *20* Praemaxilla (Intermaxillare). *21* Spina nasalis posterior, dahinter die Mündung der Choanen. *22* Incisura palatina. i_{1-3} Dentes incisivi. *c* Dens caninus. pm_{1-4} Dentes praemolares (pm_4 Dens sectorius). m_{1-2} Dentes molares.

Das **Dach** des Schädels wird in seiner hinteren Region von den schon erwähnten Scheitelbeinen (Parietalia) und Stirnbeinen (Frontalia) gebildet. Zwischen letztere schieben sich die nach vorn ± verlängerten Nasenbeine oder „*Nasalia*" ein. Zwischen die Parietalia und das Supraoccipitale schaltet sich zuweilen (wie beim Hund) ein kleines, 3seitiges „*Interparietale*" ein. Die Begrenzung des Schädeldaches gegen die meist steil abfallende Occipitalfläche bildet häufig ein vorspringender Kamm, die „*Crista occipitalis*". Sie dient den Nackenmuskeln zum Ansatz. Zuweilen, namentlich bei den Fischen, verschmelzen die in der Regel paarig entwickelten Frontalia zu einem großen einfachen, unpaaren „*Hauptstirnbein*". Die Stirnbeine bilden gewöhnlich die obere Begrenzung der Augenhöhle (Orbita). Bei den Säugetieren nehmen sie auch an der hinteren Begrenzung derselben teil, indem sie einen Fortsatz, den „*Processus postorbitalis*" entsenden. Bei den niederen Wirbeltieren (Fig. 522) bilden die hintere Grenze der Orbita einige selbständige Knochen, nämlich meist ein „*Postfrontale*" und ein

„*Postorbitale*". Entsprechend liegt dann häufig seitlich des vorderen Endes des Frontale ein „*Praefrontale*". Bei den Säugetieren liegt dagegen meist direkt vor der Orbita ein Tränenbein oder „*Os lacrymale*". Letzteres ist zuweilen, wie z. B. bei den Hirschen, zur Aufnahme einer Talgdrüse grubig vertieft.

Häufig tragen die Stirnbeine knöcherne Fortsätze: Geweihe (Hirsche) oder mit Hornscheiden überzogene Knochenzapfen (Rinder, Ziegen usw.).

An der Bildung der vorderen Wandung der Gehirnhöhle beteiligt sich bei den Säugetieren namentlich das „*Mesethmoideum*". Es besteht hier aus einer in der Medianebene des Schädels längs verlaufenden Knochenlamelle, der „*Lamina perpendicularis*" und zwei dazu quer stehenden Platten, den „*Laminae cribrosae*". Letztere sind zum Durchtritt der Riechnerven aus dem Gehirn in die Nasenhöhle siebartig durchlöchert. Der vordere Teil der Lamina perpendicularis bleibt fast immer knorplig und bildet

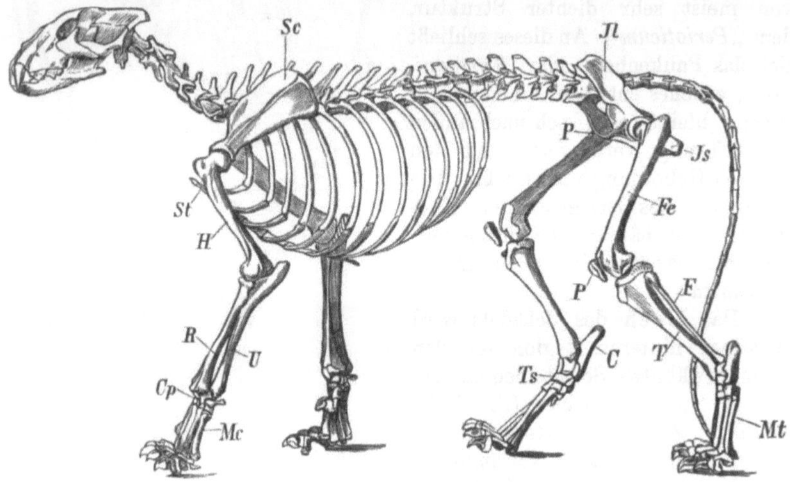

Fig. 524. Skelett von *Felis leo L.* Löwe. *St* Sternum, *Sc* Scapula, *H* Humerus, *R* Radius, *U* Ulna, *Cp* Carpus, *Mc* Metacarpus, *Jl* Ileum, *P* Pubis, *Js* Ischium, *Fe* Femur, *P* Patella (Kniescheibe), *T* Tibia, *F* Fibula, *Ts* Tarsus, *C* Calcaneus, *Mt* Metatarsus.

die Nasenscheidewand; selten, wie bei den *tichorhinen* Nashörnern, verknöchert sie. Der vorderste Teil des Schädels wird außer von den schon erwähnten Nasalia von den Kieferknochen gebildet. Die bei weitem größere hintere Partie derselben, welche die Eck- und die Backenzähne trägt, sind die Oberkiefer oder „*Maxillae*". An diese setzen sich die in der Regel viel kleineren, die Schneidezähne tragenden Zwischenkiefer oder „*Praemaxillae*" (*Intermaxillaria*). Das Dach der Rachenhöhle wird aus plattigen Verbreiterungen der genannten Kieferknochen und hinten von dem Gaumenbein oder dem „*Os palatinum*" gebildet. An dem Hinterrand des letzteren münden gewöhnlich die inneren Nasenlöcher = „*Choanen*". An die Palatina schließen sich nach hinten die Flügelbeine oder „*Ossa pterygoidea*", die bei den Fischen jederseits in mehrfacher Anzahl entwickelt sind.

Der Unterkiefer (*Mandibula*) besteht aus 2 Ästen, einem rechten und linken; jeder derselben bei den niederen Wirbeltieren wiederum aus mindestens 3 Stücken, einem vorderen, welches die Zähne trägt, dem

„*Os dentale*", einem sich winklig in dasselbe einfügenden, dem „*Os angulare*" und einem die Gelenkfläche für das Os quadratum tragenden, dem „*Os articulare*". Bei den Säugetieren verwachsen dieselben zu einem einheitlichen Knochen. Zwischen dessen hinterstem Backzahn und dem zur Einlenkung in die ob. genannte Fossa glenoidalis dienenden Gelenkkopf erhebt sich in der Regel ein hoher Fortsatz, der Kronfortsatz oder „*Processus coronoideus*". Spezieller auf den Bau des Schädels einzugehen, verbietet Zweck und Umfang dieses Buches; immerhin werden einzelne Angaben noch bei den verschiedenen Klassen der Wirbeltiere folgen.

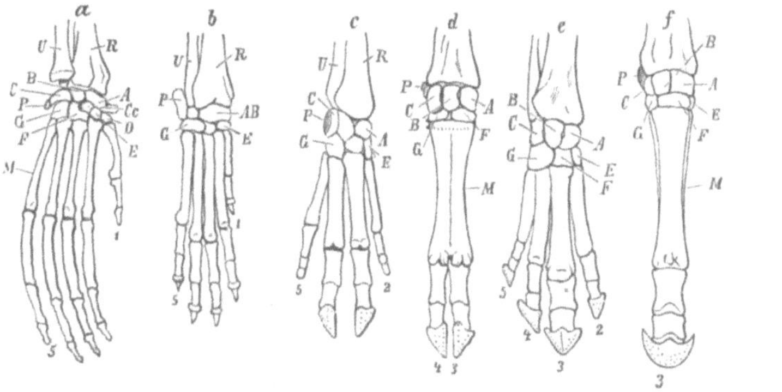

Fig. 525. Hand- bzw. Vorderfußskelette von verschiedenen Säugetieren. *a* vom Orang, *b* vom Hund, *c* vom Schwein, *d* vom Rind, *e* vom Tapir, *f* vom Pferd. *a* Nach CLAUS, *b*—*f* nach GEGENBAUR. *R* Radius, *U* Ulna, *A* Scaphoideum, *B* Lunare, *C* Triquetrum (Cuneiforme), *P* Pisiforme, *D* Trapezium, *E* Trapezoid, *F* Magnum (Capitatum), *G* Unciforme (Hamatum), *Cc* Centrale, *M* Metacarpus.

Den 2. Teil des Innenskeletts der Wirbeltiere (Fig. 524) bildet das Extremitätenskelett oder Skelett der Gliedmaßen. Es besteht aus dem im Körper gelegenen „*Extremitätengürtel*", und der eigentlichen, frei vorragenden „*Extremität*". Der Gürtel der Vorderextremität heißt der „*Schultergürtel*". Er besteht jederseits meist aus dem Schulterblatt oder „*Scapula*", dem Rabenbein oder „*Coracoid*" und dem Schlüsselbein oder „*Clavicula*". Zwischen die beiden Claviculae schaltet sich zuweilen ein „*Interclavicula*" oder „*Episternum*" genannter Knochen ein. Bei den Säugetieren verliert das Coracoid frühzeitig seine Selbständigkeit, verschmilzt mit der Scapula und bildet an ihr den „*Processus coracoideus*". An den Schultergürtel fügt sich im Schultergelenk die Vorderextremität (Fig. 525). Sie besteht bei normaler Entwicklung aus folgenden Stücken: Oberarm (*Humerus*), Unterarm (*Radius* und *Ulna*), Handwurzel (*Carpus*, aus 2 Reihen kleiner Knöchelchen gebildet, ihre Namen und Anordnung ergeben sich aus Fig. 525), Mittelhand (*Metacarpus*, aus 5 *Metacarpalia* gebildet), 5 *Finger* mit je 2—3 *Phalangen*. Der Gürtel der Hinterextremität heißt der Beckengürtel (Fig. 526). Er besteht jederseits aus dem dorsal

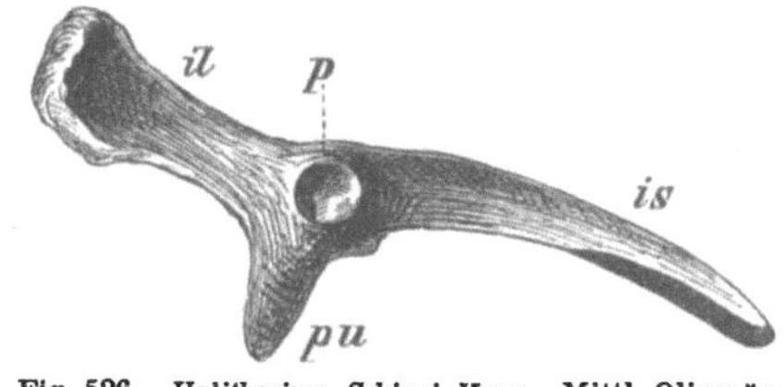

Fig. 526. *Halitherium Schinzi Kaup*. Mittl. Oligocän. Flonheim bei Mainz. Linke Hälfte des Beckens. *il* = Ilium, *is* = Ichium, *pu* = Pubis, *P* = Pfanne für den Gelenkkopf des Femur.

gelegenen, gewöhnlich mit den Querfortsätzen einiger Wirbel (der Sakralwirbel) verwachsenem Darmbein (*Ileum*) und 2 ventralen Stücken: einem nach hinten gelegenen Sitzbein (*Ischium*) und einem vorderen Schambein (*Pubis*). Die beiden letzteren sind in der Mittellinie häufig zu einer Symphyse vereinigt. An den Beckengürtel fügt sich im Hüftgelenk die Hinterextremität. Sie inseriert sich in einer tiefen Gelenkgrube, der Pfanne oder „*Acetabulum*" und besteht bei normaler Entwicklung aus folgenden Teilen: Oberschenkel (*Femur*), Unterschenkel (Schienbein oder *Tibia* und Wadenbein oder *Fibula*), Fußwurzel (*Tarsus*, mit 2 Reihen Knöchelchen), Mittelfuß (*Metatarsus*, aus den 5 *Metatarsalia* gebildet), 5 *Zehen* mit je 2—3 *Phalangen*. Das Extremitätenskelett ist je nach der Funktion der Gliedmaßen sehr verschieden ausgebildet. Am meisten von dem angegebenen Bauplan haben sich die zu den Brust- und Bauchflossen umgestalteten Extremitätenpaare der Fische entfernt. Außer dem als Stütze dienenden Innenskelett findet sich bei den Wirbeltieren meist auch ein zum Schutze bestimmtes Hautskelett, in Gestalt von Haaren, Stacheln, Schuppen, Federn oder Knochenplatten. Die Wirbeltiere zerfallen in 5 Klassen: Pisces, Amphibia, Reptilia, Aves und Mammalia.

1. Klasse. Pisces. Fische.

Im Wasser lebende, meist mit Schuppen, seltener mit Knochenplatten bedeckte oder nackte Kaltblüter, deren paarige Extremitäten als Brust- bzw. Bauchflossen ausgebildet sind. Außer diesen noch ein System unpaarer Flossen vorhanden. Meist mit ausschließlicher Kiemenatmung.

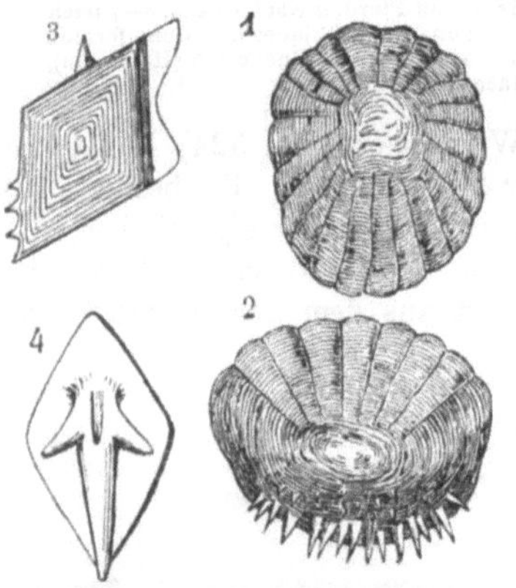

Fig. 527. Die 4 Schuppenformen der Fische. 1. Cykloidschuppe. 2. Ctenoidschuppe. 3. Ganoidschuppe. 4. Plakoidschuppe. 1. u. 2. von Teleostiern, 3 von einem Ganoiden, 4 von einem Hai. Nach Hertwig.

Unter den Schuppen der Fische (Fig. 527) lassen sich 4 Arten unterscheiden: 1. *Plakoidschuppen*, mannigfach gestaltete, meist rhombische oder rundliche Plättchen, die ein rauhes Mosaik (Chagrin) bilden. Oft tragen sie einen nach hinten gerichteten Stachel. 2. *Ganoidschuppen*, meist von rhombischer, seltener von rundlicher Gestalt, in ersterem Falle in regelmäßigen Reihen liegend. Sie bestehen aus einer knöchernen Platte, die von einer glänzenden Schmelzschicht überzogen ist. 3. *Cykloid-* und 4. *Ctenoidschuppen*. Beide bestehen aus einem dünnen, auf Bindegewebsubstanz ruhendem Kalkblättchen, sind biegsam und von rundlicher oder gerundet-4seitiger Form. Bei den Cykloidschuppen ist der Hinterrand ganz, einfach; bei den Ctenoidschuppen zackig oder kammzinkenähnlich zerteilt. Unter den Flossen der Fische (Fig. 528) unterscheidet man die der Vorder- und Hinterextremität der höheren Wirbeltiere entsprechenden paarigen Brust-(Pektoral-) und Bauch-(Ventral-)Flossen und die unpaaren Rücken-(Dorsal-), After-(Anal-) u. vertikal stehenden Schwanz-(Kaudal-)Flossen. Sämtliche Flossen werden durch Flossenstrahlen gestützt, die entweder ungegliedert, stachelähnlich (Stachelflosser, Acanthopterygier) oder gegliedert und daher auch biegsam (Weichflosser, Malacopterygier) sein können. Zuweilen finden sich beide Arten in der gleichen Flosse (Fig. 529). Bei Fischen mit knorpligem Skelett kommen häufig am vorderen Ende der unpaaren Flossen große Stacheln vor, welche in fossilem Zustand als Ichthyodorulithen. bezeichnet werden. Reicht die Wirbelsäule bis an das hintere Körperende und wird letzteres oben und unten gleichmäßig von der Schwanzflosse umwallt, so nennt man diese „*diphycerk*“, verläuft jedoch die Wirbelsäule gegen das hintere Körperende zu aufwärts, so wird die Schwanzflosse 2lappig und der obere Lappen verlängert sich stark: „*heterocerke*“ Schwanzflosse. Sind die beiden Lappen der Schwanzflosse dagegen äußerlich symmetrisch ausgebildet, und setzt sich die Wirbelsäule in keinen derselben fort, so heißt die Schwanzflosse „*homocerk*“. Das innere Skelett zeigt bei den Fischen eine äußerst verschiedene Entwicklung. Der niederste Fisch (Amphioxus) besitzt nur eine Chorda dorsalis; bei etwas höher stehenden bildet sich eine knorplige Schädelkapsel. Ein weiteres Stadium stellen uns Formen dar, bei welchen sich um die Chorda Knorpel bildet, der durch Segmentierung zur Wirbelsäule wird. Die einzelnen Wirbel können Kalk in sich aufnehmen oder schließlich ± vollständig verknöchern. Zuweilen bleiben sie in der Mitte durchbohrt und werden von der Chorda durchzogen, die sich dann intervertebral ausdehnt (Fig. 519). Sie sind fast stets amphicöl. Die vorderen Wirbel tragen Rippen, die hinteren zu einem unteren Dornfortsatz verwachsende Hämapophysen. Man kann daher eine Rumpf- und eine Schwanzregion unterscheiden. Der Schädel der höheren Fische ist sehr kompliziert zusammengesetzt. Er besteht im wesentlichen aus einem hinteren, das Gehirn und Gehörorgan umschließenden kapselähnlichen, und einem vorderen Teil, dessen Knochen die Mundhöhle umgeben und meist z. T. mit Zähnen be-

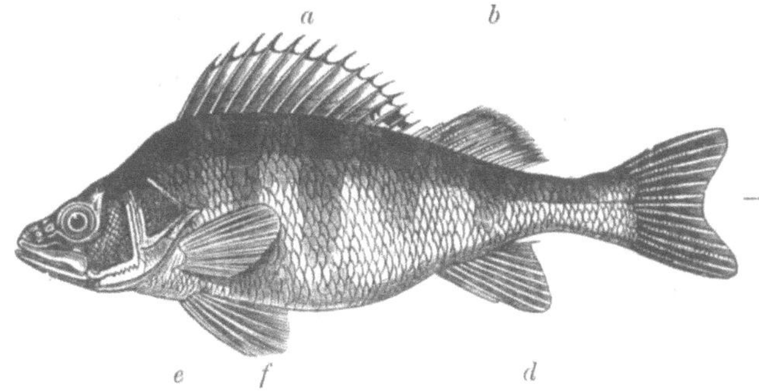

Fig. 528. *Perca fluviatilis Rond.*, der Flußbarsch. Nach CLAUS. Rückenflosse geteilt. *a* = hartstrahliger, *b* = weichstrahliger Teil derselben, *c* = Schwanzflosse, hier homocerk, *d* = Afterflosse, *e* = Brustflossen, *f* = Bauchflossen, hier brustständig.

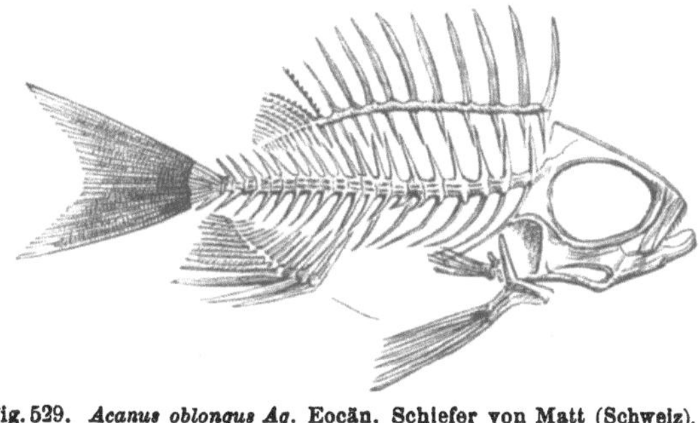

Fig. 529. *Acanus oblongus Ag.* Eocän. Schiefer von Matt (Schweiz). Rückenflosse mit 10 Stacheln und 12 weichen Strahlen.

setzt sind. Dazu gesellt sich das Kiemenskelett, ein aus einzelnen Bogen bestehendes Gerüst, welches die Kiemen stützt. Zum Schutze der Kiemen dient bei den höheren Fischen ein aus mehreren Operkularstücken bestehendes plattenförmiges Gebilde, der „Kiemendeckel". Die Zähne der Fische gehören ihrer Entstehung nach zum Hautskelett. Sie können sich auf sämtlichen an der Begrenzung der Mundhöhle teilnehmenden Knorpeln oder Knochen finden. Ihre Form ist äußerst mannigfaltig (dolchförmig, 3eckig-zugespitzt, kegelförmig, halbkuglig, bohnen- oder plattenförmig). Ihre Zahl sehr wechselnd, 6 bis mehrere 100. Sie bestehen aus der hervorragenden „*Krone*" und der meist durch Ligament auf den Knochen oder Knorpeln befestigten „*Wurzel*". Selten stehen sie in Alveolen. Während bei den höheren Wirbeltieren das die Hauptmasse des Zahnes bildende „*Dentin*" dicht ist, enthält es bei den Fischen meist zahlreiche Gefäße und wird daher als „*Vasodentin*" bezeichnet. Gewöhnlich ist es von einer Schmelzlage bedeckt. Die ältesten Fische finden sich im ob. Silur. Sie zerfallen, abgesehen vom Amphioxus und den Cyclostomen, die fossil nicht bekannt sind, in 5 Unterklassen: Selachii (Knorpelfische), Placodermi (Panzerfische), Dipnoi (Lurchfische), Ganoidei (Ganoidfische), und Teleostei (Knochenfische).

1. Unterklasse. *Selachii*. Knorpelfische.

Skelett knorplig, doch nimmt die Schädelkapsel zuweilen, die Wirbel in der Regel phosphorsauren Kalk auf und sind daher fossil erhalten. Haut mit Plakoidschuppen. Meist 5 Paar seitliche Kiemenspalten. Kiemen

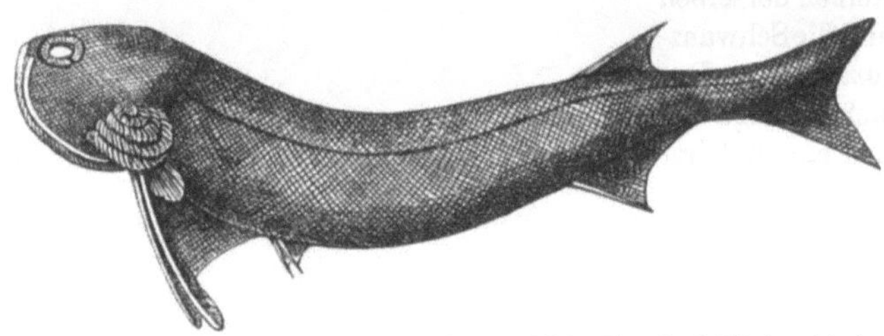

Fig. 530. *Acanthodes gracilis* F. Roem. Perm. Klein-Neundorf (Niederschlesien).

ohne Deckel. Darm mit Spiralfalte (sog. Spiralklappe); die Coprolithen daher spiralig aufgerollt, tannenzapfenähnlich.

Ordn. ***Acanthodi*** Ag. *Acanthodes* Ag. (Fig. 530). Körper schlank-spindelförmig, bis 35 cm lang. Maul terminal. Um das Auge ein Ring von Dentinplättchen. Kiemenbögen und z. T. der Schultergürtel verkalkt. Vor sämtlichen Flossen (exkl. der heterocerken Schwanzflosse) stehen kräftige, aus Dentin bestehende Stacheln. Schuppen fast quadratisch, sehr klein, dick, in schrägen Reihen angeordnet. Devon—Perm. Brack- und Süßwasserbewohner.

Ordn. ***Ichthyotomi*** Cope. *Pleuracanthus* Ag. (*Xenacanthus* Beyr.) (Fig. 531). Körper langgestreckt, bis 50 cm lang. Chorda undeutlich gegliedert. Maul terminal, Kopf hinten mit einem 2zeilig gezähnten Nackenstachel. Zähne mit 2 größeren divergierenden Spitzen, dazwischen häufig eine kleine Mittelspitze. Rückenflosse hinter dem Kopf beginnend und bis zu der diphycerken Schwanzflosse reichend. Brustflosse mit gegliederter Axe und 2zeilig angeordneten Strahlen. Karbon—Perm. Süßwasserbewohner.

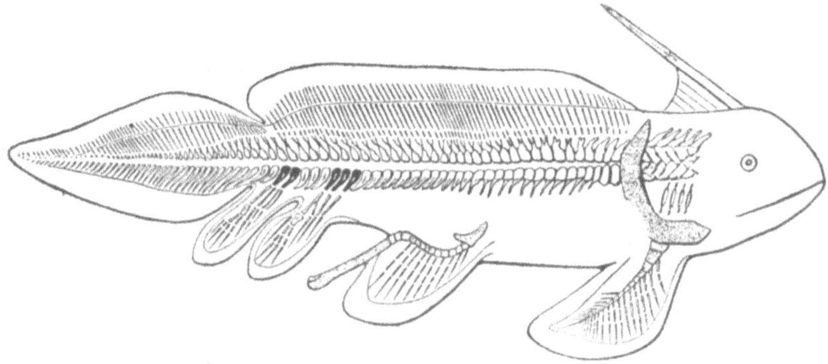

Fig. 531. *Pleuracanthus Ag.* Restauriert. Nach BRONGNIART.

Ordn. ***Plagiostomi*** MÜLL. (Quermäuler.) Haie und Rochen. Wirbelsäule gegliedert, Wirbel meist ± verkalkt. Mund quer, an der Unterseite (nicht terminal). Zähne in zahlreichen Reihen stehend, als spitze Fangzähne oder platte Mahlzähne ausgebildet. Schwanzflosse heterocerk. Nur marin. Silur—Jetzt.

1. Unterordnung. *Squaloidei.* Haie.

Körper meist spindelförmig, Kiemenspalten seitlich. Zähne meist spitz.

Fam. ***Notidanidae.*** *Notidanus* CUV. (Fig. 532 *a*). Zähne gezackt, die Zacken allmählich an Höhe abnehmend. Lias—Jetzt.

Fam. ***Lamnidae*** MÜLL. et HENLE. *Lamna* CUV. (Fig. 532 *d, e*). Zähne mit schlanker Hauptspitze und 2 kleinen Nebenspitzen. Kreide—Jetzt. Sehr ähnlich ist *Otodus* AG. (Fig. 532 *f*).

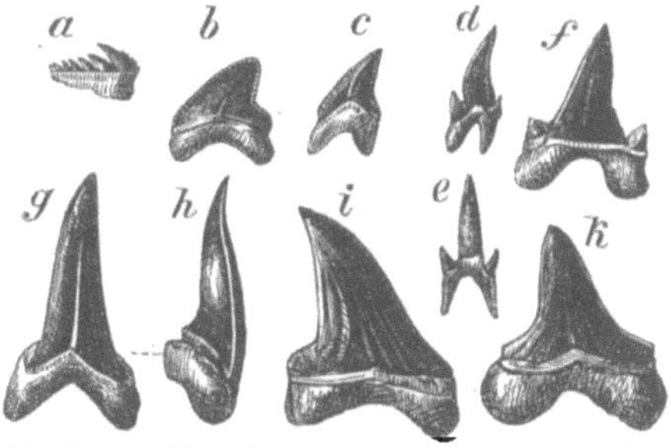

Fig. 532. Haifischzähne aus dem turonen Plänerkalk von Strehlen bei Dresden. *a Notidanus microdon Ag.*, *b, c Corax heterodon Rss.*, *d, e Lamna subulata Ag.*, *f Otodus appendiculatus Ag.*, *g, h, i, k Oxyrhina Mantelli Ag.*

Oxyrhina AG. (Fig. 532 *g–k*). Zähne wie bei Lamna, aber ohne Nebenzacken. Kreide—Jetzt.

Corax AG. (Fig. 532 *b, c*) Zähne 3-seitig, Ränder feingezähnelt. Kreide.

Carcharodon SMITH. Zähne 3-seitig, die scharfen Seitenkanten fein gezähnelt. Ob. Kreide—Jetzt, bes. im Tertiär. *C. megalodon* AG. Miocän und Pliocän. Der Riesenhai. Zähne bis 12 cm breit und 15 cm hoch. Tier ca. 15 m lang.

Fam. ***Cestracionidae*** AG. Vor den beiden Rückenflossen je ein kräftiger Stachel. Zähne in Querreihen angeordnet.

Cestracion CUV. Zähne in der Symphysenregion zugespitzt, seitliche Zähne in schrägen Reihen, plattenförmig, mit leicht konvexer, schwach gekielter, runzliger Krone. Ob. Jura—Jetzt.

Acrodus AG. (Fig. 533). Zähne mit gewölbter, gekielter, fein gefälteter Krone. Trias—Kreide. *A. minimus* AG. Rhät (Bonebed).

Hybodus Ag. (Figg. 534 u. 535). Rückenflossenstacheln längs gerieft, am hinteren Rand mit 2 Reihen von Zähnchen. Zähne quer verlängert, mit hoher Mittelspitze und jederseits mehreren, an Höhe allmählich abnehmenden Nebenspitzen. Krone fein vertikal gefältelt. Trias—Kreide.

Fig. 533. *Acrodus Anningiae Ag.* Unt. Lias. Lyme Regis (England).

Fig. 534. *Hybodus polyprion Ag.* Dogger. Stonesfield (England).

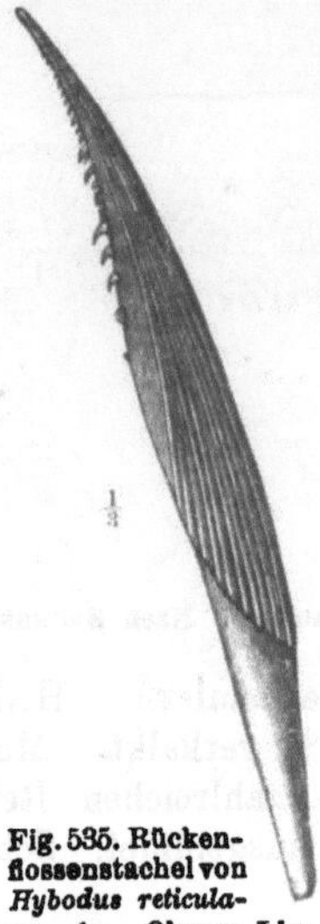

Fig. 535. Rückenflossenstachel von *Hybodus reticulatus Ag.* Oberer Lias. Württemberg.

2. Unterordnung.
Batoidei. Rochen.

Körper abgeplattet. Jura—Jetzt.

Myliobatis Cuv. Zähne plattenförmig, polygonal, zu einem mosaikartigen Pflaster vereinigt. Eocän—Rezent.

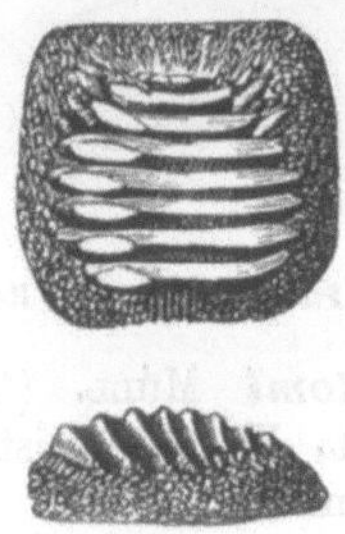

Fig. 536. *Ptychodus latissimus Ag.* Plänermergel. Turon. Groß-Schimnitz b. Oppeln.

Ptychodus Ag. (Fig. 536). Zähne von fast quadratischem Umriß, mit ± gewölbter Krone. Diese in der Mitte mit kräftigen Falten, an den Rändern unregelmäßig gekörnt. Sehr bezeichnend für die obere Kreide.

2. Unterklasse:
Placodermi. Panzerfische.

Kopf und meist der vordere Teil des Rumpfes mit Knochenplatten bedeckt. Innenskelett nicht oder unvollständig verknöchert. Zähne und paarige Flossen fehlen meist. Nur im Silur und Devon.

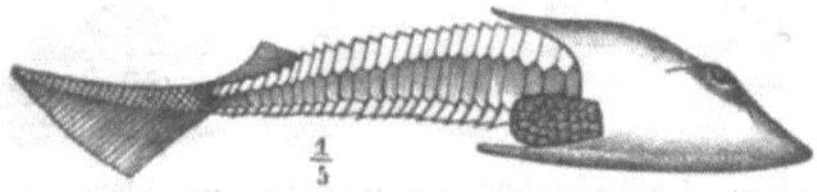

Fig. 537. *Cephalaspis Lyelli Ag.* Devon. Old red sandstone. Schottland. Restauriert. Nach Steinm.

Cephalaspis Ag. (Fig. 537). Kopfschild groß, halbkreisförmig, an der Mitte des Hinterrandes und meist an den Hinterecken stachelartig ausgezogen. Augen nahe der Mitte und sehr nahe beisammenstehend. Hinter dem Panzer jederseits 3 Längsreihen großer Schuppen. Von der Schwanzflosse ist nur der untere Lappen entwickelt. Ob. Silur—Devon. *C. Lyelli* Ag. 20 cm lang, im Old red sandstone.

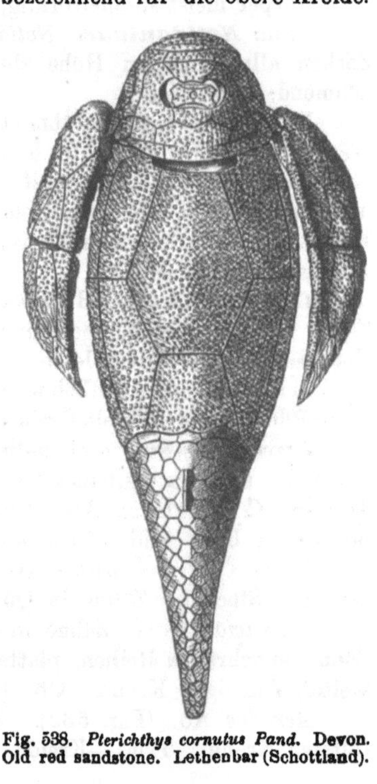

Fig. 538. *Pterichthys cornutus Pand.* Devon. Old red sandstone. Lethenbar (Schottland).

Pterichthys Ag. (Fig. 538). Kopf und vorderer Teil des Rumpfes von symmetrisch angeordneten, mit sternförmigen Höckerchen oder Runzeln verzierten Knochenplatten bedeckt. Nahe der Mitte des Kopfschildes liegen ziemlich nahe beisammen die runden Augenhöhlen. Die Rumpfpanzerung besteht aus 2 medianen, jederseits 2 halb dorsal, halb lateral gelegenen und 4 großen ventralen Platten, welch letztere eine kleine rhombische Mittelplatte umschließen. An den beiden vorderen Ventralplatten artikuliert ein die Brustflosse vertretendes, ebenfalls mit Knochenplatten bedecktes Ruderorgan.

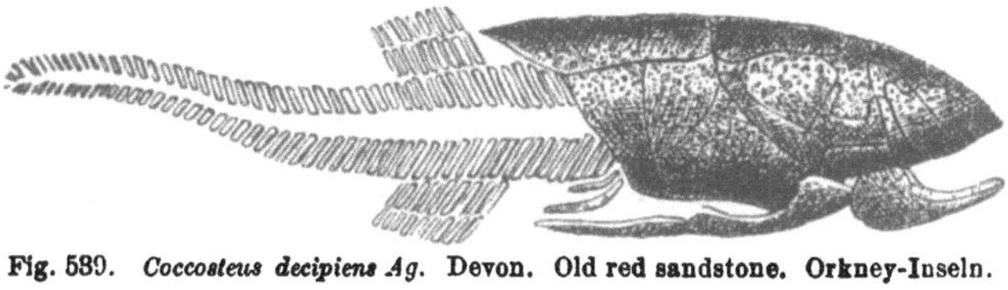

Fig. 539. *Coccosteus decipiens Ag.* Devon. Old red sandstone. Orkney-Inseln.

Unter sich sind diese Platten fest verbunden und bilden einen geschlossenen Panzer. Hintere Rumpf- und die Schwanzregion mit rundlichen oder hexagonalen Schuppen bedeckt. Devon.

Coccosteus Ag. (Fig. 539). Kopf und vorderster Teil des Rumpfes gepanzert, hintere Körperhälfte schuppenlos. Augen seitlich. Ruderorgan durch ein kurzes stachelartiges Gebilde ersetzt. Rücken-, After-, Bauch- und wahrscheinlich auch Brustflosse vorhanden. Devon.

3. Unterklasse. *Dipnoi.* Lurchfische.

Fische mit Kiemen und Lungen, äußeren und inneren Nasenlöchern. Devon—Jetzt.

Ceratodus Ag. (Figg. 540 u. 541). Mit Cykloidschuppen. Schwanzflosse

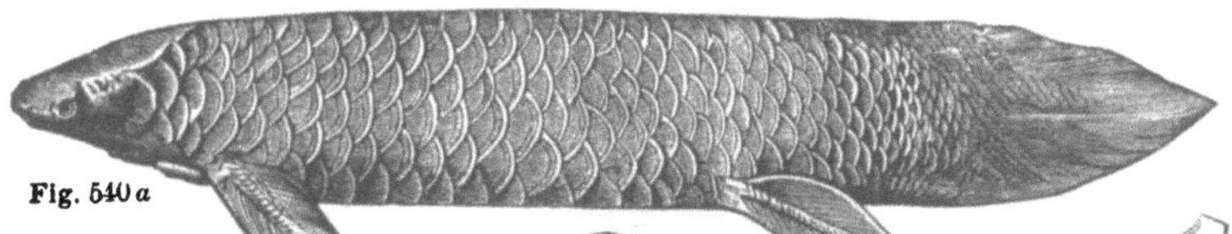

Fig. 540 a

Fig. 540 c

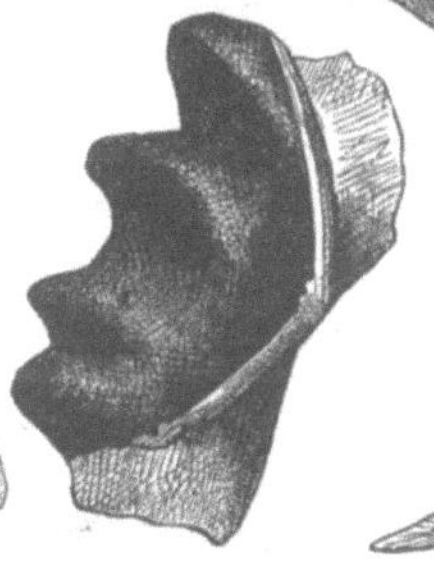

Fig. 541.

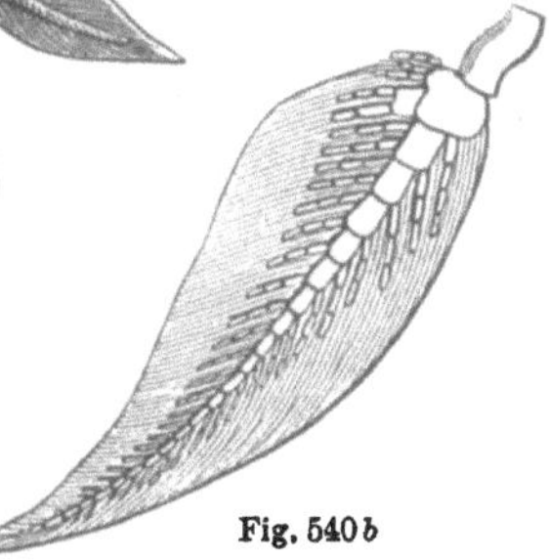

Fig. 540 b

Fig. 540. *a Ceratodus miolepis Günther.* Rezent. Queensland. Nach Claus. *b* Brustflosse desselben. Nach Günther. *c Ceratodus Forsteri Krefft.* Unterkiefer mit den beiden Zähnen. Nach Krefft.

Fig. 541. *Ceratodus Kaupii Ag.* Keuper. Lettenkohle von Hoheneck (Württemberg).

diphycerk. Paarige Flossen mit langer, gegliederter, knorpliger Axe und 2 zeilig angeordneten Strahlen. Gaumen und Unterkiefer tragen jederseits einen großen, mit hohen Radialfalten versehenen, am Rande ausgezackten Zahn. Trias—Jetzt. Früher für ausgestorben gehalten, wurde die Gattung 1870 lebend in Australien entdeckt.

4. Unterklasse. *Ganoidei.* Schmelzschupper.

Körper in der Regel mit Ganoidschuppen bedeckt. Wirbelsäule knorplig oder in verschiedenem Grade verknöchert. Schwanzflosse meist heterocerk. Die unpaaren Flossen sind am Vorderrand häufig mit kurzstachelförmigen oder zugespitzt-schuppenförmigen, oft gekielten Plättchen, „Fulcra" besetzt. Flossenstrahlen gegliedert. Darm mit Spiralklappe. Die Ganoiden treten zuerst im Devon auf, sind am verbreitetsten vom jüngeren Paläozoikum an bis in den Jura und werden von da ab durch die Teleostier verdrängt. Gegenwärtig existieren nur noch einige Gattungen (Polypterus). Die fossilen, bis inkl. der Kreide finden sich meist in rein marinen Ablagerungen; die tertiären in Süßwasserbildungen

Fig. 542. *Macropoma Mantelli Ag.* Koprolith. Turoner Plänerkalk von Weinböhla bei Dresden.

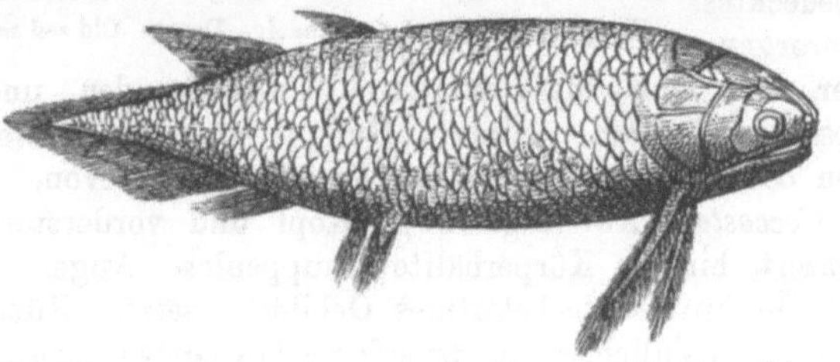

Fig. 543. *Holoptychius nobilissimus Ag.* Devon. Old red sandstone. Elgin (Schottland).

und auch die jetzigen Formen leben entweder ausschließlich oder doch zeitweilig in süßem Wasser.

Ordn. ***Crossopterygii*** Huxley. Quastenflosser Paarige Flossen quastenförmig, mit beschuppter Axe. Fulcra fehlen. Devon—Jetzt.

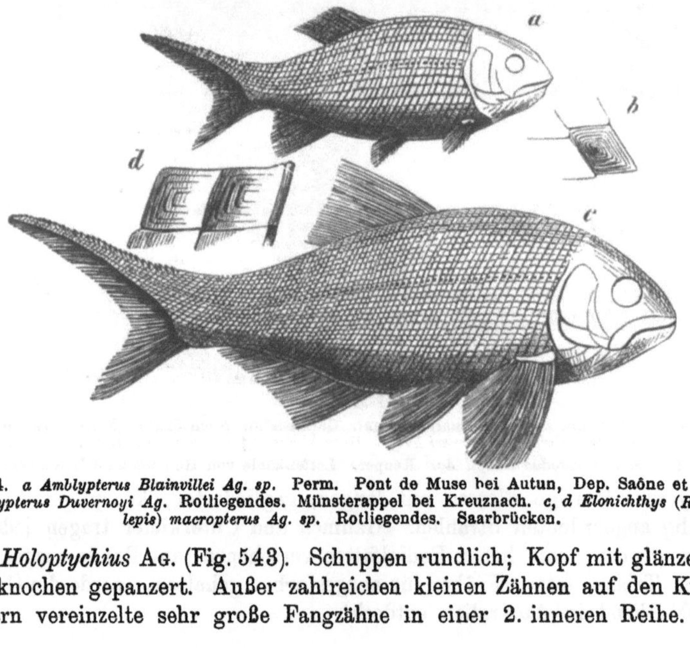

Fig. 544. *a Amblypterus Blainvillei Ag. sp.* Perm. Pont de Muse bei Autun, Dep. Saône et Loire. *b Amblypterus Duvernoyi Ag.* Rotliegendes. Münsterappel bei Kreuznach. *c, d Elonichthys (Rhabdolepis) macropterus Ag. sp.* Rotliegendes. Saarbrücken.

Holoptychius Ag. (Fig. 543). Schuppen rundlich; Kopf mit glänzenden Hautknochen gepanzert. Außer zahlreichen kleinen Zähnen auf den Kieferrändern vereinzelte sehr große Fangzähne in einer 2. inneren Reihe. Die

Zähne — isoliert als *Dendrodus* beschrieben — mit sehr komplizierter, mäandrisch gefalteter Struktur. Devon.

Ordn. ***Heterocerci*** ZITTEL. Schuppen meist rhombisch, Schwanzflosse heterocerk. Unpaare, häufig auch paarige Flossen mit Fulcra. Wirbel nicht verknöchert. Devon—Jura.

Palaeoniscus BLV. Körper schlank, Zähne klein, spitz-konisch, etwas ungleich. Schuppen rhombisch, mit unregelmäßigen Querfurchen. Perm, bes. im Kupferschiefer; die häufigste Art in diesem ist *Pal. Freieslebeni* BLV.

Elonichthys GIEB. (*Rhabdolepis* TROSCH. Fig. 544 *c, d*). Körper spindelförmig, vorn ziemlich dick. Schuppen fein gestreift. Kiefer mit einer inneren Reihe größerer, konischer und einer äußeren Reihe winziger Bürstenzähnchen. Karbon und Perm.

Amblypterus AG. (Fig. 544 *a, b*). Körperform wie Elonichthys, aber Schuppen glatt und Fulcra der Flossen schwach; Zähne sehr klein, bürstenförmig, alle gleich. Perm, bes. im Rotliegenden. *A. latus* AG. in den Sphärosideritnieren des Rotliegenden von Lebach bei Saarbrücken. Zahlreiche Arten wurden ursprünglich als Palaeoniscus beschrieben.

Platysomus AG. (Fig. 545). Körper seitlich komprimiert, hoch, von rhombischem Umriß. Schuppen höher als breit, auf der Innenseite mit einem dem Vorderrand parallelen Kiel und einem Stachel am Oberrand. Karbon und Perm.

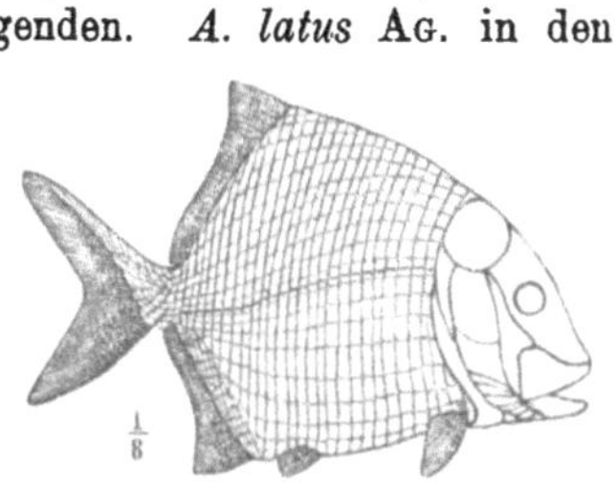

Fig 545. *Platysomus striatus Ag.* Perm. (Magnesian limestone) England.

Ordn. ***Pycnodonti*** LÜTKEN. Körper seitlich komprimiert, sehr hoch, breit oval. Schuppen höher als lang, mit leistenartig verdicktem Vorderrand. Diese sich aneinander anschließenden Leisten erscheinen als Hautrippen oder -riefen. Sehr charakteristisch ist die Bezahnung: Oberkiefer zahnlos, Vomer und Palatinum sind verwachsen und tragen 5 Reihen rundlicher oder ovaler Mahlzähne. Die Zähne der mittelsten Reihe sind am größten. Der Unterkiefer trägt einen Belegknochen (Spleniale) mit 3—6 Reihen von Mahlzähnen. Auf der Praemaxilla und dem vordersten Teil des Unterkiefers stehen einige meiselförmige Zähne. Jura—Eocän.

Die einzelnen Gattungen unterscheiden sich namentlich durch verschiedene Form der Flossen und Zähne.

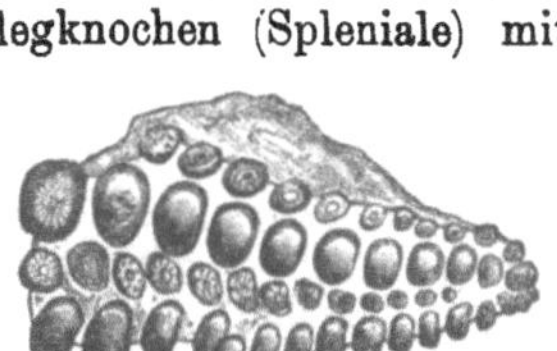

Fig. 546. *Microdon alternans Qu.* Malm. Spleniale des Unterkiefers.

Microdon AG. (Fig. 546). Zähne glatt. Ob. Jura. Ähnlich ist *Mesodon* WAGN. Lias—unt. Kreide und *Pycnodus* AG. Eocän.

Gyrodus AG. besitzt Zähne mit vertieftem Zentrum und runzligem Rand. Dogger—ob. Kreide, bes. im Malm; hier erreicht *Gyr. titanius* WAGN. die Länge von 1 m.

Ordn. ***Lepidostei*** HUXLEY. Körper mit rhombischen, gelenkig verbundenen Ganoidschuppen bedeckt. Unpaare Flossen stets, paarige zuweilen mit Fulcra. Zähne zugespitzt, griffelförmig oder halbkuglig. Eine Gattung im Perm, einige wenige im Tertiär und lebend (z. B. *Lepidosteus* in den Flüssen Nordamerikas), sämtliche übrige in mesozoischen Schichten. Hauptverbreitung im Jura.

Semionotus Ag. (Fig. 547). Körper schlank, mit einer aus stachligen Schuppen bestehenden Rückenkante; Rücken- und Schwanzflosse groß, die übrigen Flossen klein. Zähne der äußeren Reihe griffelförmig. Trias, bes. im mittl. Keuper (Semionotus-Sandstein).

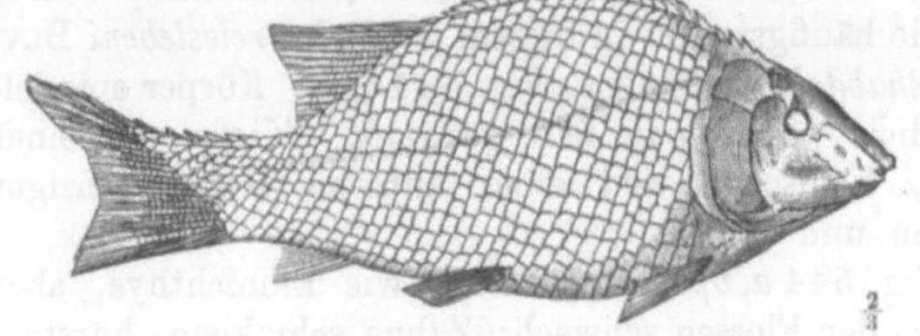

Fig. 547. *Semionotus Kapffi Fraas.* Keuper. (Stubensandstein.) Stuttgart. Nach Fraas.

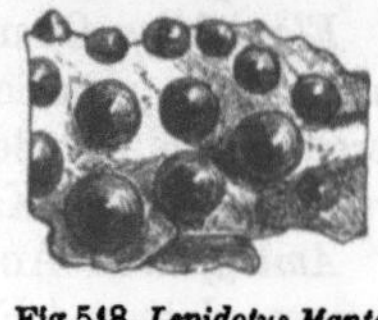

Fig. 548. *Lepidotus Mantelli Ag.* Wealden. Hastings (England). Nach Steinm.

Dapedius de la Beche. Körper oval, alle Flossen mit Fulcren. Rücken- und Afterflosse lang. Trias und bes. im Lias. *Dap. pholidotus* Ag. Ob. Lias.

Lepidotus Ag. (Fig. 548). Körper länglich, Zähne auf der Praemaxilla meiselförmig, alle übrigen halbkuglig, zuweilen mit einer zentralen stumpfen Spitze. Trias—unt. Kreide, bes. im Jura. *L. Elvensis* Blv. Lias. *Lep. maximus* Wagn. (= *Sphaerodus gigas* Ag.). Tithon, fast 2 m lang.

5. Unterklasse. *Teleostei.* Knochenfische.

Haut mit Cykloid- oder Ctenoidschuppen, selten mit knöchernen Platten (z. B. Hippocampus, Seepferdchen), Wirbelsäule verknöchert, Schwanzflosse äußerlich homocerk. Die Bauchflossen rücken zuweilen weit nach vorn. Fulcren fehlen; Darm ohne Spiralklappe. Trias—Jetzt. Sie zerfallen je nachdem die Schwimmblase einen Ausführungsgang besitzt oder nicht in die beiden Ordnungen der Physostomi und Physoclysti.

Fig. 549. *Leptolepis sprattiformis Ag.* Tithon. Kelheim. Nach Steinm.

I. Ordnung. Physostomi.

Schwimmblase mit Ausführungsgang. Bauchflossen stehen bauchständig; alle Flossenstrahlen gegliedert, nur der vorderste Strahl der Rücken- und Brustflosse ist zuweilen ein ungegliederter Stachel. Schuppen stets cykloid. Trias—Jetzt.

Fig 550. *Clupea ventricosa Mey.* Miocän. Unterkirchberg bei Ulm.

Fam. ***Clupeidae.*** Heringe. *Leptolepis* Ag. (Fig. 549). Schlanke, gesellig vorkommende Fische von Sprotten- bis Heringsgröße. Lias—unt. Kreide, bes. häufig im lithogr. Kalkstein von Solnhofen. *L. Knorri* Ag.

Clupea Cuv. (Fig. 550). Auf der Ventralseite eine sägeartig gezackte Bauchkante. Neocom—Jetzt. *Cl. harengus* L. Hering.

Meletta VAL. Kleine, schlanke Fische mit dicken, strahlig verzierten Cykloidschuppen. Tertiär—Jetzt, bes. häufig im unt. und mittl. Oligocän in Elsaß, den Alpen und Karpathen (Melettaschiefer). *M. sardinites* HAECK. Unt. Oligocän.

Weitere hierher gehörige Familien sind die Salmonidae (Lachse), Muraenidae (Ale), Siluridae (Welse), Esocidae (Hechte), welche seit der Kreide, und die Cyprinidae (Weißfische und Karpfen), welche seit dem Tertiär in fossilen Resten bekannt sind.

II. Ordnung. Physoclysti.

Schwimmblase ohne Ausführungsgang. Bauchflossen häufig nach vorn gerückt (brust- oder kehlständig). Flossenstrahlen gegliedert oder ungegliedert. Schuppen cykloid oder ctenoid, zuweilen statt ihrer Knochenplatten. Kreide—Jetzt. Zu ihnen gehört der größte Teil der tertiären und lebenden Meeresfische.

Protosphyraena LEIDY. Ethmoideum verdickt und weit über das Maul hinaus dolchförmig verlängert. Ob. Kreide.

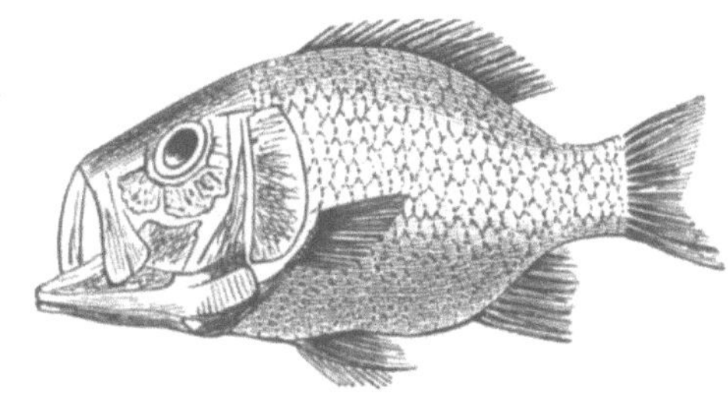

Fig. 551. *Beryx Lewesiensis Mant.* Senon. Lewes (Sussex). Restauriert, stark verkleinert.

Beryx CUV. (Fig. 551). Körper kurz, gedrungen, ziemlich hoch. Rückenflosse mit vorderem stachligen und hinterem weichen Teil; Bauchflossen brustständig; Schuppen ctenoid. Kreide—Jetzt.

Amphisyle KLEIN (Fig. 552). Kleine, seitlich komprimierte Fischchen mit röhrenförmig verlängertem Maul. Rücken gepanzert, Schuppen und Zähne fehlen. Tertiär und Jetzt. Besonders häufig in den obereocänen Melinitschiefern in Galizien und mit Meletta (s. o.) zusammen im unt. und mittl. Oligocän im Elsaß und Österreich (Amphisyleschiefer).

Fig. 552. *Amphisyle Heinrichi Heckel.* Ob. Eocän. Krakowiza (Karpathen). Nat. Gr. Nach HECKEL.

2. Klasse. Amphibia. Amphibien. Lurche.

Kaltblütige, nackte, zuweilen mit hornigen oder — bei geologisch alten Formen — knöchernen Schuppen bedeckte Vertebraten. Körper langgestreckt, geschwänzt (Salamander), oder kurz, gedrungen, schwanzlos (Frösche). Atmung in der Jugend durch Kiemen und Lungen, später in der Regel nur durch letztere. Entwicklung mittels Metamorphose. An der Basis des Schädels wie bei den Fischen ein großes Parasphenoid, auch sind die Rippen niemals am Brustbein befestigt. Extremitäten in der Regel als 4- oder 5fingerige Geh- oder Schwimmfüße ausgebildet. Hinterhaupt mit 2 Gelenkköpfen an dem einzigen Halswirbel artikulierend. Die Wirbelsäule besteht aus einer sehr verschieden großen Zahl von Wirbeln (10—150) und zeigt sehr verschiedene Stadien der Verknöcherung. Sind die Wirbel vollständig verknöchert, können sie amphicöl, procöl oder opisthocöl sein. Zähne können sich wie bei den Fischen auf sämtlichen die Mundhöhle begrenzenden Knochen, also auch auf Vomer, Palatinum, Pterygoid und Parasphenoid finden, doch sind dies seltene Ausnahmen (Acanthostoma, Fig. 553). Sie sind von spitzkonischer Form und stehen entweder auf den Kiefern („*acrodonte*“ Bezahnung) oder sind seitlich an der Innenfläche des etwas erhöhten Außenrandes der Kiefer befestigt („*pleurodonte*“ Bezahnung).

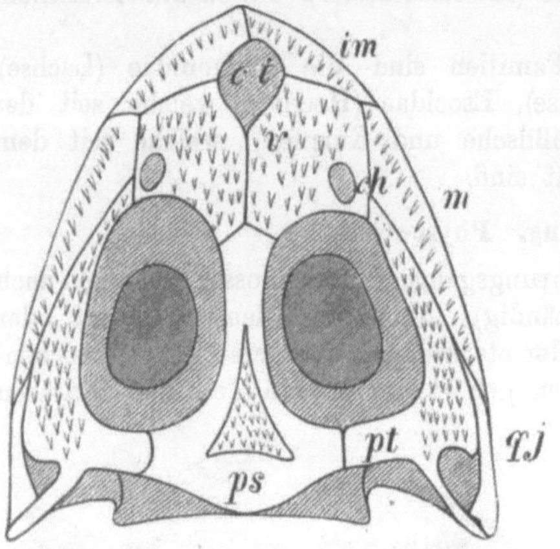

Fig. 553. ***Acanthostoma vorax Crdn.*** **Unterseite des Schädels. Vergr. Kalkstein des Rotliegenden von Niederhäßlich im Plauenschen Grund bei Dresden. *ps* Parasphenoid, *pt* Pterygoideum, *v* Vomero-Palatinum, *m* Maxilla, *im* Praemaxilla. Sämtlich bezahnt! *qj* Quadratojugale, *ci* Cavum internasale, *ch* Choanen. Nach CREDNER.**

Abgesehen von den fossil unbekannten Cöciliae (Blindwühler), zerfallen die jetzt lebenden, teils das Land, teils das Wasser bewohnenden Amphibien in 1. Urodela: Schwanzlurche, u. 2. Anura: Froschlurche. Zu diesen gesellt sich noch die ausgestorbene Gruppe der 3. Stegocephala. Die geologische Verbreitung dieser 3 Gruppen ist eine sehr eigentümliche: Die Stegocephala beginnen im Karbon und erlöschen in der Trias. Aus dem Jura sind überhaupt keine Amphibien bekannt, vielmehr erscheinen sie erst in der Kreide wieder mit einer Urodelengattung (*Hylaeobatrachus* DOLLO.), und erst vom Eocän ab findet man außer den Urodelen auch Anuren.

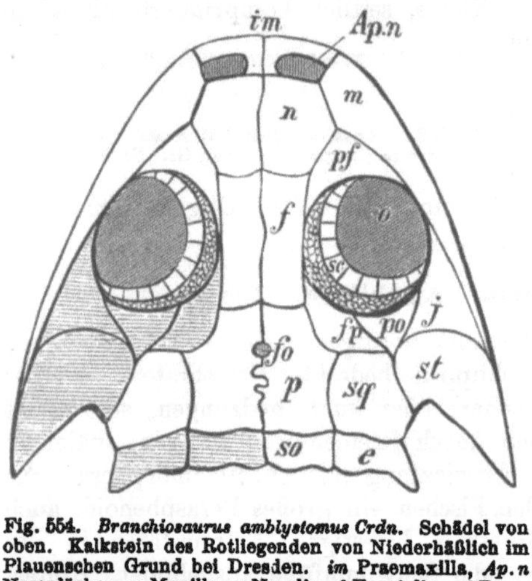

Fig. 554. ***Branchiosaurus amblystomus Crdn.*** **Schädel von oben. Kalkstein des Rotliegenden von Niederhäßlich im Plauenschen Grund bei Dresden. *im* Praemaxilla, *Ap.n* Nasenlöcher, *m* Maxilla, *n* Nasalia, *f* Frontalia, *pf* Praefrontalia, *p* Parietalia, *fo* Foramen parietale, *so* Supraoccipitalia, *o* Orbita, *sc* Sklerotikalring und Sklerotikalpflaster, *fp* Postfrontalia, *po* Postorbitalia, *j* Jugalia, *st* Supratemporalia, *sq* Squamosa, *e* Epiotica. Die horizontal schraffierten Knochen fehlen den lebenden Lurchen und sind deshalb für die Schädeldecke der Stegocephalen charakteristisch, ebenso das Foramen parietale, der Sklerotikalring u. das Sklerotikalpflaster. Nach CREDNER.**

I. Ordnung. Stegocephala. Panzerlurche.

Meist salamander- oder eidechsenförmige, geschwänzte, z. T. Krokodilgröße erreichende Amphibien, welche sich von sämtlichen übrigen durch folgende, für sie daher sehr charakteristische Eigenschaften unterscheiden: Sie besitzen einen geschlossenen, aus soliden Hautknochen bestehenden Kopfpanzer und meist einen aus knöchernen Schuppen zusammengesetzten Bauchpanzer. Die in diesem Kopfpanzer vorhandenen Knochen, welche dem Schädel der übrigen Amphibien fehlen, sind folgende: Supraoccipitale, Epioticum, Supratemporale, Postfrontale, Postorbitale und Jugale. Die Lage derselben ergibt sich aus den Abbildungen Figg. 522 u. 554. Sie besitzen ferner zwischen den Parietalia ein Foramen parietale. Ein aus kleinen Plättchen bestehender Sklerotikalring umgibt häufig das Auge. Auch auf dem Augenlid zuweilen ein aus kleinen Knochenplättchen bestehendes Pflaster (Fig. 554). An der Kehle finden sich außen 3 zum Brustgürtel gehörende sog. „*Kehlbrustplatten*", eine mittlere als „*Entosternum*", *Episternum* oder *Interclavicula* bezeichnete u. 2 seitliche „*Claviculae*". Schließlich können bei ihnen sämtliche die Mundhöhle begrenzenden Knochen Zähne tragen (Fig. 553). Die Wirbelsäule zeigt sehr verschiedene Grade der Verknöcherung. Karbon—Trias. Die jüngsten Formen zeigen die stärkste Verknöcherung des Innenskeletts, besonders der Wirbel. Nach dem Bau der letzteren zerfallen die Stegocephala in 4 Unterordnungen: Phyllospondyli, Lepospondyli, Temnospondyli und Stereospondyli.

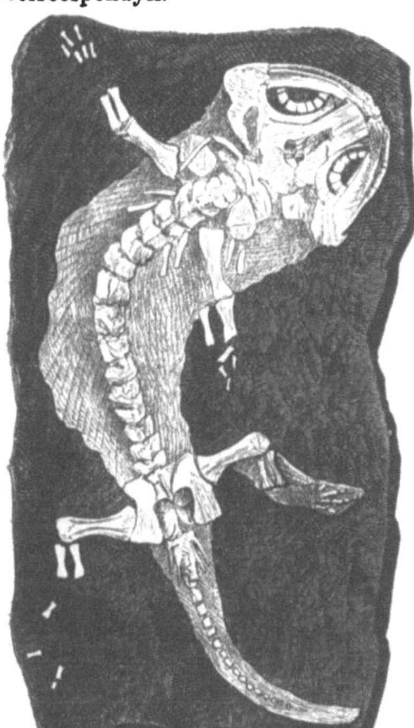

Fig. 555. *Branchiosaurus salamandroides Fritsch.* Perm. Gaskohle von Nyřan (Böhmen). In zweifacher Größe.

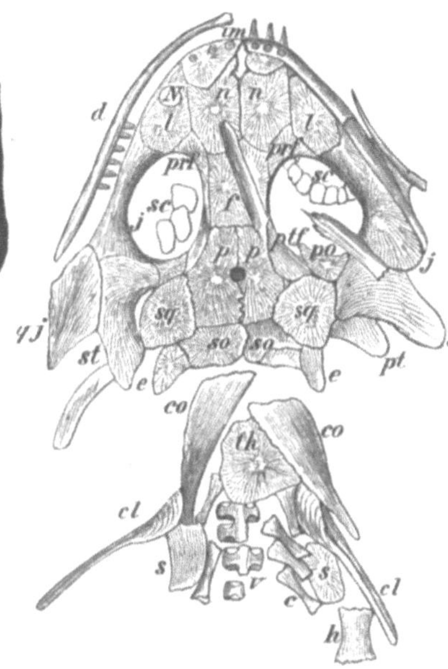

Fig. 556. *Pelosaurus laticeps Crdn.* Kalkstein des Rotliegenden von Niederhäßlich. *so* Supraoccipitale, *p* Parietale, *f* Frontale, *prf* Praefrontale, *ptf* Postfrontale, *n* Nasale, *l* Lacrymale, *im* Praemaxilla, *sq* Squamosum, *e* Epioticum, *st* Supratemporale, *qj* Quadratojugale, *j* Jugale, *po* Postorbitale, *sc* Sklerotikalring, *N* äußeres Nasenloch, *d* Dentale des Unterkiefers, *co* seitliche Kehlbrustplatte (Clavicula), *th* mittlere Kehlbrustplatte (Episternum), *cl* Scapula, *s* Coracoid, *v* Wirbel, *c* Rippen, *h* Humerus. Nach Credner.

1. Unterordnung. *Phyllospondyli* Crdn.

Chorda nur ventral von 2 dünnen Knochenplättchen bedeckt, intravertebral nicht eingeschnürt, Wirbel daher tonnenförmig. Dentinsubstanz der mit großer Pulpa versehenen Zähne ungefaltet. Karbon—Perm.

Branchiosaurus Fritsch (Figg. 522, 554 u. 555). Salamanderähnliche Lurche mit breitem Schädel. Außer dem Sklerotikalring ein aus kleinen Plättchen bestehendes Augenlidpflaster vorhanden. Der ganze Rumpf, sowie der Schwanz und die Extremitäten waren an ihrer Unterseite mit querovalen, reihenweise in verschiedenen Systemen angeordneten knöchernen Schuppen bedeckt. Von einer Art *Br. amblystomus* Crdn. konnte Credner die ganze Entwicklungsgeschichte aufs genaueste darlegen. Die Larven, ursprünglich als *Br. gracilis* beschrieben, besaßen noch keinen Bauchpanzer. Ihre knorpligen Kiemenbogen trugen verkalkte Zähnchen. Perm.

Pelosaurus Crdn. (Fig. 556). Kopf rel. groß; vor der Orbita ein Os lacrymale vorhanden. Perm.

2. Unterordnung. *Lepospondyli* Zitt. Hülsenwirbler.

Wirbelkörper aus einheitlichen, sanduhrförmig. Knochenhülsen bestehend, welche Reste der Chorda umschließen. Zähne einfach, mit großer Pulpa. Karbon—Perm.

Acanthostoma Crdn. (Fig. 553). Sämtliche an der Begrenzung der Mundhöhle teilnehmenden Knochen sind bezahnt. Perm.

3. Unterordnung. *Temnospondyli* Zitt. Schnittwirbler.

Wirbelkörper aus mehreren getrennten Knochenstücken bestehend, nämlich einem basalen, hufeisenförmigen „*Hypocentrum*“ und 2 keilförmigen, seitlichen, der „*Pleurocentra*“. Zähne gefurcht, Zahnsubstanz radial gefaltet. Karbon — unt. Trias.

Archegosaurus v. Mey. (Fig. 557). Schädel in der Jugend stumpf parabolisch, im Alter streckt sich der Schnauzenteil stark in die Länge. Kopfknochen und Kehlbrustplatten radial skulpturiert. Orbita mit Sklerotikalring. Bauchpanzer aus langen, schmalen Schuppen gebildet. Tier bis 1,5 m groß. Perm. Besonders in den Sphärosideritnieren des Rotliegenden von Lebach bei Saarbrücken.

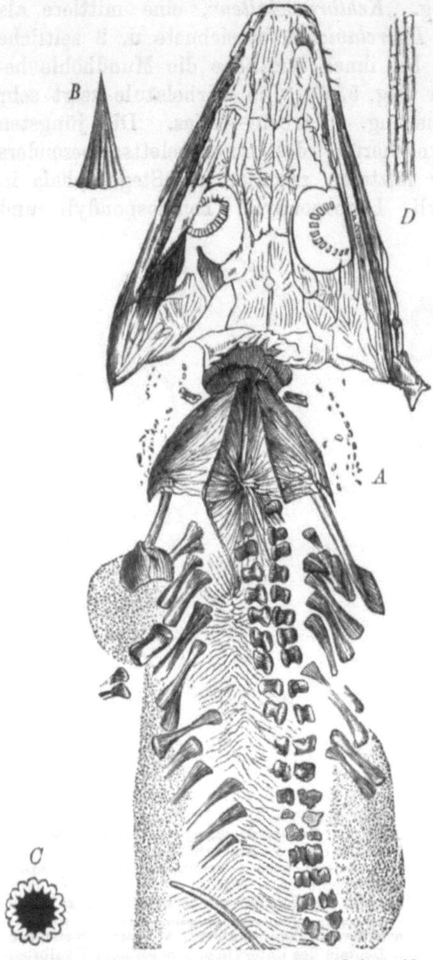

Fig. 557. *Archegosaurus Decheni Goldf.* Sphärosiderit des mittl. Rotliegenden. Lebach bei Saarbrücken. *A* Ansicht eines zur größeren Hälfte erhaltenen Exemplares (1/2). *B* Ein Zahn (2/1). *C* Sein Querschnitt in der Nähe der Basis. Vergr. *D* Schuppen des Bauchpanzers. Nat. Gr.

4. Unterordnung. *Stereospondyli.* Vollwirbler.

Wirbelkörper einheitlich, massiv, doch zuweilen im Centrum durchbohrt; amphicöl, doch die Konkavität der Vorder- und Hinterflächen oft sehr gering. Dentin der Zähne mäandrisch gefaltet (Fig. 558). Schleimkanäle zwischen Orbita und den Nasenlöchern eine Lyra bildend. Karbon—Trias. Die

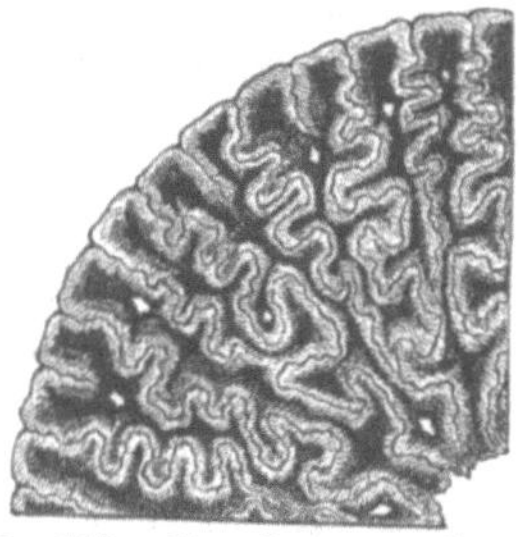

Fig. 558. *Mastodonsaurus Jaegeri v. Mey.* Keuper. Teil eines Zahnquerschnittes. Vergr. Nach OWEN

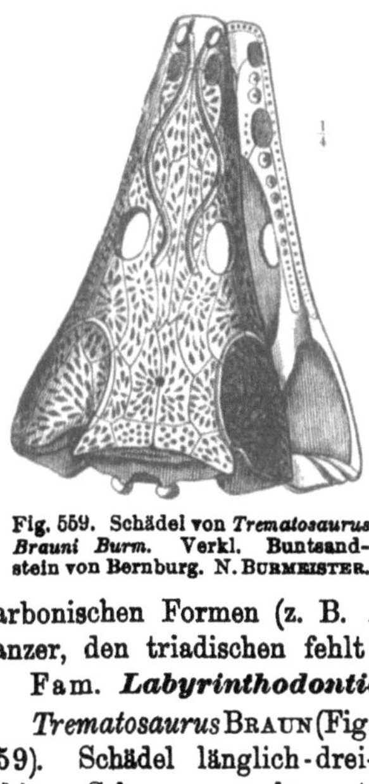

Fig. 559. Schädel von *Trematosaurus Brauni Burm.* Verkl. Buntsandstein von Bernburg. N. BURMEISTER.

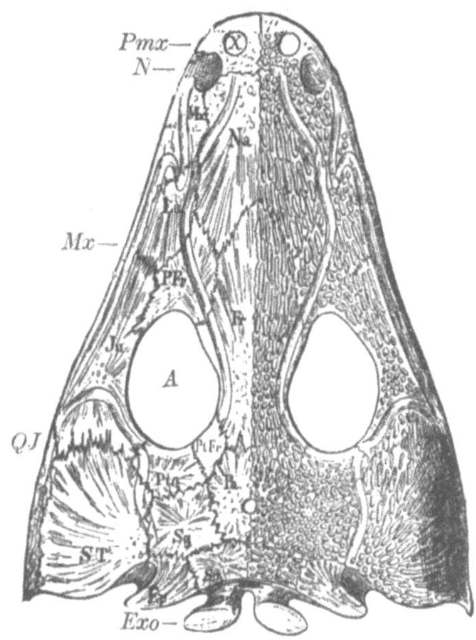

Fig. 560. Schädel von *Mastodonsaurus giganteus Jaeg.* Keuper. *A* Augenhöhle. *N* Nasenloch. *X* Durchbruchöffnung der Fangzähne des Unterkiefers. *Pmx* Praemaxilla. *Mx* Maxilla. *Na* Nasale. *La* Lacrymale. *Pfr* Praefrontale. *Fr* Frontale. *PtFr* Postfrontale. *Pa* Parietale. *Pto* Postorbitale. *Sq* Squamosum. *Sc* Supraoccipitale. *Ep* Epioticum. *Ju* Jugale. *QJ* Quadrato-Jugale. *Exo* Exoccipitale. Nach E. FRAAS.

karbonischen Formen (z. B. *Anthracosaurus* HUXL.) besitzen einen Bauchpanzer, den triadischen fehlt ein solcher.

Fam. ***Labyrinthodontidae.*** Labyrinthzähner. Trias.

Trematosaurus BRAUN (Fig. 559). Schädel länglich-dreieckig, Schnauze verlängert. Mittlere Kehlbrustplatte rhombisch, langgestielt. Buntsandstein. *Tr. Brauni* BURM.

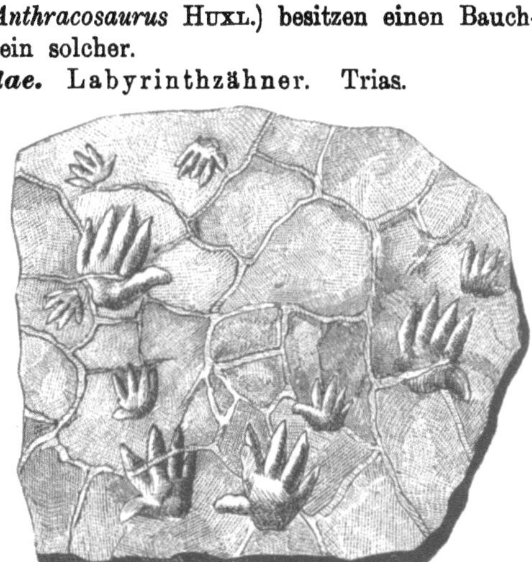

Fig. 561. *Chirotherium Barthi Kaup.* Buntsandstein von Heßberg bei Hildburghausen. Verkl.

Capitosaurus MÜNST. und *Cyclotosaurus* FRAAS. Schnauze vorn gerundet. Auf Palatin und Vomer stehen je 1—2, und in der Symphysenregion des Unterkiefers 2 gewaltige Fangzähne. Zum Durchtritt der letzteren durch den Gaumen befindet sich zwischen Vomer und Praemaxilla eine quere Öffnung. Neben dem Epioticum ist ein schmaler Ohrausschnitt, welcher bei Capitosaurus hinten offen, bei Cyclotosaurus hinten geschlossen ist. Beide Gattungen finden sich im Keuper, bes. von Württemberg, seltener im Buntsandstein, z. B. *Capitosaurus nasutus* v. Mey. zusammen mit Trematosaurus im Buntsandstein von Bernburg.

Mastodonsaurus Jaeg. (Fig. 560). Schädel bis 1 m lang! Augenhöhlen sehr groß. Vor den Nasenlöchern befinden sich 2 runde Öffnungen zum Durchtritt der gewaltigen Fangzähne der Symphysenregion des Unterkiefers. Keuper. *Mast. giganteus* Jaeg.

Die Fußspuren derartiger großer Labyrinthodonten sind als *Chirotherium* Kaup (Fig. 561) beschrieben; besonders häufig finden sie sich in der unteren Abteilung des oberen Buntsandsteins (Chirotherium-Sandstein).

II. Ordnung. Urodela. Schwanzlurche.

Körper langgestreckt, geschwänzt. Haut nackt. Schädel ohne Foramen parietale u. ohne Supraoccipitalia, Epiotica, Postfrontalia, Postorbitalia u. Supratemporalia. Kreide—Jetzt. Fossile Reste selten.

Im oberen Miocän von Öningen am Bodensee hat sich eine mit dem japanischen Riesensalamander

Fig. 562. *Andrias Scheuchzeri Tschudi.* Ob. Miocän. Öningen in Baden.

Fig. 563. *Palaeobatrachus diluvianus Br.* Miocän. Orsberg bei Erpel.

(Cryptobranchus) naheverwandte Form gefunden: *Andrias Scheuchzeri* Tschudi (Fig. 562), 1,5 m lang. (Scheuchzers Homo diluvii testis.)

III. Ordnung. Anura. Froschlurche.

Körper gedrungen, schwanzlos. Die Schwanzwirbel sind zu einem dolchförmigen Knochen (Coccyx) verwachsen. Fossile Formen seit Eocän, von den lebenden wenig verschieden.

Palaeobatrachus TSCHUDI (Fig. 563) findet sich besonders in schiefrigen Braunkohlen des Miocän.

3. Klasse. Reptilia.

Kaltblütige, ausschließlich durch Lungen atmende Land- und Wassertiere. Haut nackt, beschuppt oder mit knöchernen Platten bedeckt. Innenskelett vollständig verknöchert. Hinterhaupt mit einem Gelenkkopf. Entwicklung ohne Metamorphose.

Am Schädel gelenkt der Unterkiefer an einem selbständig entwickelten Knochen, dem *Os quadratum*. Auf dem Pterygoid erhebt sich ein meist stabförmiger Knochen, die „*Columella*" und verbindet dieses mit dem Parietale oder Frontale. Zwischen Pterygoid und Maxilla befindet sich meist ein besonderer Knochen: das *Os transversum*. Zähne meist vorhanden, selten fehlend (Schildkröten). Im ersteren Fall ist die Bezahnung *acrodont* oder *pleurodont* (s. ob. S. 194) oder die Zähne stehen in besonderen Alveolen: *thecodonte* Bezahnung. Der Schultergürtel besteht jederseits aus mindestens 2 Knochen, dem *Coracoideum* und der *Scapula*, von denen das Coracoid stets der größere ist. Meist indes treten noch hinzu die *Claviculae* und eine *Interclavicula* (*Episternum*). Die äußere Körperform und die Lebensweise der Reptilien ist sehr mannigfaltig, dem entsprechend auch die Ausbildung der Extremitäten. Sie sind bald Gehfüße (Dinosaurier), bald Flossen (Ichthyosaurus); die Vorderextremität ist zuweilen als Flugorgan ausgebildet (Pterodactylus). Zuweilen fehlen Extremitäten überhaupt (Schlangen). Die ersten Reptilien finden sich im Perm; den Höhepunkt ihrer Entwicklung erreichen sie im mesozoischen Zeitalter und zwar besonders im Jura. Sie zerfallen in 9 Ordnungen (die mit * bezeichneten sind ausgestorben).

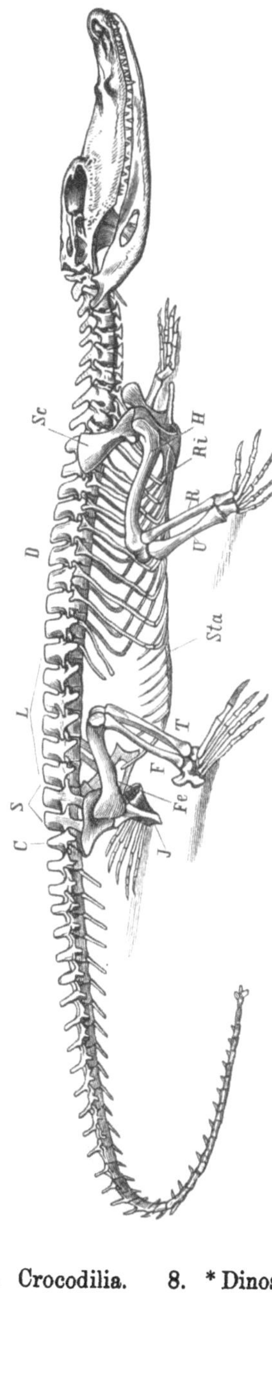

Fig. 564. Skelett von *Crocodilus vulgaris Cuvier*, Krokodil. Nach CLAUS. *D* Dorsalregion, *L* Lumbalregion, *S* Sakralregion (Sacrum), *Ri* Rippen, *Sc* Scapula, *H* Humerus, *R* Radius, *U* Ulna, *Sta* Bauchrippen (in ihrer Gesamtheit zuweilen als Sternum abdominale bezeichnet), *T* Tibia, *F* Fibula, *I* Ischium, *C* 1. Schwanzwirbel. *Fe* Femur.

1. Rhynchocephalia. 2. Lepidosauria. 3. *Ichthyosauria. 4. *Sauropterygia. 5. *Theromorpha. 6. Testudinata. 7. Crocodilia. 8. *Dinosauria. 9. *Pterosauria.

I. Ordnung. Rhynchocephalia.

Eidechsenähnliche Reptilien mit primitiven Merkmalen. Wirbel amphicöl, zuweilen von einem persistierenden Chordastrang durchzogen. 2 getrennte Schläfengruben, Foramen parietale und Bauchrippen vorhanden. Perm bis Jura und Jetztzeit.

An die einzige noch in Neuseeland lebende Gattung *Sphenodon* Gray (= *Hatteria* Gray) schließen sich einige fossile Formen an:

Palaeohatteria Credn. Körper 40—45 cm lang. Wirbel mit durchlaufendem Chordastrang. Bauchrippen stabförmig. Im sächsischen Rotliegenden.

Proterosaurus v. Mey. Im Kupferschiefer und

Homoeosaurus v. Mey. im Kimmeridge und Tithon (lithogr. Kalkstein von Solnhofen).

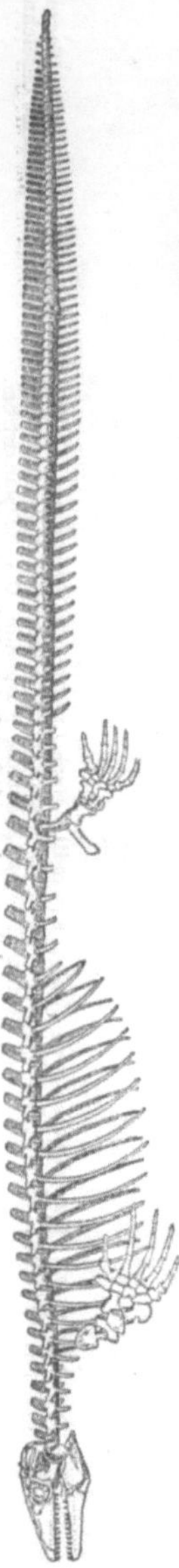

Fig. 565. *Platecarpus.* Restauriertes Skelett, ca. $^1/_{35}$. Turon. Kansas (Nordamerika). Nach Merriam.

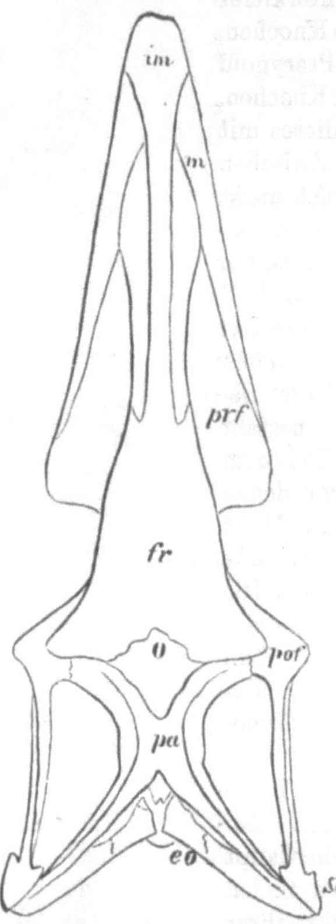

Fig. 566. *Platecarpus curtirostris Cope.* $^1/_4$. Schädel von oben. *im* Intermaxillare (=Praemaxilla), *m* Maxilla, *fr* Frontale, *prf* Praefrontale. Unmittelbar hinter diesem liegt die Augenhöhle, die nach außen von einem hier nicht erhaltenen Jugale begrenzt wird. *pof* Postfrontale, *pa* Parietale, *eo* Exoccipitale, *Sq* Squamosum.

II. Ordnung. Lepidosauria. Schuppensaurier.

Wirbel fast stets procöl (Fig. 520). Quadratbein beweglich, nur proximal am Schädel befestigt. Kreide—Jetzt. Zu dieser Ordnung gehören die *Lacertilia* (Eidechsen) und *Ophidia* (Schlangen), sowie die ausgestorbene Gruppe der *Pythonomorpha*. Langgestreckte, bis 20 m große Meersaurier mit sehr langem Schwanz. Scheitelbeine mit Foramen parietale. Quadratbein durchbohrt, beweglich. Unterkieferäste gegeneinander u. in sich beweglich, so daß sich das Maul ähnlich wie bei den Schlangen erweitern konnte. Extremitäten fünfzehig, kurz, flossenförmig. Nur in der oberen Kreide.

Mosasaurus Conyb. bis $7^1/_2$ m lang. *M. Hofmanni* Cuv. Ob. Senon.

Platecarpus Cope (Figg. 565, 566), ca. 5 m lang. Scheitelloch groß, am Vorderrand der Parietalia. Turon. Kansas.

III. Ordnung. Ichthyosauria. Fischsaurier.

Ichthyosaurus Kön. (Figg. 567—570). Körper spindelförmig, delphinähnlich, langgeschwänzt, bis 9 m lang. Kopf groß, mit langer, zugespitzter

Fig. 567. *Ichthyosaurus communis Conyb.* Skelett, restauriert. Unt. Lias. England.

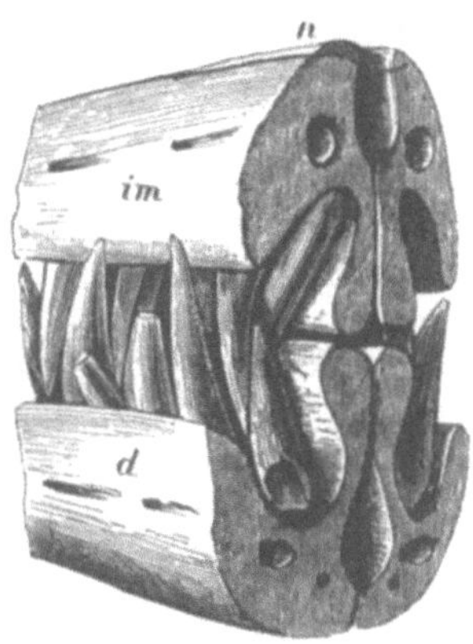

Fig. 568. *Ichthyosaurus posthumus Wagner.* Tithon. *im* Intermaxillare (= Praemaxilla), *n* Nasale, *d* Dentale.

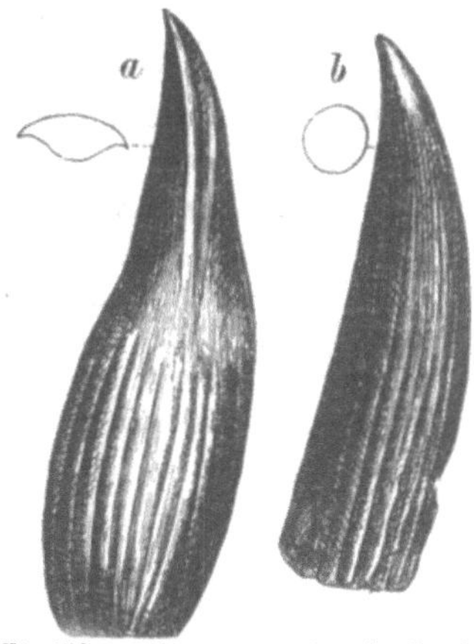

Fig. 569. *a Ichthyosaurus platyodon Conyb.* *b I. communis Conyb.* Zahn und Querschnitt der Krone. Unt. Lias. England.

Schnauze. Augenhöhlen groß, mit Sklerotikalring. Nasenlöcher weit nach hinten gerückt. Zähne spitz-konisch, in einer gemeinsamen Rinne stehend. Halsregion fehlt. Wirbel zahlreich (bis 150), kurz, amphicöl. Extremitäten kurz, flossenförmig; Humerus und Femur sind kurz, stämmig, alle übrigen Knochen sind als polygonale, gegen das Ende der Flosse zu immer kleiner werdende Platten ausgebildet. Die Zahl der Finger kann von 5 auf 8—9 steigen, dabei kann der einzelne Finger aus bis 20 Gliedern zusammengesetzt sein. Die Hinterflosse ist etwas kleiner als die Vorderflosse. Rippen lang, zweiköpfig, Bauchrippen vorhanden. Der Körper war mit einer nackten, aber derben und daher gelegentlich im Abdruck deutlich erhaltenen Haut bedeckt. Auf dem Rücken erhob sie sich zu einer großen dreiseitigen Rückenflosse, auf welche noch einige niedrigere Hautlappen

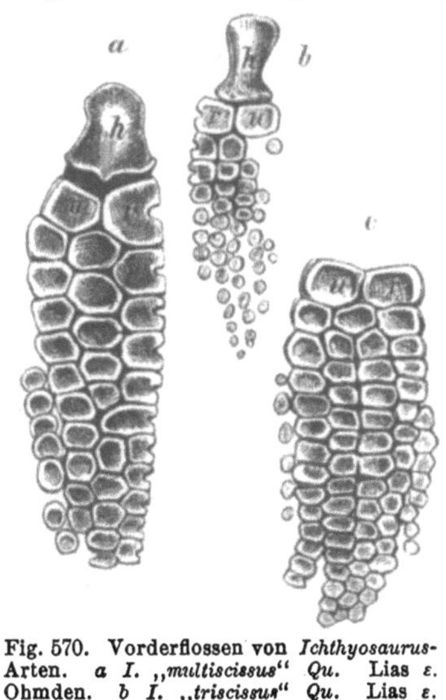

Fig. 570. Vorderflossen von *Ichthyosaurus*-Arten. *a I.* „*multiscissus*" *Qu.* Lias ε. Ohmden. *b I.* „*triscissus*" *Qu.* Lias ε. Boll. *c I.* „*ascissus*" *Qu.* Lias α. Street. *h* Humerus. *u* Ulna. *r* Radius.

folgten. Das Körperende bildete eine mächtige, vertikal stehende Schwanzflosse, in deren unteren Lappen sich die Wirbelsäule fortsetzte. Der Darm besaß eine Spiralklappe, die Koprolithen sind daher spiralig struiert. Wie ihr Inhalt zeigt, nährten sich die Ichthyosaurier besonders von Fischen und Tintenfischen. Diese Gattung findet sich von der Trias bis zur Kreide; ihre Hauptentwicklung fällt in den Lias.

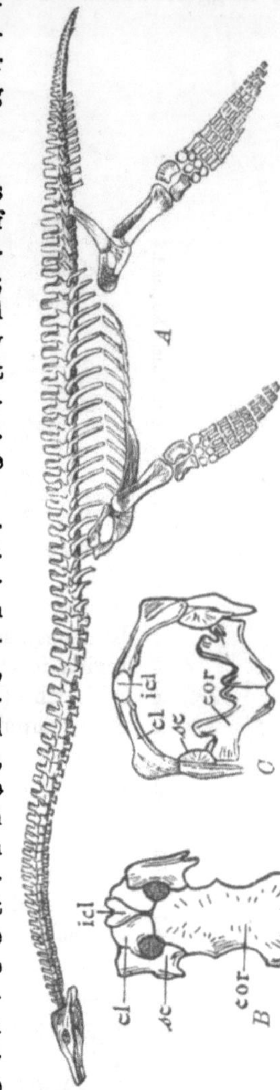

Fig. 572. *A Plesiosaurus dolichodeirus* Conyb. Unt. Lias. England. *B Plesiosaurus laticeps* Ow. Brustgürtel. *cor* Coracoid, *sc* Scapula, *cl* Clavicula, *icl* Interclavicula. Verkl. *C Nothosaurus mirabilis* Mstr. Brustgürtel. Buchstaben wie bei *B*. Verkl.

IV. Ordnung. Sauropterygia.

Körper mit sehr langem Hals (aus 20 bis 41 Wirbeln) und rel. kurzem Schwanz. Kopf sehr klein, Zähne schlank-konisch, in Alveolen. Brust und Beckengürtel sehr kräftig; Gliedmaßen fünfzehig, ± flossenartig. Wirbel vorn und hinten ganz schwach konkav (platycöl). Bauchrippen vorhanden. Haut nackt. Ausschließlich Meeresbewohner. Trias bis obere Kreide.

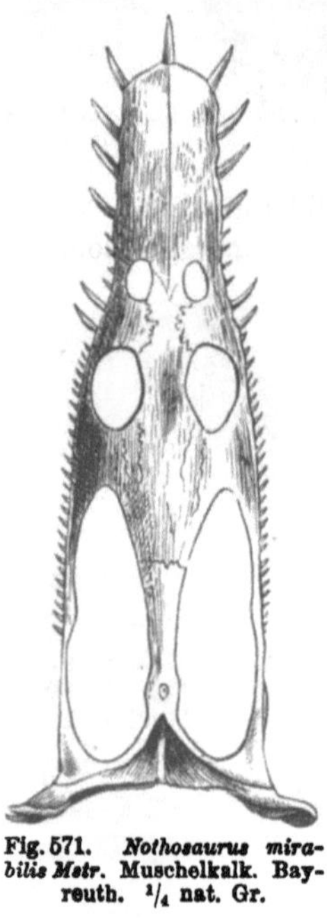

Fig. 571. *Nothosaurus mirabilis* Mstr. Muschelkalk. Bayreuth. $^1/_4$ nat. Gr.

Nothosaurus Mstr. (Figg. 571 u. 572 *C*). Schädel lang gestreckt, Extremitäten gehfußähnlich, Brustgürtel ringförmig, jederseits aus Clavicula, Scapula und Coracoid bestehend, vorn eine unpaare Interclavicula. Durch Ablösen der oberen Bögen von den Wirbelkörpern entsteht auf der Dorsalseite der letzteren eine kreuzförmige Zeichnung. Trias, bes. im Muschelkalk. *N. mirabilis* Mstr. wurde über 3 m lang, noch größer war *N. giganteus* v. Mey.

Plesiosaurus Conyb. (Fig. 572 *A*, *B*). Schädel klein, Extremitäten flossenartig, Brustgürtel plattenförmig, indem die verlängerten Coracoidea nicht nur seitlich mit den Scapulae, sondern auch vorn mit den Claviculae zusammenstoßen. Rhät und Lias; bis 3 m lang.

V. Ordnung. Theromorpha.

Placodus Ag. (Fig. 573). Schädel ± gewölbt, Pterygoidea und Palatina zu einer großen Knochenplatte verschmolzen, welche 6 große, pflastersteinförmige Zähne trägt. Gleiche Zähne stehen auf dem Unterkiefer, kleinere rundliche auf dem Oberkiefer, während diejenigen der Praemaxillen und der Symphysenregion des Unterkiefers zylindrisch waren und eine etwas komprimierte Krone besaßen. Übriges Skelett unbekannt. Meeresbewohner. Trias, bes. im Muschelkalk.

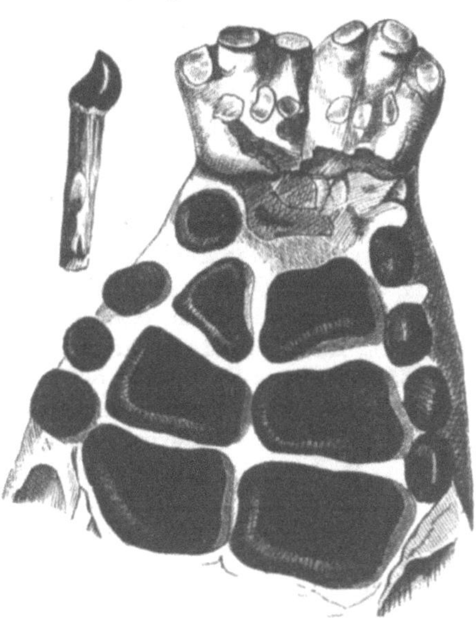

Fig. 573. *Placodus Andriani Ag.* Muschelkalk von Bayreuth. Bezahnung des Gaumens und isolierter Schneidezahn.

VI. Ordnung. Testudinata. Schildkröten.

Rumpf in ein knöchernes Gehäuse eingeschlossen (Fig. 574). Dieses besteht aus einem ± gewölbten Rückenschild (Discus), und einem flachen Bauchschild (Plastron). Zähne fehlen, Kieferränder sehr scharf, mit schneidenden Hornplatten. Meer- oder Süßwasser- oder Landbewohner. Obere Trias—Jetzt.

Trionyx Geoffr. Panzer mit rauher, wurmförmig granulierter Oberfläche. Ob. Kreide bis Jetzt. Flußbewohner.

VII. Ordnung. Crocodilia. Krokodile, Panzerechsen.

Körper meist von ansehnlicher Größe, mit Knochenplatten gepanzert. Im Mesozoikum meist im Meer, vom Tertiär ab meist im Süßwasser lebend.

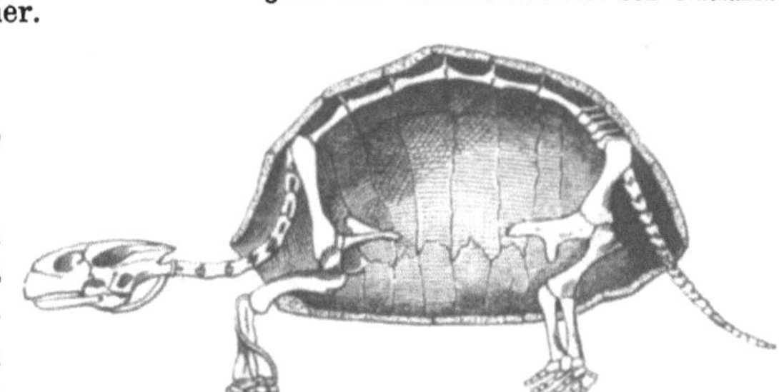

Fig. 574. *Colossochelys atlas Falc.* Pliocän. Sivalik Hills (Ost-Indien). Länge des Schildes 3,6 m. Totallänge des Tieres 6,6 m.

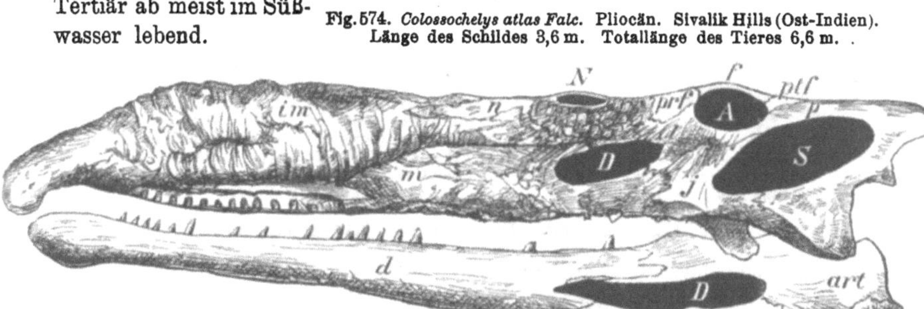

Fig. 575. *Belodon Kapffi v. Meyer.* Stubensandstein. Ob. Keuper. Stuttgart. *A* Augenhöhle, *N* Nasenloch, *S* Schläfenöffnung, *D* Durchbrüche des Schädels und des Unterkiefers, *im* Praemaxilla (Intermaxillare), *m* Maxilla, *n* Nasale, *f* Frontale, *prf* Praefrontale, *ptf* Postfrontale, *p* Parietale, *l* Lacrymale, *j* Jugale, *d* Dentale, *ang* Angulare, *art* Articulare. $^1/_8$ nat. Größe.

1. Unterordnung. *Parasuchia* Huxley.

Innere Nasenlöcher (Choanen) am vorderen Ende der Palatina, äußere weit nach hinten gelegen. Trias.

Belodon v. Mey. (Fig. 575). Körper bis 3 m groß. Rumpf mit rauh skulpturierten Knochenplatten gepanzert. Keuper.

2. Unterordnung. *Eusuchia* Huxley.

Choanen vereinigt, am hinteren Ende der Palatina oder selbst der Pterygoidea gelegen. Äußere Nasenlöcher am vorderen Ende der Schnauze vereinigt. Auf dem Rücken, zuweilen auch auf dem Bauche ein aus knöchernen, grubig skulpturierten Platten bestehender Hautpanzer. Lias—Jetzt.

Teleosaurus Geoffr. Schnauze sehr lang, Schädel vor den Augenhöhlen, ähnlich wie beim lebenden Gavial, ziemlich plötzlich stark verschmälert. Rücken- und starker Bauchpanzer vorhanden. Dogger und Malm.

Mystriosaurus Kaup. (Fig. 576). Schnauze lang, doch vor den Augenhöhlen nicht so schroff verschmälert wie bei Teleosaurus. Zähne schlank, leicht gekrümmt, vorn und hinten zugeschärft, daher zweikantig. Lias. *M. Bollensis* Cuv. aus Württemberg wird 4 m, *M. Chapmani* Kön. aus England bis 6 m lang.

3. Unterordnung. *Pseudosuchia* v. Zittel.

Choanen getrennt, unter den Frontalia gelegen; äußere Nasenlöcher ganz vorn gelegen. Trias.

Aëtosaurus Fraas (Fig. 577). Die einzige bekannte Art *A. ferratus* Fraas wurde bis 86 cm lang; über die Zusammensetzung des Schädels vergl. die Abbildung. Ob. Keuper.

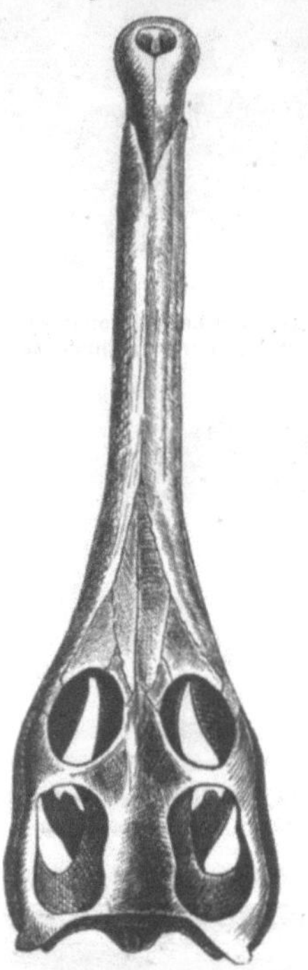

Fig. 576. *Mystriosaurus minimus Quenst. sp.* Ob. Lias. Ohmden (Württemberg). Verkl.

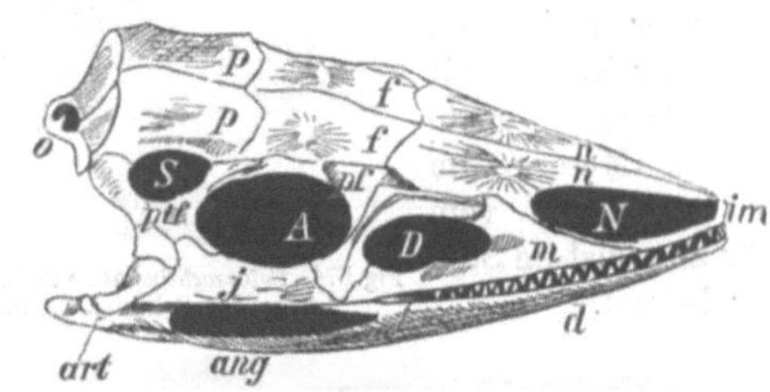

Fig. 577. *Aëtosaurus ferratus Fraas.* Stubensandstein. Ob. Keuper. Heslach bei Stuttgart. Nat. Gr. *S* Schläfengrube, *A* Augenhöhle, *D* seitliche Durchbruchsöffnung, *N* Nasenloch, *im* Intermaxillare (= Praemaxilla), *m* Maxilla, *n* Nasale, *f* Frontale, *p* Parietale, *o* Occipitale, *ptf* Postfrontale, *j* Jugale, *art* Articulare, *ang* Angulare, *d* Dentale.

VIII. Ordnung. Dinosauria. Riesensaurier.

Landbewohnende Reptilien von mannigfacher, bald krokodil-, bald känguruh- oder selbst vogelähnlicher Gestalt. Meist große, z. T. gigantische Formen. Kopf meist rel. klein, Hals lang, Schwanz lang und stets sehr kräftig entwickelt. Die hintere Extremität meist bedeutend länger und kräftiger entwickelt, als die vordere; die Tiere gingen z. T. aufrecht auf den Hinterbeinen, und ihre Fährten wurden anfänglich für Vogelfährten gehalten. Andere hüpften und überraschten ihre Beute im Sprung. Es waren teils Pflanzen- teils Fleischfresser. Die Hirnhöhle war ungewöhnlich klein, dagegen der Rückenmarkskanal zuweilen in der Sakralregion ungewöhnlich erweitert. Letztere bestand aus 2—10 verschmolzenen Wirbeln. Ileum wie bei den Vögeln in der Richtung der Körperaxe ± verlängert; Pubis oft mit einem langen, hinteren, dem Ischium parallelen Fortsatz, dem Postpubis. Zuweilen war ein aus Platten oder Stacheln bestehendes Hautskelett vorhanden. Trias—Kreide.

1. Unterordnung. *Sauropoda* Marsh.

Krokodilähnlich gestaltet, doch Schädel klein. Die Vorderbeine wenig kürzer als die Hinterbeine. Herbivor. Jura und Kreide.

Atlantosaurus Marsh. Das größte Landtier, ca. 33 m lang.

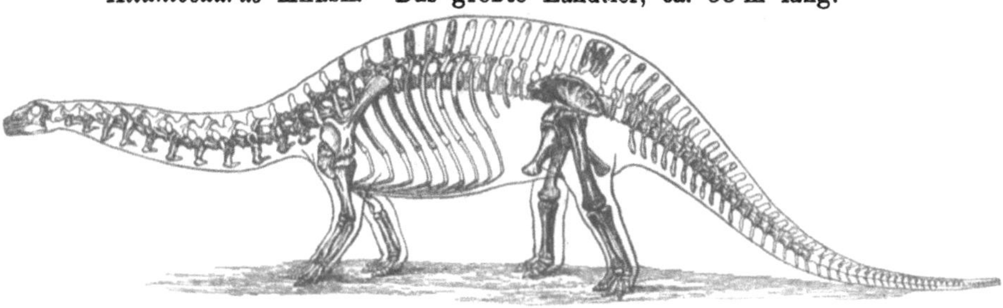

Fig. 578. *Brontosaurus excelsus Marsh.* Ob. Jura. Wyoming (Nordamerika). Ganzes Skelett, restauriert. Nach Marsh.

Brontosaurus Marsh. (Fig. 578). Schädel rel. winzig. Tier ca. 18 m lang. Beide Formen im oberen Jura der Vereinigten Staaten von Amerika.

2. Unterordnung. *Theropoda* Marsh.

Schädel klein, mit dem Hals einen rechten Winkel bildend; Vorderbeine beträchtlich kürzer als die Hinterbeine; beide fünfzehig, jedoch am Hinterfuß die seitlichen Zehen häufig rudimentär. Postpubis fehlt. Größe sehr schwankend: katzen- bis elefantengroß. Karnivor. Trias—Kreide.

Zanclodon Plien. Gegen $3\,{}^1/_2$ m lang. Extremitäten plump. In der oberen Abteilung des mittleren Keuper (Zanclodonletten).

Megalosaurus Buckl. (Fig. 579). Elefantengroß, Zähne seitlich komprimiert, vorn und hinten zugeschärft und gekerbt. Extremitätenknochen hohl, Femur 1 m lang. Lias—Wealden.

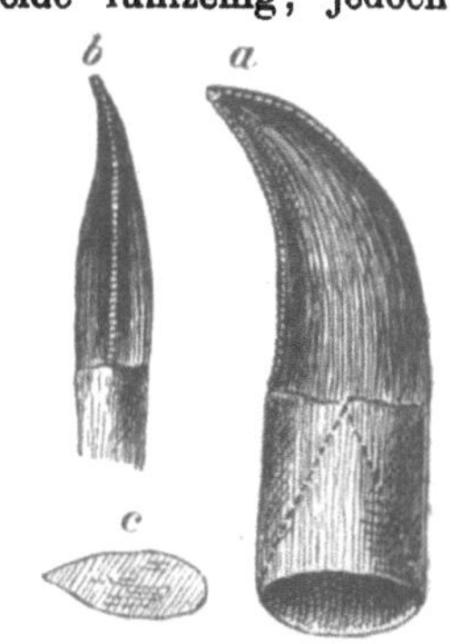

Fig. 579. *Megalosaurus Bucklandi Meyer.* Oberer Dogger. Stonesfield (Engld.). *a* Seitenansicht eines Zahnes, *b* Ansicht desselben von vorn, *c* Querschnitt. Verkl.

Compsognathus Wagn. (Fig. 580). Kleinster Dinosaurier, von der Größe einer Katze. Hinter- und Vorderextremität mit 3 funktionierenden Zehen, die übrigen rudimentär. *C. longipes* Wagn. Malm. Bayern.

3. Unterordnung. *Orthopoda* Cope.

Postpubis vorhanden. Praemaxilla meist zahnlos, Unterkiefer mit einem zahnlosen Symphysenbein. Herbivor.

Stegosaurus MARSH. Schädel klein, Gehirn winzig. Hautskelett mächtig entwickelt: auf Hals, Rücken und Schwanz große, vertikal

Fig. 580. *Compsognathus longipes* Wagn. Malm. Kelheim. $^2/_3$ nat. Gr.

stehende Knochenplatten, zuletzt 4 Paar Stacheln. Vorderbeine viel kürzer als die Hinterbeine. Tier bis 10 m lang. Oberer Jura von Nordamerika.

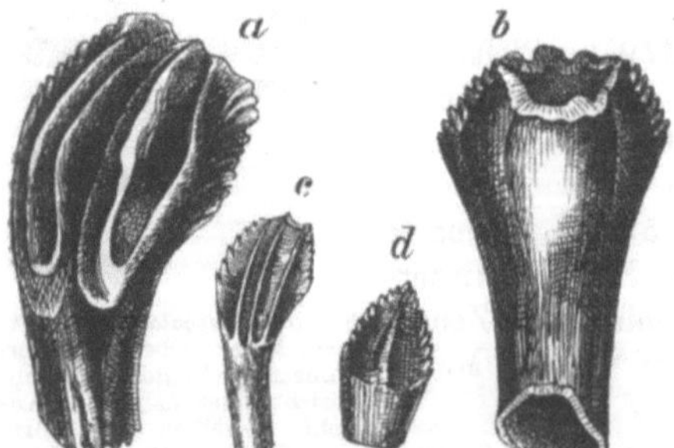

Fig 581. *Iguanodon*. *a* Zahn von außen, *b* von innen, *c* Zahn eines jungen Tieres, *d* unvollständig ausgebildeter Ersatzzahn. Nat. Gr.

Triceratops MARSH. Schädel über 2 m lang, mit einem Paar großer Hörner auf den Frontalia. Vorder- und Hinterbeine fast gleichlang. Obere Kreide von Nordamerika.

Iguanodon MANT. (Fig. 581). Schädel rechtwinklig zum Hals stehend, Zähne komprimiert, spatelförmig, am Vorder- und

Hinterrand gekerbt. Vordere Gliedmaßen viel kürzer als die hinteren. Hautpanzer fehlt. Die größte Art (*Ig. Bernissartensis* BOUL.) gegen 10 m lang. Wealden. Europa.

IX. Ordnung. Pterosauria. Flugsaurier.

Vorderextremität unter starker Verlängerung des fünften Fingers zu einem Flugorgan umgestaltet. Dieser fünfte Finger besteht aus 4 langen Gliedern; an ihn und proximalwärts bis an den Rumpf reichend setzte sich die in ausgespanntem Zustand einem schmalen Mövenflügel gleichende Flughaut. Von den übrigen 4 Fingern ist der I. rudimentär, II.—IV. ebenso wie die 5 Zehen der Hinterextremität sind bekrallt. Wirbel und Extremitäten knochen wie die der Vögel pneumatisch. Kiefer verlängert, mit spitz-konischen Zähnen, nur bei der Gattung Pteranodon zahnlos. Hals lang, mit dem Schädel einen rechten Winkel bildend. Bauchrippen vorhanden. Jura und Kreide.

Fig. 582. *Pterodactylus elegans Wagner*, lithograph. Kalkstein. Tithon. Eichstätt in Bayern. 2/3.

Pterodactylus CUV. (Fig. 582). Kiefer bezahnt, Schwanz kurz, Tier sperlings- bis adlergroß. Oberer Jura, bes. im lithogr. Kalkstein (Tithon) von Bayern.

Rhamphorhynchus v. MEY. (Fig. 583). Kiefer bezahnt, Schwanz sehr lang. Malm. Süddeutschland.

Pteranodon MARSH. Schädel seitlich komprimiert, nach vorn lang zugespitzt, hinten in einen Occipitalkamm verlängert. Kiefer zahnlos,

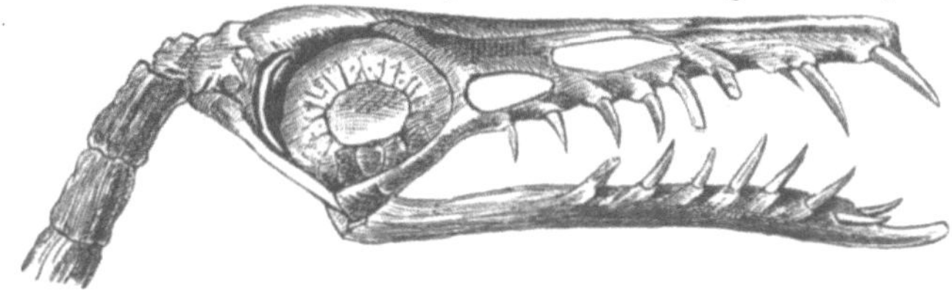

Fig. 583. *Rhamphorhynchus Gemmingi v. Mey.* Lithograph. Kalkstein. Tithon. Eichstätt. 2/3.

einst wohl von Hornscheiden umgeben. Die Gattung umfaßt die größten Flugsaurier, indem die Spannweite der Flughäute zwischen 1 und 6 m variiert. Obere Kreide. Nordamerika. *Pt. longiceps* MARSH.

IV. Klasse. Aves. Vögel.

Warmblütige, mit Federn bedeckte Vertebraten, deren Vorderextremitäten zu Flügeln umgebildet sind. Skelett ± pneumatisch. Am Schädel verwachsen die einzelnen Knochen frühzeitig; die Kiefer sind bei den lebenden Vögeln zahnlos. Das Hinterhaupt trägt einen Gelenkkopf. Wirbel mit sattelförmigen Gelenkflächen, nur bei einigen fossilen Formen sind letztere amphicöl. Hals meist lang. Die Rippen der Rumpfwirbel besitzen meist (nämlich mit Ausnahme von Archaeopteryx) einen nach hinten gerichteten „*Processus uncinatus*"; dieser legt sich fest an die nächstfolgende Rippe an. Ventralwärts setzen sich die Rippen mittels knöcherner Zwischenstücke an das stets große, nach außen konvexe Brustbein (Sternum) an. Letzteres trägt bei den guten Fliegern einen medianen Kiel oder Kamm (*Crista, Carina*). Im Schultergürtel verwachsen die Claviculae zu dem Gabelknochen oder „*Furcula*". Die beiden Metacarpalia II und III verwachsen mit ihren distalen Enden, IV und V fehlen. Die Beckenknochen verwachsen unter sich und mit den Sakralwirbeln, so daß das ganze Becken einen einheitlichen Knochen darstellt. Das Ileum ist stark verlängert, das stets schlanke Pubis ist nach hinten und zwar parallel dem Ischium gerichtet; wo es mit dem Ileum verschmilzt, trägt letzteres den „*Processus pectinealis*". In der Hinterextremität verwächst die Tibia mit der proximalen, die 3 Metatarsalia unter sich und mit der distalen Tarsusreihe. Es entstehen dadurch 2 für das Vogelskelett sehr charakteristische Knochen, nämlich ein „*Tibio-Tarsus*" und ein an seinem distalen Ende 3 konvexe Gelenkflächen tragender „*Tarso-Metatarsus*", der sog. „*Lauf*". Die hintersten Schwanzwirbel verwachsen zu einem meist pflugscharförmigen Knochen, dem „*Pygostyl*". Er trägt die Schwanzfedern.

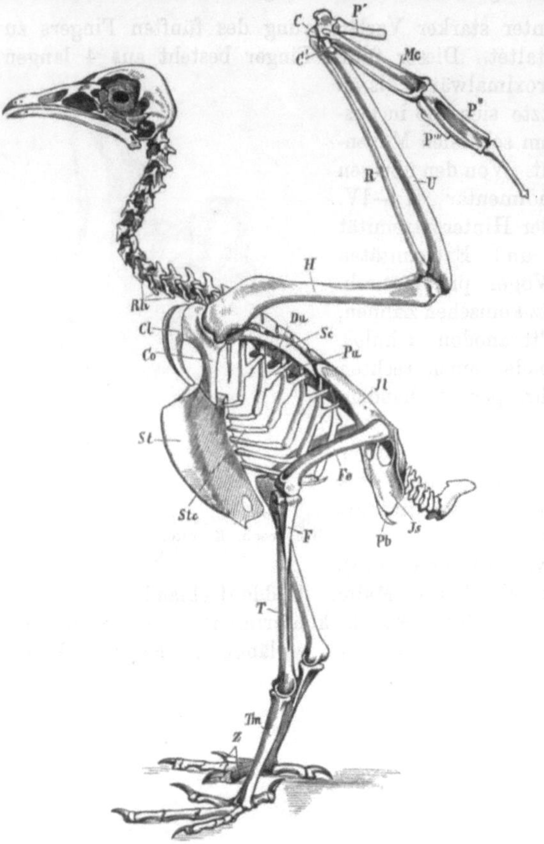

Fig. 584. Skelett von *Neophron percnopterus Sav.*, ägyptischer Aasgeier. Nach Claus. *Rh* Halsrippen, *Du* Untere Dornfortsätze der Brustwirbel, *Cl* Clavicula, *Co* Coracoideum, *Sc* Scapula, *St* Sternum, *Stc* Sternocostalia, *Pu* hintere Fortsätze der Rippen (*Processus uncinati*), *Jl* Ilium, *Js* Ischium, *Pb* Pubis, *H* Humerus, *R* Radius, *U* Ulna, *C C'* Carpus, *Mc* Metacarpus, *P'*, *P''*, *P'''* Phalangen der drei Finger, *Fe* Femur, *T* Tibio-Tarsus, *F* Fibula, *Tm* Tarso-Metatarsus (Lauf), *Z* Zehen.

I. Ordnung. Saururae Haeck.

Einzige Gattung: *Archaeopteryx* v. Mey. (Fig. 585). Eine primitive Vogelform, welche noch eine Anzahl von Reptilienmerkmalen besaß. Als solche sind namentlich zu nennen: Die amphicölen Wirbel; die lange, aus zahlreichen (20—21) freien Wirbeln bestehende Schwanzwirbelsäule; der

Mangel der Processus uncinati an den schlanken, ungegliederten Rippen; das Vorhandensein von Bauchrippen; die freien, nicht miteinander verwachsenen Enden der Metacarpalia, welche drei vollkommen ausgebildete, bekrallte Zehen trugen; ferner die Bezahnung der Kiefer, und schließlich die geringe Zahl der Beckenwirbel (5—6) und die nicht verwachsenen Beckenknochen. Im übrigen kennzeichnet sich Archaeopteryx durch die vollständige Befiederung (auch „Federhosen" sind an der Tibia vorhanden), die Ausbildung des Schädels und des Schultergürtels mit einer Furcula und der Hinterextremitäten als ein echter Vogel. Im Auge befand sich ein aus zahlreichen Knochenplättchen zusammengesetzter Sklerotikalring. Das Tier war von Taubengröße. Es hat sich in 2 Exemplaren (Berlin, London) im lithographischen Kalkstein (Tithon) der Gegend von Solnhofen gefunden.

Fig. 585. *Archaeopteryx lithographica v. Mey.* (Berliner Exemplar.) Lithograph. Kalkstein von Eichstätt in Bayern. $^2/_7$ nat. Gr. *cl* Clavicula, *co* Coracoid, *sc* Scapula, *h* Humerus, *r* Radius, *u* Ulna, *c* Carpus, *I—IV* 1.—4. Finger bzw. Zehen. Nach Steinmann-Döderlein.

II. Ordnung. Ratitae. Laufvögel.

Schwungfedern fehlen, Flügel verkümmert oder fehlend. Brustbein ohne Crista. Kreide—Jetzt.

Hesperornis Marsh. (Fig. 586). Flügel bez. Vorderextremität rudimentär. Hinterbeine sind als kräftige Schwimmfüße ausgebildet. Die Kiefer trugen konische, in einer Rinne stehende Zähne. Unterkieferäste nicht verwachsen. Ob. Kreide von Kansas. *H. regalis* Marsh.

Fam. ***Dinornithidae.*** Riesige, bis $3^1/_2$ m hohe, flügellose Laufvögel aus dem Pleistocän von Neuseeland. Knochen wenig pneumatisch.

Dinornis Owen. (Fig. 587). Diese Riesenvögel lebten noch gleichzeitig mit den menschlichen Ureinwohnern Neuseelands. Die größte Art ist *Din. giganteus* Ow., bis 3,5 m hoch.

III. Ordnung. Carinatae. Flugvögel.

Schwungfedern und Flügel fast stets vorhanden. Brustbein meist mit hoher Crista.

Ichthyornis Marsh. Wirbel amphicöl, Kiefer bezahnt, Zähne konisch, in Alveolen stehend, Vorderextremität wie bei guten Fliegern gebaut, Sternum mit hoher Crista. Obere Kreide von Kansas. *Ichth. victor* Marsh.

Die postcretaceischen fossilen Vertreter der Carinatae schließen sich ± eng an die rezenten Formen an. Es mag von ihnen nur die Gattung *Odontopteryx* Ow. aus dem Eocän von England erwähnt sein, welche sich durch zahnartig gezackte Kiefer auszeichnet.

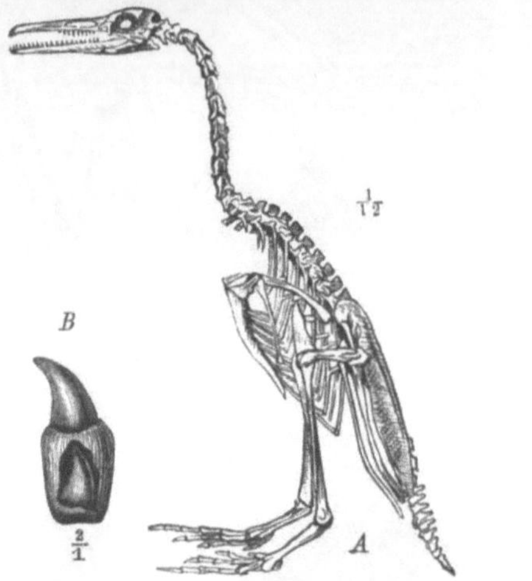

Fig. 586. *Hesperornis regalis Marsh.* Ob. Kreide. Kansas (Nordamerika). *A* Skelett, *B* Cölodonter Zahn mit Zahnkeim.

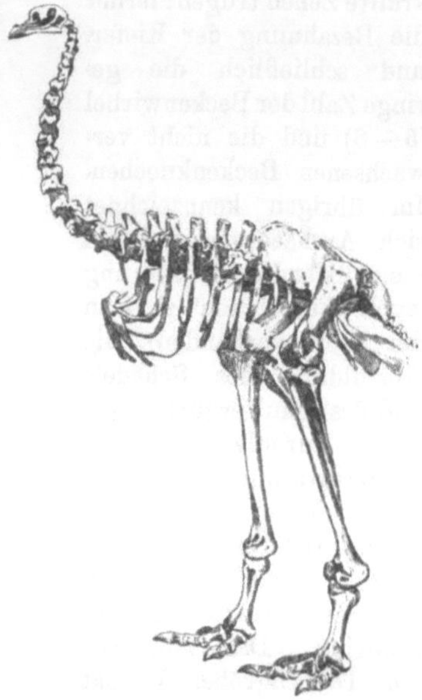

Fig. 587. *Dinornis elephantopus Owen.* Diluvium. Neuseeland.

V. Klasse. Mammalia. Säugetiere.

Warmblütige, meist behaarte, selten nackte oder mit Schuppen oder Knochenplatten bedeckte Vertebraten, welche ihre Jungen mit Milch aufsäugen.

Am Schädel (vergl. ob. S. 179 u. Figg. 521 u. 523) ist die Zahl der Knochen geringer als bei den übrigen Vertebraten. Die Maxilla ist fest mit ihm verbunden. Der Unterkiefer lenkt direkt am Os squamosum ein; das Os quadratum ist zu einem Gehörknöchelchen (dem Ambos, Incus) geworden, ebenso das Os articulare zu dem Hammer (Malleus) und das oberste Ende des Os hyoideum zum Steigbügel (Stapes). Am Hinterhaupt befinden sich 2 Gelenkköpfe. Die Wirbel besitzen vorn und hinten meist ebene Gelenkflächen, ihre bewegliche Verbindung wird dann durch zwischengelagerte, elastische Knorpelscheiben vermittelt. Die Zahl der Halswirbel beträgt meist 7; bei der verschiedenen Länge des Halses ist daher die Länge der einzelnen Wirbel eine sehr verschiedene. Bei der Giraffe z. B. sind sie lang-zylindrisch, beim Walfisch scheibenförmig. Der erste Halswirbel heißt „*Atlas*"; er ist ringförmig und besitzt keinen Körper; dagegen trägt der Körper des zweiten „*Epi*-

stropheus“ vorn einen zapfen- oder rinnenförmigen Fortsatz, den „*Processus odontoideus*“. Er ist entwicklungsgeschichtlich als der eigentliche Körper des Atlas zu betrachten. Durch Verbindung der Enden der Diapophysen und Parapophysen der Halswirbel entsteht jederseits vom Körper derselben ein Loch oder kurzer Kanal, durch welchen die Halsarterie verläuft. Die Brustwirbel tragen zweiköpfige Rippen. Mit dem „*Capitulum*“ gelenken diese am Wirbelkörper, mit dem „*Tuberculum*“ an der Unterfläche der Diapophyse des Wirbels. Ventralwärts heften sich die Rippen durch knorplige Sternokostalstücke an das stets verknöcherte Brustbein (Sternum) an. Die Lumbalwirbel tragen stark entwickelte Querfortsätze; die Sakralwirbel verschmelzen zum „*Os sacrum*“ oder „*Kreuzbein*“. An den Schwanzwirbeln verschwinden allmählich die Fortsätze, schließlich bleibt der Körper allein übrig und nimmt eine zylindrische oder mehrkantige Form an. Im Schultergürtel stellt die Scapula (Schulterblatt) den größten Knochen dar, das Coracoid erscheint nur als ein Fortsatz an dieser („*Processus coracoideus*“). Die Vorderextremitäten sind meist als Gehfüße, seltener als Flossen (Walfische), Flugorgane (Fledermäuse) oder Greiforgane (Affen) entwickelt. Die Beckenknochen verschmelzen zu einer einheitlichen Knochenmasse, dem „*Os innominatum*“. Die proximale Reihe des Tarsus wird von dem Sprungbein („*Astragalus*“) und Fersenbein („*Calcaneus*“) gebildet. Äußerst wichtig für die Systematik und damit für die Bestimmung fossiler Säugetierreste sind die Zähne. Sie bestehen aus der in einer Vertiefung („*Alveole*“) des Knochens steckenden Wurzel und der frei vorragenden Krone; beide werden der Hauptmasse nach von Dentin (Zahnbein) gebildet, die Krone ist mit Schmelz, die Wurzel mit Zement überzogen, doch nimmt letzteres sehr häufig auch an der Zusammensetzung der Krone teil, indem es Vertiefungen und Falten des Schmelzes ausfüllt. Der Zahn besitzt eine innere Höhlung, die „*Pulpa*“. Zähne mit niedriger Krone, langen Wurzeln und an der Basis verengter Pulpa werden als „*brachyodont*“ (z. B. Backzähne des Hirsches), solche von hoher, zylindrischer oder prismatischer Gestalt mit kurzer oder keiner Wurzel, aber unten weit offenen Pulpa als „*hypselodont*“ bezeichnet (z. B. Backenzähne des Pferdes). In fast allen Fällen differenziert sich das Gebiß jederseits in Schneidezähne („*dentes incisivi*“), 1 Eckzahn („*dens caninus*“), und die Backenzähne. Diejenigen der letzteren, die bereits im Milchgebiß angelegt werden, heißen „*Praemolares*“, diejenigen, denen keine Milchzähne vorausgehen, „*Molares*“. Die Incisiven stehen oben in der Praemaxilla, unten in der Symphysenregion des Unterkiefers. Sie sind stets, der Canin in der Regel einwurzlig. Besitzen die Backenzähne schneidende

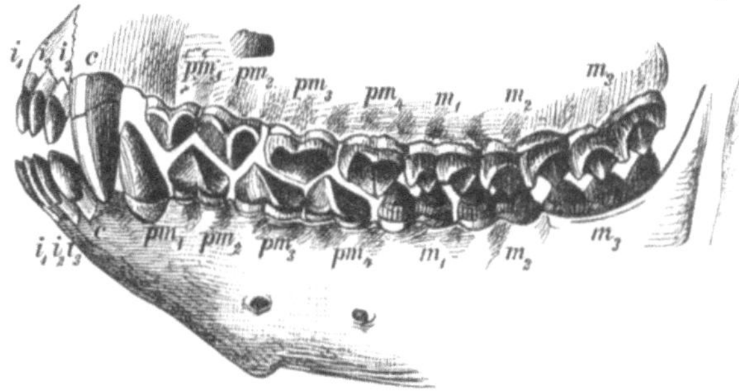

Fig. 588. *Oreodon Culbertsoni Leidy.* Miocän. Nebraska. $^2/_3$. i_{1-3} 1.—3. Incisiv, pm_{1-4} 1.—4. Prämolar, m_{1-3} 1.—3 Molar.

Kronen wie bei den Raubtieren (excl. Bären), so heißen sie „*secodont*", ist ihre Oberfläche höckrig, „*bunodont*" (z. B. Schwein). Nehmen die Höcker V-förmige Gestalt an, und verbinden sich miteinander, so entstehen mit Jochen versehene „*lophodonte*" (oder zeugodonte) Kronen (z. B. Tapir); sind die Joche halbmondförmig, ist die Krone „*selenodont*" (Rinder u. Hirsche). Incisive und Caninen können im Gebiß fehlen, man nennt dann letzteres „unvollständig". Eine rasche Übersicht über die in einem Gebiß vorhandenen Zähne und deren Zahl geben die sog. Zahnformeln, in welchen man indes nur die Bezahnung einer Kieferhälfte angibt; obere und untere Zähne werden dabei durch einen Horizontalstrich getrennt. Also z. B. Tapir: $\frac{3}{3}.\frac{1}{1}.\frac{4.3}{4.3}$, Ziege: $\frac{0}{3}.\frac{0}{1}.\frac{3.3}{3.3}$. Der Tapir hat alle Arten von Zähnen, zusammen 44; der Ziege fehlen oben die Incisiven und der Canin, auch hat sie nur 3 Prämolaren, zusammen also 32 Zähne. Für die placentalen diphyodonten Säugetiere kann als Normalzahnformel $\frac{3}{3}.\frac{1}{1}.\frac{4.3}{4.3}$ angenommen werden, als Normalzahnzahl daher 44; enthält ein Gebiß weniger, so ist es ± „reduziert". Die ältesten Säugetiere erscheinen in der oberen Trias, doch sind sie hier und überhaupt während des ganzen mesozoischen Zeitalters ausschließlich durch Beuteltiere repräsentiert. Erst mit dem Eocän tritt eine große Mannigfaltigkeit der Formen auf. Die Mammalia zerfallen in 3 Unterklassen: 1. Monotremata, 2. Marsupialia, 3. Placentalia.

1. Unterklasse: *Monotremata.* Kloakentiere.

Sie unterscheiden sich dadurch von allen übrigen Säugetieren, daß sie dotterreiche, etwa 1—1,5 cm lange Eier legen. Die Kiefer sind zahnlos und von Hornscheiden umschlossen, doch finden sich beim jungen Ornithorhynchus in jedem Kiefer 2 Paar vielhöckrige Backenzähne, welche später durch 4 breite Hornplatten ersetzt werden. Der Brustgürtel enthält noch ein wohlentwickeltes, gesondertes Coracoid, Praecoracoid und Episternum. Die Harnleiter und Genitalgänge münden in einen gemeinsamen Urogenitalkanal, welcher in das untere Ende des Mastdarms führt (Kloakenbildung). Zu dieser Gruppe gehören die beiden Gattungen *Ornithorhynchus* Blumenb. (Schnabeltier) und *Echidna* Cuv. (Ameisenigel). Von letzterer haben sich einige fossile Überreste im Diluvium von Australien gefunden.

2. Unterklasse. *Marsupialia.* Beuteltiere.

Tiere mit einem von einer Hautfalte gebildeten Beutel (Marsupium), welcher die Zitzen der Milchdrüsen umgibt und die sehr früh geborenen, hilflosen Jungen aufnimmt. Er wird von den beiden Beutelknochen getragen, welche sich an den Vorderrand des Os pubis ansetzen. Die Tiere sind herbivor oder karnivor; die Bezahnung ist ebenso wie die äußere Erscheinung der Tiere sehr verschieden. Mit Ausnahme der Familie der Beutelratten (Didelphyiden) sind die Beuteltiere gegenwärtig auf Australien und einige benachbarte Inseln beschränkt; dagegen waren sie im Mesozoikum und Tertiär weit verbreitet.

Microlestes Plien. Eins der ältesten Säugetiere, von Rattengröße. Nur die mit höckriger Oberfläche versehenen Backenzähnchen bekannt. *M. antiquus* Plien. Rhät (Bonebed) von Württemberg.

Plagiaulax Falc. (Fig. 589). Durch die gerieften Seitenflächen der Prämolaren an die rezenten Känguruhratten (Hypsiprymnus) erinnernd. Purbeck. England.

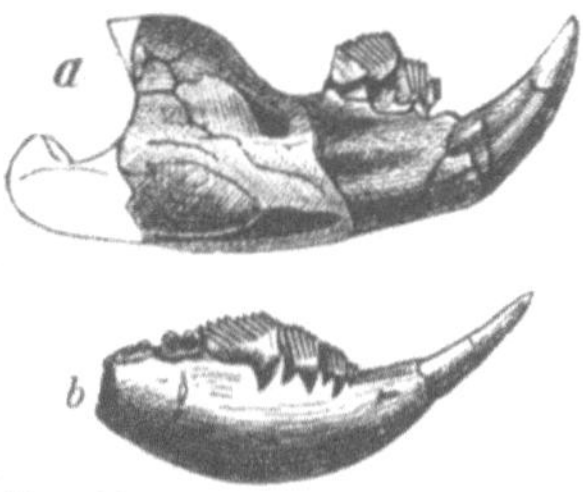

Fig. 589. *a Plagiaulax Becclesii Falc.* Purbeck. Swanage (Dorsetshire). Vergr. *b Plagiaulax minor Owen.* Purbeck. Ebendaher. Vergr.

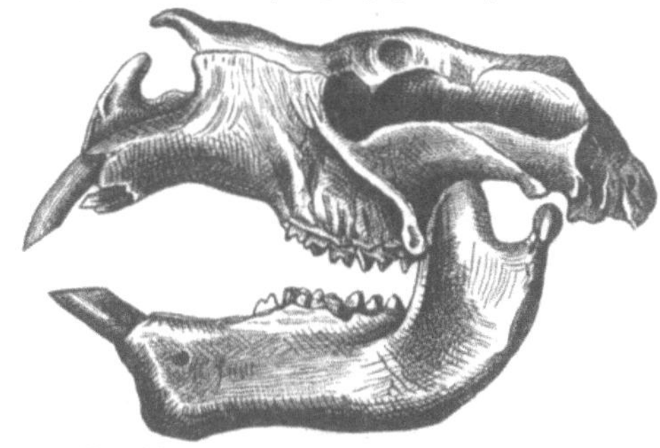

Fig. 590. *Diprotodon australis Owen.* Schädel. Pleistocän. Australien.

Diprotodon Owen. (Fig. 590). Rhinozeros-große, herbivore Beutler mit gewaltigen, zylindrischen, vorn meiselförmig zugeschärften Incisiven. Zahnformel: $\frac{3}{1}\cdot\frac{0}{0}\cdot\frac{1.4}{1.4}$. Vorder- und Hinterextremität von nahezu gleicher Länge. Nur im Diluvium von Australien. *D. australis* Ow.

Amphilestes Ow. (Fig. 591). Gebiß insektivorenähnlich, mit sehr zahlreichen, mehrspitzigen Backenzähnen. Jura. England.

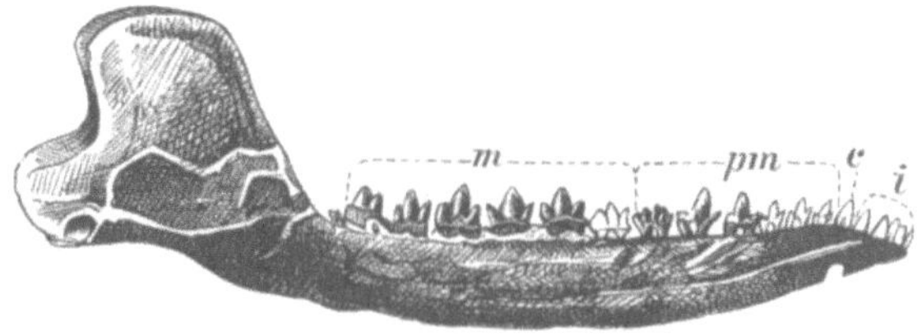

Fig. 591. *Amphilestes Broderipi Owen,* linke Unterkieferhälfte vergr. Ob. Dogger. Stonesfield (England).

3. Unterklasse. *Placentalia.*

Embryonalentwicklung mittels eines Mutterkuchens (Placenta). Eocän bis Jetzt.

Ordn. ***Insectivora.*** Insektenfresser. Gebiß vollständig, Backzähne mehrspitzig. Gehirn klein, vollständig glatt. Kleine, häufig unterirdisch lebende Tiere meist mit 5 bekrallten Zehen. Hierzu gehören die *Talpidae* (Maulwürfe), *Soricidae* (Spitzmäuse) und *Erinaceidae* (Igel). Von allen 3 Familien finden sich fossile Formen seit dem Eocän, z. B. *Plesiosorex* Pom. (Fig. 592). Miocän.

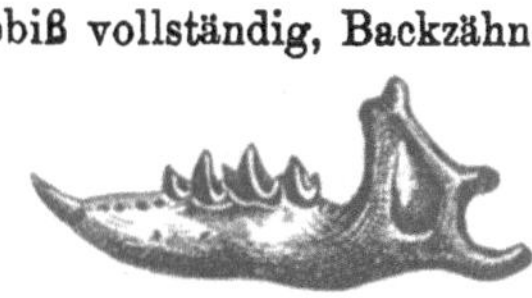

Fig. 592. *Plesiosorex soricinoides Gerv.* Unt. Miocän. Issoire (Frankreich). Vergr. 1,5.

Ordn. ***Chiroptera.*** Fledermäuse. Von allen Säugetieren durch die Umbildung der Vorderextremitäten zu einem Flugorgan ausgezeichnet. Dieses ist als eine Flughaut entwickelt, welche sich zwischen der Vorderextremität (exkl. des freibleibenden Daumens) und der Hinterextremität — hier bis an den Tarsus reichend — ausspannt. Dabei sind an der Hand die Phalangen mit Ausnahme des kurzen, bekrallten Daumens sehr stark verlängert. Die Tiere sind entweder frugivor oder insektivor. Fossile Formen kennt man seit dem Eocän.

Ordn. ***Carnivora.*** Fleischfresser. Das Gebiß ist stets vollständig, die Eckzähne sehr kräftig. Bei den lebenden und einem Teil der fossilen Formen ist der letzte (4.) obere Prämolar und der erste untere Molar zu einem sog. „*Reißzahn*“ (*dens sectorius*) entwickelt. Diese bilden die Unterordnung der *Fissipedia* oder *Carnivora vera*. Sie beginnen im oberen Eocän. Ein Reißzahn fehlt dagegen einer Gruppe ausgestorbener Formen, welche auch sonst noch verschiedene primitive Merkmale aufweisen und als *Creodontia* (Urfleischfresser) zusammengefaßt werden. Diese beginnen im ältesten Eocän und erlöschen im unteren Miocän.

1. Unterordnung. *Creodontia.* Urfleischfresser.

Ein Reißzahn fehlt. Gehirn rel. klein, glatt oder schwach gefurcht. Im Carpus bleiben alle Knöchelchen getrennt. Unt. Eocän—unt. Miocän.

Arctocyon Blv. (Fig. 593). Schädel 20—35 cm lang. Obere Molaren mit 4 Haupt- und einigen kleineren Zwischenhöckern, daher denen der Bären ähnlich werdend. Unt. Eocän. *A. primaevus* Blv.

2. Unterordnung. *Fissipedia.* Raubtiere.

Gebiß mit Reißzahn. Gehirn groß, gefurcht. Im Carpus verschmelzen Scaphoideum und Lunare (Fig. 525 *b*). Oberes Eocän—Jetzt.

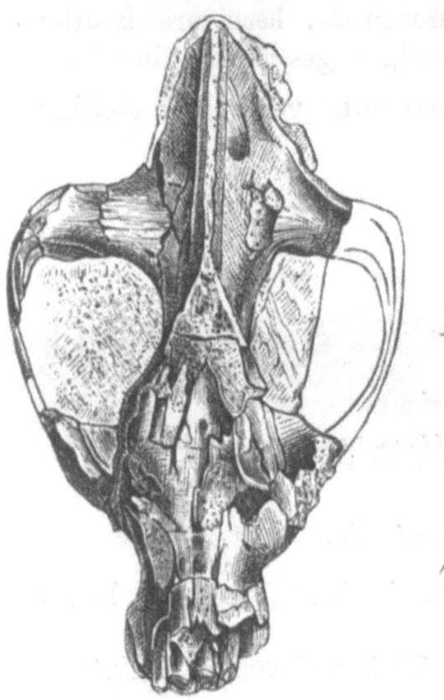

Fig. 593. *Arctocyon primaevus Blainv.* Unterstes Eocän. La Fère bei Reims (Frankreich). Nach Gaudry.

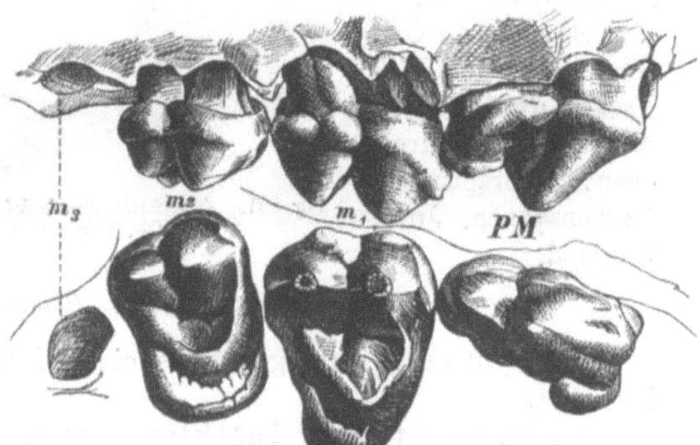

Fig. 594. *Amphicyon giganteus Laurill.* Fragment des Oberkiefers von der Seite und von unten. *PM* 4. (letzter) Prämolar = Reißzahn. Miocän. Sansan (Frankreich). 2/3 nat. Gr.

Fam. ***Canidae.*** Hunde (Fig. 521, 523 u. 225 *b*). Obere Molaren dreihöckrig, quer verlängert. Oberes Eocän—Jetzt.

Amphicyon Lart. (Fig. 594). Zahnformel: $\frac{3}{3} \cdot \frac{1}{1} \cdot \frac{4.3}{4.3}$. Die beiden vorderen Molaren sehr groß und kräftig, der hintere klein. Die Arten schwanken in der Größe zwischen Hühnerhund und Bär. Miocän.

Canis L. Zahnformel: $\frac{3}{3} \cdot \frac{1}{1} \cdot \frac{4.2}{4.3}$. Seit dem oberen Miocän. Die Rassen des Haushundes stammen von verschiedenen wilden Formen ab.

Fam. ***Ursidae.*** Bären. Typisch entwickelte Reißzähne fehlen. Obere Molaren vielhöckrig, der letzte am größten. Tiere omnivor. Füße plantigrad. Miocän—Jetzt.

Ursus L. (Fig. 595). Die letzten Molaren verlängert. *U. spelaeus* Blumb. Höhlenbär. Durch steileres Ansteigen der Frontalregion des Schädels und durch bedeutendere Größe vor den lebenden Arten ausgezeichnet. Diluvium. Findet sich oft in großen Mengen in Höhlen; so hat man z. B. aus der Gailenreuther Höhle in Franken die Reste von gegen 800 Individuen herausgeholt.

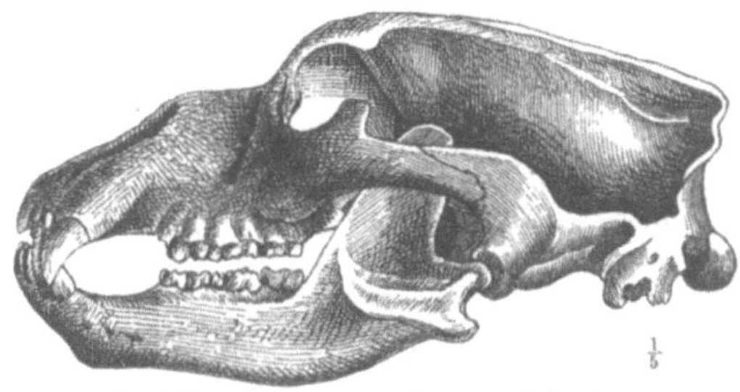

Fig. 595. *Ursus spelaeus Blumenb.* Diluvium.

Fam. ***Hyaenidae.*** Hyänen. Oberer Reißzahn langgestreckt, ungemein kräftig, sämtliche Zähne ungewöhnlich dick und stark. Sowohl die lebenden als die fossilen Formen finden sich nur in der Alten Welt. Oberes Miocän—Jetzt.

Hyaena L. Seit ob. Miocän. *H. spelaea* Goldf. die Höhlenhyäne. Diluvium, besonders in Höhlen.

Fam. ***Felidae.*** Katzen. Gebiß reduziert. Oberer Reißzahn verlängert, dahinter nur 1 kleiner Molar. Oberes Eocän—Jetzt.

Dinictis Leidy (Fig. 596). Zahnformel: $\frac{3}{3} \cdot \frac{1}{1} \cdot \frac{3.1}{3.2}$. Obere Caninen sehr lang, vorn und hinten zugeschärft und gekerbt. Miocän. Nordamerika.

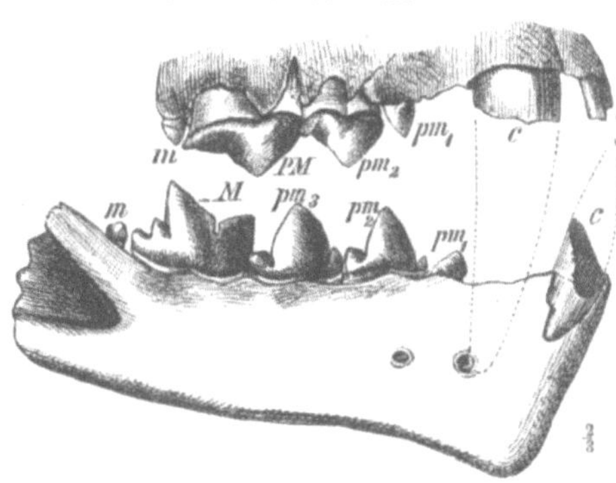

Fig. 596. *Dinictis felina Leidy.* Unt. Miocän. Dakota (Nordamerika).

Machaerodus Kaup. Gewaltige Katzen mit riesigen, an den zugeschärften Rändern gekerbten Eckzähnen. Oberes Eocän — Diluvium. *M. cultridens* Cuv. Ob. Pliocän.

Felis L. (Fig. 524). Zahnformel: $\frac{3}{3} \cdot \frac{1}{1} \cdot \frac{2-3.1}{2-3.1}$. Oberer letzter Backzahn winzig. Mittl. Miocän—Jetzt. *F. Leo var. spelaeus* Goldf. der Höhlenlöwe. Diluvium, bes. in Höhlen, doch selten.

Die *Pinnipedia* (Flossenfüßer), zu welchen die Robben, Seehunde und Walrosse gehören, sind marine Fleischfresser, eine eigentümliche, an das Wasserleben angepaßte Seitenlinie der Karnivoren. Sie erscheinen im Miocän, sind aber geologisch ohne Bedeutung.

Fig. 597. *Zeuglodon cetoides Ow.* Oberer Backzahn, verkl. Eocän. Alabama.

Ordn. ***Cetacea.*** Waltiere. Wasserbewohnende Säuger. Vorderextremitäten flossenförmig, Hinterextremitäten fehlen. Mit horizontaler Schwanzflosse. Eocän—Jetzt.

Zeuglodon Ow. (Fig. 597). Bis 20 m lange, karnivore Urwale. Backenzähne seitlich komprimiert, am Oberrand grob gezackt. Mittelzacke am höchsten. Im Eocän weit verbreitet. *Z. cetoides* Ow.

Ordn. ***Edentata (Bruta L.).*** Zahnarme Tiere. Gebiß meist nur aus prismatischen Backenzähnen ohne Schmelz bestehend, zuweilen auch diese fehlend. Endphalangen meist krallenförmig, seltener hufartig. Haut oft mit Knochenplatten. Älteres Tertiär—Jetzt.

Megatherium Cuv. Zur Gruppe der Riesenfaultiere gehörend. Skelettbau, besonders der der Hinterextremität sehr plump. Endphalangen als gewaltige Krallen ausgebildet, Schwanz sehr kräftig, zur Stütze dienend, Kopf dagegen rel. klein. Tier bis 4 m lang. Diluvium von Nord- u. Südamerika, bes. in der sog. Pampasformation. *M. americanum* Blumb. (= *M. giganteum* Pand.). Verwandt ist das bis elefantengroße *Mylodon robustus* Ow. (Fig. 598). Pampasformation. Südamerika.

Fig. 598. *Mylodon robustus Owen.* Diluvium (Pampasformation). Buenos Aires.

Glyptodon Ow. Zur Gruppe der Riesengürteltiere gehörend. Mit einem unbeweglichen, aus fest verbundenen Knochenplatten bestehenden, gewölbten Rückenpanzer versehen. Die einzelnen Platten sind von polygonalem Umriß u. rosettenförmig verziert. Außerdem eine Kopfplatte und ein aus beweglichen Knochenringen bestehender Schwanzpanzer vorhanden. Schädel kurz, Backzähne prismatisch, mit zwei tiefen Längsfurchen. Diluvium von Nord- u. Südamerika, bes. in der Pampasformation. *Gl. reticulatus* Ow. 2 m lang. Argentinien. *Gl. Nathorsti* Fel. Mexico.

Ordn. ***Rodentia.*** Nagetiere. Jederseits oben und unten nur 1 Incisiv, dieser sehr lang, gebogen, mit persistenter Pulpa. Er ist nur vorn mit Schmelz bedeckt und erhält infolge dessen durch Abkauung eine schräg zugeschärfte, meiselförmige Kaufläche und stellt den sog. „Nagezahn" dar. Bloß bei der Familie der Lagomorpha (Hasen) steht hinter ihm noch ein zweiter kleiner, stiftförmiger Incisiv. Eckzähne fehlen stets, die Backzähne sind sehr verschieden ausgebildet, von den Schneidezähnen durch einen weiten Zwischenraum (Diastema) getrennt. Der Gelenkkopf des Unterkiefers bewegt sich meist in einer Längsrinne. Eocän bis Jetzt.

Erwähnt seien hier nur eine Anzahl Formen, die gegenwärtig in den Alpen und den nordischen Regionen oder in Steppen wohnen, sich während und nach der Eiszeit aber auch in Mitteleuropa fanden und daher als Vertreter einer ehemals arktischen bzw. später einer Steppenfauna des Diluviums eine besondere geologische Wichtigkeit besitzen. Zu den ersteren gehören: *Arctomys marmotta* Schreb. Alpenmurmeltier, *Myodes*

(*Cuniculus*) *torquatus* Blas. Halsbandlemming, *Lepus variabilis* Pall. Alpenhase. Steppentiere sind: *Spermophilus rufescens* Blas. der rötliche Ziesel, *Arctomys bobac* Schreb. Steppenmurmeltier, *Alactaga jaculus* Brdt. Pferdespringer, *Lagomys pusillus* Desm. Zwergpfeifhase.

Ordn. ***Ungulata.*** Huftiere. Verschiedenartige z. T. sehr große Säuger, deren Gliedmaßen ausschließlich zur Lokomotion auf dem Boden dienen. Die letzten Phalangen sind daher breit, unten abgeplattet, hufförmig. Im Laufe der Tertiärzeit erfuhr die Gruppe große Umwandlungen: Der ursprünglich plantigrade Fuß wurde allmählich digitigrad, und schließlich unguligrad, d. h. nur die letzten Phalangen berührten den Boden. Dabei erfolgte eine Reduktion der Zehenzahl und Verlängerung der Metapodien (Mittelfußknochen). Auch eine seitliche Verschiebung der Hand- und Fußwurzelknochen trat ein, so daß die ursprünglich seriale Anordnung derselben in eine alternierende überging. Die Zähne waren ursprünglich brachyodont, und wurden hypselodont. In der Frontalregion des Schädels bildeten sich bei manchen Gruppen Knochenzapfen und Geweihe aus. Eocän bis Jetzt.

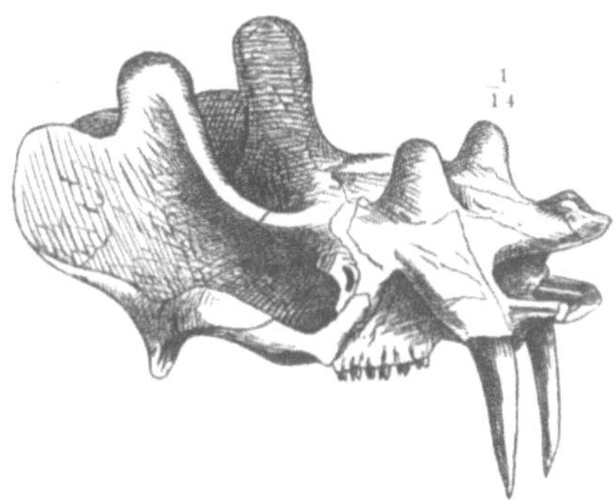

Fig. 599. *Uintatherium (Dinoceras) mirabile Marsh.* Oberes Eocän. Wyoming (Nordamerika).

U.-Ordn. ***Amblypoda*** Cope. Sehr große, plumpe Tiere des Eocän. Füße fast plantigrad, fünfzehig. Gehirn sehr klein.

Uintatherium Leidy. (*Dinoceras* Marsh. Figg. 599 u. 600). Auf den Parietalia, Maxillae und Nasalia je ein Paar vorragende Knochenzapfen; die über den Parietalia am höchsten. Obere Caninen sehr groß; ihnen entsprechen am Unterkiefer nach unten vorspringende, breit-gerundete Fortsätze. Zähne lophodont. Zahnformel: $\frac{0}{3}\cdot\frac{1}{1}\cdot\frac{3.3}{4-3.3}$. Die größten Arten der sehr nahe verwandten Gattung *Tinoceras* Marsh (*Loxolophodon* Cope) besaßen eine Rückenhöhe von 2 m und eine Länge von fast 4 m, erreichten also fast die Elefanten an Größe. Beide Gattungen im ob. Eocän von Nordamerika.

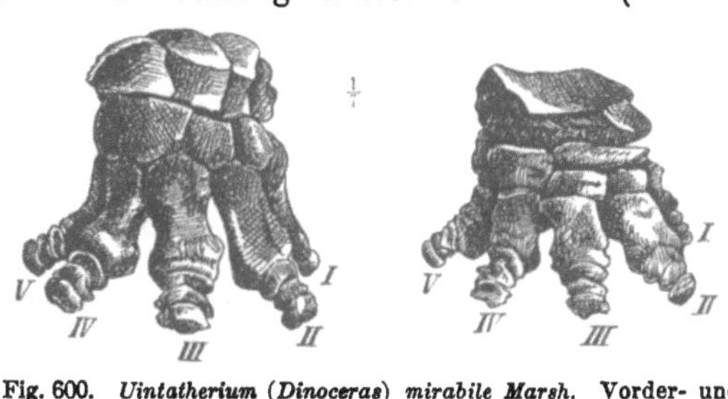

Fig. 600. *Uintatherium (Dinoceras) mirabile Marsh.* Vorder- und Hinterfuß. Oberes Eocän. Wyoming (Nordamerika).

U.-Ordn. ***Proboscidia.*** Rüsseltiere. Riesige, fünfzehige, herbivore Tiere mit ± langem Rüssel. Incisive als gewaltige Stoßzähne entwickelt, doch in jeder Kieferhälfte nie mehr als einer. Eckzähne fehlen; Backzähne lophodont; im Laufe der geologischen Entwicklung nehmen sie an Größe zu, gehen aber an Zahl zurück, bzw. kommen nur noch nacheinander in Gebrauch. Miocän—Jetzt.

Dinotherium Kaup. (Fig. 601). Stoßzähne nur im Unterkiefer vorhanden, abwärts und leicht nach hinten gekrümmt. Oben und unten 2 pm und 3 m; m_1 mit 3, die übrigen mit 2 Querjochen. Zement fehlt. *Din. giganteum* Kaup. Über elefantengroß. Pliocän.

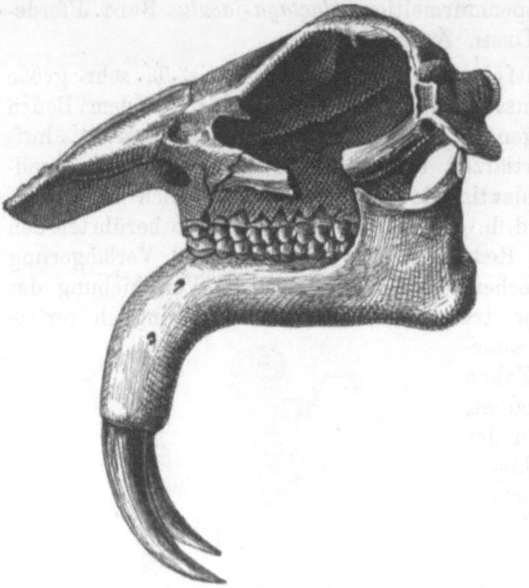

Fig. 601. *Dinotherium giganteum Cuv. sp.* Pliocän (Dinotheriensand). Eppelsheim bei Worms.

Mastodon Cuv. (Figg. 602 u. 605 *A*). Stoßzähne gerade oder leicht gekrümmt, gewöhnlich nur im Ober-, seltener auch im Unterkiefer vorhanden, letztere dann stets kleiner. In jeder Kieferhälfte 3 Backzähne, diese mit 3—5 Querjochen. Im Grunde der zwischen ihnen liegenden Täler stellt sich bei manchen Arten Zement ein. Zahnwechsel entweder normal, indem die definitiven Zähne die Milchzähne in vertikaler Richtung ausschieben, oder häufiger durch allmähliches Ausschieben der Zähne von hinten nach vorn. Mittl. Eocän—Pleistocän. *Mast. angustidens* Cuv. Miocän. *Mast. americanus* Cuv. Pleistocän.

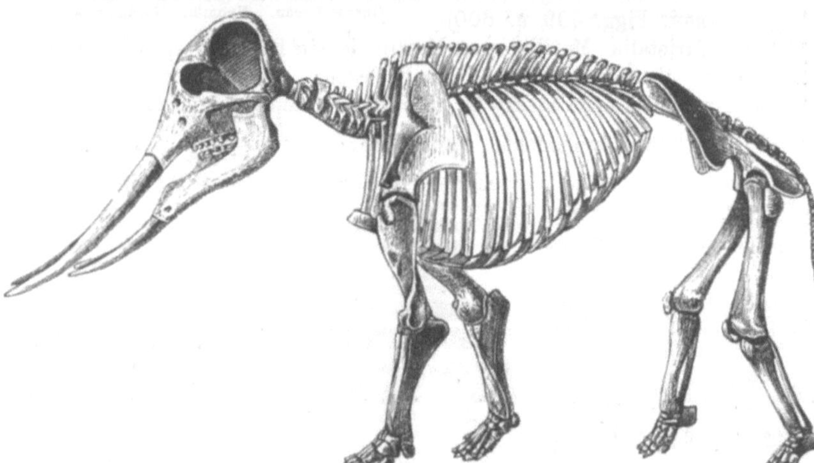

Fig. 602. *Mastodon angustidens Cuvier.* Simorre (Gers.). Mittl. Miocän. Nach Gaudry.

Stegodon Falc. (Figg. 603, 604 u. 605 *B*). Nur obere Stoßzähne vorhanden, diese mächtig entwickelt. Molare mit 6—12 Querjochen, deren Zwischentäler teilweise mit Zement ausgefüllt sind. Miocän und Pliocän von Asien. Diese Gattung bildet den Übergang von Mastodon zu Elephas.

Elephas L. (Fig. 605 *C*). Nur obere Stoßzähne vorhanden. Molaren aus 7—27 Jochen bestehend, diese sehr hoch, stark komprimiert, lamellenförmig; ihre Zwischenräume sind vollständig von Zement ausgefüllt, welches ursprünglich auch die ganze Krone überzieht. Erst bei der Abkauung kommen die dentinerfüllten, von oft gekräuseltem Schmelz bedeckten Joche zum Vorschein. Die Zahl der Joche nimmt in der Reihenfolge, in welcher die Zähne entstehen, zu; die wenigsten hat also der vorderste Milchbackenzahn (3—4), die meisten m_3, welchen das Tier zuletzt bekommt (10—27). Bei größerer Anzahl der Joche ist dieselbe für den gleichen Zahn einer Art nicht völlig konstant. So besitzt m_3 oben bei *El. antiquus* Falc. 15 bis 20 Joche, bei *El. meridionalis* Nesti 10—14. Der Zahnwechsel erfolgt ausschließlich in der Weise, daß die Zähne von hinten nach vorn allmählich ausgeschoben werden. Meist ist nur 1, höchstens 2 Backzähne in jeder Kieferhälfte in Gebrauch. Ob. Miocän — Jetzt. *El. meridionalis* Nesti. Pliocän und älteres Pleistocän, ca. 4 m hoch, größtes aller Landsäugetiere. *El. antiquus* Falc. Oberstes Pliocän und besonders im älteren Diluvium. Die verbreitetste Art während des Diluvium ist *El. primigenius* Blumb. das Mammut. Es besaß riesige, nach außen und oben gekrümmte Stoßzähne und, wie die Auffindung ganzer Kadaver im gefrorenen Boden Sibiriens zeigte, einen dichten Wollhaarpelz. Am Halse und auf dem Rücken bildete das Haar eine lange Mähne.

Fig. 603. *Stegodon Clifti Falc. et Cautley.* Pliocän (oder Pleistocän). Ufer des Irawaddy. Letzter Backenzahn.

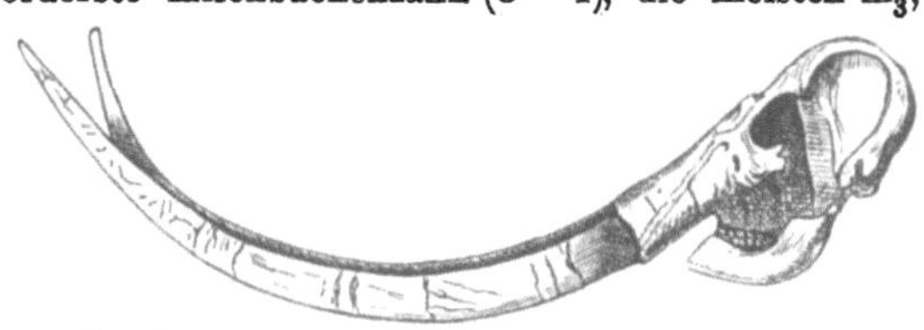

Fig. 604. *Stegodon Ganesa Falc. et Cautl.* Pliocän. Sivalik hills (Ostindien).

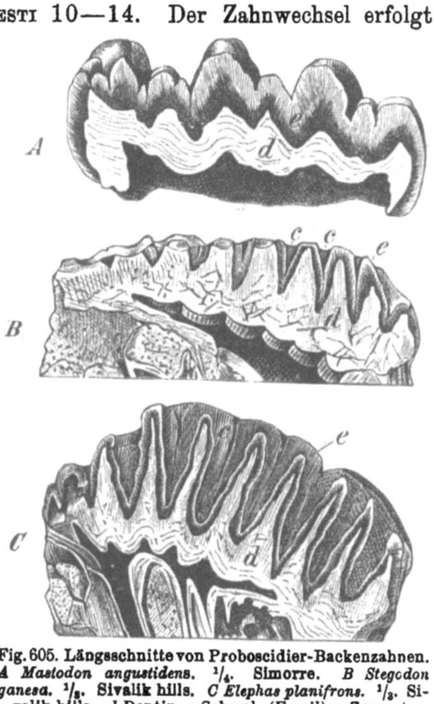

Fig. 605. Längsschnitte von Proboscidier-Backenzahnen. *A Mastodon angustidens.* 1/4. Simorre. *B Stegodon ganesa.* 1/8. Sivalik hills. *C Elephas planifrons.* 1/8. Sivalik hills. *d* Dentin, *e* Schmelz (Email), *c* Zement.

U.-Ordn. ***Perissodactyla.*** Unpaarhufer. Huftiere mit stets stärker entwickelter Mittelzehe (III) und fast stets ungerader Zehenzahl (1—3), doch finden sich zuweilen am Vorderfuß 4 Zehen. Astragalus proximal mit ausgefurchter Gelenkrolle, distal abgestutzt. Femur mit drittem Trochanter. Eocän—Jetzt.

Fam. ***Tapiridae.*** (Fig. 525 *e*). Vorn 4, hinten 3 Zehen. Backzähne lophodont, brachyodont. Nasalia frei vorragend, kurz. Nase rüsselartig verlängert, Gebiß vollständig, Zahnformel: $\frac{3}{3}.\frac{1}{1}.\frac{4.3}{4.3}$. Eocän—Jetzt.

Gegenwärtig lebt von dieser Familie noch eine, auf Südamerika, Mexiko und Südasien beschränkte Gattung: *Tapirus* L. Fossile Formen sind dagegen ziemlich zahlreich und weit verbreitet.

Lophiodon Cuv. Tapir- bis rhinozerosgroß. Eocän von Europa.

Fam. ***Equidae.*** Eine der vollständigsten Formenreihen bildend, das schönste Beispiel für allmähliche Umgestaltung und Vervollkommnung eines Säugetiertypus während des Tertiär. Die ältesten Formen waren klein (von Fuchsgröße), vorn vier-, hinten dreizehig, mit brachyodontem, z. T. bunodontem Gebiß; die jüngsten sind groß; hochbeinig, berühren mit nur einer Zehe den Boden und besitzen hypselodonte, schmelzfaltige Backenzähne. Diese Extreme sind durch Übergangsformen eng verknüpft. Sie beginnen im unteren Eocän von Nordamerika.

Eohippus Marsh. Backzähne bunodont, brachyodont; vorn 4, hinten 3 Zehen. Tiere von Fuchsgröße. Unt. Eocän. Nordamerika. *E. validus* Marsh.

Fig. 606.

Fig. 607.

Fig. 608.

Fig. 606. Oberer Backzahn von *Anchitherium*. Miocän. Fig. 607. Desgl von *Hipparion gracile Kaup sp.* Pliocän. Fig. 608. Desgl. von *Equus caballus L.* Quartär.

Pachynolophus Pom. (*Orohippus p. p.* Marsh.). Ähnlich Eohippus, aber größer und die Außenhöcker der Backzahnkronen jochartig verbunden. Etwa hühnerhundgroß. Unt. — ob. Eocän. Europa und Nordamerika.

Anchitherium v. Mey. (= *Miohippus* Marsh. Figg. 606 u. 610). Die seitlichen Zehen II und IV kaum ein Drittel so stark als III, aber den Boden noch berührend. Backzähne brachyodont, lophodont. *Anch. Aurelia-*

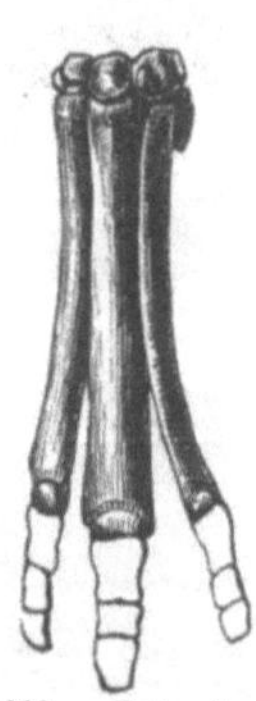
Fig. 609. *Palaeotherium medium Cuv.* Unt. Oligocän. Gips des Montmartre bei Paris. Linker Vorderfuß.

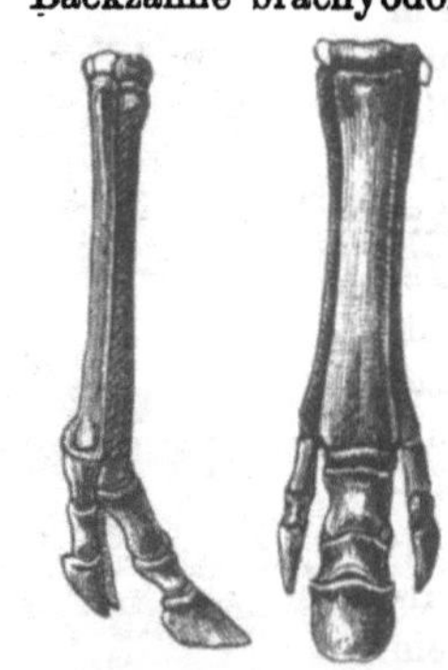
Fig. 610. *Anchitherium aurelianense Cuv. sp.* Mittl. Miocän. Sansan. Linker Vorderfuß von der Seite und von vorn.

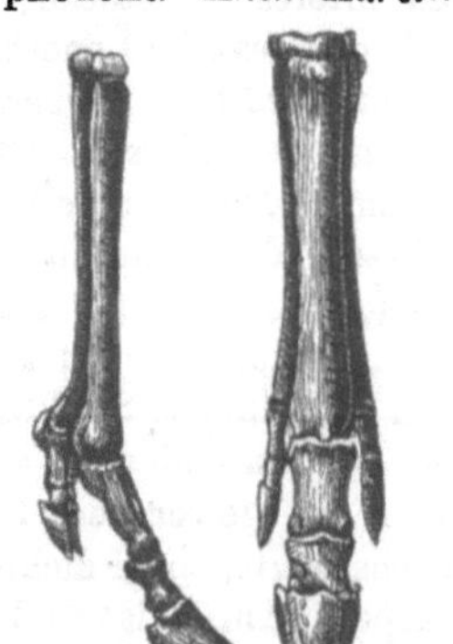
Fig. 611. *Hipparion gracile Kaup sp.* Pliocän. Pikermi. Linker Vorderfuß von der Seite u. von vorn.

nense Cuv. sp. Ob. Miocän von Europa, andere Arten im Miocän von Nordamerika.

Palaeotherium Cuv. (Figg. 609 u. 612). Obere Backzähne mit W-förmig gefalteter Außenwand; Innenhöcker durch schräge Joche mit dieser verbunden. Untere Backzähne aus 2 (m_3 aus 3) hufeisenförmig gebogenen Jochen bestehend. Alle Zähne brachyodont. Die drei Metapodien sind nahezu gleich lang, aber das mittlere stärker. Tiere schweins- bis rhinozerosgroß, von tapirähnlicher Gestalt, mit kurzem Rüssel. Die Gattung gehört nicht

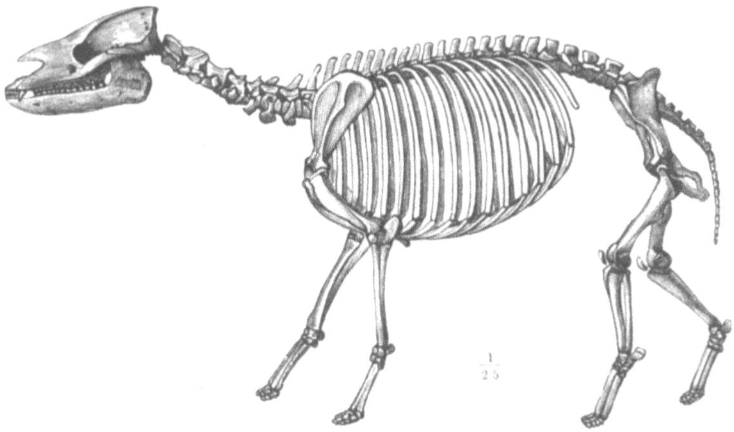

Fig. 612. *Palaeotherium magnum Cuvier.* Unt. Oligocän. Gips des Montmartre bei Paris.

in den Stammbaum des Pferdes, ist aber sehr charakteristisch für das unt. Oligocän von Europa.

Hipparion CHRIST. (Figg. 607, 611 u. 613). Nur die Mittelzehen berühren den Boden, doch sind die beiden andern noch vollkommen ausgebildet.

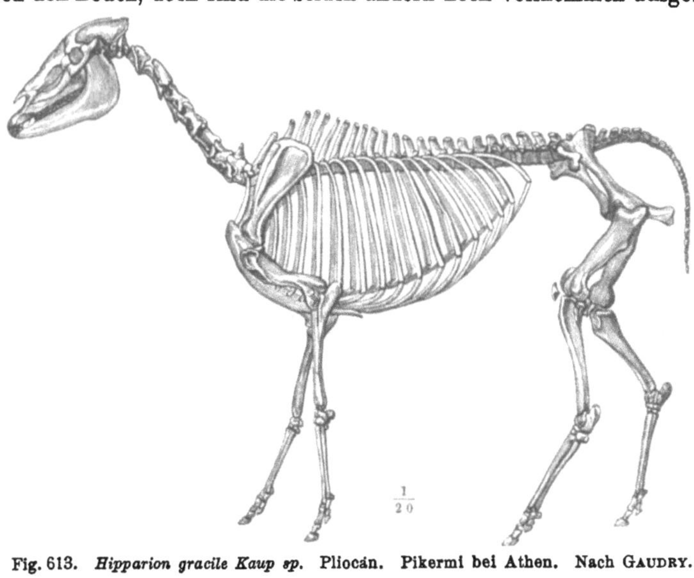

Fig. 613. *Hipparion gracile Kaup sp.* Pliocän. Pikermi bei Athen. Nach GAUDRY.

Zähne hypselodont, doch nur halb so hoch als beim Pferd. Unt. Pliocän. Europa u. Asien. Tier von Zebragröße.

Equus L. (Fig. 608). Seitenzehen zu den sog. „Griffelbeinen" reduziert. Zähne sehr hoch, prismatisch. Ob. Pliocän—Jetzt. Die heutige Art *E. caballus* L. findet sich bereits im Diluvium: *E. caballus fossilis*.

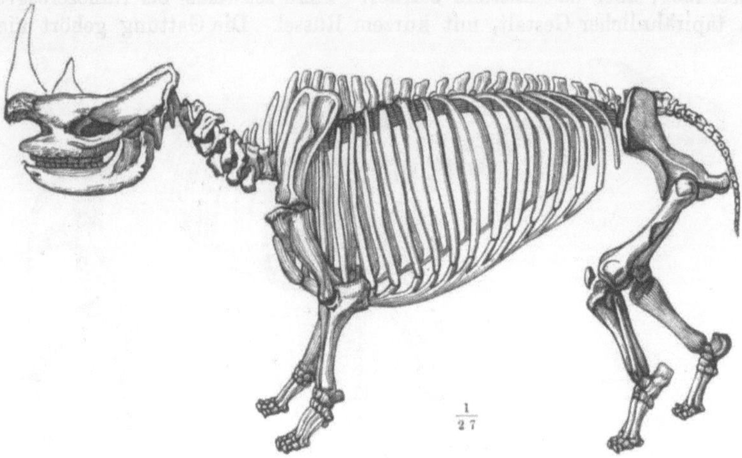

Fig. 614. *Rhinoceros (Atelodus) pachygnathus Gaudry*. Pliocän. Pikermi bei Athen.

Fam. ***Rhinoceridae.*** *Rhinoceros* L. (Figg. 614—617). Vorderfuß (Fig. 615) vier- oder dreizehig, Hinterfuß dreizehig. Bezahnung häufig unvollständig, indem Eckzähne und Incisive fehlen können. Oberkiefer-Backzähne (Fig. 616) aus einer Außenwand mit einem vorderen vorspringenden Höcker oder accessorischer Falte und zwei schräg zu derselben stehenden Querjochen gebildet; Unterkiefer-Backzähne (Fig. 617) aus zwei mondsichelförmigen Jochen bestehend. Nasenbeine mit meist rauhem Polster für 1 oder 2 Hörner (letztere sind Haut- oder Epidermoidal-Skelettbildungen); das hintere Horn steht zuweilen über dem Frontale (U.-G. *Coelodonta*). Daneben gab es auch hornlose Formen (U.-G. *Aceratherium*). Oligocän—Jetzt. Zahlreiche Untergattungen. *Rhin.* (*Coelodonta*) *antiquitatis* Blumb. (= *Rhin. tichorhinus* Fisch., das wollhaarige Rhinozeros), mit verknöcherter Nasenscheidewand, lebte mit dem Mammut zusammen während der Glazialzeit. *Rhin.* (*Aceratherium*) *incisivum* Cuv. (= *Rhin. tetradactylus* Lartet, Figg. 615 u. 616) hornlos. Miocän.

Fig. 615. *Rhinoceros (Aceratherium) incisivus Cuv.* Miocän. Sansan. Linker Vorderfuß. 1/6.

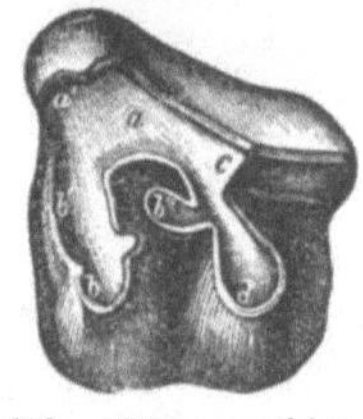

Fig. 616. *Rhinoceros (Aceratherium) incisivus Cuv.* Miocän. Winterthur. Oberer Molar. *ac* Außenwand, *a'* vordere accessorische Falte derselben. *bb'* vorderes Joch, nach innen mit einem Vorsprung, dem „Sporn", *cd* hinteres Joch mit dem „Gegensporn" *b''*. 1/2 nat. Gr.

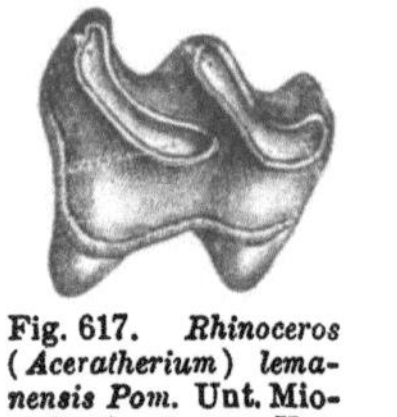

Fig. 617. *Rhinoceros (Aceratherium) lemanensis Pom.* Unt. Miocän. Auvergne. Unt. Molar. 1/2 nat. Gr.

U.-Ordn. ***Artiodactyla.*** Paarhufer. Mittelzehen (III und IV) gleichmäßig entwickelt; die Seitenzehen schwächer oder rudimentär. Astragalus an beiden Enden mit Gelenkrolle. Femur ohne dritten Trochanter. Gebiß bunodont oder selenodont; einige ausgestorbene Familien bilden einen Übergang zwischen beiden Typen.

A. Bunodontia. Höckerzähner.

Fam. ***Suidae.*** Schweine. Gebiß vollständig, brachyodont und bunodont. Eckzähne stark vorragend. Seit Eocän.

Sus L. Backzähne außer den 4 Haupthöckern mit zahlreichen warzenartigen Nebenhöckern. Unt. Pliocän—Jetzt.

Fam. ***Hippopotamidae.*** Flußpferde. Die Oberfläche der mit vier stumpfen, gefalteten Höckern versehenen Backzähne erhält durch Abkauung eine kleeblattähnliche Zeichnung. Füße vierzehig, die seitlichen Zehen wenig schwächer und kürzer als die mittleren. Die einzige Gattung *Hippopotamus* L. (Fig. 618) ist jetzt auf Afrika beschränkt, fossile Formen finden sich auch in Europa und Asien und zwar seit Pliocän.

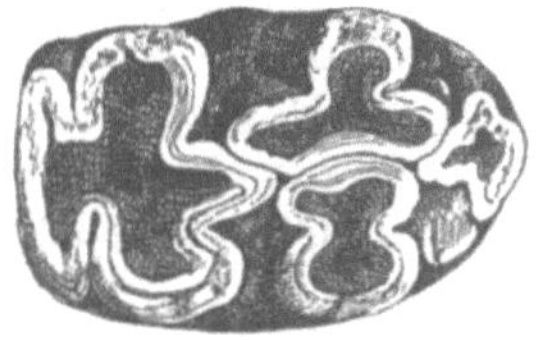

Fig. 618. *Hippopotamus Pentlandi Falc.* Oberer Backenzahn. Pleistocän. Sizilien. 2/3.

B. Bunolophodontia.

Übergangsformen zwischen bunodontem und selenodontem Typus.

Fam. ***Anthracotheriidae.*** Eine primitive Gruppe von ausgestorbenen, meist alttertiären Huftieren. Die Höcker der Backenzähne sind dick und wandeln sich durch Herausbildung von Kanten und V-förmiger Knickung allmählich zu Halbmonden um. Diese Übergangsform des Gebisses bezeichnet man als „bunolophodont". Die Füße sind noch vierzehig, doch sind die seitlichen Zehen dünner und kürzer als die mittleren.

Fig. 619. *Anthracotherium magnum Cuv.* Ob. Oligocän. Cadibona m_2 u. m_3 rechts oben. 1/2 nat. Gr.

Anthracotherium Cuv. (Fig. 619). Das „Kohlentier", da es sich gern in kohlenführenden Ablagerungen findet. Höcker der Backzähne kantig, Tiere von Schweins- bis Rhinozerosgröße. Oligocän.

Fam. ***Anoplotheridae.*** Ausgestorbene, äußerlich tapirähnliche Huftiere, mit 4, 3 oder 2 Zehen. Eocän—unt. Miocän.

Anoplotherium Cuv. Dreizehig, III und IV gleich entwickelt, II kürzer, Schwanz lang. Oligocän. *An. commune* Cuv.

C. Selenodontia. Halbmondzähner. Wiederkäuer.

Backenzähne mit 4 Halbmonden. Metacarpalia und Metatarsalia III und IV mit Ausnahme einer Anzahl fossiler Formen zu einem Knochen „*Canon*" verwachsen, der an seinem distalen Ende zwei Gelenkflächen trägt. In diese Gruppe gehören die Camelidae (Kamele und Lamas), Tragulidae (Zwerghirsche), Cervidae (Hirsche), Cavicornia (Hohlhörner) und die ausgestorbene Familie der Oreodontidae.

Fam. ***Oreodontidae.*** Gebiß vollständig, Zahnformel: $\frac{3}{3}\cdot\frac{1}{1}\cdot\frac{4.3}{4.3}$. Füße vierzehig; nur bei den primitiveren Formen ist der Vorderfuß noch fünfzehig. Nur in Nordamerika vom Eocän—unt. Pliocän.

Oreodon LEIDY (Fig. 588). Zähne in geschlossener Reihe. Der Vorderfuß mit 4 vollständigen Zehen (II—V) und einem stummelartigen Metacarpale I. Hinterfuß vierzehig. Von der Größe eines Dicotyles (Nabelschwein). Unt. Miocän. Nordamerika.

Fam. ***Camelidae.*** Kamele und Lamas. Gebiß bei den geologisch älteren Formen vollständig, bei den jüngeren ± reduziert. Der vorderste Prämolar oben und unten meist eckzahnähnlich. Füße vier- bis zweizehig, die beiden mittleren Metapodien (III u. IV) verschmolzen, nur bei den ältesten Formen noch getrennt. Eocän—Jetzt. Die Familie ist bereits in der Einleitung als ein ausgezeichnetes Beispiel für die Übereinstimmung der ontogenetischen und phylogenetischen Entwicklung besprochen worden (vergl. ob. S. 2).

Leptotragulus SCOTT u. OSB. Extremitäten vierzehig, Metapodien getrennt, Gebiß vollständig. Von der Größe eines jungen Rehes. Eocän. Nordamerika. *L. proavus* SCOTT u. OSB.

Poëbrotherium COPE. Hinterfuß zweizehig, Metapodien getrennt; Gebiß vollständig, brachyodont. Von der Größe eines Zwerghirsches. Unt. Miocän. Nordamerika. *P. Wilsoni* LEIDY.

Protolabis COPE. Extremitäten zweizehig, Ulna und Radius verschmolzen, die beiden mittleren Metapodien zu einem Canon verwachsen. Gebiß vollständig. Von der Größe eines virginischen Hirsches. Ob. Miocän u. unt. Pliocän. Nordamerika. *Pr. heterodontus* COPE.

Procamelus LEIDY (Fig. 620). Gebiß reduziert. Im Oberkiefer nur

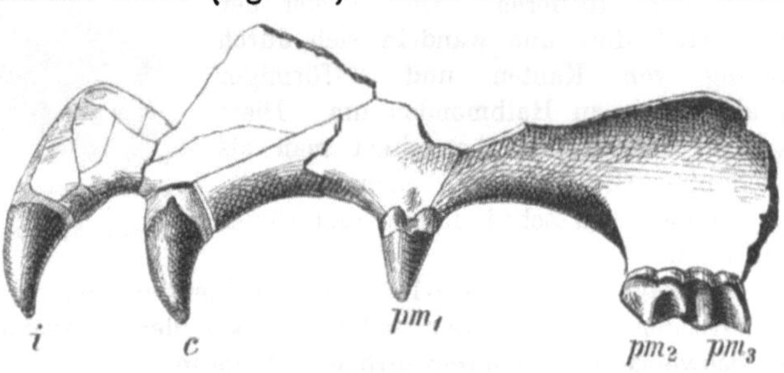

Fig. 620. *Procamelus occidentalis Leidy.* Fragment des linken Oberkiefers. Unt. Pliocän. Niobrara (Nordamerika).

ein Incisiv; dieser eckzahnähnlich, ebenso wie der konische pm_1, welcher durch je einen weiten Zwischenraum (Diastema) sowohl von dem Eckzahn als von pm_2 getrennt ist. Zahnformel: $\frac{1}{3} \cdot \frac{1}{1} \cdot \frac{4.3}{4.3}$. Die mittleren Metapodien zu einem Canon verwachsen, die seitlichen rudimentär. Die Arten sind lama- bis kamelgroß. Unt. Pliocän. Nordamerika.

Camelus L. Während im Milchgebiß des Oberkiefers noch alle 3 Schneidezähne vorhanden sind, ist das definitive Gebiß stark reduziert. Zahnformel: $\frac{1}{3} \cdot \frac{1}{1} \cdot \frac{3.3}{2.3}$. Pliocän—Jetzt. *C. Sivalensis* FALC. et CAUTL. Pliocän.

Fam. ***Cervidae.*** Hirsche. Die ♂, nur beim Renntier auch die ♀ Tiere mit Geweih. Das eigentliche Geweih wird von einem dem Frontale aufsitzenden Knochenzapfen, dem „*Rosenstock*“ getragen. Die knorrige Wulst an der Basis des Geweihes heißt „*Rose*“. Meist wird das Geweih jährlich abgeworfen, durch ein neues ersetzt und die Zahl der Sprossen dabei vermehrt. Diese ontogenetische Entwicklung stimmt mit der phylogenetischen überein (Figg. 621 u. 622). Bei untermiocänen Formen fehlt ein Geweih; der mittelmiocäne *Dicroceras* Lart. (Fig. 621 *a*) besitzt einen langen Rosenstock und darauf ein zweisprossiges Geweih. Im Pliocän (Fig. 621 *c*, *d*) vermehren sich die Nebensprossen, so daß im ob. Pliocän äußerst reich verästelte Geweihe existieren, z. B. *C. Sedgwicki* Falc. Ob. Pliocän. Toscana (Fig. 622). Bei *C. dama* L. (Damhirsch) u. *C. alces* L. (Elch) sind die Geweihe distal schaufelartig verbreitert, ebenso bei dem größten aller Hirsche, dem diluvialen Riesenhirsch: *C.* (*Megaceros*) *euryceros* Aldrov. (Fig. 623). Das Renntier (*Rangifer* O. Smith), jetzt zirkumpolar lebend, war während der Diluvialzeit auch in Mitteleuropa weit verbreitet. Seine Geweihstangen sind ihrer ganzen Ausdehnung nach etwas komprimiert.

Fig. 621. *a Dicroceras elegans Lart.* Mittl. Miocän. Sansan. 1/3 nat. Gr. *b Cervus* (*Cervulus*) *anocerus Kaup.* Pliocän. Eppelsheim. 4/15 nat. Gr. *c Cervus Matheronis Gerv.* Unt. Pliocän. Mont Léberon. 2/15 nat. Gr. *d Cervus martialis Gerv.* aus pliocän. vulkanischem Sande von Saint-Martial. 1/28 nat. Gr. Nach Gaudry.

Fam. ***Cavicornia.*** Hohlhörner. Die Frontalia tragen — meist in beiden Geschlechtern — knöcherne, von Hornscheiden umgebene Fort-

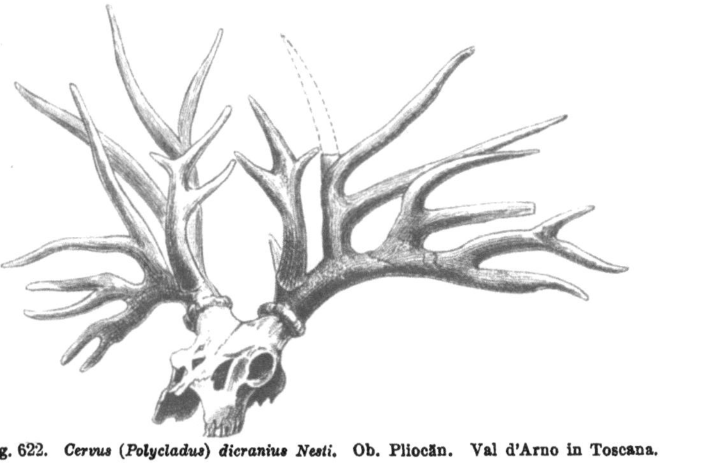

Fig. 622. *Cervus* (*Polycladus*) *dicranius Nesti.* Ob. Pliocän. Val d'Arno in Toscana.

sätze (Knochenzapfen). Obere Incisive und Caninen fehlen. Zu dieser Gruppe gehören die Antilopen, Ziegen, Schafe und Rinder.

U.-Fam. ***Antilopinae.*** Antilopen. Die Stirnzapfen stehen meist unmittelbar über oder hinter der Orbita. Backzähne brachyodont oder hypselodont. Seit mittl. Miocän, fast nur in der Alten Welt.

Palaeoreas GAUDRY (Fig. 624). Stirnzapfen spiralig gedreht. Unt. Pliocän.

Saiga GRAY. Die Saigaantilope, jetzt in den Steppen von Osteuropa und Asien noch lebend, hat sich auch in dem Diluvium Zentraleuropas als ein Glied der postglazialen Steppenfauna gefunden.

Fig. 623. *Cervus (Megaceros) euryceros Aldrov.* Diluvial. Irland.

U.-Fam. ***Ovinae.*** Schafe und Ziegen. Backzähne hypselodont, prismatisch. Fossil seit ob. Miocän.

Ovibos moschatus BLV. Moschusochse. Jetzt zirkumpolar, während der Diluvialzeit auch über einen großen Teil des mittleren Europa, Asien und Nordamerika verbreitet.

U.-Fam. ***Bovinae.*** Rinder. Die Stirnzapfen entspringen ziemlich weit hinter der Orbita an den hinteren Außenecken des Schädels. Frontalia sehr groß, zuweilen die Parietalia ganz auf die Hinterfläche des Schädels drängend. Backzähne hypselodont, mit kleinen accessorischen Pfeilern. Ob. Miocän—Jetzt.

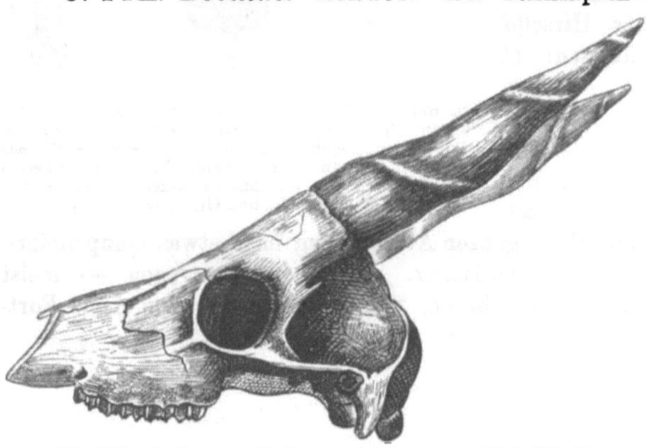

Fig. 624. *Palaeoreas Lindermayeri Wagn. sp.* Unt. Pliocän. Pikermi bei Athen. 1/4 *nat. Gr.* Nach GAUDRY.

Bison SUNDV. Schädel in der Stirnregion ungemein verbreitert. *B. priscus* v. MEY. Diluvium von Europa und Asien.

Bos L. Hintere Hälfte des Schädeldaches ganz von den Frontalia gebildet, Parietalia auf die Hinterseite gedrängt. *B. primigenius* BOJ. Auerochs oder Ur; vom Diluvium bis in die historische Zeit wild lebend, dann gezüchtet und Stammform eines Teiles der heutigen Rinder (Primigenius-Rasse).

Ordn. ***Prosimiae.*** Halbaffen. Große Zehe opponierbar. An der zweiten, häufig auch an der dritten, zuweilen an allen Fingern und Zehen (außer der ersten) Krallen anstatt der Nägel. Gebiß variabel, z. B. hat Chiromys die Zahnformel $\frac{1}{1}\cdot\frac{0}{0}\cdot\frac{1.3}{0.3}$, Lemur $\frac{2}{2}\cdot\frac{1}{1}\cdot\frac{3.3}{3.3}$. Gehirn kleiner und weniger gefurcht als bei den echten Affen. Skelett mit primitiven Merkmalen. Fossil seit Eocän.

Adapis CUV. (Fig. 625). Schädel mit hoher Crista sagittalis. Zahnreihe geschlossen. Zahnformel: $\frac{2}{2}\cdot\frac{1}{1}\cdot\frac{4.3}{4.3}$. Unt. Oligocän. Frankreich. *Ad. Parisiensis* CUV.

Ordn. ***Primates*** oder ***Simiae.*** Affen. Die Finger und Zehen tragen sämtlich — mit Ausnahme der Hapalidae (Krallenaffen) — Plattnägel; Gehirn reich gefurcht. Die Augenhöhlen werden von den Schläfengruben durch eine knöcherne Scheidewand getrennt. Fossil seit dem mittl. Miocän.

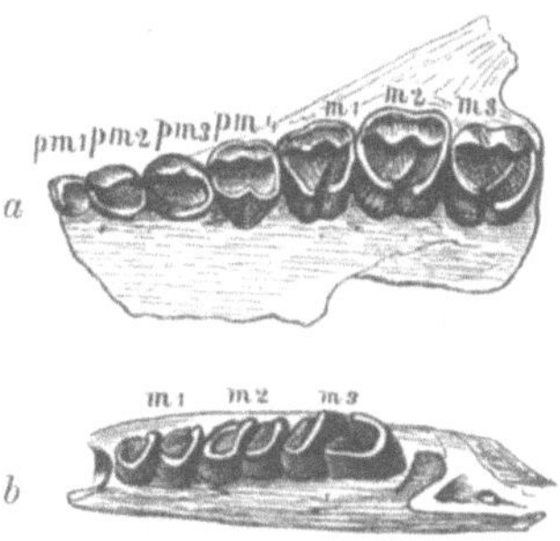

Fig. 625. ***Adapis magnus Filhol.*** Oligocäner Phosphorit von Quercy (Frankreich). *a* Oberkieferfragment mit vier Pm. und drei M. *b* Unterkieferfragment mit drei M. Nat. Gr.

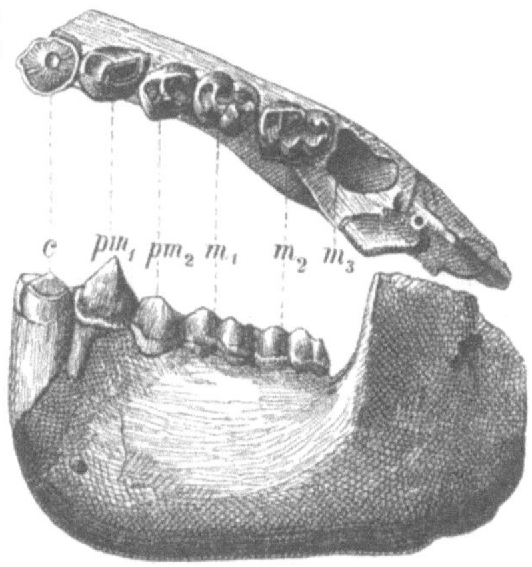

Fig. 626. ***Dryopithecus Fontani Lartet.*** Mittl. Miocän. St. Gaudens (Haute Garonne). Linker Unterkiefer. $^2/_3$ nat. Gr.

Dryopithecus Lart. (Fig. 626). Zähne sehr ähnlich denen des Menschen. Mittl. Miocän. Frankreich.

Pithecanthropus erectus Dubois. Diese Gattung wurde auf 1 Schädeldach, 1 Femur und 2 Backenzähne gegründet, die wahrscheinlich zusammengehören. Es ist der menschenähnlichste Affe mit einer die aller sonstigen Affen übertreffenden Schädelkapazität und mit aufrechtem Gang. Ob. Pliocän von Java.

Register.

(Die beigefügten Zahlen beziehen sich auf die Seiten; bei Angabe mehrerer Seitenzahlen verweisen die fetten Ziffern auf die Hauptstelle.)

Abdrücke 3. 4.
Abformung 4.
Abies 31.
Abietineae 29. 30.
Acalephae 73. **77.**
Acantharia 43.
Acanthin 43.
Acanthoceras 155.
Acanthocladia 99.
Acanthodes 186.
Acanthodi 186.
Acanthopterygier 185.
Acanthostoma 194. **196.**
Acephalen 110.
Aceratherium 222.
Acervularia 66.
Acetabulum 184.
Acidaspidae 170.
Acidaspis 170.
Acrocidaris 93.
Acrodonte Bezahnung 194.
Acrodus 187.
Actaeonella 136.
Actaeonidae 136.
Actiniaria 64.
Actinocamax 159.
Actinoceras 143.
Actinocrinus 82.
Actinomma 44.
Adacna 124.
Adapis 226.
Adventivfiedern 16. 18.
Adventivloben 141.
Adventivsättel 141.
Adventivwurzeln 19.
Aeglina 169.
Aegoceras 150.
Aegoceratidae 150.
Aesculus 5.
Aëtosaurus 204.
Affen 227.
Agglutinantia 36. 38.
Agnostidae 166.
Agnostus 166.
Al 193.
Alactaga jaculus 217.
Albien 6.
Alcyonaria 58. **61.**
Alectryonia 113.
Alethopteris 17. 18.
Algae 11.
Algonkium 9.
Alluvium 5.
Alpenhase 217.
Alpenmurmeltier 216.
Alveolina 38.
Alveolinenkalk 38.
Alveolites 62.
Alveopora 59.
Amaltheenthone 151.
Amaltheidae 151.
Amaltheus 151.
Amblypoda 217.
Amblypterus 191.
Ameisenigel 212.
Ammonites (Aspidoceras) acanthicus 155.
— (Aegoceras) adnethicus 150.
— (Schlotheimia) angulatus 151.
— (Trachyceras) Aon 148.
— — aonoides 148.
— (Holcostephanus) Astierianus 153.
— (Peltoceras) athleta 154.
— (Hoplites) auritus 155.
— (Hildoceras) bifrons 152.
— (Peltoceras) bimammatus 154.
— (Arietites) Bucklandi 150.
— (Sphaeroceras) bullatus 153.
— (Aegoceras) capricornus 150.
Ammonites (Arietites) ceras 150.
— (Stephanoceras) coronatus 153.
— (Aspidoceras) cyclotus 154.
— (Aegoceras) Davoei 150.
— (Arcestes) didymus 148.
— (Oxynoticeras) discus 151.
— (Lytoceras) fimbriatus 149.
— (Oppelia) flexuosus 152.
— (Pinacoceras) floridus 148.
— (Arcestes) gigantogaleatus 148.
— (Haploceras) Grasianus 152.
— (Phylloceras) heterophyllus 148.
— (Stephanoceras) Humphriesi 153.
— (Cosmoceras) Jason 154.
— (Holcostephanus) Jeannoti 153.
— (Schloenbachia) inflatus 151.
— (Haploceras) lingulatus 152.
— (Aspidoceras) longispinus 155.
— (Acanthoceras) Lyelli 155.
— (Macrocephalites) macrocephalus 153.
— (Acanthoceras) Mantelli 155.
— (Amaltheus) margaritatus 151.
— (Pinacoceras) Metternichi 148.

Ammonites (Cladiscites) multilobatus 148.
— (Harpoceras) Murchisonae 152.
— (Rhacophyllites) neojurensis 149.
— (Haploceras) nimbatus 152.
— (Hoplites) noricus 155.
—(Leioceras)opalinus152.
— (Cosmoceras) ornatus 154.
— (Oxynoticeras) oxynotus 151.
— (Parkinsonia) Parkinsoni 155.
— (Psiloceras) planorbis 150.
— (Perisphinctes) polyplocus 154.
— (Harpoceras) pseudoradiosus 152.
— (Psiloceras) psilonotus 150.
— (Phylloceras) ptychoicus 148.
— (Hoplites) radiatus 155.
— (Acanthoceras) Rhotomagensis 156.
— (Perisphinctes) senex 154.
— (Arietites)spiratissimus 150.
— (Holcostephanus) stephanoides 153.
— (Oppelia) tenuilobatus 152.
— (Lytoceras) torulosus 149.
— (Perisphinctes) transitorius 154.
— (Peltoceras) transversarius 154.
— (Hoplites) tuberculatus 156.
— (Schloenbachia) varians 151.
Ammonoidea 142. 145.
Amphibia 193.
Amphicyon 214.
Amphilestes 213.
Amphineura 126.
Amphioxus 178. 185. 186.
Amphipoda 172.
Amphipora 74.
Amphistegina 40.
Amphisyle 193.
Amphisyleschiefer 193.
Ananchytes 95.
Anaptychus 146. 150.
Anchitherium 220.
Ancyloceras 156.
Andrias Scheuchzeri 198.
Angiospermae 31.
Angulatenschichten 151.
Annelides 96. 97.
Annularia 21. 22.
Anodonta 118.
Anomocladina 49. **51.**
Anoplotheridae 223.
Anoplotherium 223.
Antheridien 10.
Anthozoa 57.
Anthracit 3.
Anthracomartus 176 Fig. 517.
Anthracosaurus 197.
Anthracotheriidae 223.
Anthracotherium 223.
Antilopen 225.
Antilopinae 225.
Antipatharia 64.
Anura 194. **198.**
Aphlebien 16.
Apiocrinus 83.
Apophysen der Wirbel 178.
Aporrhaidae 134.
Aporrhais 134.
Aptien 6.
Aptychenschichten 145.
Aptychus 145.
Arachnoidea 176.
Aragonit 3.
Araucaria 31.
Araucarieae 29. 31.
Arca 117.
Arcestes 148.
Arcestidae 148.
Archaeocalamites 20. 22.
Archaeocidaris 92.
Archaeopteryx 1. 207. **208.**
Archegosaurus 196.
Architarbus 176 Fig. 517.
Arcidae 117.
Arctocyon 214.
Arctomys marmotta 216.
— bobac 217.
Arethusina 170.
Arietenschichten 150.
Arietites 150.
Aristozoë 162.
Armkiemer 100.
Armleuchteralgen 15.
Arthropitys 20. 21.
Arthropoda 160.
Arthrostraca 171. 172.
Articulata (Brachiopoden) 101. 102. **104.**
— (Crinoideen) 80. **83.**
Artiodactyla 223.
Artisia 28.
Asaphidae 168.
Asaphus 168.
Ascones 56.
Asiphonida 112.
Aspidiaria 23.
Aspidobranchia 130.
Aspidoceras 154.
Aspidoceratidae 154.
Aspidosoma 88.
Aspidura 88.
Asseln 172.
Assilina 42.
Astarte 118.
Astartidae 118.
Asteroidea 87. **88.**
Asterophyllites 21.
Asterozoa 87.
Astraeidae 69.
Astraeospongia 53.
Astragalus 211.
Astrocoenia 71.
Astylospongia 51 u. 49 Fig. 101 *b*.
Asymptotenlinien 158.
Atelodus 222 Fig. 614.
Atelostomata 95.
Athyris 107.
Atlas 210.
Atlantosaurus 205.
Atrypa 106.
Atrypidae 106.
Aturia 143. **144.**
Aucella 114.
Auerochs 226.
Aulocopium 50.
Aulopora 64.
Auloporidae 64.
Auriculae 91.
Auxiliarloben 141.
Auxiliarsättel 141.
Aves 207.
Avicula 114.
Avicularia 98.
Aviculidae 114.

Bacillariaceae 11.
Baculites 150.
Balanidae 161.
Balanus 161.
Bären 214.
Bärlappe 22.
Bathonien 6.
Batoidei 188.
Bauchfüßer 127.
Beckengürtel 183.
Belegknochen 179.
Belemnitella 159.
Belemniten 4.
Belemnites 157.

Belemnoidea 157.
Bellerophon 130.
Bellerophontidae 130
Belodon 204.
Beloteuthis 160.
Bennettites 27.
Bergmehl 11.
Bernstein 3. 31. 177.
Beryx 193.
Betula nana 32.
Beutelratten 212.
Beutelstrahler 84.
Beuteltiere 212.
Beyrichia 162.
Biloculina 37. 38. **39.** 36 Fig. 71.
Biloculinenschlamm 37.
Biradiolites 123.
Bison 226.
Bivalven 110.
Blastoidea 85.
Blattfüßer 163.
Blattidae 177.
Blattwirbler 195.
Blindwühler 194.
Blütenpflanzen 25.
Borstenwürmer 97.
Bos 226.
Bourgueticrinus 84.
Bovinae 226.
Brachiopoda 100.
Brachyura 173.
Branchiata 176.
Branchiosaurus 195.
Braunkohle 3. 30.
Brongniartizone 116.
Bronteidae 169.
Bronteus 169.
Brontosaurus 205.
Bruta 216.
Bryophyten 16.
Bryozoa 97.
Bryozoenriffe 99.
Bucklandischichten 150.
Bulimina 36.
Bunodontia 223.
Bunolophodontia 223.
Buntsandstein 7.
Burmeisteria 168.
Byssus 112.

C. Man vergleiche auch K und Z.
Calamarieae 19.
Calamiteae 20.
Calamites 20. 21.
Calamitina 21.
Calamodendron 21.
Calamophyllia 70.
Calamophyllites 21.
Calamopora 62.
Calamostachys 21.
Calcaneus 211.
Calcarina 37. **40.**
Calceola 67.
Calceolakalk 67.
Calceolidae 66.
Calcispongiae 46. **56.**
Calianassa 173.
Callipteris 18.
Callovien 6.
Calymene 168.
Calymenidae 168.
Camelidae 2. **224.**
Camelus 2. **224.**
Campanulariae 73. **74.**
Campylodiscus clypeus 11.
Canidae 214.
Canin 211.
Canis 214.
Canon 223.
Capitosaurus 197.
Capitulum 178. 211.
Caprina 121.
Caprinidae 120.
Capulidae 132.
Capulus 132.
Carcharodon 187.
Cardiidae 123.
Cardita 118.
Cardium 123.
Carina (Crustacea) 161, (Vögel) 208.
Carinatae 210.
Carinatenpläner 113.
Carnivora 214.
Carpinus 5.
Caryocrinus 85.
Caryocystites 85.
Caryophyllia 72.
Casearia 55.
Cassidulidae 95.
Cassidulus 95.
Catenipora 63.
Caulopteris 18. 19.
Cavicornia 225.
Cedrus 31.
Cellepora 100.
Cenoman 6.
Centrodorsalplatte 80.
Cephalaspis 188.
Cephalopoda 138.
Ceraospongiae 46.
Ceratiocaris 171.
Ceratites 147.
Ceratitidae 147.
Ceratodus 189.
Ceriopora 99.
Cerithienschichten 134.
Cerithiidae 134.
Cerithium 134.
Cervidae 224.
Cervus 225.
Cestracion 187.
Cestracionidae 187.
Cetacea 215.
Chaetetes 63.
Chaetetidae 63.
Chaetopoden 97.
Chama 120.
Chamaerops 32.
Chamidae 120.
Chara 14. 15.
Characeae 15.
Chasmops 169.
Cheilostomata 99. **100.**
Cheiruridae 169.
Cheirurus 169.
Chenopus 134.
Chiromys 226.
Chiroptera 213.
Chirotherium 198.
Chirotheriumsandstein 198.
Chiton 126.
Choanen 182.
Chondrites 15.
Chondrus 15.
Chonetes 105.
Chonetenkalk 105.
Chorda dorsalis 178.
Cidaridae 92.
Cidaris 92.
Cirripedia 161.
Cladiscites 148.
Cladiscitidae 148.
Cladocora 70.
Clathraria 24. 25.
Clathropodium 27.
Clausilia 137.
Cliona 48.
Clupea 192.
Clupeidae 192.
Clymenia 146.
Clymenienschichten 146.
Clymeniidae 146.
Clypeaster 94.
Clypeastridae 94.
Cnemidiastrum 51.
Cnidaria 57.
Cnidoblasten 57.
Coccosteus 189.
Coccyx 198.
Codiaceae 11.
Codium 12.
Coeciliae 194.
Coelenterata 44.
Coelodonta 222.
Coeloptychidae 55.
Coeloptychium 56 u. 52 Fig. 110.
Coelosmilia 72.

Coenenchym 58.
Coenosark 58.
Coenosphaera 44.
Coenothyris 109.
Coleoptera 177.
Collyrites 91. **95**.
Colossochelys 203 Fig. 574.
Columella der Anthozoen 60.
— — Reptilia 199.
Comatula 1.
Compsognathus 205.
Conchiferen 110.
Conchorhynchus avirostris 144.
Congeria 116.
Congerienschichten 116.
Conidae 136.
Coniferae 28.
Conocephalites 168.
Conoclypeidae 94.
Conoclypeus 94.
Conocoryphe 168.
Conodonten 97.
Conothek 158.
Contortastufe 114.
Conularia 138.
Conus 136.
Coprolithen 186. 190. 202.
Corallium 58. **61**.
Corax 187.
Corbicula 124.
Corbiculakalk 124.
Corbula 126.
Cordaianthus 27.
Cordaioxylon 28.
Cordaispermum 28.
Cordaiteae 27. 28.
Cornuspira 39.
Corylus 5.
Coscinopora 54.
Coscinoporidae 54.
Cosmoceras 154.
Cosmoceratidae 154.
Costae der Wirbeltiere 178.
Cotyledonen 32.
Crania 104.
Craniidae 104.
Crassatella 118.
Crassatellidae 118.
Craticularia 54.
Craticularidae 54.
Credneria 33.
Crednerienstufe 33.
Creodontia 214.
Crinoidea 77.
Crinoideen 1. 4.
Crinoidenkalk 84.
Crioceras 156.
Crista (Vögel) 208.
Crocodilia 203.
Crossopterygii 190.
Crura 102. 107.
Crustacea 160.
Cryptobranchus 198.
Cryptogamae 10.
Cryptonymus 169.
Cryptostomata 99.
Ctenobranchia 132.
Ctenocrinus 82.
Ctenoidschuppen 184.
Ctenophora 57.
Cuboidesschichten 108.
Cuniculus torquatus 217.
Cupressineae 29.
Cupressocrinus 80.
Cupressus 29.
Cyathaxonia 65.
Cyathaxonidae 65.
Cyathea 16 Fig. 12.
Cyathocrinus 81.
Cyathophyllidae 65.
Cyathophyllum 64. **65**.
Cycadaceae 26.
Cycadeen 26.
Cycadeospermum 27.
Cycaditen 26.
Cycadites 26.
Cycadofilices 19.
Cycadoidea 27.
Cycas 26.
Cyclobranchia 129.
Cycloidschuppen 184.
Cyclolites 69.
Cyclophthalmus 176 Fig. 516.
Cyclostomata 99.
Cyclotosaurus 197.
Cylindrophyma 51 u. 49 Fig. 102.
Cymopolia 12. 13.
Cypellia 55.
Cypridina 162.
Cypridinenschiefer 162.
Cyprina 124.
Cyprinathone 124.
Cyprinidae (Fische) 193.
Cyprinidae (Muscheln) 124.
Cypris 162.
Cypriskalk 163.
Cyrena 124.
Cyrenenmergel 124.
Cyrenidae 124.
Cyrtia 107.
Cyrtidae 44.
Cyrtina 107.
Cyrtoceras 144.
Cystiphyllidae 66.
Cystiphyllum 66.
Cystoidea 84.
Cytherea 125.

Dachsteinbivalven 119.
Dadocrinus 83.
Dalmania 169.
Damhirsch 225.
Danien 6.
Daonella 115.
Dapedius 192.
Dasycladaceae 12.
Dattelpalme 32.
Decapida 157.
Decapoda 172.
Dechenella 170.
Deckknochen 179.
Deckschicht der Spongien 52. 53.
Deckschuppe 28.
Deformationen 4.
Deltidium 102.
Dendrodus 191.
Dendrophyllia 69.
Dendropupa vetusta 137.
Dentalienbank 126.
Dentalina 36.
Dentalium 126.
Dentin 186.
Devon 8. 9.
Diadematidae 93.
Diaphragma 19.
Diapophysen 178.
Diatomaceae 11.
Diatomeen 11.
Diatomeenerde 11.
Dibranchiata 156.
Diceras 120.
Diceratenkalk 120.
Dicotyledoneae 32.
Dicroceras 225.
Dictyonema 75.
Dictyonemaschiefer 75.
Dictyonina 54.
Dictyophyton 53.
Dictyopteris 17. 18.
Didelphyiden 212.
Didymograptus 76.
Dielasma 108.
Diluvialfauna, arktische 216. 217.
Diluvium 5.
Dimyaria 111.
Dinictis 215.
Dinoceras 217.
Dinornis 209.
Dinornithidae 209.
Dinosauria 199. **204**.
Dinotherium 218.
Diplograptus 76.
Diplopora 13.

Dipnoi 189.
Diprionidae 75. **76**.
Diprotodon 213.
Disciden 44.
Discina 104.
Discinidae 104.
Discus 203.
Dissepimente 60.
Dogger 6.
Dolomit 3.
Dornfortsatz 178.
Dorsalstrang 37.
Dorycordaites 28.
Doryderma 51.
Dreissensia 116.
Dromiopsis 174.
Dryas octopetala 32. 33.
Dryasthone 33.
Dryopithecus 227.
Dyas 8.

Ecardines 103.
Echidna 212.
Echinidae 93.
Echinobrissus 95.
Echinoconidae 94.
Echinoconus 94.
Echinodermata 77.
Echinoidea 89.
Echinolampas 95.
Echinosphäritenkalk 85.
Echinosphaerites 85.
Edelkoralle 62.
Edentata 216.
Eidechsen 200.
Eiszeit 5.
Eizelle 10.
Ektoprocta 98.
Elasmophyllia 60 Fig. 128.
Elch 225.
Elephas 219.
Ellipsactinia 73.
Ellipsocephalus 167.
Elonichthys 191.
Embryonaltypen 1. 175.
Encephalartiten 26. 27.
Encephalartos 26.
Encrinuridae 170.
Encrinurus 170.
Encrinus 83.
Endoceras 143.
Endothek 60.
Entomis 162.
Entomostraca 161.
Entoprocta 98.
Entosternum 195.
Eocän 5.
Eocidaris Keyserlingi 93.
Eohippus 220.
Eophrynus 176 Fig. 517.
Eotetrapoden 8.
Eozoon canadense 43.
Episternum 183. 195.
Epistomella 49 Fig. 104.
Epistropheus 210.
Epithek 60.
Equidae 220.
Equiseteae 20.
Equisetum 20.
Equus 221.
Erhaltungszustand 2.
Erinaceidae 213.
Eryon 173.
Eschara 100.
Esocidae 193.
Estheria 163.
Estherienschichten 163.
Etoblattina 177.
Eucalamites 21.
Eucordaites 28.
Eucrinoidea 77.
Euechinoidea 92.
Eumegalodon 120.
Eunema 131.
Eunicites 97.
Euomphalidae 130.
Euomphalus 130.
Euphoberia 176.
Eupsammia 68.
Eupsammidae 68.
Euryale 88 Fig. 220.
Euryaleae 88.
Eurypterus 175.
Eusigillariae 25.
Eusuchia 204.
Eutaxicladina 49. **51**.
Euthek 59.
Exogyra 113.
Extrasiphonata 146.
Extremitätenskelett 183.

Fagus 5.
Fährten 4. 97. 204.
Farne 16.
Farnstämme 18. 19.
Favia 70.
Favositidae 62.
Favosites 62.
Favularia 24. 25.
Felidae 215.
Felis 215.
Fenestella 99.
Feuerstein 3.
Fichte 31.
Filicaceae 16.
Fische 184.
Fischsaurier 201.
Fissipedia 214.
Flabellum 72.
Flechten 16.
Fleischfresser 214.
Flohkrebse 172.
Florideae 14.
Florigemmakalk 93.
Floscelle 91.
Flossen der Fische 184.
Flossenfüßer (Mammalia) 215.
— (Mollusca) 137.
Flossenstacheln 185. 186. 188.
Flugsaurier 207.
Flugvögel 210.
Fluorit 3.
Flußpferd 223.
Flysch 15.
Foraminifera 35.
Foraminiferenkalke 37.
Foraminiferenmergel 37.
Formationen, geologische 1. 5 ff.
Fossilien, Definition 1.
Fossilisationsprozeß 2.
Frankenberger Kornähren 31.
Frondicularia 39.
Frösche 193.
Froschlurche 194. **198**.
Fruchtknoten 31.
Fruchtschuppe 26. 28.
Frühlingsfliegen 177.
Fulcra 190.
Fungi 16.
Fungidae 69.
Furcula 208.
Fusidae 135.
Fußspuren 4. 198.
Fusulina 37. **41**.
Fusulinenkalk 41.
Fusulinidae 41.
Fusus 135.

Galeritenschichten 94.
Galerites 94.
Gallionella distans 11.
Galmei 4.
Gampsonyx 172.
Ganoidei 190.
Ganoidschuppen 184.
Gastropoda 127.
Gault 6.
Gefäßkryptogamen 16.
Genae 163.
Geoteuthis 160.
Gervillia 116.
Gespenstheuschrecken 177.
Geweihe 182.
Geyserit 3.

Gigantostraca 174.
Gingko 29.
Gips 3.
Girvanella 12.
Glabella 163.
Glandarienkalk 93.
Glaukonitsand 37.
Gliedertiere 160.
Gliederwürmer 96. 97.
Globigerina 37. 38. **40.**
Globigerinenschlamm 37. 40.
Globigerinidae 40.
Glossopteris 18.
Glypticus 93.
Glyptodon 216.
Glyptolepis 29.
Glyptosphaerites 85.
Gnathostomata 94.
Gomphoceras 144.
Gonangien 75.
Goniaster 88.
Goniatitenkalke 146.
Goniatites 146.
— (Gephyroceras) intumescens 147.
— (Anarcestes) plebejus 146.
— (Brancoceras) rotatorius 147.
— (Tornoceras) simplex 146.
— (Anarcestes) subnautilinus 147.
Goniatitidae 146.
Goniophyllum 67.
Gorgonidae 61.
Granitmarmor 15.
Graphit 3.
Graptolithen 3. **75.**
Graptolithidae 75.
Griffelbeine 221.
Gromidae 37.
Gryphaea 113.
Gümbelit 75.
Gürtelbänder 11.
Gürtelring 11.
Gymnolaemata 98.
Gymnosomata 137.
Gymnospermae 25.
Gyroceras 145.
Gyrodus 191.
Gyroporella 13.

Haemapophysen 178.
Haie 187.
Halbaffen 226.
Halbmondzähner 223.
Halobia 115.
Halsbandlemming 217.
Halysites 63.
Halysitidae 63.
Hamites 149.
Hapalidae 227.
Haploceras 152.
Haploceratidae 152.
Haplophragmium 38.
Harpedidae 170.
Harpes 165. **170.**
Harpoceras 152.
Harpoceratidae 151.
Hasen 216.
Hatteria 200.
Hauptbuntsandstein 7.
Hauptmuschelkalk 7.
Hautskelett 184.
Haversische Kanäle 178.
Hechte 193.
Heliastraea 70.
Helicidae 137.
Helicoceras 150.
Heliolites 62.
Helioporidae 62.
Heliopora 62.
Hemiaspis 175. **176.**
Hemiaster 96.
Hemicidaris 93.
Hemiptera 177.
Helix 137.
Hering 192.
Hesperornis 209.
Heteroceras 150.
Heterocerci 191.
Heteromyaria 114.
Heteropoda 136.
Hexacoralla 64. **67.**
Hexacrinus 82.
Hexactinellida 48. **52.**
Hildoceras 152.
Hilfsloben 141.
Hilfssättel 141.
Hindia 49 Fig. 101*a*.
Hinterextremität 184.
Hipparion 221.
Hippocampus 192.
Hippopotamidae 223.
Hippopotamus 223.
Hippurites 112. **122.**
Hirsche 182. **224.**
Höckerzähner 223.
Höhlenbär 215.
Höhlenhyäne 215.
Höhlenlöwe 215.
Hohlhörner 225.
Holaster 95.
Holasteridae 95.
Holcostephanus 153.
Holoptychius 190.
Holothurien 77.
Holothurioidea 96.
Homalonotus 168.
Homoeosaurus 200.
Homomyaria 111. **116.**
Hoplites 155.
Hornschwämme 46.
Hornstein 3. 43.
Huftiere 217.
Hülsenwirbler 196.
Hunde 214.
Huronia 143.
Hyalotragos 52.
Hyänen 215.
Hyaenidae 215.
Hybodus 188.
Hydrobia 133.
Hydrobiidae 133.
Hydrocorallinae 73.
Hydroidea 73.
Hydroidpolypen 72.
Hydromedusae 73.
Hydrophoren 85.
Hydrosoma 73.
Hydrospiren 85. 86. 87.
Hydrotheken 74. 75.
Hydrozoa 72.
Hylaeobatrachus 194.
Hyolithes 138.
Hypocentrum 196.
Hypostoma 163.
Hypsiprymnus 213.

Janira 114.
Ichthyodorulithen 185.
Ichthyornis 210.
Ichthyosauria 201.
Ichthyosaurus 3. 199. **201.**
Ichthyotomi 186.
Jerea **46. 50** u. 49 Fig. 100.
Igel 213.
Iguanodon 206.
Illaenus 169.
Inarticulata 101. **103.**
Incisivi 211.
Indusien 177.
Indusienkalk 177.
Infusorienerde 11.
Inkrustation 3.
Inoceramus 115.
Insectivora 213.
Insekten 3. **177.**
Insektenfresser 213.
Integripalliata 110. **118.**
Interclavicula 183. 195.
Intrasiphonata 146.
Irreguläre Seeigel 94.
Isastraea 70.
Isis 61.
Isochilina 162 Fig. 473.
Isomyaria 111.
Isopoda 172.
Isotelus 169.

Juglans 5.
Juvavische Stufe 7.

Käfer 177.
Käferschnecken 126.
Kalamarienstufe 22.
Kalamiten 20. 21.
Kalksinter 3.
Kalzinierung 3.
Kambrium 9.
Kamel 2. **224**.
Kameliden 2. **224**.
Kampferbäume 5.
Känguruhratten 213.
Kaenozoicum 5.
Karbon 8.
Karnische Stufe 7.
Karpfen 193.
Kehlbrustplatten 195.
Kelloway 6.
Kettenkoralle 63.
Keuper 7.
Kiefer (Nadelholz) 31.
Kielfüßer 136.
Kiemendeckel 186.
Kiemenskelett 186.
Kieselalgen 11.
Kieselguhr 11.
Kieselschiefer 43.
Kieselschwämme 47.
Kieselsinter 3.
Kimmeridge 6.
Kloakentiere 212.
Knochenfische 192.
Knochenkörperchen 178.
Knorpelfische 186.
Knorria 23.
Knospenstrahler 85.
Kohlenkalk 8.
Kohlentier 223.
Kollektivtypen 1.
Konnektivzone 11.
Kopffüßer 138.
Korallenriffe 61. 68. 73.
Korallentiere 57.
Kornähren, Frankenberger 31.
Krabben 173.
Krallenaffen 227.
Krebstiere 160.
Kreide 6. 37.
Kreuzungsknoten 52.
Krokodile 203.
Kulm 8.
Kupferglanz 31.
Kupferkies 4.
Kupferschiefer 8.

Labyrinthodontidae 197.
Labyrinthzähner 197.
Lacertilia 200.
Lachse 193.
Lagenidae 39.
Lagomorpha 216.
Lagomys pusillus 217.
Lama 2. 224.
Lamellibranchiata 109.
Lamna 187.
Lamnidae 187.
Lärche 31.
Larix 31.
Laterne des Aristoteles 91.
Laternennadeln 52.
Latimaeandra 70.
Latimaeandraraea 69.
Lauf (der Vögel) 208.
Laufvögel 209.
Lecythocrinus 81.
Leda 117.
Leioceras 152.
Leiodermaria 24. 25.
Leitfossilien, Definition 1.
Leithakalk 15.
Lemur 226.
Lepas 161.
Leperditia 162.
Lepidodendreae 22.
Lepidodendron 22. 23.
Lepidodendronstufe 23.
Lepidophyllum 23.
Lepidoptera 177.
Lepidosauria 200.
Lepidostei 191.
Lepidosteus 191.
Lepidostrobus 23.
Lepidotus 192.
Lepospondyli 196.
Leptaena 105.
Leptolepis 192.
Leptostraca 171.
Leptotragulinae 2.
Leptotragulus 2. **224**.
Lepus variabilis 217.
Lettenkohlengruppe 7.
Leucones 56.
Libellen 177.
Lichadae 170.
Lichas 170.
Lichenes 16.
Lima 113.
Limidae 113.
Limnaeidae 136.
Limnaeus 136.
Limulus 174. **175**.
Lingula 103.
Lingulidae 103.
Lithistida 48.
Lithodomus 116.
Lithophagus 116.
Lithostrotion 66.
Lithothamnium 14. 15.
Littorina 132.
Littorinaschichten 132.
Littorinella 133.
Littorinellenkalk 133.
Littorinidae 132.
Liquidambar 5.
Lituites 145.
Lobenlinie 140.
Lobocarcinus 174.
Loligo 157.
Lophiodon 220.
Lophohelia 71.
Loxolophodon 217.
Lucina 123.
Lucinidae 123.
Lumbricaria 97.
Lungenschnecken 136.
Lurche 193.
Lurchfische 189.
Lycopodiaceae 22.
Lycopodium 22.
Lyssacina 53.
Lytoceras 149.
Lytoceratidae 149.

Machaerodus 215.
Macrocephalenschichten 153.
Macrocephalites 153.
Macrocheilus 133.
Macropoma 190 Fig. 542.
Macroscaphites 149.
Macrura 173.
Macrurakalk 169.
Madrepora 68.
Madreporaria 58. **64**.
Madreporidae 68.
Maeandrina 71.
Magnolien 5.
Makrosporangien 16.
Malacopterygier 185.
Malacostraca 171.
Malm 6.
Mammalia 210.
Mammut 2. **219**.
Mammutbaum 30.
Mandibula der Crustacea 161.
— — Säugetiere 182.
Markasit 4.
Marsupialia 212.
Marsupites 81.
Marsupium 212.
Mastodon 218.
Mastodonsaurus 198.
Maulwürfe 213.
Medullosa 19.
Medusina 77.
Megaceros euryceros 225.
Megalaspis 168.

Megalithista 51 und 49 Fig. 103.
Megalodon 119.
Megalodontidae 119.
Megalosaurus 205.
Megamorina 49. **51.**
Megaphytum 18. 19.
Megatherium 216.
Melania 133.
Melaniidae 133.
Melanopsis 134.
Meletta 193.
Melettaschiefer 193.
Melocrinus 82.
Melonites 92.
Melosira distans 11.
Membranipora 100.
Menophyllum 64 Fig. 141.
Mensch im Diluvium 5.
Merostomata 174.
Mesenterialfalten 58.
Mesodon 191.
Mesozoicum 6. 7.
Metastoma 175.
Micraster 96.
Micrasterkreide 96.
Microdon 191.
Microlestes 212.
Mießmuschel 116.
Mikrosporangien 16.
Miliola 36. **39.**
Miliolidae 37. **39.**
Miliolidenkalk 39.
Millepora 73.
Miocän 5.
Miohippus 220.
Modiola 116.
Molares 211.
Mollusca 109.
Molluscoidea 97.
Molukkenkrebs 175.
Monactinellida 47. **48.**
Monocotyledoneae 32.
Monograptus 76.
Monomyaria 112.
Monoprionidae 75. **76.**
Monotis 114.
Monotremata 212.
Monticulipora 63.
Monticuliporidae 63.
Montlivaltia 60. **70.**
Moostierchen 97.
Mosasaurus 200.
Moschusochse 226.
Mucronatenkreide 159.
Muraenidae 193.
Murchisonaestufe 152.
Murchisonia 130.
Murex 135.
Muricidae 135.
Muschelkalk 7.
Muschelkrebse 161.
Muscheltiere 109.
Mya 125.
Myelopteris 19.
Myeloxylon 19.
Myidae 125.
Myliobatis 188.
Mylodon 216.
Myodes torquatus 216.
Myophoria 118.
Myophorienschichten 118.
Myriapoda 176.
Myrthen 5.
Mystriosaurus 204.
Mytilidae 116.
Mytilus 116.
Myxospongiae 46.

Nadelhölzer 28.
Nagetiere 216.
Nahtlobus 141.
Nashörner 182.
Nassellaria 44.
Natica 132.
Naticidae 132.
Naticopsis 131.
Nautiloidea 142.
Nautilus 139. 143. **144.**
Navicula Liber 11.
Nebalia 171.
Neocom 6.
Neogen 5.
Neomegalodon 120.
Nepa 177.
Nepidae 177.
Nereites 97.
Nereitenschiefer 97.
Nerinea 134.
Nerineidae 134.
Nerita 131.
Neritidae 131.
Neritopsidae 131.
Nesseltiere 57.
Neurapophysen 178.
Neuroptera 177.
Neuropteris 17.
Nilssonia 27.
Nodosaria 36. **39.**
Nodosenkalk 147.
Noeggerathia 19.
Norische Stufe 7.
Nothosaurus 202.
Notidanidae 187.
Notidanus 187.
Nucula 117.
Nuculidae 116.
Nummismalenmergel 109.
Nummulina 36. **42.**
Nummulinidae 41.
Nummulitenkalk 42.
Nummulites 37. **41.**

Oberkiefer, Zusammensetzung 182.
Obolidae 103.
Obolus 103.
Obstruktionsringe 143.
Octocoralla 58. 61.
Octopida 157.
Oculinidae 71.
Odontopteryx 210.
Olenellus 168.
Olenidae 167.
Olenus 167.
Olenusstufe 167.
Oligocän 5.
Ommatodiscus 44 Fig. 91.
Omphyma 65.
Oncochilus 132.
Ontogenie, Beziehungen der — zur Phylogenie 2.
Oogonien 10.
Oosporen 10. 15.
Opal 3.
Opalinusstufe 152.
Operculina 41.
Ophidia 200.
Ophidioceras 145.
Ophiureae 88.
Ophiuroidea 88.
Opisthobranchia 136.
Oppelia 152.
Orbicella 70.
Orbitoides 43.
Orbitulina 38.
Orbitulinen 37.
Orbulina 38.
Oreodon 224.
Oreodontidae 223.
Ormoceras 143.
Ornatenthone 154.
Ornithorhynchus 212.
Orohippus 220.
Orthidae 104.
Orthis 105.
Orthoceras 143.
Orthopoda 205.
Orthoptera 177.
Oscula 45.
Os innominatum 211.
Os sacrum 211.
Ostien 45.
Ostracoda 161.
Ostrea 112.
Ostreidae 112.
Otodus 187.
Ovibos moschatus 226.
Ovinae 226.
Oxford 6.

Oxynoticeras 151.
Oxyrhina 187.

Paarhufer 223.
Pachynolophus 220.
Pachyteichisma 55.
Palaeaster 88.
Palaëchinus 92.
Palaega 172.
Palaeobatrachus 199.
Palaeoblattina 177.
Palaeogen 5.
Palaeohatteria 200.
Palaeoniscus 191.
Palaeophonus 177.
Palaeoporella 14.
Palaeoreas 226.
Palaeostachya 21.
Palaeotherium 220.
Palaeozoicum 8. 9.
Palechinoidea 91.
Palmen 5. 32.
Palmoxylon 32.
Paludina 132.
Paludinenschichten 133.
Paludinidae 132.
Panopaea 125.
Panopaeidae 125.
Panzerechsen 203.
Panzerfische 188.
Panzerkrebse 172.
Panzerlurche 194.
Paradoxides 168.
Paradoxidesschichten 168.
Paragaster 45.
Paramorphose 4.
Parapophysen 178.
Parasuchia 204.
Parkinsonia 154.
Patella 129.
Pecopteris 17.
Pecten 114.
Pectinidae 114.
Pectunculus 117.
Pedicellarien 89 Fig. 222.
Pelmatozoa 77.
Pelosaurus 196.
Peltoceras 154.
Peltura 167.
Pemphix 173.
Penaeus 173.
Pentacrinus 80. **84**.
Pentameridae 107.
Pentamerus 107.
Pentremites 86.
Perioden, geologische 1. 5ff.
Perna 115.
Pernidae 115.
Perisphinctes 153.
Perissodactyla 219.
Perm 8.
Peronidella 57.
Petalia 177.
Petalodien 90.
Petalospyris 44 Fig. 92.
Petrefizierung 3.
Pferdespringer 217.
Pflanzentiere 44.
Phacopidae 169.
Phacops 169.
Phaeodaria 44.
Phanerogamae 25.
Pharetrones 56. **57**.
Phasmidae 177.
Phillipsia 170.
Phoenix 32.
Pholadidae 126.
Pholadomya 125.
Pholadomyidae 125.
Pholas 112. **126**.
Phragmoceras 144.
Phragmocon 157. 158.
Phryganidae 177.
Phylactolaemata 98.
Phyllocarida 171.
Phylloceras 148.
Phylloceratidae 148.
Phyllodien 91.
Phyllograptus 76.
Phyllopoda 163.
Phyllospondyli 195.
Phylogenie, Beziehungen der — zur Ontogenie 2.
Physoclysti 192. 193.
Physostomi 192.
Picea 31.
Pilze 16.
Pinacoceras 147.
Pinacoceratidae 147.
Pinites succinifera 31.
Pinna 112. **115**.
Pinnidae 115.
Pinnipedia 215.
Pinnulae 78. 79.
Pinus 31.
Pisces 184.
Pithecanthropus 227.
Placentalia 213.
Placodermi 188.
Placodus 202.
Placophora 126.
Plagiaulax 213.
Plagioptychus 121.
Plagiostoma 114.
Plagiostomi 187.
Plakoidschuppen 184.
Planorbis 136.
Planorbisschichten 150.
Plastron 203.
Platecarpus 200.
Platycrinus 81.
Platysomus 191.
Platystrophia 105.
Plesiosaurus 202.
Plesiosorex 213.
Pleuracanthus 186.
Pleurocentrum 196.
Pleurocera 134.
Pleurodictyum 62.
Pleurodonte Bezahnung 194.
Pleurotoma 136.
Pleurotomaria 130.
Pleurotomariidae 130.
Pleurotomidae 136.
Plicatula 113.
Pliocän 5.
Poacordaites 28.
Podocyrtis 44.
Podozamites 27.
Poëbrotherinae 2.
Poëbrotherium 2. **224**.
Polierschiefer 11.
Pollen 25.
Polycladus 225 Fig. 622.
Polypar 58.
Polypodium 16 Fig. 12.
Polypterus 190.
Polythalamia 36.
Porcellanea 38.
Porifera 45.
Porites 68.
Poritidae 68.
Porosphaera 56.
Posidonomya 115.
Postpubis 205.
Poteriocrinus 81.
Präkambrium 9.
Praemolares 211.
Primates 227.
Primigeniusrasse 226.
Primordialcranium 179.
Proboscidia 217.
Proboscis 79.
Procamelus 2. **224**.
Processus coracoideus 211.
Processus odontoideus 211.
Processus pectinealis 208.
Processus uncinatus 208.
Productidae 105.
Productus 106.
Proetidae 170.
Proetus 170.
Proostracum 157. 158.
Prosimiae 226.
Prosobranchia 129.
Proterosaurus 200.
Prothallium 16.
Protocardia 124.

Protolabinae 2.
Protolabis 2. **224.**
Protolycosa 176 Fig. 517.
Protolyellia 77.
Protophasma 2. **177.**
Protosphyraena 193.
Protosycon 56.
Protozoa 35.
Psaronius 18. 19.
Pseudocrania 104.
Pseudodeltidium 102.
Pseudomorphosen 4.
Pseudoneuroptera 177.
Pseudopodien 35.
Pseudosepten 62.
Pseudosuchia 204.
Pseudosynaptikeln 60.
Pseudothek 60.
Psiloceras 150.
Psilonotenschichten 150.
Pteranodon 207.
Pterichthys 189.
Pteridophyta 16.
Pterinea 114.
Pteroceras 135.
Pterocerasschichten 135.
Pterodactylus 199. **207.**
Pterophyllum 27.
Pteropoda 137.
Pterosauria 207.
Pterygotus 175.
Ptychoceras 149.
Ptychodus 188.
Pulmonata 136.
Pupa 137.
Purbeck 6.
Pycnodonti 191.
Pycnodus 191.
Pygidium 163. 165.
Pygope 108.
Pygostyl 208.
Pyramidellidae 133.
Pyrit 4.
Pythonomorpha 200.

Quadratenkreide 159.
Quallen 3. **72.**
Quarz 3.
Quastenflosser 190.
Quermäuler 187.
Quinqueloculina 39.

Radiolaria 35. 43.
Radiolarienschlamm 43.
Radiolarit 43.
Radiolites 123.
Radula 114.
Rangifer 225.
Rankenfüßer 161.
Rastrites 76.
Ratitae 209.
Raubtiere 214.
Receptaculites 15.
Receptaculitidae 15.
Regionen der Wirbelsäule 179.
Reguläre Seeigel 92.
Reißzahn 214.
Renntier 224. 225.
Reptilia 199.
Requienia 120.
Retiolites 77.
Retiolitidae 75. **77.**
Retzia 107.
Rhabdocarpus 28.
Rhabdolepis 191.
Rhachis der Farne 16.
— — Trilobiten 163.
Rhacophyllites 149.
Rhät 7.
Rhamphorhynchus 207.
Rhinoceridae 222.
Rhinoceros 2. **222.**
Rhizocarpeae 19.
Rhizocorallium 47.
Rhizocoralliumdolomit 47.
Rhizom 16. 25.
Rhizomorina 50. **51.**
Rhizopoda 35.
Rhodocrinus 82.
Rhynchocephalia 200.
Rhyncholithes hirundo **144.**
Rhynchonella 107.
Rhynchonellidae 107.
Rhynchoten 177.
Rhytidolepis 24. 25.
Riesenfaultiere 216.
Riesengürteltiere 216.
Riesenhai 187.
Riesenhirsch 225.
Riesensalamander, japan. 198.
Riesensaurier 204.
Riffkorallen 61.
Rinder 226.
Ringelkrebse 172.
Rippen 178.
Rippenquallen 57.
Robben 215.
Rochen 187. 188.
Rodentia 216.
Röhrenbewohner 97.
Röhrenquallen 73.
Röth 7.
Rose (der Hirsche) 224.
Rosenstock 224.
Rotalia 38. **40.**
Rotalidae 40 u. 36 Fig. 66.
Roteisenerz 4.
Rotliegendes 8.
Rostrum der Belemniten 157.
Rostrum der Malacostraca 171. 172.
Rudistae 121.
Rüsseltiere 217.
Rugosa 65.

Sabal 32.
Saccocoma 83.
Sagopalmen 26.
Saiga 226.
Saigaantilope 226.
Salamander 193.
Salenia 93.
Salenidae 93.
Salicornaria 99 Fig. 258.
Salisburia 29.
Salix polaris 32, retusa 33.
Salmonidae 193.
Samenknospe 25.
Samenlappen 32.
Säugetiere 210.
Sauropoda 205.
Sauropterygia 202.
Saururae 208.
Scalaria 133.
Scalariidae 133.
Scaphites 156.
Scaphopoda 126.
Schaben 177.
Schachtelhalme 20.
Schädel 179.
Schädelknochen 180.
Schafe 226.
Scheibenquallen 73. **77.**
Schildkröten 203.
Schilfsandstein 20.
Schizodus 118.
Schizopoda 172.
Schlangen 199. 200.
Schlangensterne 87. 88.
Schlangenwülste 47.
Schlauchalgen 11.
Schlitzband 130.
Schloenbachia 151.
Schlotheimia 151.
Schmelzschupper 190.
Schmetterlinge 177.
Schnabelkerfe 177.
Schnabeltier 212.
Schnecken 127.
Schnittwirbler 196.
Schraubensteine 83.
Schreibkreide 37.
Schultergürtel 183.
Schuppen der Fische 184.
Schuppenbäume 22.

Schuppensaurier 200.
Schwämme 45.
Schwagerina 41.
Schwammkalke 46.
Schwanzlurche 194. **198.**
Schweine 223.
Schwerspath 3.
Schwertschwänze 175.
Scoliopleura tumida 11.
Scutella 94.
Seegurken 96.
Seehunde 215.
Seeigel 4. **89.**
Seepferdchen 192.
Seesterne 87. 88.
Selachii 186.
Selenodontia 223.
Semionotus 192.
Semionotussandstein 192.
Senon 6.
Sepia 160.
Sepioidea 157. **160.**
Septocosten 59.
Sequoia 30.
Serpula 97.
Serpulidae 97.
Serpulit 97.
Sicula 75.
Sigillaria 22. 24.
Sigillarieae 22. 24.
Silicea 36.
Silicispongiae. 46. 47.
Silur 9.
Siluridae 193.
Simiae 227.
Sinupalliata 110. **124.**
Sipho 142.
Siphoneae 11. 12.
Siphonia 45. **50.**
Siphonida 112. **118.**
Siphonophorae 73.
Skleriten 58.
Skorpione 176.
Sori 16.
Soricidae 213.
Spatangenkalk 96.
Spatangidae 95.
Spatangopsis 77.
Spatangus 96.
Spermatozoiden 10.
Spermophilus rufescens 217.
Sphäriden 44.
Sphaeroceras 153.
Sphaerocodium 12.
Sphaerodus gigas 192.
Sphaerosiderit 4.
Sphaerulites 123.
Sphagnum 16.
Sphenodon 200.
Sphenophylleae 22.
Sphenophyllum 22.
Sphenopteris 17.
Sphinx 177.
Spiculae der Spongien 47. 56, der Korallen 58.
Spina neuralis 178.
Spinnen 176.
Spiralklappe 186. 190. 202.
Spirifer 106.
Spiriferensandstein 106.
Spiriferidae 106.
Spiriferina 107.
Spirigera 107.
Spiroceras 156.
Spiroloculina 39.
Spitzmäuse 213.
Spleniale 191.
Spondylidae 113.
Spondylus 113.
Spongiae 45.
Spongilla 46. 48.
Spongitenfazies 46.
Spongites Saxonicus 47.
Sporangien 16.
Sporenpflanzen 10.
Sprudelstein 3.
Spumellaria 44.
Squaloidei 187.
Stachannularia 22.
Stachelflosser 185.
Stachelhäuter 77.
Staubgefäße 25.
Stauria 66.
Staurodermidae 54.
Stegocephala 194.
Stegodon 218.
Stegosaurus 206.
Steinkern (Erhaltungszustand) 4.
— der Cycadeen 26.
Steinkohle 3.
Steinkorallen 58.
Stelleridea 88.
Stelleroidea 87.
Stellispongia 57.
Stephanoceras 153.
Stephanoceratidae 152.
Stephanophyllia 68.
Steppenfauna 5. 216. 217. 226.
Steppenmurmeltier 217.
Stereospondyli 196.
Sternum 178.
Stichocapsa 44.
Stigmaria 25.
Stigmata 176.
Stomatopoda 172.
Stomechinus 93.
Streptelasma 65.
Streptorhynchus 105.
Stringocephalenkalk 108.
Stringocephalidae 108.
Stringocephalus 108.
Stromatopora 74.
Stromatoporidae 73.
Strombidae 135.
Strombus 135.
Strophalosia 105.
Strophomena 104.
Strophomenidae 104.
Stylina 71.
Stylinidae 71.
Styliola 137.
Stylocalamites 21.
Stylocora 70.
Stylodictya 44.
Stylophora 71.
Stylophoridae 71.
Subsigillariae 25.
Suidae 223.
Sumpfzypresse 30.
Sus 223.
Suspensivlobus 141.
Sutur der Cephalopodenschale 140.
Sycones 56.
Synaptikeln 60.
Syringodendron 25.
Syringopora 63.
Syringoporidae 63.
Systeme, geologische 1.

Tabulae 60.
Tabulariae 73.
Tabulata 62.
Taeniopteris 17.
Talk 3.
Talpidae 213.
Tange 11.
Tanne 31.
Tapes 125.
Tapir 212.
Tapiridae 220.
Tapirus 220.
Tarso-Metatarsus 208.
Tausendfüßler 176.
Taxaceae 29.
Taxodineae 29.
Taxodium 30.
Taxus 29.
Teleosaurus 204.
Teleostei 192.
Tellina 125.
Tellinidae 125.
Telson 171. 173. 175.
Temnospondyli 196.
Tentaculitenschiefer 138.
Tentaculites 137.
Tenuilobatenzone **152.**
Terebra 136.

Terebratelbänke 109.
Terebratella 109.
Terebratula 108.
Terebratulidae 108.
Terebratulina 109.
Terebridae 136.
Teredo 112. **126.**
Tesselata 80.
Testicardines 104.
Testudinata 203.
Tethyopsis 48.
Tetrabranchiata 139.
Tetracladina 49. **50.**
Tetracoralla 64.
Tetractinellida 47. **48.**
Tetragraptus 76.
Textularia 36. 38. **39.**
Textularidae 39.
Thallophyten 10.
Thallus 10.
Thamnastraea 69.
Theca 59.
Thecidea 106.
Thecideidae 106.
Thecodonte Bezahnung 199.
Thecosmilia 70.
Thecosomata 137.
Theromorpha 202.
Theropoda 205.
Thoracostraca 171.
Tibio-Tarsus 208.
Tinoceras 217.
Tintenfische 160.
Tithon 6.
Torf 3. 5. 33.
Torfmoose 16.
Toxaster 95.
Toxoceras 156.
Tracheata 176.
Tracheen 176.
Trachyceras 148.
Traversen 60.
Tremadictyon 54.
Trematodiscus 44.
Trematosaurus 197.
Triarthrus 166.
Trias 7.
Triceratops 206.
Trigonia 118.
Trigoniidae 118.
Trigonocarpus 28.
Trigonosemus 109.
Trilobitae 163. 164.
Triloculina 39.
Trinucleidae 167.
Trinucleus 167.
Trionyx 203.
Tripel 11.
Trochidae 131.
Trochitenkalk 83. 84.
Trochoceras 145.
Trochonematidae 131.
Trochosmilia 72.
Trochosmilinae 72.
Trochus 131.
Tropitidae 148.
Tuberculum 178. 211.
Tubiculae 97.
Tubipora 58.
Tulotoma 133.
Turbinidae 131.
Turbinolia 72.
Turbinolidae 72.
Turbinolinae 72.
Turbo 131.
Turon 6.
Turrillites 149.
Turritella 133.
Turritellidae 133.
Tylodendron 31.

Uintatherium 217.
Ullmannia 31.
Ulodendron 23. 24.
Uncites 107.
Ungulata 217.
Ungulites 103.
Ungulitensandstein 103.
Unio 117.
Unionidae 117.
Unpaarhufer 219.
Unterkiefer, Zusammensetzung 182.
Ur 226.
Urfleischfresser 214.
Urgonien 6.
Urodela 194. **198.**
Ursidae 214.
Ursus 215.
Urtiere 35.
Urwale 215.

Vasodentin 186.
Veneridae 125.
Ventriculites 55.
Ventriculitidae 55.
Venus 125.
Vererzung 4.
Verkieselungsprozeß 4.
Verkieselungsringe 4.
Verkiesung 4.
Verknöcherung 178.
Verkohlung 3.
Vermes 96.
Vermetidae 133.
Vermetus 133.
Vermiporella 13. 14.
Versteinerungen, Definition 1. 3.
Versteinerungsmittel 3.
Vertebrata 177.
Verwesung 3.
Vibracula 98.
Vioa 48.
Virgula 75.
Vitis 5.
Vivianit 4.
Vivipara 132.
Vögel 207.
Vola 114.
Vollwirbler 196.
Voltzia 29.
Voltziensandstein 30.
Voluta 135.
Volutidae 135.
Vorderextremität 183.
Vorderkiemer 129.

Walchia 31.
Walchienschichten 31.
Waldheimia 109.
Walroß 215.
Waltiere 215.
Wasserfarne 19.
Wasserkammern 121. 123.
Wasserwanzen 177.
Wealden 6.
Weichflosser 185.
Weichtiere 109.
Weißfische 193.
Welse 193.
Widdringtonia 29.
Widdringtonites 29.
Wiederkäuer 223.
Wirbel 178. 185.
Wirbeltiere 177.
Würmer 96.
Wurzelfüßer 35.

Xenacanthus 186.
Xenophora 131.
Xenophoridae 131.
Xiphosura 175.

Yoldia 117.
Yoldienthone 117.

Zähne der Fische 186.
Zähne brachyodonte 211.
— hypselodonte 211.
— der Säugetiere 211.
Zahnformeln 212.
Zahnkrone, bunodonte 212.
— bunolophodonte 223.
— lophodonte 212.
— selenodonte 212.
— zeugodonte 212.

Zamia 26.
Zamiten 26. 27.
Zamites 26. 27.
Zamiostrobus 27.
Zanclodon 205.
Zapfenträger 28.
Zaphrentidae 65.
Zaphrentis 65.
Zechstein 8.
Zeder 31.
Zehnfüßer 172.
Zeilleria 109.
Zeitalter, geologische 1. 5ff.
Zeuglodon 215.
Ziegen 212. 226.
Ziesel 217.
Zimtbäume 5.
Zinkspat 4.
Zoantharia 61. 64.
Zoophyta 44.
Zweischaler 110.
Zwergpfeifhase 217.
Zwergweiden 32.
Zwischenkammern 121.
Zwischenskelett 37. 41.
Zygapophysen 178.

Bei Fragen zur Produktsicherheit wenden Sie sich bitte an:
If you have any questions regarding product safety,
please contact:

Walter de Gruyter GmbH
Genthiner Straße 13
10785 Berlin
productsafety@degruyterbrill.com